C. J. Smithells, M. C., D. Sc.

Beimengungen und Verunreinigungen in Metallen

Ihr Einfluß auf Gefüge und Eigenschaften

Erweiterte deutsche Bearbeitung

von

Dr.-Ing. W. Hessenbruch
Heraeus Vakuumschmelze A.G., Hanau/M.

Mit 248 Textabbildungen

Springer-Verlag Berlin Heidelberg GmbH 1931

ISBN 978-3-642-51918-5 ISBN 978-3-642-51980-2 (eBook)
DOI 10.1007/978-3-642-51980-2

Aus dem Vorwort der englischen Ausgabe.

Bis vor kurzem schenkte der Metallurge den geringen Mengen fremder Elemente, die immer in seinen Erzeugnissen vorkamen, wenig Beachtung, und es war über die Wirkung der Beimengungen auf die verschiedenen Eigenschaften der Metalle und Legierungen wenig bekannt. In den letzten Jahren hat sich jedoch die Aufmerksamkeit mehr und mehr diesem Abschnitt der Metallurgie zugewandt, und die Zahl von Beispielen, bei denen geringe Mengen von Elementen einen bedeutenden Einfluß auf die Eigenschaften eines Metalls oder einer Legierung ausüben, wächst schnell. Einige Metalle sind neuerdings in spektroskopisch reinem Zustand gewonnen worden und ihre ungewöhnlichen Eigenschaften haben beträchtliches Interesse erregt. Wir können nicht erwarten, diese Eigenschaften bei wirtschaftlicher Produktion der Metalle sofort zu erreichen, selbst wenn dies besonders wünschenswert sein sollte, da die Herstellungskosten ein ausschlaggebender Faktor sind. Es ist aber wichtig, den Einfluß geringer Beimengungen zu kennen und werten zu lernen. Die Kenntnis ihrer Wirkung erzeugt dann eine gesteigerte Kontrolle und die Fähigkeit, die Ergebnisse reproduzieren zu können. Für rein wissenschaftliche Zwecke ist diese Kenntnis unumgänglich notwendig und hilft bei der Lösung grundlegender metallurgischer Fragen. Eine große Zahl von Arbeiten sind bereits unter diesem Gesichtspunkt ausgeführt worden, wobei bei gewissen Metallen der Einfluß geringer Mengen hinzugefügter Elemente auf die entsprechenden Eigenschaften im einzelnen untersucht wurde. In anderen Fällen hat die Erfahrung gezeigt, daß gewisse Elemente nützlich oder schädlich sind, obwohl vielleicht noch keine systematische Untersuchung über ihre Wirkung ausgeführt worden ist. Manche dieser Arbeiten sind notgedrungen empirisch, aber deshalb nicht weniger wertvoll, und die zusammengetragenen Tatsachen geben den Boden für die Aufstellung allgemeingültiger Hypothesen ab. Augenblicklich ist es unmöglich, eine Theorie aufzustellen, die imstande ist, die Wirkung eines geringen Zusatzes mit Gewißheit vorauszusagen. Es liegen jedoch so viele wertvolle Angaben vor, daß man hoffen darf, durch eine etwas systematischere Sammlung dieser Erfahrungen vorwärts zu kommen, wobei unter Umständen die Erkenntnisse auf andere Metalle und Legierungen übertragen werden können.

Es ist kein Grund, zwischen Stoffen zu unterscheiden, welche man als Verunreinigungen bezeichnen möchte, und geringen Mengen solcher Elemente, die man absichtlich zugibt oder im Metall läßt. Sie können beide als „geringe Beimengungen“ bezeichnet werden, und der Verfasser hätte diesen Ausdruck als Titel des Buches gebraucht, wenn er geglaubt hätte, daß die Bedeutung des Wortes klar sei. Der Einfluß solcher Bestandteile in Konzentrationen von weniger als 1% ist in bezug auf die wichtigeren Eigenschaften der Metalle in Betracht gezogen worden. Es hat sich dabei als zweckmäßig erwiesen, die Beimengungen als metallische, nichtmetallische und gasförmige zu unterscheiden. Teilt man dann weiter gemäß der Löslichkeit im Metall oder der Legierung ein, so wird der Stoff auf diese Weise eine natürliche Entwicklungsstufe der Metallographie.

Colin J. Smithells.

Vorwort des deutschen Bearbeiters.

Das englische Buch „Impurities in Metals" greift eine Frage auf, die in den letzten Jahren in der Metallurgie in den Vordergrund des Interesses gerückt ist. Es mag vielleicht verfrüht erscheinen, bei der noch sehr geringen Kenntnis über diesen Gegenstand eine zusammenfassende Behandlung zu wagen.

Eine Betrachtung des im ursprünglichen Buch gebrachten Stoffes zeigt jedoch, wie wertvoll bereits diese, einen Anfang darstellende Übersicht unserer bisherigen Kenntnis von der Wirkung der Verunreinigungen in Metallen ist.

Anderseits treten dem Praktiker täglich Fälle entgegen, in denen die normale Analyse keinen Aufschluß über ein besonderes Verhalten eines bestimmten Metalles geben kann. Hier kann das vorliegende Buch wertvolle Winke erteilen.

Es erscheint mir daher wünschenswert, das Smithellssche Buch auch in die deutsche Fachliteratur einzureihen. Dadurch ist jedoch eine weitgehende Umarbeitung notwendig geworden, da alle Hinweise auf deutsche Fachliteratur für den deutschen Leser besonders wichtig sind. Die einleitenden Kapitel des ursprünglichen Buches haben nur einen lockeren Zusammenhang mit dem Thema und können daher in einer kurzen Einleitung zusammengefaßt werden. Einige Ausführungen über die besonderen Bestimmungsverfahren für Verunreinigungen in Metallen erscheinen dagegen angebracht. Die Kenntnis der Wirkung geringer Mengen fremder Stoffe beginnt mit der Auffindung geeigneter Bestimmungsverfahren für diese Fremdkörper. Hier ist noch viel zu tun, und hier muß in jedem Falle angefangen werden.

Die im Originalwerk gewählte obere Konzentrationsgrenze von 1% für die geringen Beimengungen muß notgedrungen willkürlich sein. Es ist denkbar, die Grenze dorthin zu legen, wo durch Zusatz des betr. Elementes offenbar neue Legierungen mit auffallenden Eigenschaftsänderungen entstehen. Der Hauptzweck des Buches wird jedoch darin gesehen, alle solche Fälle zu behandeln, wo die Menge der Fremdstoffe so klein ist, daß sie der Beobachtung zunächst entgeht, obwohl sie einschneidende Änderungen gewisser Eigenschaften des Metalls hervorruft.

Da die ganzen Anschauungen über das zur Besprechung stehende Thema noch in Fluß sind, muß die Arbeit naturgemäß lückenhaft sein. Es ist insbesondere auch noch verfrüht, die Wirkung kleiner Beimengungen in ihrer ganzen Eigenart abgrenzen und scharf erkennen zu wollen. Im Schlußwort des Bearbeiters sind einige Ansätze hierzu gemacht worden.

Ich bitte mir offensichtliche Mängel anzuzeigen und durch Beschreibung einzelner in den Rahmen des Buches fallender Fälle mit dazu beizutragen, die Kenntnis des Stoffes und der Zusammenhänge zu erweitern.

Der Bearbeitung wurde die 2. Auflage des Smithellschen Buches zugrunde gelegt. Der Titel des Buches wurde erweitert in „Beimengungen und Verunreinigungen in Metallen", um den in manchen Fällen irreführenden Begriff „Verunreinigungen" etwas einzuschränken.

Es ist mir eine angenehme Pflicht, dem Leiter der Heraeus Vakuumschmelze, A./G., Hanau, Herrn Dr. W. Rohn, für sein der Arbeit erwiesenes Interesse und seine tatkräftige Unterstützung herzlich zu danken. Ebenso danke ich Herrn Dr. G. Masing für einige freundliche Winke bestens.

Für die wertvolle Hilfe bei der Niederschrift und der Korrektur des Buches danke ich meiner Frau auch an dieser Stelle.

Hanau, im Juli 1931.

Werner Hessenbruch.

Inhaltsverzeichnis.

A. Theoretischer Teil.

I. Das Gefüge eines reinen Metalls.

Nahezu alle Metalle werden im Schmelzfluß hergestellt oder nachträglich umgeschmolzen. Im geschmolzenen Zustand befinden sich die Metalle im isotropen Zustand, d. h. die Eigenschaften der Schmelze sind in allen Richtungen des Raumes gleich. Bei der Erstarrung aus dem Schmelzfluß scheiden sich Kristalle aus, d. h. räumliche, anisotrope Gebilde, deren in kleinsten Teilen ebene Begrenzungsflächen auf einem Achsenkreuz Strecken abschneiden, die im bestimmten rationalen Verhältnis zueinander stehen. Die einzelnen Eigenschaften der Metallkristalle sind ebenso wie die anderer Kristalle in verschiedenen Richtungen verschieden. Der kristalline Aufbau der festen Metalle ist als besonderes Kennzeichen des metallischen Zustandes anzusehen. Ein amorphes festes Metall ist bis jetzt nicht mit Sicherheit nachgewiesen worden.

Betrachten wir nun den idealen Vorgang der Erstarrung eines reinen Metalls, d. h. des Übergangs vom flüssigen in den festen Zustand, so können wir ihn auf Grund von Beobachtungen an durchsichtigen Stoffen etwa folgendermaßen beschreiben:

Wenn das flüssige Metall in eine Metallkokille oder eine Sandform gegossen wird, so gibt es seine Wärme an diese Formen ab, wobei zunächst einmal angenommen werden soll, daß die Wärmeabgabe allseitig gleichmäßig erfolgt. Erreicht die stetig sinkende Temperatur den Erstarrungspunkt, so beginnen sich an vereinzelten Stellen der Schmelze Kerne zu bilden, die wir als örtliche regelmäßige Anordnung der Atome zu Molekeln und Orientierung derselben gemäß dem diesem Metall zukommenden Kristallgitter ansehen müssen[1]. Dabei sind die richtenden Kräfte elektrischer Natur, wie kürzlich nachgewiesen wurde[2]. Durch elektrische Felder, Funken oder Büschelentladungen kann die Bildung der Kristallisationskerne begünstigt werden.

Nun tritt aus den Kernen unter Wärmeabgabe die Entstehung der Kristalle ein, deren Größe stetig zunimmt, bis sie sich gegenseitig berühren und das Ganze fest geworden ist. Es ist nun im Gegensatz zu den nichtmetallischen Stoffen eine hervorstechende Eigenschaft der

---

[1] Volmer, M.: Z. Elektrochem. **35**, 555 (1929).

[2] Schaum, K. und E. A. Scheidt: Z. anorg. Chem. **188**, 52/59 (1930).

Metallkristalle, daß die Kristallisationsgeschwindigkeit in den verschiedenen Achsenrichtungen meist wesentliche Unterschiede aufweist, wodurch die Entstehung langgestreckter, tannenbaumartiger Kristalle

Abb. 1. Tannenbaumkristalle auf vakuumgeschmolzenem Aluminium. ×2

bedingt ist[1]. Hiervon kann man sich gelegentlich überzeugen, wenn man den Erstarrungsprozeß unterbricht, und die restliche Mutterlauge entfernt. Ein Wald von stengeligen Kristallen wird dann freigelegt. In Lunkern sind solche freigewachsenen Kristalle zeitweilig auch zu finden. Besonders schöne „Tannenbaumkristalle" oder Dendriten zeigen im Vakuum erstarrte Metallschmelzen. Abb. 1 zeigt einen im Hochvakuum erstarrten Regulus von Reinaluminium, auf dessen Oberfläche man wohlgeformte Dendriten erkennt.

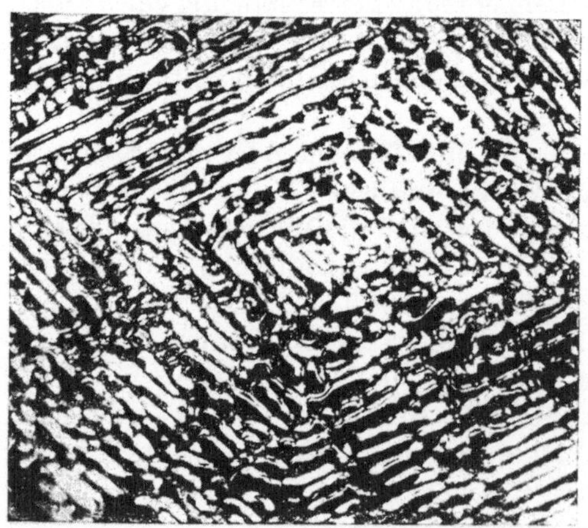

Abb. 2. Oberfläche von gegossenem Nickel. × 100

Abb. 2 zeigt die blanke Oberfläche von gegossenem Nickel. Auch hier ist das regelmäßige Wachstum der Kristalle gut zu erkennen. Tritt in unterkühlten Silikatschmelzen, z. B. Gläsern, eine Kristallisation ein, so findet man zeitweilig auch hier regelrechte Dendriten (Abb. 3).

[1] Tammann, G.: Metallographie, 2. Aufl., S. 2.

Während nun im Inneren eines Kornes die Anordnung der einzelnen Bausteine dem Raumgitter entspricht, stoßen an den Berührungsflächen der Körner (Abb. 4) verschieden orientierte Raumgitter zusammen, deren Achsen in einem beliebigen Winkel zueinander stehen. Im Gegensatz zu den durch geometrische Flächen begrenzten Kristallen, bezeichnen wir jedes derartige Korn als Kristallit. Die Korngrenzen dieser Kristallite sind Stellen unausgeglichener Kraftfelder. In reinen Metallen sind die Korngrenzen meist feine Linien. Sie können durch geeignete Ätzmittel hervorgehoben werden, obwohl in einem ungeätzten Schliff keine Begrenzungsflächen der Kristallite entdeckt werden können.

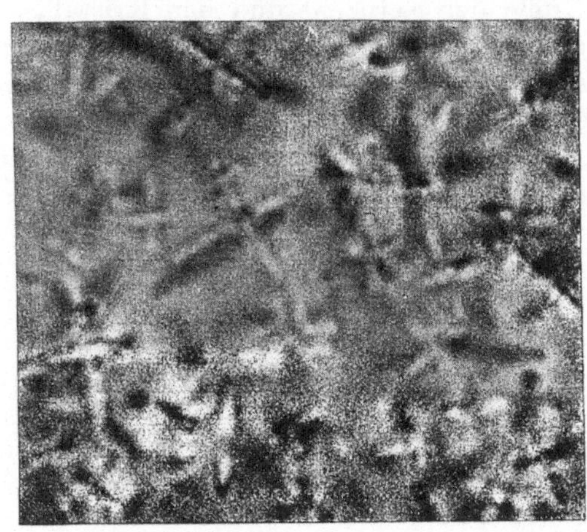

Abb. 3. Denditrische Kristalle in entglasendem Glas. ×3000

Dreht man aus einem Einkristall eine Kugel und ätzt diese, so entsteht wieder ein Einkristall, d. h. an den verschiedenen Stellen der Kugel ist die Geschwindigkeit des chemischen Angriffes verschieden. Das bedeutet aber offenbar, daß zwischen den verschiedenen Stellen eine Potentialdifferenz herrschen muß. Schneidet man aus einem regulär kristallisierten Einkristall eine Fläche parallel zur Oktaederebene heraus und ein ebensolches Stück parallel zur Hexaederebene und setzt diese beiden Metallstücke in einen Behälter mit Säure, so muß ein Strom fließen, wenn man die beiden Platten außerhalb der Flüssigkeit verbindet, da das Lösungspotential der beiden verschieden orientierten Stücke desselben Metalls verschieden ist.

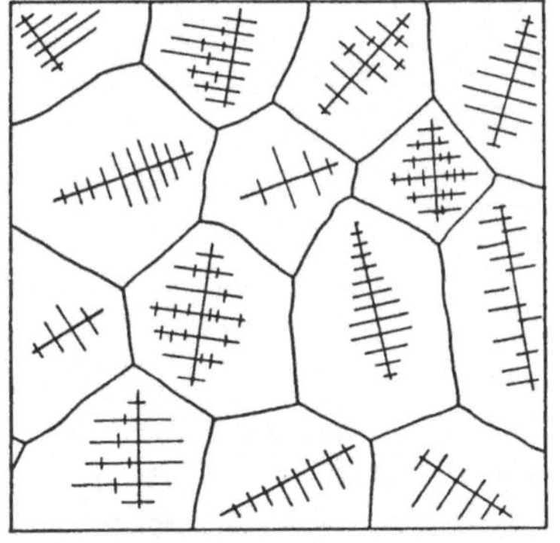

Abb. 4. Wachstum der Kristallite (schematisch nach Desch).

Enthält das Metall geringe Spuren eines anderen im festen Zustand unlöslichen Bestandteiles, so werden diese in den Korngrenzen ausgeschieden. Die Korngrenzen werden dadurch in besonders starkem Maße Gebiete ungenügenden Materialzusammenhangs, zumal wenn der in den

Korngrenzen sitzende Stoff spröde ist. Die endgültige Größe der einzelnen Kristalle wird dabei durch die Zahl der kurz unterhalb des Erstarrungspunktes gebildeten Kerne (Kernzahl *KZ*) und die Wachstumsgeschwindigkeit (Kristallisationsgeschwindigkeit *KG*) bestimmt. Die Größe der Kernzahl und der Kristallisationsgeschwindigkeit ist nun nach Tammann von der Temperatur abhängig, wie Abb. 5 zeigt. Mit steigender Unterkühlung nimmt die Kernzahl sehr schnell zu. Die gestrichelten Teile der Kurven werden bei Metallen nicht realisiert.

Die idealen Erstarrungsbedingungen sind in der Praxis nicht immer erfüllt. Die Wärme kann nicht von allen Teilen der Schmelze gleichmäßig abgegeben werden, und muß durch Leitung und Strahlung von der Oberfläche des gegossenen Blockes oder Formstückes an die Form abgeführt werden. Dadurch bleibt das Innere des Gusses in der Erstarrung hinter der Oberfläche zurück. Die Erstarrungsdauer des gesamten Stückes hängt von der Gießtemperatur, von der Größe und Art des Gußstückes, sowie der thermischen Leitfähigkeit der Gußform ab. Während man die äußere Form des Gusses meist nicht ändern kann, hat man die Gießtemperatur mehr oder weniger in der Hand. Aber diese ist auch beschränkt durch die bei niedrigen Temperaturen eintretende Dickflüssigkeit und die Gefahr der Verflüchtigung und Oxydation bei höheren Temperaturen. Der Baustoff der Form kann dagegen, soweit es sich um Blöcke handelt, verändert und den betreffenden Wünschen angepaßt werden. Will man langsame Abkühlung haben, benutzt man Sandformen oder Formen aus feuerfestem Material, die beide eine geringe Wärmeleitfähigkeit haben. Soll die Abkühlung schnell geschehen, so benutzt man Kokillen aus Metall, z. B. Gußeisen. In den letzten Jahren hat sich die wassergekühlte Kupferkokille eingeführt, die die Abführung der Wärme in einer möglichst kurzen Zeit gestattet.

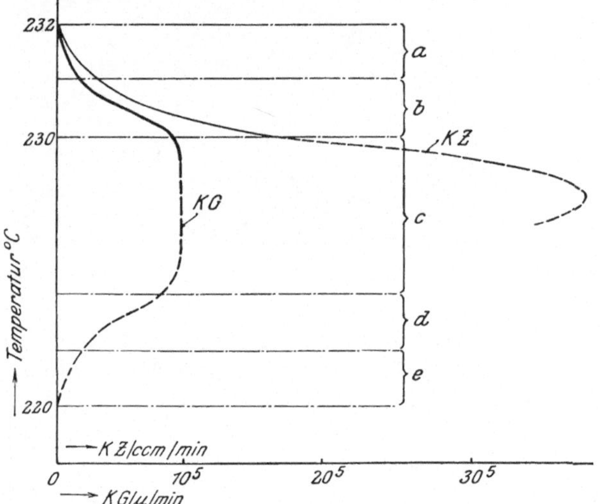

Abb. 5. Abhängigkeit der Kristallisationsgeschwindigkeit und der Kernzahl von der Unterkühlung, erläutert am Zinn (nach Tammann).

Diese verschiedenen äußeren Erstarrungsbedingungen beeinflussen nun die ideale Erstarrung sehr wesentlich. Im allgemeinen gelten die Regeln, daß bei langsamer Erstarrung die Zahl der gebildeten Kerne kleiner ist, und die Kristallite daher verhältnismäßig groß sind. Bei schneller Abkühlung wird die Schmelze in ein Gebiet unterkühlt, in dem die Kernzahl größer ist, wie aus Abb. 5 ohne weiteres zu erkennen ist. Die größere Zahl der Kerne bedingt kleinere Kristallite. Aber auch in ein und derselben Gußform sind die Abkühlungsbedingungen an den verschiedenen Stellen verschieden, so daß in einem Block kleine und große Kristallite nebeneinander vorliegen. Die anfangs schnelle Erstarrung an der Wand der Kokille bedingt einen dünnen Mantel kleiner, rundlicher Kristallite, an den sich größere, senkrecht zur Kokillenwand wachsende Kristallite anschließen. Der innere Teil des Blockes besteht meist aus regellos orientierten, mehr oder weniger dendritischen Kristallen. Charakteristische Beispiele für die verschiedene Ausbildung des Kornes in Gußblöcken desselben Metalls zeigen die Abb. 6 und 7.

Abb. 6. Längsschnitt eines in Sand gegossenen Zinkblöckchens. Ätzung HNO_3. × 1

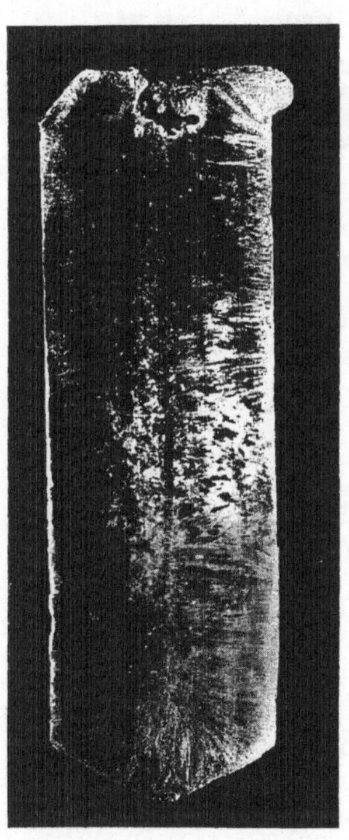

Abb. 7. Längsschnitt eines in eine Kokille gegossenen Zinkblöckchens. Ätzung HNO_3. × 1

Der in Sand gegossene Zinkblock besteht zum größten Teil aus großen Kristallen, während der in Kokille gegossene Block kaum erkennbares Korn zeigt. Die Erscheinung der großen stengeligen Kristalle, die sogenannte Transkristallisation, tritt vor allem bei hoher Gießtemperatur auf.

Mit der Erstarrung des Metalls, d. h. mit dem Übergang aus dem flüssigen in den festen Zustand, ist gleichzeitig eine Verminderung des spezifischen Volumens verbunden. Diese Eigenschaft ist allen Metallen in mehr oder weniger starkem Maße eigen. Eine Ausnahme machen Wismut und Antimon, welche sich bei der Erstarrung ausdehnen. Die Schwindung der Metalle bei der Erstarrung findet ihren Ausdruck in dem Lunker. Abb. 6 zeigt im Gegensatz zu Abb. 7 einen starken Lunker, woraus man erkennt, daß außer der Natur des Metalls und der Gießtemperatur, auch die Erstarrungsdauer die Größe des Lunkers beeinflußt. Der Lunker ist um so größer, je höher die Gießtemperatur und je langsamer die Erstarrung war. Geht die Erstarrung in dem ganzen Metallkörper sehr schnell und fast gleichmäßig vor sich, so kann die Schwindung nicht durch nachtretende Schmelze ausgeglichen werden, und es entstehen sehr feine Schwindungshohlräume[1], die über das ganze Metall verteilt sind. Abb. 8 zeigt hierfür ein Beispiel. Die Form der Schwindungshohlräume entspricht dabei häufig der dendritischen Struktur der Kristalle. In sehr reinen Metallen kann die Schwindung während der Erstarrung sich auch in sehr feinen Rissen innerhalb der einzelnen Metallkörner auswirken. Solche Erscheinungen wurden z. B. an reinem Eisen[2], Nickel[3] und Wolfram[4] beobachtet, welche aus dem flüssigen Zustand schnell abgekühlt wurden. Abb. 9 zeigt gegossenes Wolfram, bei dem die Körner von zahlreichen Rissen durchzogen sind. Daß es

Abb. 8. Schwindungshohlräume im Sandguß einer Kanonenbronze. (Jenkin). × 50

[1] S. auch Tammann, G. u. H. Bredemeyer: Z. anorg. u. allg. Chem. **142**, 54/60 (1925).

[2] Tritton: Metallurgist, Juni **1927.**

[3] Davenport: Nature **120**, 478 (1927).

[4] Smithells, C. J. u. Rocksby: Nature **120**, 227 (1927).

sich nicht um verschiedene Kristallite handelt, geht aus einer Untersuchung eines solchen unterteilten Kristalls mit Röntgenstrahlen nach dem Verfahren von Laue hervor. Abb. 10 zeigt die Laue-Aufnahme eines solchen Kristalliten, die der Aufnahme eines Einkristalls sehr ähnlich sieht, mit der Ausnahme, daß die Schwärzungspunkte auf der Platte etwas länglich sind, wodurch angezeigt wird, daß die Bruchstücke des Kristalliten eine nahezu einheitliche Orientierung haben.

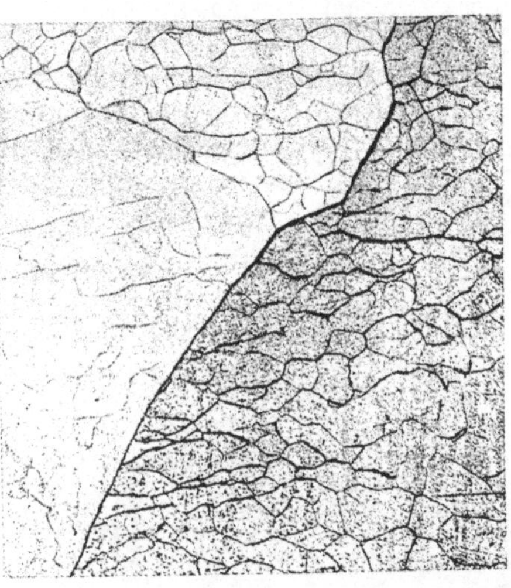

Abb. 9. Gegossenes Wolfram mit durch Risse unterteilten Körnern. Ätzung H_2O_2. × 200

Für eine Reihe von hochschmelzenden Metallen, die durch Reduktion aus ihren Oxyden mittels Gasen erzeugt werden, hat es sich als zweckmäßig erwiesen, die so gewonnenen Pulver nicht zu schmelzen, sondern durch Pressen und Sintern bei hohen Temperaturen in ein bearbeitbares Metall umzuwandeln. Als Ausgangspunkt liegt hier also ein mehr oder weniger feines Gemenge von Metallkristallen vor, die kristallographisch orientierte Begrenzungsflächen haben, wie man unter dem Mikroskop erkennen kann. Erhitzt man ein solches Gemenge von feinen Kristallen auf eine Temperatur, die in absoluten Graden gemessen etwa ein Drittel der absoluten Schmelztemperatur des Metalls ausmacht, so beginnen die einzelnen Metallkristalle ineinander zu diffundieren. G. Tammann[1] und A. A. Botschwar[2] konnten zeigen, daß die Temperatur der beginnenden inneren Diffusion sowie die untere Rekristallisationsgrenze in diesem bestimmten Verhältnis zu der Schmelztemperatur stehen. Durch die Sinterung und Diffusion der einzelnen Kristalle

Abb. 10. Röntgenaufnahme des Hauptkristalls in Abb. 9.

[1] Tammann, G.: Z. anorg. u. allg. Chem. **157**, 321 (1926).
[2] Botschwar, A. A.: Z. anorg. u. allg. Chem. **157**, 319 (1926).

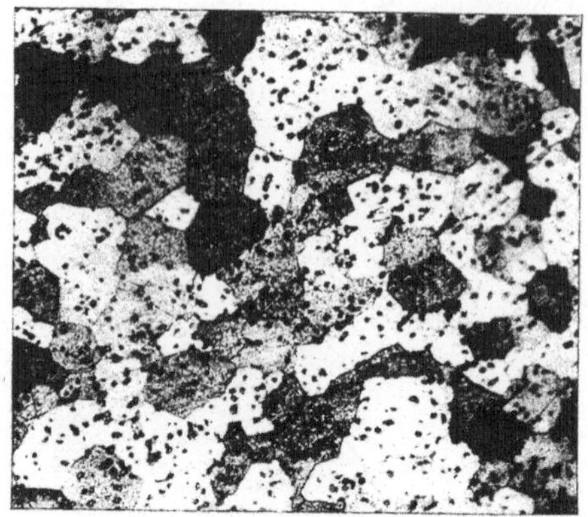

Abb. 11. Gepreßter und gesinterter Wolframstab. Ätzung H_2O_2. × 100

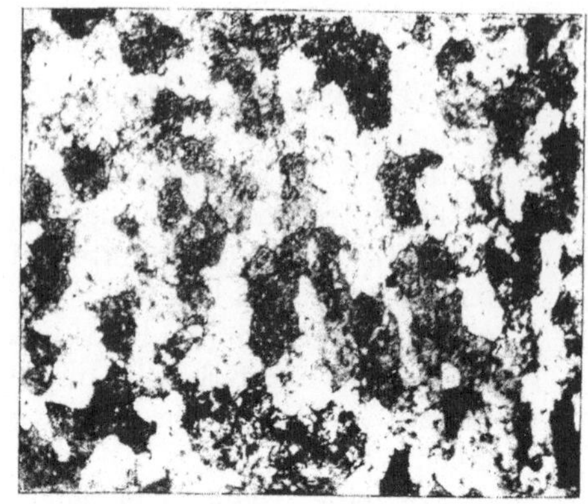

Abb. 12. Wie Abb. 11, auf 4,7 mm ∅ gehämmert. × 100

Abb. 13. Wie Abb. 11, auf 3 mm ∅ gehämmert. × 100

Abb. 14. Wie Abb. 11, auf 2 mm ∅ gehämmert. × 100

Abb. 15. Wie Abb. 11, auf 1 mm ∅ gehämmert. × 100

Abb. 16. Kupferstab nach 99% Kaltverformung. Ätzung $NH_3 + H_2O_2$. × 500

Entwicklung der Faserstruktur bei Kaltbearbeitung.

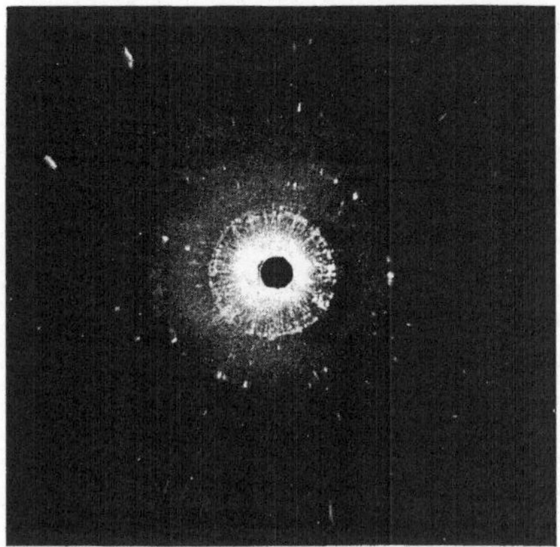

Abb. 17. Gesinterter Wolframstab.

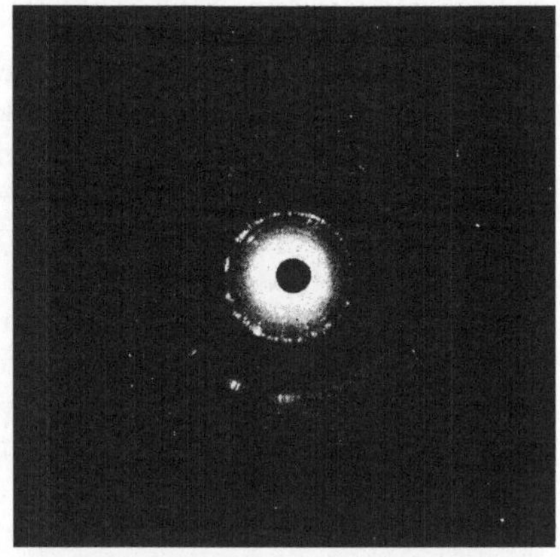

Abb. 18. Wolframstab nach dem Hämmern auf 4,7 mm ∅.

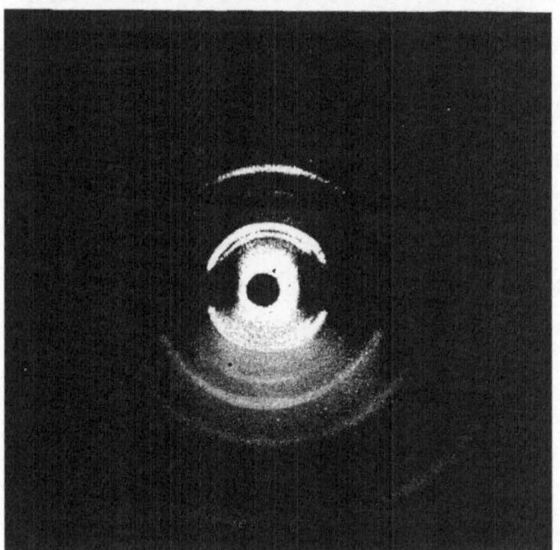

Abb. 19. Wolframstab nach dem Hämmern auf 2,0 mm ∅.

Abb. 20. Gezogener Wolframdraht 0,5 mm ∅.

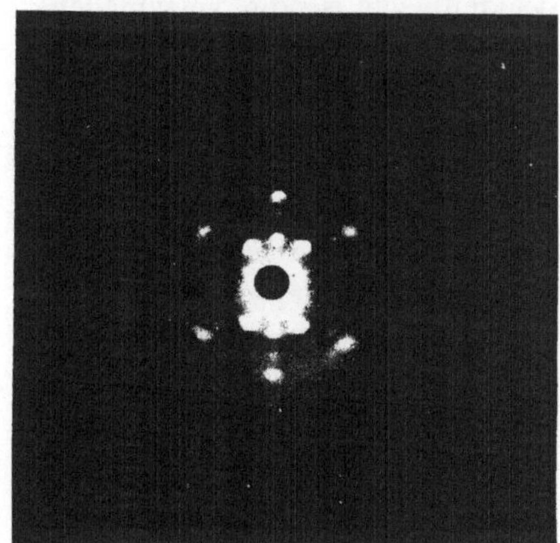

Abb. 21. Gezogener Wolframdraht 0,05 mm ∅.

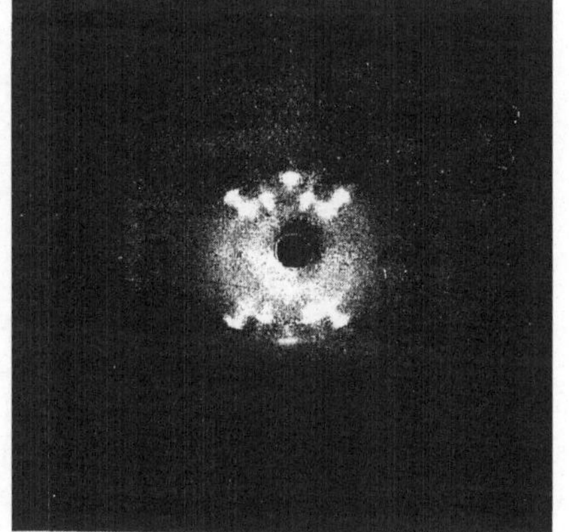

Abb. 22. Kaltgewalztes Kupfer.

Röntgenaufnahme über die Entstehung der Faserstruktur bei Kaltbearbeitung.

eines Pulvers entsteht ein Metallkörper, der sich von einem gegossenen Metall dadurch unterscheidet, daß die einzelnen Kristallite keinerlei bevorzugte Orientierung (Transkristallisation) zeigen.

Abb. 11 zeigt einen gepreßten und gesinterten Wolframstab. Die schwarzen Punkte sind Verunreinigungen, auf die später zurückgekommen werden soll. Abb. 12—15 zeigen weitere Verarbeitungsstufen eines solchen Stabes zu Draht von 1 mm, und die Abb. 17—21 zeigen Laue-Aufnahmen von gesintertem und verarbeitetem Wolfram. Man erkennt an den Mikrobildern, daß die einzelnen Kristallindividuen bei dem Hämmern und Ziehen gestreckt worden sind und eine faserige Struktur ergeben haben. Die Röntgenaufnahme zeigt außerdem, daß damit gleichzeitig eine Einstellung der einzelnen Kristalle in bestimmter kristallographischer Orientierung eingetreten ist. Vergleicht man hiermit die Mikrobilder und die Röntgenaufnahmen eines im Gußzustand erhaltenen Metalls nach entsprechender Verarbeitung (Abb. 16 und 22), so erkennt man, daß auch aus der Gußstruktur eines Blockes eine faserige, zeilenförmige Struktur des verarbeiteten Metalls hervorgeht.

Es sollen hier noch zwei weitere Arten der Erzeugungsformen eines reinen Metalls erwähnt werden. In vielen Fällen ist die Erzielung eines sehr reinen Metalls nur durch Elektrolyse einer Metallsalzlösung möglich. Das Gefüge solcher elektrolytisch gewonnener Metalle kann ganz verschieden sein. Bei einzelnen Metallen besteht der Niederschlag auf der Kathode aus einem sehr feinkörnigen Metallgemenge, welches mehr oder weniger geschichtet ist.

Abb. 27 zeigt das Gefüge von Elektrolytnickel als Beispiel hierfür. In gewissen Fällen erhält man auch ein grobkörniges, stengeliges Kathodenblech, wie das Beispiel von Elektrolytkupfer in Abb. 28 zeigt. Ähnliche Orientierung findet sich bei Silber, während bei Zink oder Cadmium die Orientierung der Kristalle unregelmäßig ist. Für die Reinheit des Niederschlages bzw. für die Möglichkeit des Einschlusses von Elektrolytflüssigkeit in dem Kathodenblech ist die verschiedene Ausbildungsform des Niederschlages von Bedeutung.

Für die Darstellung spektroskopisch reiner Metalle wandte man vereinzelt die Destillation unter geringem Druck und die Abscheidung aus der Gasphase an. Die so gewonnenen Niederschläge sind meist kristallin.

Die Faserstruktur der verarbeiteten Metallkörper kann nachträglich wieder aufgehoben werden, wenn man das Metall nach der erfolgten Kaltbearbeitung glüht. Dabei entstehen neue Körner, deren Korngrenzen keinerlei Zusammenhang mit den Körnern des Metalls im Gußzustande bzw. im gesinterten Zustande haben, das Metall rekristallisiert. Durch die Verarbeitung ist in das Metall eine gewisse Energiemenge hereingesteckt worden, die zum Teil als Oberflächenenergie der einzelnen verformten Kristalle angesehen werden kann.

Da nach dem zweiten Hauptsatz der Thermodynamik ein System bestrebt ist, die freie Energie auf ein Minimum zu reduzieren, so strebt ein bearbeitetes vielkristallines Metallstück dem Zustande des

Abb. 23. Wolframstab auf 4,7 mm gehämmert und 2 Min. bei 2700 °C geglüht. × 100

Abb. 24. 2,0 mm Wolframstab kaltbearbeitet und 2 Min. bei 2700 °C geglüht. × 100

Abb. 25. 1,0 mm Wolframdraht kaltbearbeitet und 2 Min. bei 2700 ° C geglüht. × 100

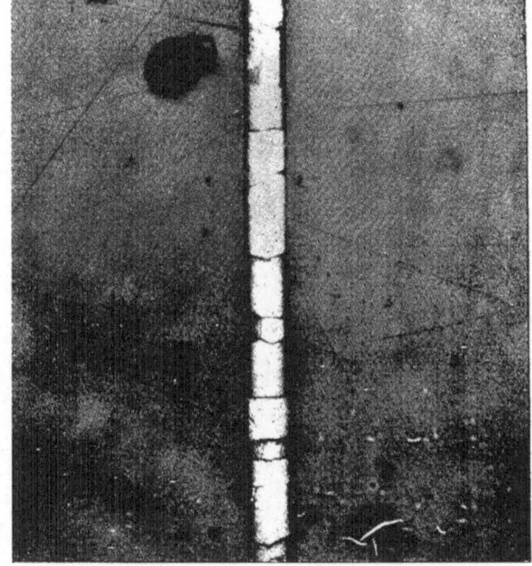

Abb. 26. 0,05 mm Wolframdraht nach dem Glühen bei 2700° C.

Einkristalls zu. Bringt man nun das bearbeitete Metall auf eine Temperatur, die oberhalb der sogenannten unteren Rekristallisationsgrenze liegt, so bilden sich die obenerwähnten neuen Körner aus. Abb. 23—25 zeigen die in Abb. 12, 14 und 15 wiedergegebenen Metallstücke nach der Rekristallisation. Abb. 26 zeigt den auf 0,05 mm gezogenen Wolframdraht nach dem Glühen. Man erkennt deutlich, daß der Draht jetzt aus einzelnen, groben Körnern zusammengesetzt ist. Ohne auf alle Einzelheiten der Rekristallisation hier schon einzugehen, soll nur erwähnt werden, daß eventuelle vorhandene Verunreinigungen eine be-

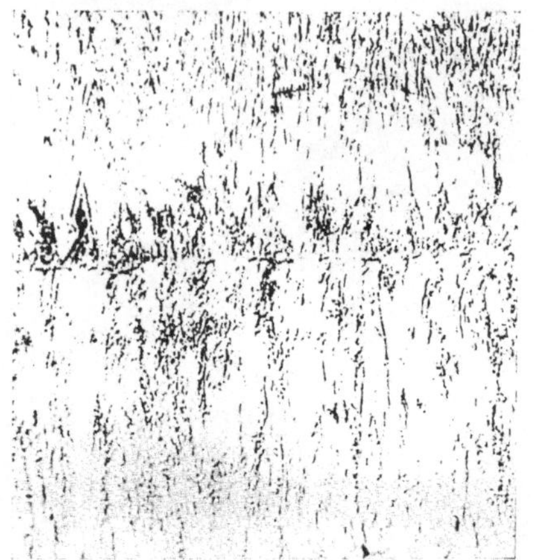

Abb. 27. Querschnitt einer Nickelkathode. Ätzung HNO_3. × 150

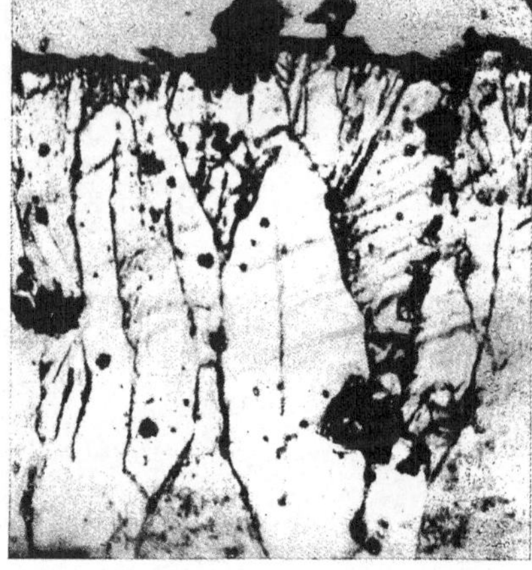

Abb. 28. Stengelkristalle in Elektrolytkupfer. Ätzung $NH_4OH \times H_2O_2$. × 500

deutende Rolle für die Ausbildung des neuen Korns spielen. Beispiele hierfür werden im praktischen Teil gegeben.

Außer durch Rekristallisation ist die Veränderung des Gefüges eines reinen Metalls dann möglich, wenn das Metall mehrere allotrope Modifikationen hat. So ist es z. B. möglich, durch Wiedererhitzen eines Metallstückes auf die Temperatur der bei höherer Temperatur stabilen Modifikation dieses Metall umzukristallisieren.

II. Der Einfluß von Beimengungen auf das Gefüge und die Eigenschaften eines Metalls (Allgemeiner Teil).

Die im ersten Absatz beschriebenen Erscheinungen haben zunächst nur theoretischen Charakter. In der Technik haben wir es nur in den seltensten Fällen mit ganz reinen Metallen zu tun. Die Vergesellschaftung von Erzen mehrerer Metalle und die Schwierigkeit der quantitativen Trennung der Erze bei der Aufbereitung und der Metalle bei der Verhüttung bringt es mit sich, daß selbst ein im technischen Sinne reines Metall noch Fremdmetalle oder Nichtmetalle enthält. Gar oft sind die Mengen so klein, daß die normale Analyse sie nicht erfaßt. Die Erfahrungen der letzten Jahre haben immer wieder gezeigt, daß selbst so kleine Mengen von Fremdstoffen die verschiedenen Eigenschaften des Metalls wesentlich beeinflussen können. Es soll nun zunächst ganz allgemein betrachtet werden, welche Rolle diese Fremdstoffe bei Erstarrung eines Metalls spielen können.

Vom thermodynamischen Standpunkt bedeutet das Hinzutreten der kleinsten Menge eines zweiten Stoffes zu einem Metall eine einschneidende Änderung. Es sei hier nur an die Änderung der sogenannten „Freiheiten" eines geschlossenen Systemes erinnert, welche dieses durch Hinzukommen einer neuen Komponente oder gar einer neuen Phase erfährt. Gibbs konnte die Regel aufstellen, daß die Anzahl p der Phasen eines geschlossenen Systemes mit n Komponenten zusammen mit der Anzahl f der frei verfügbaren Versuchsbedingungen (der sog. „Freiheiten") gleich sein muß der um 2 vermehrten Anzahl n der Komponenten oder Molekelarten:

$$f + p = n + 2.$$

Als Freiheiten oder frei verfügbare Versuchsbedingungen treten hierin Temperatur, Druck und die Konzentration der einzelnen Phasen auf. Bei metallischen Systemen ist der Druck im allgemeinen 1 atm., solange man nicht bei vermindertem Druck arbeitet. Daher ist über eine Versuchsbedingung schon verfügt, so daß die Gibbssche Phasenregel für „kondensierte Systeme":

$$f + p = n + 1$$

geschrieben werden kann. Die Menge der Phasen spielt keine Rolle.

Haben wir zum Beispiel ein reines Metall im flüssigen Zustand vor uns, so ist $n = 1$ und $p = 1$. Daraus ergibt sich, daß $f = 1$, d. h. daß noch eine Versuchsbedingung frei verfügbar ist. In diesem Falle ist es die Temperatur, und in der Tat kann das System ohne Änderung des Zustandes bei verschiedenen Temperaturen im Gleichgewicht sein. Tritt dagegen beim Erstarrungspunkte die feste Phase hinzu, so ist jetzt $p = 2$ und f muß notgedrungen 0 werden. Die Temperatur des Schmelzpunktes bleibt in dem System solange erhalten, bis das ganze Metall fest geworden ist und wieder nur eine Phase besteht. Jetzt kann die Temperatur weiter sinken.

An diesem Beispiel wollen wir sofort den Einfluß eines Fremdstoffes, einer geringen Beimengung erklären. Tritt eine zweite Molekelart auf, so ist $n = 2$. Im flüssigen Zustand kann außer der Temperatur jetzt auch noch die Konzentration dieser zweiten Molekelart verändert werden, ohne daß das System aus dem Gleichgewicht kommt. Beim Erstarrungspunkt tritt dann die feste Phase auf, wodurch die Zahl der Phasen $p = 2$ wird. Die Gleichung lautet also jetzt:

$$f + 2 = 2 + 1.$$

Man sieht, daß jetzt noch eine Versuchsbedingung frei geändert werden kann. Da die Konzentration der Komponenten gleich bleibt, kann sich jetzt die Temperatur während der Erstarrung ändern. Aus dem „Haltepunkt“ wird jetzt ein Erstarrungsintervall. Bedenkt man nun, daß in der Praxis, wie im 1. Kapitel erwähnt, die Erstarrungstemperatur nicht überall gleichzeitig erreicht wird, und das dadurch bedingte Temperaturgefälle Legierungs-Änderungen hervorruft, so sieht man, daß die örtliche Beeinflussung der Erstarrung durch geringe Beimengungen sehr erheblich sein kann. Ähnliche Überlegungen gelten für die Umwandlungspunkte von Metallen und Legierungen.

Die Gibbssche Phasenregel ist nun lediglich eine qualitative Betrachtungsmethode. Quantitative Aussagen über die Wirkung einer bestimmten Menge eines Fremdstoffes erhalten wir, soweit bei dem Auftreten geringer Beimengungen Reaktionen verlaufen, auf Grund des Massenwirkungsgesetzes[1] und im übrigen an Hand der Temperatur-Konzentrationsdiagramme der Zweistoff- oder Mehrstoff-Systeme.

Diese Temperatur-Konzentrationsdiagramme stellen Gleichgewichtsschaubilder dar, die angeben, wie viele Phasen und von welcher Zusammensetzung bei einer bestimmten Temperatur im Gleichgewicht sind. Sie sind meist auf Grund thermischer und dilatometrischer Analyse oder Leitfähigkeitsmessungen gewonnen worden. Leider sind die thermischen oder dilatometrischen Effekte kleiner Mengen eines Fremdstoffes oft so klein, daß die Aufstellung des Zustandsschaubildes auf erhebliche Schwierigkeiten stößt.

Immerhin erscheint es angebracht, zur Erläuterung der Veränderung der Verhältnisse beim Schmelzen und Erstarren eines Metalls durch den Zusatz einer kleinen Beimengung, die wichtigsten Zustandsschaubilder der binären Systeme zu besprechen. Die willentlich oder unwillentlich vorhandene Beimengung stellt eben nichts anderes als eine zweite Komponente des Systemes dar. Hierbei soll zunächst angenommen werden, daß nur immer ein fremdes Metall oder Nichtmetall außer dem Grundmetall vorliegt. Die Übertragung der an den binären Systemen gewonnenen Erkenntnisse ist dann auf Mehrstoffsysteme von Fall zu Fall zu erwägen. Im allgemeinen leisten die binären Schaubilder auch für diese Fälle noch gute Dienste.

Das fremde Element kann in dem flüssigen Metall löslich oder unlöslich, im festen Metall in jedem Mischungsverhältnis löslich, teilweise löslich oder unlöslich sein. Auch können sich Verbindungen zwischen Grundmetall und dem verunreinigenden Element bilden.

Ist der Fremdstoff im flüssigen Metall unlöslich, so wird er meist Gelegenheit haben, sich aus der Schmelze auszuscheiden, zumal wenn

---

[1] Nernst, W.: Theoretische Chemie, 11. bis 15. Aufl., S. 580. Stuttgart 1926.

noch Unterschiede in der Dichte vorliegen. Tritt dies jedoch nicht ein, und bleiben die unlöslichen Fremdstoffe im flüssigen Metall in Schwebe, so werden sie vor den wachsenden Kristalliten hergeschoben und kommen in den Korngrenzen zur Ausscheidung. Häufig dienen solche unlöslichen Fremdstoffe auch als Kristallisationskeime, sie verhindern eine starke Unterkühlung. Durch die Keimwirkung der Einschlüsse wird gewissermaßen die Kurve für die Kernzahl *KZ* (Abb. 5) näher an den Schmelzpunkt herangeschoben. Da von der Kernzahl aber die Größe der Körner abhängt, können suspendierte Verunreinigungen die Korngröße und damit die Eigenschaften des Metalls wesentlich beeinflussen, wofür später Beispiele mitgeteilt werden.

Der Fall, daß der Fremdstoff in dem flüssigen Metall gelöst ist, kommt bei metallischen Beimengungen am meisten vor und ist deshalb am wichtigsten, weil unter diesen Umständen die geringen Mengen eines fremden Metalles bei den Gewinnungsverfahren gewöhnlich gar nicht erkannt werden können. Die für unseren Zweck zu betrachtenden Systeme beschränken sich nunmehr auf die im folgenden wiedergegebenen Typen.

a) Das Fremdelement ist im flüssigen und im festen Metall in jedem Verhältnis löslich. (Abb. 29.) Es sind drei Arten von Gleichgewichtsdiagrammen möglich, von denen wir zunächst den Typus 1 besprechen wollen. Kühlt eine solche Legierung ab, so werden beim Erreichen der Liquiduslinie (voll ausgezogene Linie) bei l Kristalle der Zusammensetzung s ausgeschieden. Diese Kristalle bilden sich in derselben Weise, wie

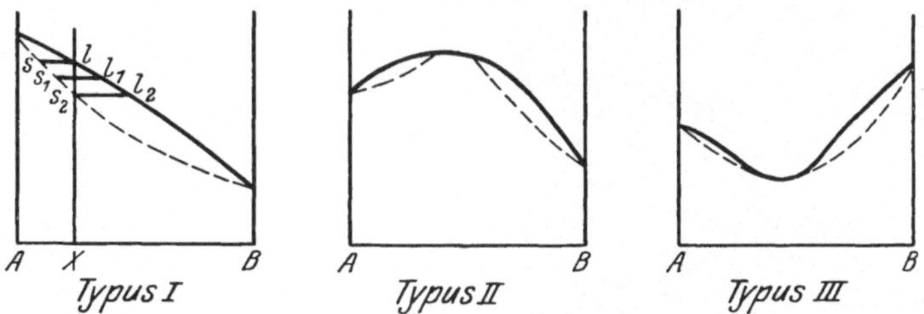

Abb. 29. Gleichgewichtsschaubilder für Systeme mit vollkommener Löslichkeit im festen und flüssigen Zustand.

bei einem reinen Metall durch dendritisches Wachstum der Kerne. Nur ist in diesem Falle das Gitter der Kristalle aus Atomen verschiedener Elemente aufgebaut. Die Mutterlauge wird im Laufe der Erstarrung immer reicher an Metall B als vorher, dadurch sinkt der Erstarrungspunkt und die in der Folge ausgeschiedenen Metallmengen enthalten immer geringere Mengen des Metalls A. Dieser Vorgang schreitet fort, bis der letzte Rest der Schmelze bei der Temperatur l_2 mit der Zusammensetzung s_2 erstarrt. An Stelle homogener Kristalle entstehen auf diese Weise sogenannte Schichtkristalle. Bedenkt man nun ferner, daß die

Bildung von Kernen sich über einen bestimmten Zeitraum erstreckt, und daß der Beginn und das Ende der Erstarrung nicht bei allen Kristallen zusammenfällt, die später ausgeschiedenen Kerne also andere

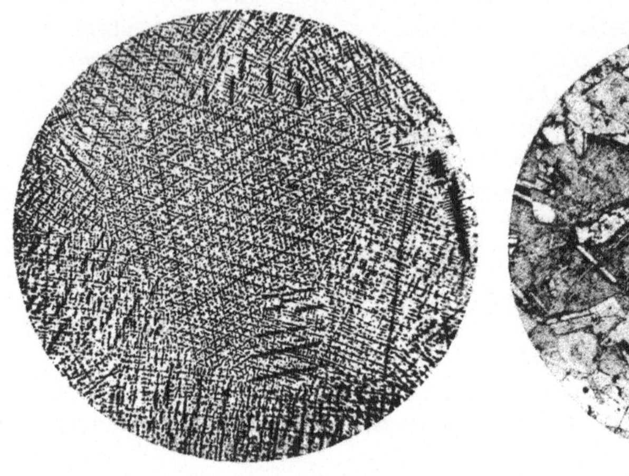

Abb. 30. Gegossenes α-Messing (90/10). × 50

Abb. 31. Wie Abb. 30, kaltbearbeitet und bei 750° geglüht. Ätzung $NH_2 + H_2O_2$. × 130

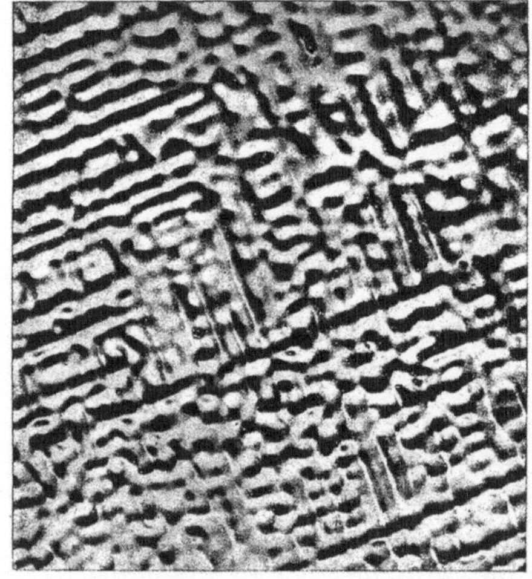

Abb. 32. Gegossene Cr-Ni-Legierung 20 Ni, 80 Cr. Ätzung $CuCl_2$ + Königswasser. × 100

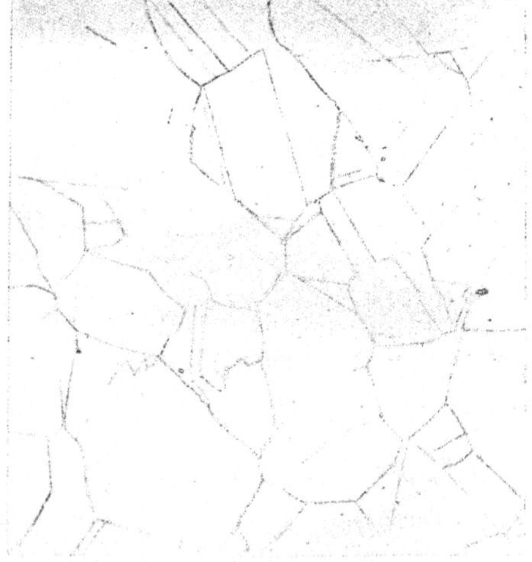

Abb. 33. Wie Abb. 32, kaltbearbeitet und geglüht bei 1000° C. × 100

Zusammensetzung haben, wie die zuerst ausgeschiedenen, so sieht man, daß die einzelnen Kristallite unter sich auch noch verschiedene Konzentrationen der beiden Elemente enthalten können, abgesehen von der Tatsache, daß jeder Kristall ein Schichtkristall ist. Die als Kristallseigerung bezeichnete Eigenschaft der Mehrstoffsysteme, Schichtkristalle zu bilden, ist um so größer, je größer das Erstarrungsintervall ist.

Legierungen des Typus 3 verhalten sich entsprechend, wobei der Kern des Schichtkristalls reicher an *A* oder *B* ist, je nachdem die Legierung auf der einen oder anderen Seite des Minimums liegt. Legierungen des Typus 2 sind bisher nicht bekannt geworden. Ätzt man einen Schliff einer zu dieser Gruppe gehörigen Legierung mit einem geeigneten Ätzmittel, so tritt infolge der verschiedenen chemischen Lösungspotentiale der an Fremdmetall reichen oder armen Metallkörner der beschriebene Aufbau klar zutage. Abb. 30 und 32 zeigen solche Bilder.

Während die vorstehende Betrachtung unter der Voraussetzung geschah, daß die einmal beim Erstarren im Gitter angenommene Anordnung bestehen bleibt, ist dies in der Tat manchmal nicht der Fall. Da die Abkühlung meist eine merkliche Zeit in Anspruch nimmt, ist Gelegenheit zur Diffusion, zum teilweisen Ausgleich der Konzentrationsunterschiede der einzelnen Schichten gegeben. Zu einem vollkommenen Ausgleich reicht die Zeit dagegen meist nicht aus. Jedoch kann durch längeres Glühen oberhalb der Temperatur des beginnenden Platzwechsels der Atome[1], das sogenannte Tempern, ein weiterer Ausgleich der Konzentrationen erzielt werden. In der Praxis läßt man einer solchen Glühung oft eine Bearbeitung im kalten Zustand vorausgehen und glüht oberhalb der unteren Rekristallisationsgrenze, so daß eine Neubildung des Gefüges durch Rekristallisation entsteht. Abb. 31 und 33 zeigen das Gefüge der zu Abb. 30 und 32 gehörigen Proben nach Kaltbearbeitung und Rekristallisation.

Beim Warmwalzen wird das Primärgefüge des Gußblockes in eine Zeilenstruktur verwandelt, die selbst durch sehr langes Glühen bei hohen Temperaturen oft nicht beseitigt werden kann[2].

b) Wir wollen jetzt den Fall betrachten, daß das fremde Element **im flüssigen Metall in allen Verhältnissen, im festen Metall jedoch gänzlich unlöslich ist.** Der Schmelzpunkt des einen Elements wird durch den Zusatz des anderen erniedrigt (Abb. 34), wobei die Erniedrigung bis zum eutektischen Punkt meist der Menge des Zusatzes nahezu proportional ist. Die Linien der beginnenden Erstarrung schneiden sich bei dem sogenannten „eutektischen Punkt“. Beim Abkühlen einer Legierung von der Zusammensetzung *X* scheiden sich zunächst reine Kristalle des Elementes *B*

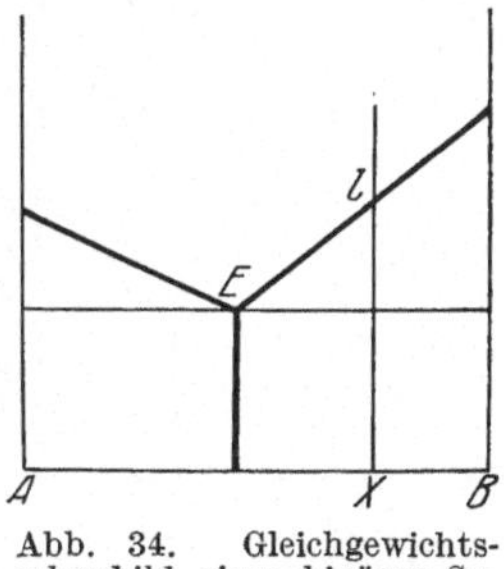

Abb. 34. Gleichgewichtsschaubild eines binären Systemes mit vollkommener Unlöslichkeit im festen Zustand.

[1] Tammann, G.: Z. anorg. u. allgem. Chem. **157**, 321 (1926).

[2] Oberhoffer, P. u. A. Heger: Stahleisen **43**, 1151/5 (1923).

aus. Durch die fortschreitende Absonderung reiner B-Kristalle tritt eine Anreicherung der Mutterlauge an dem Element A ein, die solange anhält, bis die Mutterlauge in ihrer Zusammensetzung der eutektischen Legierung C entspricht. Diese eutektische Legierung erstarrt jetzt wie ein einheitlicher Stoff. Die Temperatur bleibt so lange konstant, bis der letzte Rest der Schmelze erstarrt ist. Dabei geht die Erstarrung anscheinend rhythmisch vor sich. Einer Abscheidung des einen Elementes folgt unmittelbar die Abscheidung einer geringen Menge des anderen Elementes und so fort. Wir können diesen Vorgang als eine abwechselnde Überschreitung des Gleichgewichts in der einen und anderen Richtung ansehen[1]. G. Tammann teilt diese Anschauung allerdings nicht. Das typische Gefüge eines Eutektikums zeigt die Abb. 35. Die lamellare Struktur dieser Legierungen kann durch Glühen bei Temperaturen nahe des Erstarrungspunktes des Eutektikums verändert werden. Dabei wird die einzelne Lamelle unter Einfluß der Oberflächenspannung zu einem kugeligen Gebilde zusammengezogen, so daß eine körnige Gefügeart entsteht. Das Gefüge einer Legierung, die entsprechend behandelt wurde, zeigt Abb. 36. Schematisch ist die Entstehung des Gefüges einer Legierung der Zusammensetzung X in Abb. 37 wiedergegeben. Zunächst wachsen die Kristalle des reinen Metalls B bis das Eutektikum erreicht ist. Jetzt erstarrt das Eutektikum und füllt die Spalten zwischen den Körnern aus. Die Säume des Eutektikums zwischen den reinen Kristallen des Stoffes B sind dabei um so breiter, je mehr die erstarrte Legierung der eutektischen Zusammen-

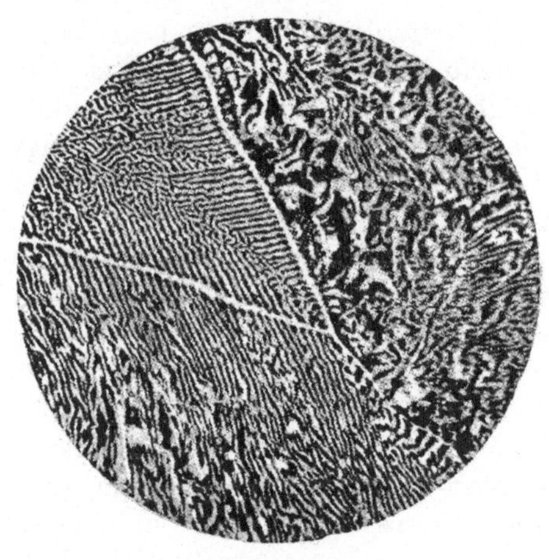

Abb. 35. Eutektische Legierung von Wismut und Zinn (57 Bi, 43 Sn.). (Desch.) × 200

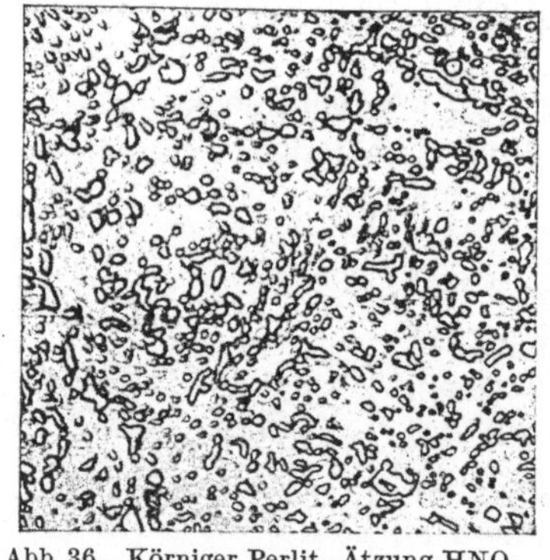

Abb. 36. Körniger Perlit. Ätzung HNO_3. (Oberhoffer.) × 400

[1] Portevin: J. Inst. Metals 29, 239 (1923).

setzung entspricht. Durch Bearbeitung und Rekristallisation kann zwar die Art des Gefüges, die Verteilung des Eutektikums und die Größe der Körner geändert werden, die Menge des Eutektikums bleibt jedoch konstant. Obwohl vom metallographischen Standpunkt das Eutektikum als ein Gefügebestandteil anzusehen ist, zeigt die Röntgenaufnahme eines Eutektikums die Linien beider Komponenten und betont so die heterogene Natur dieser Phasen.

c) Das Fremdelement ist im flüssigen Metall in allen Verhältnissen löslich, im festen Metall nur in beschränktem Maße löslich. Die vollkommene Unlöslichkeit des einen Stoffes in dem anderen ist in der Metallurgie ein sehr seltener Fall. Viel öfter ist eine geringe gegenseitige Löslichkeit der Elemente vorhanden. Dieser Fall stellt ein Mittelding zwischen den bisher besprochenen Möglichkeiten dar, und ist von großer praktischer Bedeutung.

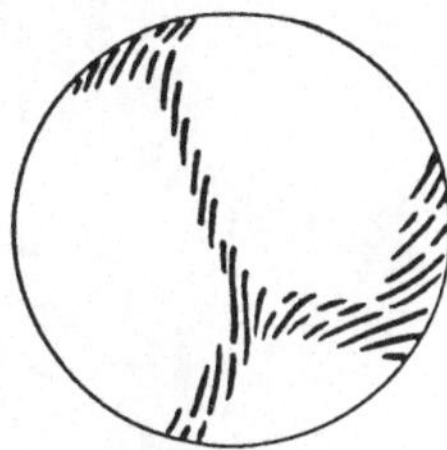

Abb. 37. Erstarrungsstufen einer Legierung X der Abb. 34.

Abb. 38 gibt das entsprechende Gleichgewichtsschaubild wieder. Legierungen von der Konzentration A bis X_1 und X_2 bis B erstarren wie die unter a) behandelten, es werden Schichtkristalle gebildet und die Erstarrung geht in einem Temperaturintervall vor sich.

Legierungen von der Konzentration X_1 bis X_2 bilden ein Eutektikum, welches jedoch jetzt nicht aus reinen Stoffen, sondern aus zwei Mischkristallen e_1 und e_2 gebildet wird. In vielen Fällen verändert sich das Aufnahmevermögen der festen Lösungen α oder β für B bzw. A mit sinkender Temperatur. Nimmt z. B. die Sättigung der festen Lösung α an B mit fallender Temperatur ab, und ist die Abkühlung langsam genug, daß der Gleichgewichtszustand zur Einstellung gelangt, so zerfällt ein Teil des α-Mischkristalls unter Ausscheidung von Mischkristall $e_2 - X_2$.

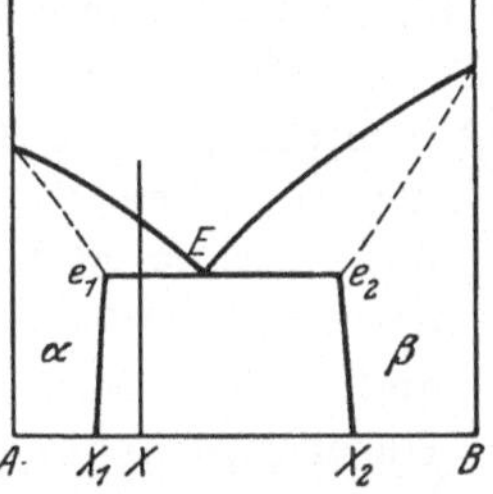

Abb. 38 Binäres System mit vollkommener Löslichkeit im flüssigen und begrenzter Löslichkeit im festen Zustand.

Abb. 39. Erstarrungsschema der Legierung X in Abb. 38.

Abb. 39 zeigt schematisch die Ausbildung des Gefüges einer Legierung von der Zusammensetzung X mit vollkommener Löslichkeit im flüssigen Zustand und begrenzter Löslichkeit im festen Zustand. Es werden zuerst Mischkristalle ausgeschieden, in deren Zwischenräumen dann das Eutektikum erstarrt. Abb. 40 zeigt ein Beispiel hierfür. Kupfer löst bei niedrigen Temperaturen nur 2% Ag und Silber nur 4% Cu. Die dunklen Kristallite der kupferreichen festen Lösung sind von dem Kupfer - Silber - Eutektikum umgeben.

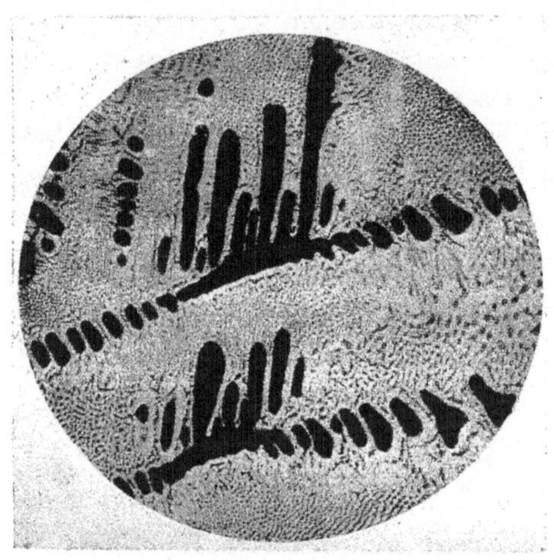

Abb. 40. Kupferreiche Dendriten vom Cu-Ag-Eutektikum umgeben. (Desch.) × 200

In die hier besprochene Gruppe der Legierungen gehört auch noch eine Art, deren Erstarrungsschaubild in Abb. 41 wiedergegeben ist. Auch hier sind beide Elemente im flüssigen Zustand in allen Verhältnissen ineinander löslich und die Löslichkeit im festen Zustand ist beschränkt, aber der Schmelzpunkt des einen Elementes wird durch Zusatz des anderen nicht erniedrigt, sondern erhöht. Im Bereich der festen Lösungen α und β werden auch hier Mischkristalle ausgeschieden. Legierungen der Konzentration X_1 bis X_3 scheiden beim Erstarren zunächst β-Mischkristalle aus. Bei der Temperatur der Geraden MO bildet sich aus der Schmelze M und dem Mischkristall O der neue Mischkristall P. Liegt die Konzentration der Ausgangslegierung zwischen X_1 und X_2, so ändert sich der Mischkristall P gemäß der Gleichgewichtslinie PL, bis die Legierung vollkommen erstarrt ist. Bei Konzentrationen zwischen X_2 und X_3 geht die Erstarrung bei der Temperatur des Peritektikums P zu Ende. Das Gefüge besteht aus den beiden Mischkristallen P und O, die jedoch im Gegensatz zu dem Eutektikum getrennte Phasen bilden. Bei langsamer Abkühlung tritt dann oft noch eine Umwandlung dieser Mischkristalle gemäß PT und OS ein. Abb. 42 zeigt als Beispiel hierfür das Gefüge eines Messings mit 60% Cu und 40% Zn nach dem Walzen und Glühen bei 700° C. Es besteht aus einem Gemenge der α- und β-Mischkristalle.

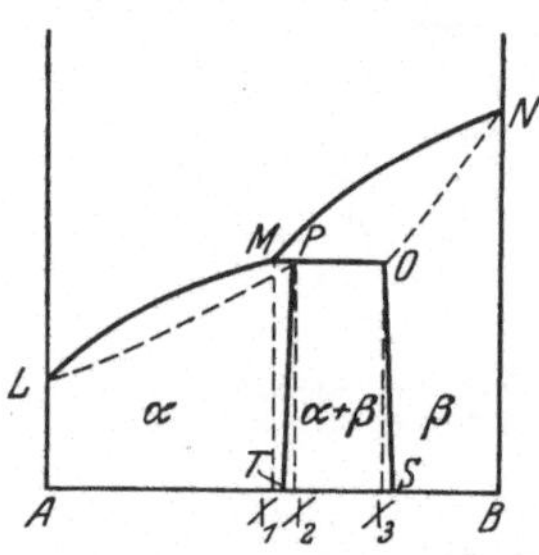

Abb. 41. Binäres System mit Peritektikum und begrenzter Löslichkeit im festen Zustand.

d) Das Fremdelement bildet eine oder mehrere Verbindungen. Dieser für metallische Systeme wichtige Fall kann als eine Verdoppelung oder Vervielfachung des unter c) besprochenen Falles angesehen werden, wenn man die Verbindung als reines Metall betrachtet. Abb. 43 zeigt das zugehörige Erstarrungsschaubild. Das Metall A bildet mit der Verbindung $A_m B_n$ ein Eutektikum und das Metall B mit der Verbindung ebenso. In dem ganzen System sind jetzt drei feste Lösungen und zwei Eutektika vorhanden.

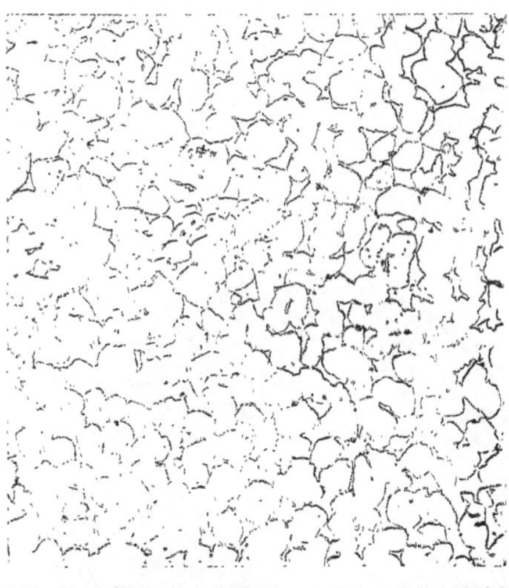

Abb. 42. $\alpha\beta$-Messing (60/40) gewalzt und bei 700° C geglüht. Ätzung $NH_3 + H_2O_2$. × 130.

Die Verbindungen solcher Systeme setzen sich im allgemeinen aus einfachen Verhältnissen der beiden Komponenten zusammen, z. B. XY, X_2Y, X_2Y_3. Eine zufriedenstellende Erklärung auf Grund der chemischen Wertigkeit ist jedoch nicht gefunden worden. Untersucht man solche intermetallischen Verbindungen durch Röntgenstrahlen, so zeigt sich, daß sie ihr eigenes Gitter haben, in dem die Atome in derselben regelmäßigen Weise angeordnet sind, wie in einer stöchiometrisch bestimmten Verbindung.

Es sind mehr als 100 intermetallische Verbindungen festgestellt worden, und in Hinsicht auf ihr Vorkommen in verschiedenen technischen Legierungen sind sie von beträchtlicher Bedeutung. Im allgemeinen haben die Verbindungen nur eine sehr geringe Löslichkeit in den sie bildenden Metallen. Der Erstarrungsprozeß geht bei diesen Legierungen nach denselben Regeln vor sich, die wir oben unter c) kennengelernt haben. Die Kristallisation ist etwas verschieden von der eines reinen Metalls. Wenn die Legierung ganz aus fester Lösung besteht, wird die übliche dendritische Struktur gebildet. Wenn sich dagegen die Verbindung frei ausscheidet, sei es im reinen Zustand oder als Bestandteil eines Eutektikums, so streben die Kristalle danach, ebene Flächen zu bilden. Abb. 44 zeigt den pseudokubischen Kristall von Sb—Sn in einer Blei-Zinn-Antimonlegierung. Abb. 45 zeigt eine Legierung von Aluminium, Silizium und Kalzium, in der hexagonale Kristalle von $CaSi_2$ im Eutektikum von Aluminium und $CaAl_3$ eingebettet sind. Die Kristalle der intermetallischen Verbindungen sind gewöhnlich hart und spröde, entsprechend ihrer geringen

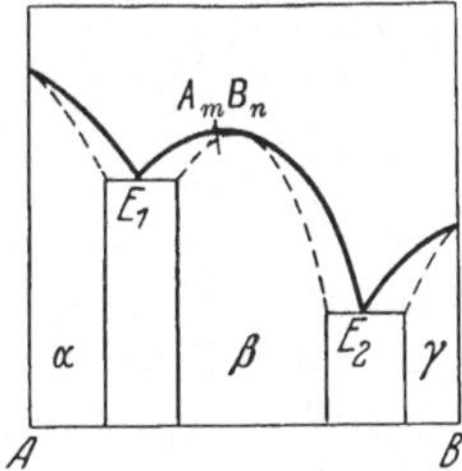

Abb. 43. Binäres System mit einer intermetallischen Verbindung $A_m B_n$.

Symmetrie und der Abwesenheit von Gleitebenen, so daß die Anwesenheit dieser Kristalle oft eine starke Wirkung auf die mechanischen Eigenschaften einer Legierung hat. Die Zinn-Blei-Antimon-Legierungen werden als Lagermetall gebraucht, da die Anwesenheit der harten Sb—Sn-Kristalle in der weichen, eutektischen Grundmasse hierfür günstig ist. In bearbeiteten und rekristallisierten Legierungen erscheint die Verbindung in den Korngrenzen, wenn die eutektische Zusammensetzung überschritten ist. Dadurch wird die Geschmeidigkeit des ganzen Metalls zerstört. Ein Beispiel hierfür ist das System

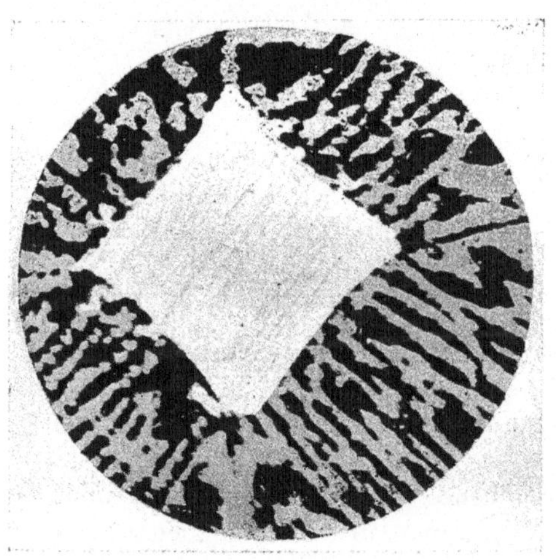

Abb. 44. Legierung von 14% Sn, 10% Sb, 76% Pb mit SbSn-Kristall. Ätzung verd. HCl. (Guillet und Portevin.) × 400.

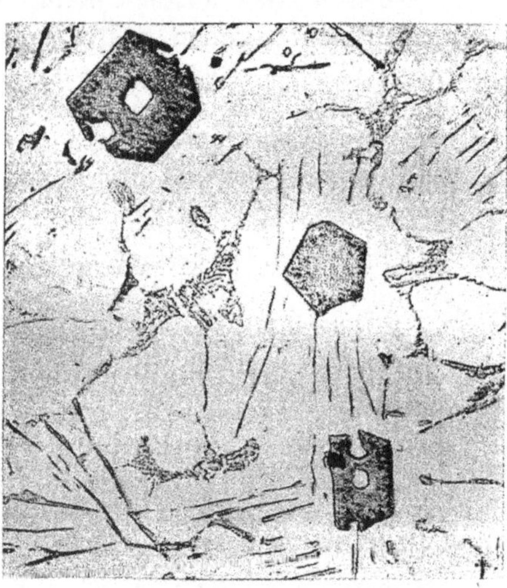

Abb. 45. Aluminiumlegierung mit 2% Ca, 2,5% Si. $CaSi_2$-Kristalle im Eutektikum aus Al und $CaAl_3$. Ätzung HF. (Grogan.) × 500.

Eisen-Kohlenstoff, in dem die Verbindung Cementit (Fe_3C) nach geeigneter Glühbehandlung in den Korngrenzen erscheint, wenn die eutektoide Zusammensetzung von 0,9% C überschritten wird. Ist dagegen der übereutektoide Cementit über die γ-Kristalle verteilt, so ist der Stahl sehr zähe.

An Hand der kurzen Übersicht der binären Zweistoff-Systeme erkennt man nun bereits, daß die Einwirkung eines als neue Komponente geltenden Fremdstoffes recht vielseitig sein kann. Der Schmelzpunkt wird in ein Erstarrungsintervall umgewandelt. Die Temperatur der beginnenden und beendeten Erstarrung wird beeinflußt, und zwar meist gesenkt. Außerdem treten aber unter Umständen im festen Zustand auch noch verschiedene Umwandlungen auf, von denen einzelne nur dem verunreinigten Metall bzw. dem Mehrstoffsystem eigen sind. Außer den polymorphen Umwandlungen und der Rekristallisation, die beide beim reinen Metall auftreten, kommen noch die Änderung der gegenseitigen Löslichkeit der beiden Stoffe, die Bildung der Eutektika, und die Entstehung oder Zerlegung nichtmetallischer Verbindungen in Frage.

Auf die polymorphen Umwandlungen haben die Beimengungen einen großen Einfluß. Das gilt sowohl für reine Metalle wie für Legierungen. Die Anwesenheit einer Beimengung in fester Lösung verschiebt die Umwandlung zu höheren oder niedrigeren Temperaturen und unterdrückt die Umwandlung unter Umständen ganz. Die Umwandlung des γ- in α-Eisen, die später besprochen werden soll, ist ein sehr gutes Beispiel für die Empfindlichkeit der Umwandlungen für Fremdmetalle oder Nichtmetalle.

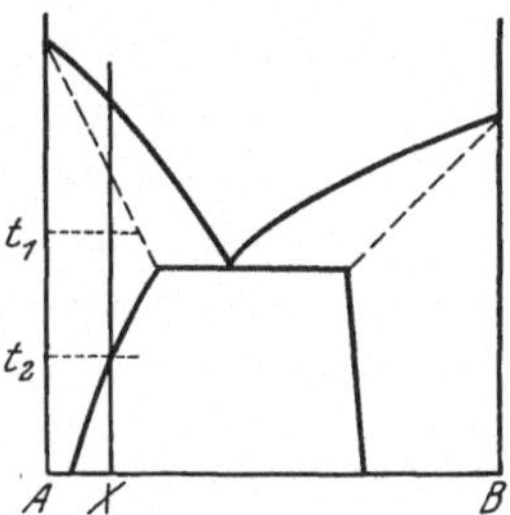

Abb. 46. Binäres System mit einer Mischungslücke und veränderlicher Löslichkeit der Komponenten im festen Zustand.

Wie oben bereits erwähnt, ändert sich in den meisten Fällen, in denen zwei Metalle eine begrenzte Löslichkeit im festen Zustand haben, die Löslichkeit mit der Temperatur. Es kann daher vorkommen, daß eine Legierung, welche als homogene, feste Lösung erstarrt, bei niedrigeren Temperaturen hinsichtlich der einen Komponente übersättigt wird, so daß eine zweite Phase bei der Abkühlung ausgeschieden wird. Dieses wird z. B. im Falle einer Legierung der Zusammensetzung X eintreten bei einem System mit dem in Abb. 46 dargestellten Zustandsdiagramm. Bei der Temperatur t_1 besteht die Legierung nur aus der festen Lösung, die bei t_2 übersättigt wird und Kristalle abscheidet, welche normalerweise in der Nähe der Korngrenzen abgelagert werden. Oft ist die Abkühlungsgeschwindigkeit so groß, daß das Gleichgewicht nicht erreicht wird und die Verunreinigung oder der Legierungsbestandteil in einem halb stabilen Zustand in fester Lösung bleibt.

Handelt es sich nicht um ein reines Metall, sondern um eine Legierung mit begrenzter, veränderlicher Löslichkeit im festen Zustand, so kann die Löslichkeitsgrenze zu geringeren Konzentrationen verschoben werden.

Wird der Schmelzpunkt des reinen Metalls durch den Zusatz der Beimengung nur wenig erniedrigt, und beginnt er bei weiteren Zusätzen sogar anzusteigen, so ist das Auftreten charakteristischer Eutektika oft ein leichtes Erkennungsmittel für eine Verunreinigung. Dasselbe gilt von intermetallischen Verbindungen. Oft genügen geringe Mengen eines Zusatzes, um solche Verbindungen, sei es aus dem Grundmetall und dem Zusatz oder aus dem Zusatz und einer schon vorhandenen Verunreinigung zu bilden. Die Eutektika und Verbindungen rufen empfindliche Eigenschaftsänderungen hervor, auf die im einzelnen später zurückgekommen wird.

Die im ersten Kapitel bereits angedeutete Rekristallisation kann in ihrem Verlauf durch Beimengungen merklich gestört und verändert werden. Wie bei dem reinen Metall ergibt die Deformation zunächst eine Faserstruktur, aber die verschiedenen Phasen werden verschieden deformiert, wenn sie in der Härte abweichen. Brüchige Bestandteile werden nicht verformt, sondern in Bruchstücke verwandelt und in der weichen Grundmasse verstreut. Sie können Risse und ähnliche Fehler hervorrufen. Bei der eventuell nachfolgenden Rekristallisation wirken diese Bruchstücke als Keime. Außerdem kann die untere Rekristallisationsgrenze erheblich beeinflußt werden.

Bei der Bearbeitung im warmen und kalten Zustand können solche Fremdstoffe sehr stören. Niedriger Schmelzpunkt der Verbindungen erzeugt dabei Rotbruch.

Beim Abschrecken von hohen Temperaturen können durch die Verunreinigungen Zustände erhalten bleiben, die dem Gleichgewicht bei Zimmertemperatur nicht entsprechen. Diese Änderung der kritischen Abschreckgeschwindigkeit durch geringe Zusätze spielt beim Eisen eine große Rolle. Die langsame Einstellung des Gleichgewichtszustandes nach dem Abschrecken (Altern), welche eventuell durch Anlassen befördert werden kann, wird durch die Beimengung ebenfalls sehr beeinflußt.

Mit der Beeinflussung der Erstarrungsverhältnisse der Umwandlungen und des Gefüges sind die Wirkungen eines Fremdstoffes nicht erschöpft. Teils durch die vorerwähnten Erscheinungen bedingt, teils durch die chemische und physikalische Natur der Beimengungen hervorgerufen, werden die technologischen, physikalischen und chemischen Eigenschaften des fertigbearbeiteten Metalls ebenfalls beeinflußt.

Es war nun von jeher das Bestreben, aus der Art der Beimengungen Rückschlüsse auf die zu erwartende Beeinflussung der Eigenschaften tun zu können. Von besonderem Interesse sind dabei die Versuche, auf Grund der Stellung des Elementes im periodischen System, Schlüsse auf seine Wirkung als Beimengung eines reinen Metalls zu ziehen. So hat sich z. B. eine alte Faustformel herausgebildet, die besagt, daß ein Zusatz um so stärker wirkt, je weiter das Element im periodischen System vom Grundmetall entfernt steht[1]. Diese Erfahrung wird verständlich, wenn man bedenkt, daß der Unterschied der Wertigkeit um so größer ist, je weiter die Elemente im periodischen System auseinander stehen. Der „Kristallkonstrukteur" wird immer große Wirkungen erzielen, wenn er mit Bausteinen höherer Valenzzahl arbeitet. Daher kommt es, daß Stoffe wie C, Si, Zn, P und Sb so besonders geeignet sind, in kleinen Mengen große Wirkung auszuüben. Ein weiteres Bei-

[1] Goldschmidt, V. M.: Z. techn. Phys. 8, 263 (1927).

spiel für die Zusammenhänge zwischen den verschiedenen Zusätzen zu einem Metall und der Stellung dieser Zusätze im periodischen System geben A. Westgren und G. Phragmén[1]. Diese Verfasser zeigten, daß deutliche Analogien im Zustandsdiagramm der Zink-, Aluminium- und Zinnbronzen bestehen. Die Löslichkeit der genannten Metalle im festen Cu wird um so kleiner, je höher die Wertigkeit des Metalls ist, und ebenso verschieben sich die Homogenitätsgebiete der strukturell analogen Phasen mit der Wertigkeit der Metallkomponente. Die Legierungen des Kupfers mit Si, P, As und Sb gehören ebenfalls zu dieser Gruppe. Eine ähnliche Reihe von Analogiefällen stellten Westgren und Phragmén bei den Legierungen des Silbers mit Zn, Al und Sb fest.

Einen sehr wertvollen Beitrag zu der Frage des Zusammenhanges der Eigenschaften einer Legierung mit der Stellung ihrer Komponenten im periodischen System gibt F. Wever[2] mit einer Arbeit über den Einfluß der Elemente auf den Polymorphismus des Eisens. Wever konnte zeigen, daß zwei große Gruppen von Elementen bestehen, von denen die eine Gruppe den Existenzbereich der kubisch raumzentrierten Phase erweitert, die andere Gruppe erweitert den Existenzbereich der kubisch flächenzentrierten Phase. Als typisches Beispiel für den ersten Fall dienen Si und Cr, während für die zweite Klasse Ni als Beispiel erwähnt werden möge. Es konnte weiterhin gezeigt werden, daß die beiden Gruppen hinsichtlich ihrer Zustandsdiagramme in Untergruppen unterteilt werden können, insofern eine unbegrenzte Löslichkeit im festen Zustand besteht, oder ob die Mischkristalle durch ein heterogenes Feld nach höheren Konzentrationen zu begrenzt werden. In Anlehnung an die älteren Arbeiten von F. Osmond[3] und V. L. Bragg[4] wird gezeigt, daß die 4 verschiedenen Typen von Zustandsdiagrammen ihren Ursprung in der Größe der Atomradien haben. Trägt man den Atomradius in Abhängigkeit von der Ordnungszahl im periodischen System auf, so stehen die Elemente einer der vier Gruppen an analogen Stellen der Atomradienkurve. Hier sind zum ersten Male Ansätze gemacht, die Wirkung verschiedener Beimengungen auf ein Metall auf Grund einer Systematik voraussagen zu können. Es ist heute leider noch verfrüht, allgemein solche Übersichten für die verschiedenen Metalle aufzustellen. Der Zweck des vorliegenden Buches soll jedoch sein, mit dazu beizutragen, die für solche systematische Darstellungen notwendigen Beobachtungsunterlagen zu sammeln.

Die Beeinflussung der technologischen oder Festigkeitseigenschaften durch Beimengungen wird wesentlich davon abhängig, ob

[1] Westgren, A. u. G. Phragmén: Z. Metallkunde **18**, 279 (1926).
[2] Wever, F.: Arch. Eisenhüttenwes. **2**, 739/48 (1928/29).
[3] Osmond, F.: Comptes rendus **110**, 346 (1890).
[4] Bragg, W. L.: Phil. Mag. **40**, 177 (1920).

der Zusatz im Grundmetall gelöst ist oder nicht. Im Gegensatz zu den Festigkeitseigenschaften ist eine starke Beeinflussung durch geringe in fester Lösung befindliche Zusätze bei allen den Eigenschaften zu erwarten, die mit dem Atombau in engster Beziehung stehen. Hierzu gehören vor allen Dingen der elektrische Widerstand bzw. die Leitfähigkeit, die Thermokraft, die magnetischen Eigenschaften und die Wärmeleitfähigkeit. Die chemische Widerstandsfähigkeit wird ebenfalls wesentlich verändert, wenn Resistenzgrenzen[1] überschritten werden. Geringe Beeinflussung wird dagegen beim spezifischen Gewicht, der Festigkeit und der Kerbzähigkeit zu erwarten sein. Hier sollen diese Verhältnisse nur angedeutet werden. Im speziellen Teil des Buches werden Beispiele dafür gegeben werden. Bevor wir nun zu diesem speziellen Teil übergehen, soll zunächst eine kurze Übersicht über die bis jetzt bekannt gewordenen, für die Bestimmung der Verunreinigungen geeigneten Analysenverfahren gebracht werden.

III. Die Bestimmung geringer Beimengungen in Metallen.

Mit der Erkenntnis von der Bedeutung der geringen Beimengungen in einem Metall erhebt sich die Frage nach der Bestimmung derselben. Die normalen analytischen Verfahren der Chemie und die physikalischen Methoden sind nur z. T. anwendbar. Leider sind besonders geeignete Verfahren noch spärlich bekannt geworden und auch in der Methode und ihren Ergebnissen meist noch verbesserungsbedürftig. Diese Tatsache ist der tiefere Grund für die immer noch geringe Kenntnis auf diesem Gebiete. Die Verbesserung der Verfahren ist nun aber der Anfang und das hauptsächliche Mittel zur Erweiterung unserer Kenntnis über die Verunreinigungen in Metallen.

Wir wollen im folgenden diejenigen Verfahren besprechen, die geeignet sind, die Untersuchung über Verunreinigungen in Metallen zu fördern und teilen die Verfahren zum Zwecke der Betrachtung ein in:

a) Chemische Verfahren,
b) Physikalische Verfahren,
c) Metallographische Verfahren.

a) Chemische Verfahren.

Die gewichtsanalytische Bestimmung eines Fremdstoffes in einem Metall hat meist bei 0,01% eine untere Grenze. Unterhalb 0,01% ist die Genauigkeit gering. Die Maßanalyse gestattet diese Grenze zu unterschreiten, aber auch hier ist die Genauigkeit bald nicht mehr ausreichend. Der Erhöhung der Einwage sind meist Grenzen gesetzt. Oft aber liegen nur geringe Mengen des zu untersuchenden Metalls vor.

[1] Tammann, G.: Z. anorg. u. allg. Chem. **107** (1920).

Hier ist in den letzten zehn Jahren die von F. Pregl entwickelte quantitative Mikroanalyse von Bedeutung geworden. Sie wurde zunächst auf organische Verbindungen angewandt. Für anorganische Stoffe und Metalle ist die Methode aber auch anwendbar. Es ist im Rahmen des vorliegenden Buches nicht möglich, auf die zahllosen, für die Bestimmung der einzelnen Elemente entwickelten Verfahren einzugehen. Es soll nur erwähnt werden, daß es zum Beispiel möglich ist, Kupfermengen bis zu etwa 0,1 Gamma (0,0000001%) mit Mikroelektrolyse bei einer Einwage von 100 g zu bestimmen. Das entspricht einem Verhältnis von 1:1 Milliarde[1]. R. Lucas und F. Grassner konnten bei 100 g Einwage in Salmiak noch 0,000025% Pb exakt nachweisen. Bei Einwagen von 25 g konnten in Öl tausendstel Prozente an Eisen, Nickel und Kupfer mit großer Genauigkeit bestimmt werden.

Im übrigen sei für das Studium der mikrochemischen Verfahren auf die Hauptwerke von Pregl und Emich[2] sowie auf die Zeitschrift „Mikrochemie“ verwiesen.

Wenn die geringen Mengen eines fremden Stoffes, die in einem Metalle vorliegen, charakteristische und stark gefärbte Verbindungen bilden, so ist es in gewissen Fällen angebracht, zur quantitativen Bestimmung dieser Beimengungen, die Farbenkraft der Lösungen auszunutzen. Zu diesem Zwecke benutzt man das sogenannte Kolorimeter, in dem die zu untersuchende Lösung mit einer Vergleichslösung entsprechender Farbe in der Intensität ihres Farbtones verglichen wird. Für die Konzentrationen C_1 und C_2 der beiden Lösungen und die zugehörigen Schichtdicken h_1 und h_2 gilt: $C_1 \cdot h_1 = C_2 \cdot h_2$. Durch entsprechende Wahl der Konzentration der Vergleichslösung ist es möglich, die Empfindlichkeit der Methode wesentlich zu steigern. Leider erfährt das Verfahren eine wesentliche Einschränkung dadurch, daß der Farbton in vielen Fällen durch andere gleichzeitig vorhandene Verbindungen gestört wird. Darin ist wohl auch der Grund zu sehen, daß diese Methode nur in vereinzelten Fällen im Metallaboratorium Verwendung findet. Sie wurde bisher angewandt für die Bestimmung von Fe^{III}, Au, C im Fe, S im Fe, Cu, Mn, Ni, Ti, V und Bi als Wismutjodid.

Für nichtmetallische Verunreinigungen und Beimengungen ist das Verfahren nur dann verwertbar, wenn die Verbindungen des Nichtmetalls mit irgendeinem Element charakteristische Farbtönungen geben.

Ein sehr brauchbares Instrument für kolometrische Untersuchungen stellt das in Abb. 47 wiedergegebene Kolorimeter der Firma E. Leitz, Wetzlar, vor. Aus dem mitabgebildeten Schema ist die Wirkungsweise deutlich zu erkennen.

---

[1] Lucas, R. u. F. Grassner: Mikrochem. **1930,** 197/214.

[2] Pregl, F.: Die quantitative organische Mikroanalyse, 2. Aufl. Berlin 1923. Emich, F.: Mikrochemisches Praktikum. München 1924.

Besonderes Verdienst um die Auffindung von Beimengungen in Metallen haben sich die rückstandsanalytischen Verfahren erworben. Im Gegensatz zu der normalen chemischen Analyse, bei der lediglich die Menge der verschiedenen vorhandenen Elemente berücksichtigt wird, gibt die Rückstandsanalyse Aufschluß, in welcher Form einzelne Stoffe

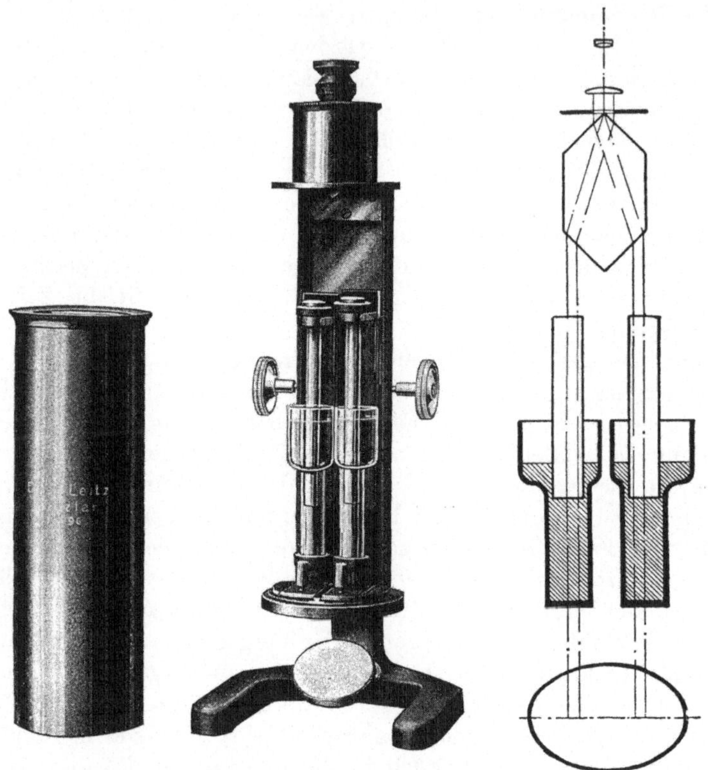

Abb. 47. Ansicht und Schema des Dubosq-Kalorimeters. (E. Leitz, Wetzlar.)

in dem Metalle vorliegen. Die Rückstandsanalyse stellt einen kleinen Ausschnitt aus der noch in den Kinderschuhen steckenden Konstitutionsanalyse dar, die ihr Ziel darin sieht, Aufschluß über die Bindungs- und Erscheinungsform der einzelnen Elemente in einem Stoff zu bekommen.

Mit großem Nachdruck sind die Verfahren untersucht worden, die geeignet erschienen, die in Stahl und Eisen auftretenden Schlacken zu trennen und zu untersuchen.

A. Ledebur[1] hat bereits die Rückstandsverfahren zur Bestimmung der Oxyde herangezogen, ohne zu brauchbaren Ergebnissen gekommen zu sein. Für die Bestimmung der Schlacken in Stahl und Eisen sind vor

[1] Ledebur, A.: Iron Steel Inst. **2**, 580 (1895); Stahleisen **15**, 376 (1895).

allen Dingen die Halogene, außer Fluor, herangezogen worden. Außerdem kommen für diesen Zweck verdünnte Säurelösungen in Frage.

Der Aufschluß des Eisens mit Chlor wurde bereits von Fresenius[1] zur Analyse des Roheisens verwendet. Wedding, Turner, de Coninck, Ledebur, Schneider und Pickard[2] haben den Chloraufschluß zur Bestimmung von Kieselsäure neben Silizium verwendet. Sie arbeiteten dabei mit Temperaturen von etwa 600°. Bei dieser Temperatur wurden die Späne des zu untersuchenden Materials im Chlorstrom geglüht, wobei das Eisen als Chlorid in eine Vorlage überdestilliert und die oxydischen Verunreinigungen zurückbleiben. In neuerer Zeit sind vor allen Dingen die Arbeiten von P. Bardenheuer und P. Dickens[3], sowie die von R. Wasmuht und P. Oberhoffer[4] zu nennen. In diesen Arbeiten wurden die Grundlagen für die Bestimmung der Kieselsäure einer genauen Untersuchung unterzogen. R. Wasmuht und P. Oberhoffer konnten zeigen, daß die Verwendung reinsten Chlors von ausschlaggebender Bedeutung ist. Sie wiesen im übrigen nach, daß unter Verwendung einer Chlorierungstemperatur von 350° auch der an Eisen gebundene Sauerstoff erfaßt werden kann. Die nachfolgende Zahlentafel gibt die Ergebnisse der Untersuchungen in übersichtlicher Form wieder:

	Umsetzung von Oxydul zu Oxyd ohne Sauerstoffverlust	Angriff des Oxyds unter Sauerstoffverlust
Kieselsäure	—	nicht angegriffen bei 1100°
Kieselsäure + C	—	ab 700°
Tonerde	—	ab 850°
Tonerde + C	—	oberhalb 700°
Eisenoxyd	—	ab 500°
Eisenoxyd + C	—	ab 400°
Eisenoxydul	ab 150°	ab 400°
Eisenoxydul + C	ab 150°	ab 400°
Manganoxydul	ab 200°	(oberhalb 400°?)
Manganoxydul + C	ab 200°	(ab 400°?)
Grünerit	ab 300°	oberhalb 400°
Grünerit + C	ab 300°	oberhalb 400°
Fayalit	ab 150°	oberhalb 500°
Fayalit + C	ab 150°	oberhalb 400°
Rhodonit	—	kein Angriff bei 550°
Rhodonit + C	—	ab 500°
Tephroit	—	gering ab 350°
Hochofenschlacke	—	—
Schweißschlacke	ab 150°	nicht zu bestimmen
Siemens-Martin-Schlacke	ab 300°	nicht zu bestimmen

[1] Fresenius, W.: Z. f. anal. Chem. **2**, 39 (1863); **4**, 69 (1865); **8**, 401 (1869).

[2] Wedding: Stahleisen **7**, 586 (1887). Turner, Th.: Stahleisen **12**, 836 (1882). de Coninck: Stahleisen **14**, 872 (1894). Ledebur: a. a. O. Schneider: Öst. Z. Berg-Hüttenwerke **1900**, 257 u. 275. Pickard, Carn. Scholarsh. Mem. **5**, 70 (1913).

[3] Bardenheuer, P. u. P. Dickens: Mitt. K.W.I. Eisenforsch. **9**, 195 (1927).

[4] Wasmuht, R. u. P. Oberhoffer: Arch. Eisenhüttenwes. **2**, 829 (1928/29).

Man erkennt daraus, daß Kieselsäure und Tonerde selbst in Anwesenheit von Kohlenstoff noch bei Temperaturen von 600 bis 700° im Chlorstrom beständig sind. Bei den anderen Oxyden tritt ein Angriff durch Chlor bei wesentlich niedrigeren Temperaturen ein.

Der Chloraufschluß ist naturgemäß zur Bestimmung von Kieselsäure und Tonerde auch auf alle anderen Metalle anwendbar, welche unterhalb 700° flüchtige Chloride bilden.

Während das Chlor in gasförmiger Form für die Rückstandsanalyse verwandt wird, hat man das Brom in wässeriger, bromkalihaltiger Lösung benutzt.

F. Wüst und N. Kirpach[1], Scherer und P. Oberhoffer[2], sowie P. Oberhoffer und E. Ammann[3] haben die Rückstandsanalyse mit Brom studiert. Die zu untersuchenden Stahlspäne werden dabei in einem großen Erlenmeyerkolben in Bromwasser gelöst. Die Lösung wird durch Schütteln beschleunigt. Die Rückstände werden filtriert, ausgewaschen und nachher getrennt analysiert. P. Oberhoffer und E. Ammann konnten zeigen, daß auf diese Weise auch nur die Kieselsäure- und Tonerdeeinschlüsse eines Stahles bestimmt werden können. Der an Eisen und Mangan gebundene Sauerstoff wird nicht erfaßt.

Das Jod wurde auch bereits sehr früh zum Aufschluß von Eisenlegierungen verwandt, mit dem Zweck, die nichtmetallischen Verunreinigungen zurückzuhalten. Eggertz[4] löste die Späne unter Kühlen, indem er festes Jod und Wasser zugab. F. Willems[5] konnte später zeigen, daß die Verunreinigungen des Jods und die Anwesenheit von Wasser das Verfahren erheblich stören. Er benutzte wasserfreie alkoholische Jodlösung, mit der die Lösung unter Luftabschluß durchgeführt wurde. Es scheint unter diesen Bedingungen auch möglich zu sein, neben Kieselsäure und Tonerde Eisenoxydul und Manganoxydul im technischen Eisen zu bestimmen.

Neben den Halogenen wurde das Kupferammoniumchlorid oder Kupferkaliumchlorid für die Lösung der Eisenproben verwandt. E. Goutal[6] löste den Stahl in einer Stickstoffatmosphäre mit einer schwach angesäuerten Kupferkaliumchlorid-Lösung. A. Vita[7] benutzte eine ammoniakalische, weinsäurehaltige Kupferlösung. Bei beiden Verfahren ist es möglich, die Schlacken als Rückstände zu gewinnen und nachher zu analysieren. Leider sind die Verfahren jedoch nicht frei von sekundären Reaktionen, wodurch die Ergebnisse gefälscht werden können.

---

[1] Wüst, F. u. N. Kirpach: Stahleisen **41**, 1498 (1921).
[2] Scherer, R. u. P. Oberhoffer: Stahleisen **45**, 1555/57 (1925).
[3] Oberhoffer, P. u. E. Ammann: Stahleisen **47**, 1536/40 (1927).
[4] Eggertz: Polytechn. J. **188**, 119 (1868); Engg. **1868**, 71/91.
[5] Willems, F.: Arch. Eisenhüttenwes. **1**, 655/58 (1927/28).
[6] Goutal, E.: Rev. Mét. **1910**, 6; Metallurgie **7**, 340 (1910).
[7] Vita, A.: Stahleisen **42**, 445 (1922).

Die Verfahren wurden unter anderem für die Bestimmung der beim Lösen freiwerdenden Gase verwandt. Hier gilt jedoch derselbe Einwand.

J. H. S. Dickenson[1] benutzte zur Bestimmung der Silikatschlacken in Stählen eine 10 %ige, verdünnte Salpetersäure. Die Lösung einer Stahlprobe von etwa 25 g dauert unter diesen Umständen jedoch mehrere Tage. Das Verfahren wurde von C. H. Herty, G. R. Fitterer und F. Eckel[2] geprüft. Sie stellten fest, daß das Verfahren nur für Einschlüsse bestimmter Konzentrationen an SiO_2, FeO und MnO brauchbar ist. Steigt der Anteil an FeO bzw. MnO stark, so sind die Silikate in der verdünnten Säure löslich.

In neuerer Zeit machten G. Tammann, A. Heinzel und F. Laas[3] wertvolle Versuche über die Anwesenheit und Verteilung geringer Beimengungen in Metallen. Die Versuche hatten zunächst den Zweck, einen Nachweis für die in den Korngrenzen vorhandenen mikroskopisch feinen Häutchen zu bringen, deren Existenz Tammann schon früher behauptet hatte[4]. Die Lösungsmittel dürfen dabei keine Gasentwickelung verursachen, sonst werden die feinen Häutchen zerstört. Tammann und seine Mitarbeiter konnten auf diese Weise Mengen von 0,02 bis 0,04 mg Pb, Bi, Sb und Sn in 200 g Kadmium noch genau bestimmen. 0,1% Sb und Bi im Kupfer konnten noch nachgewiesen werden. Beide Metalle sind im Kupfer in fester Lösung, was daraus zu erkennen war, daß feine, durchsichtige Häutchen zurückblieben, auf denen die Korngrenzen als feine Trennungslinien zu erkennen waren. Pb kann auf diese Weise bis 0,01% nachgewiesen werden. Ebenso konnte Kupfersulfid im Kupfer bis 0,002% erkannt werden. Für die Bestimmung von Gold in Kupfer wird 0,01% als untere Grenze angegeben. Bei Kupfer wurde zu diesen Versuchen eine 7,5%ige Ammoniumpersulfatlösung verwandt (0,2 g in 25 cm^3, Anwendung 16 Stunden).

Dieses Verfahren läßt nicht nur die Verunreinigungen an sich erkennen, sondern gibt auch Aufschluß darüber, wie die Beimengungen in dem Metalle verteilt waren. Man kann z. B. feststellen, ob die Fremdmetalle oder -metalloide im festen Metalle gelöst waren oder auf den Korngrenzen saßen. Man kann auf diese Weise die Grenze der Mischkristallgebiete bei geringen Gehalten einer Komponente feststellen, wenn diese Mengen zu klein sind, um thermische Effekte hervorzurufen. Leider bereitet bei einer großen Zahl von Schwermetallen die Wahl des

[1] Dickenson, J. H. S.: Iron Steel Inst. **113**, 177 (1926).

[2] Herty, C. H., G. R. Fitterer u. F. Eckel: Carn. Inst. Techn., Pittsb. Bull. Min. Met. Investig. **1928**, Nr 37; Stahleisen **49**, 737/38 (1929).

[3] Tammann, G., A. Heinzel u. F. Laas: Z. anorg. u. allg. Chem. **176**, 143/46 (1928).

[4] Tammann, G.: Lehrbuch der Metallographie.

Lösungsmittels Schwierigkeiten, da die Rückstände nicht angegriffen werden dürfen.

G. Tammann und A. Heinzel[1] konnten so nachweisen, daß die Löslichkeit des Pb in Kadmium bei 270° mehr als 0,1 % beträgt, bei niedrigeren Temperaturen dagegen unter 0,1 % liegt. Kadmium löst bei 270° zwischen 0,05 und 0,1 % Kupfer, bei Zimmertemperatur dagegen weniger als 0,05%. Mit den Verfahren konnte unter anderem die Verlagerung der Zwischensubstanz beim Erhitzen auf Temperaturen oberhalb der eutektischen Temperatur nachgewiesen werden.

Für den Nachweis geringer Beimengungen in Eisen benutzten G. Tammann und W. Salge[2] eine schwache schwefelsaure 15 %ige Ammoniumpersulfatlösung. 0,05 % Antimon und 0,02 % Zinn konnten auf diese Weise erkannt werden. Bei 0,02 % Silizium hinterblieben aus Eisen-Siliziumlegierungen noch zusammenhängende Häutchen von Kieselsäure.

Eine besonders häufige Verunreinigung der Metalle stellen die Gase dar. Als wichtigste Gase kommen allgemein in Frage: Sauerstoff, Wasserstoff, Stickstoff, schweflige Säure, Kohlenoxyd und Kohlensäure. Die Bestimmung der Gase in Metallen ist ein besonderes Kapitel der Hüttenchemie geworden.

Die Gase können in einem Metall in verschiedenen Formen vorkommen. In Betracht gezogen werden hier folgende Möglichkeiten:

1. Gasblasen,
2. Feste Lösungen von Gas im Metall,
3. Verbindungen zwischen Gas und Metall.

Die Verfahren zur Bestimmung der Gase müssen sich natürlich diesen verschiedenen Formen anpassen. Die quantitative Bestimmung der in Gasblasen vorhandenen Gasmengen kann durch Zerspanen des Metalls unter einer Flüssigkeit geschehen, die die Gase nicht löst. Fängt man dann die Gase auf, so kann man sie mit normalen Gasanalysenverfahren untersuchen. Die Flüssigkeit darf bei der durch die Zerspanungsarbeit eintretenden Erhitzung nicht unter Gasabgabe zersetzt[3] werden. Aus diesem Grunde sind auch Wasser und Öl als Abschlußflüssigkeit ungeeignet. Als einwandfreies Verdrängungsmittel für die Gase dürfte hauptsächlich Quecksilber in Frage kommen.

Legt man auf die Zusammensetzung der in den Gasblasen vorhandenen Gasmengen keinen besonderen Wert und will man nur die Gesamtmenge und Größe der Gasblasen ermitteln, so genügt

---

[1] Tammann, G. u. A. Heinzel: Z. anorg. u. allg. Chem. **176**, 147/55 (1928).

[2] Tammann, G. u. W. Salge: Z. anorg. u. allg. Chem. **176**, 152/54 (1928).

[3] Müller, F. C. G.: Stahleisen **2**, 531 (1882); **3**, 443 (1883). Rapatz: Stahleisen **40**, 1240 (1920). Klinger: Stahleisen **46**, 1245/54, 1284/88 u. 1353/58 (1926).

die Beobachtung von Schliffproben, gegebenenfalls unter dem Mikroskop[1].

Die Bestimmung der in fester Lösung vorhandenen Gasmengen kann durch Lösen der Metallproben in wässerigen Salzlösungen und durch Schmelzen im Vakuum geschehen. Selbst wenn die Lösung im Vakuum vorgenommen wird, sind die erstgenannten Verfahren nicht ganz zuverlässig. Durch die Wechselwirkung zwischen Metall und Lösungsmittel treten Reaktionsgase auf, die die Bestimmung fälschen. Klinger[2] konnte die Unbrauchbarkeit dieser Verfahren für die Bestimmung der Gase im Eisen ausführlich belegen. Für die Bestimmung kleiner Kohlenoxydmengen in Karbonyleisen wurde ein solches Verfahren dagegen kürzlich mit Erfolg benutzt[3].

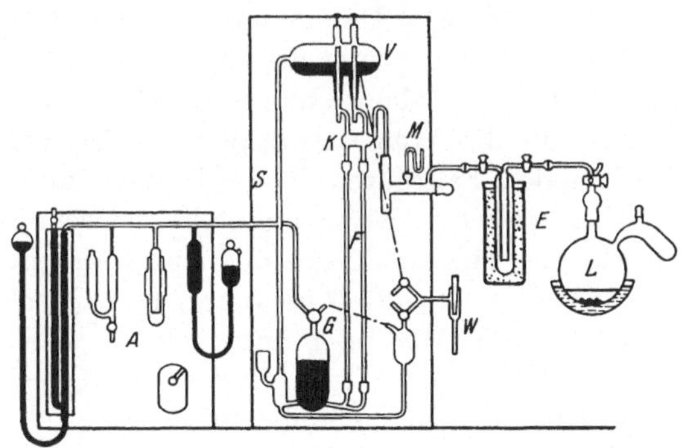

Abb. 48. Einrichtung für Kaltumsetzung im Vakuum.

Etwas besser liegen die Verhältnisse bei der Kaltumsetzung im Vakuum[4]. Hierbei wird das Metall in Form von Stükken oder Spänen in einen Lösungskolben L von 1 l eingebracht und trockenes, pulveriges Quecksilberchlorid zugegeben. In einem seitlichen Stutzen des Lösungskolbens befindet sich destilliertes Wasser, welches nach anfänglichem Vorentgasen mit der Wasserstrahlpumpe zur Erzeugung des Hochvakuums eingefroren wird (Abb. 48). Ist das Hochvakuum erreicht, so wird der Kolben durch den Hahn am oberen Ende geschlossen und das Wasser aufgetaut. Man läßt es durch Drehen des Kolbens vorsichtig zur Probe treten und die Lösung der Metallprobe beginnt. Der Lösungskolben wird dabei gekühlt, um eine Erwärmung durch Reaktion möglichst zu vermeiden. Das Metall löst sich unter Bildung des entsprechenden Chlorides und Quecksilber:

$$\underset{\text{fest}}{M} + HgCl_2 = MCl_2 + \text{Gas}\,.$$

Das freigewordene Gas kann jetzt von einer Vakuumpumpe abgesaugt und gesammelt werden. Die Lösung wird zur vollständigen Entfernung

[1] Lobley u. Jepson: J. Inst. Met. **1925**; Rev. Mét. **23**, 409 (1926). Czochralski: Z. Metallkunde **14**, 277 (1922). Röntgen, P. u. G. Schwietzke: Z. Metallkunde **21**, 117/20 (1929). Budgen, N. F.: J. Inst. Metals **42** (1929). Claus, W.: Z. Metallkunde **21**, 268/70 (1929).

[2] S. Fußnote 2, S. 32.

[3] Lucas, R. u. F. Grassner: Mikrochem. **1930**, 197/214.

[4] Oberhoffer, P. u. E. Piwowarsky: Stahleisen **42**, 801 (1922).

der Gase wieder eingefroren. Um etwa überdestillierenden Wasserdampf festzuhalten, wird zwischen Pumpe und Lösungskolben ein Ausfriergefäß *E* eingeschaltet[1]. Durch geeignete Wahl des Kühlmittels kann man hier auch schon leicht kondensierbare Gase (z. B. CO_2) zurückhalten.

Als Pumpe für die Extraktion und Sammlung der Gase wird die umgeänderte Beutellsche Quecksilberfallpumpe benutzt, die in Abb. 48 schematisch gezeigt wird. Durch eine Wasserstrahlpumpe *W* wird das obere Quecksilbervorratsgefäß *V* unter Vorvakuum gesetzt. Mittels dieses Vorvakuums wird durch das Steigrohr *S* Luft aus der Atmosphäre angesaugt. Da der untere Teil der Pumpe aber auch mit Quecksilber gefüllt ist, bringt die angesaugte Luft Quecksilber mit nach oben, welches sich in dem Vorratsgefäß sammelt. Die angesaugte Luft entweicht in die Wasserstrahlpumpe, das Quecksilber tropft dagegen in den beiden Fallröhren *F* wieder nach unten. Hierbei wird an der mit *K* bezeichneten Kreuzungsstelle zwischen jedem Quecksilbertropfen etwas Gas eingeschlossen und durch das herabsinkende Quecksilber in das Gassammelgefäß *G* gebracht. Das Quecksilber geht in den Kreislauf zurück. Man läßt die Pumpe solange arbeiten, bis das Manometer *M* Vakuum anzeigt. Das Auffallen der Quecksilbertropfen ist dann von einem metallischen Klopfen begleitet.

Das in *G* gesammelte Gas wird durch ein Kapillarrohr in den Analysator *A* geleitet, wo die volumetrische Gasanalyse vorgenommen wird. Der Aufbau dieses Analysators richtet sich nach der Art der abgesaugten Gase.

Eine genauere Prüfung des Verfahrens ergab die Notwendigkeit, mit fertiger Quecksilberchloridlösung und nicht mit festem Chlorid und destilliertem Wasser zu arbeiten, da das feste Salz Gas absorbiert. Die Lösung muß außerdem im Vakuum erwärmt werden, um die gelösten Gasmengen auszutreiben. Hiernach muß die Lösung wieder eingefroren werden. Die Dissoziation des Quecksilberchlorids ist in der wässerigen Lösung allerdings nicht zu vermeiden. Sie ist um so stärker, je höher die Temperatur ist. Damit ist die Bildung von Salzsäure möglich, die unter Entwicklung von Wasserstoff oder Kohlenwasserstoffen (bei kohlenstoffhaltigen Metallen) mit dem Metall reagiert. Das Verfahren ist aus diesem Grunde bisher nur brauchbar für die Bestimmung von Kohlenoxyd und Kohlendioxyd in Metallen. Hier kann es aber große Dienste leisten, wenn es zu entscheiden gilt, ob diese Gase als Reaktionsgase oder als im Metall gelöste Gase vorliegen.

Das wichtigste Verfahren zur Bestimmung der gelösten Gase ist das Schmelzen im Vakuum und die Ermittlung der Zusammensetzung

---

[1] Martin, E.: Dipl.-Arbeit, Techn. Hochsch., Aachen **1927**.

dieser Gase. Dieses Verfahren ist in seiner einfachsten Form bereits sehr alt[1]. Es gibt jedoch nur zuverlässige Werte, wenn man das untersuchte Metall zum Schmelzen bringt. Untersuchungen im festen Zustand dauern einmal bedeutend länger und ergeben nur einen Teil des Gases. Liegt der Schmelzpunkt der Metalle sehr hoch, so hat man die Benutzung eines niedrig schmelzenden, entgasten Metalles als Legierungszusatz empfohlen[2]. Bei der Entgasung von Stahl und Eisen benutzt man Zinn und Antimon bzw. Antimon allein. Die Untersuchungen der letzten Jahre zeigten jedoch, daß die Versuchstemperatur ebenso wesentlich wie der Schmelzfluß ist und daß gewisse aus Gasen entstan-

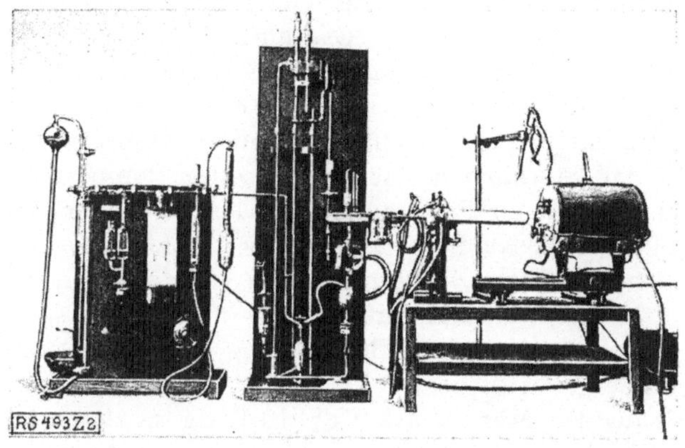

Abb. 49. Gasbestimmung durch Vakuumschmelzen nach P. Oberhoffer.

dene, stabile Verbindungen Temperaturen von 1500° und mehr zu ihrer Zersetzung verlangen.

Abb. 49 zeigt die Apparatur zur Bestimmung der Gase in Metallen durch Schmelzen im Vakuum nach Oberhoffer[3].

In ein Schiffchen aus D_4-Porzellan (Staatl. Porzellanmanufaktur, Berlin) wird die saubere Metallprobe von 50 bis 100 g in Form eines Stückes gelegt und dieses Schiffchen in ein einseitig geschlossenes Porzellanrohr (*K 60*, Staatl. Porzellanmanufaktur, Berlin) eingeführt. Das Porzellanrohr wird durch einen Kühlschliff *K* mit der Tropfpumpe *Tr* verbunden. Mit Hilfe der als Vorvakuum dienenden Wasserstrahlpumpe und der Quecksilbertropfpumpe wird das Porzellanrohr luftleer gemacht

[1] Graham: Proc. Roy. Soc. **16**, 422 (1867/68). Troost u. Hautefeuille: Comptes rendus **76**, 482, 562 (1873). Baker: Carn. Schol. Mem. **1**, 219/29 (1909); **3**, 249/59 (1911). Alleman u. Darlington: J. Frankl. Inst. **185**, 161/98, 333/37, 461/80 (1918). Austin, J.: Iron Steel Inst. **86**, 236/41 (1912). Boudouard: Rev. Mét. **5**, 69/74 (1908).

[2] Goerens, P. u. A. Paquet: Ferrum **12**, 57/64, 73/81 (1915).

[3] Lieferant C. Heinz, Aachen, Vinzensstraße.

(< 0,001 mm Hg). Jetzt wird der schon auf etwa 600° bis 800° angeheizte Ofen *O* mit Silitstabbeheizung vorsichtig über das Porzellanrohr geschoben und die Temperatur gesteigert. Es ist zweckmäßig, die Temperatur 100° oberhalb des Schmelzpunktes des Metalls zu wählen, damit die Entfernung der Gase gewährleistet ist. Die Porzellanrohre können im Dauerbetrieb bis zu Temperaturen von 1300° ausnahmsweise bis zu Temperaturen von 1500° gebraucht werden. Die Gasdichtigkeit dieser Rohre ist ganz ausgezeichnet.

Während der Erhitzung der Metallprobe läuft die Vakuumpumpe dauernd. Sie sammelt das abgesaugte Gas gleichzeitig. Nach Beendigung der Gasabgabe kann dieses mit Hilfe von Quecksilber in den Analysator *A* gespült werden. Hier kann das Gas unter Zusatz von elektrolytisch gewonnenem Sauerstoff verbrannt und auf seinen Gehalt an CO_2, CO, H_2 und N_2 analysiert werden. Besteht das extrahierte Gas aus anderen Gasen, so sind entsprechend mehr oder andere Absorptionspipetten zu wählen. Mit der letzthin mehrfach verbesserten Pumpe ist es möglich, in beliebigen Zeiträumen die gesammelten Gase in den Analysator überzuführen und ihre Zusammensetzung zu bestimmen. Dadurch ist man z. B. imstande, die Gasentwicklung in den verschiedenen Temperaturbereichen genau hinsichtlich ihrer Menge und Zusammensetzung zu verfolgen. Die Zeitdauer einer Bestimmung mit dieser Apparatur ist ½ bis 1 Stunde.

Ein Teil der im Metall als Verbindung vorliegenden Gase kann ebenfalls durch das Schmelzen im Vakuum bestimmt werden. So zerfällt z. B. offenbar der größte Teil der Nitride unter Abgabe von Stickstoff. Etwa vorhandene Hydride werden unter allen Umständen zersetzt. Ein großer Teil der Oxyde hat aber selbst bei hohen Temperaturen im Vakuum einen so niedrigen Dampfdruck, daß zur Zerstörung dieser Verbindungen Reduktionsmittel angewandt werden müssen. Als solche werden Wasserstoff und Kohlenstoff benutzt.

Da Wasserstoff bei hohen Temperaturen ein sehr starkes Diffusionsvermögen hat, und anderseits bei sehr hohen Temperaturen die feuerfesten Baustoffe der Reduktionskammern reduziert werden, ist eine obere Temperaturgrenze von etwa 1200° für die Behandlung der Metalle mit trockenem Wasserstoff[1] gegeben. Bei dieser Temperatur sind eine große Zahl der Nichteisenmetalle bereits geschmolzen. Für Metalle, deren Schmelzpunkt höher liegt, greift man zu niedrig schmelzenden Metallen, die man zusetzt, um eine unterhalb 1200° flüssige Legierung zu erhalten. Ein Schmelzfluß ist jedenfalls für die Verkürzung der Analysendauer zweckmäßig.

Die für die Reduktion im Wasserstoffstrom benutzte Versuchsanordnung zeigt Abb. 50. Sie besteht aus einem elektrolytischen Wasserstoff-

[1] Lieferant C. Heinz, Aachen, Vinzensstraße.

entwickler *a*, der Reinigungsvorrichtung für den Wasserstoff (*s*, *b*, *c*, *b*), dem Glührohr *d* mit Ofen und dem Phosphorpentoxyd-Wiegeröhrchen *e*. Die Reinigungsvorrichtung besteht aus einem Gefäß *s* mit konz. H_2SO_4, einem Hartmannschen Phosphorpentoxydrohr *b*, einer erhitzten Quarzröhre *c* mit Platinasbest und einem weiteren Phosphorpentoxydröhrchen *b*. Der austretende Wasserstoff durchläuft eine Meßvorrichtung *g* zur Bestimmung der Strömungsgeschwindigkeit des Wasserstoffs.

Das Verfahren wird angewandt zur Sauerstoffbestimmung in Kupfer, Nickel, Messing, Bronze, Zinn, sowie zur Bestimmung des FeO- und MnO-Gehaltes von weichen Stahlsorten[1]. Untersuchungen über den Einfluß von Stickstoff, Phosphor und Schwefel auf die Ergebnisse dieses Verfahrens zeigten, daß bei weichen Eisensorten größere Phosphorgehalte die Werte stark, normale Schwefel- und Stickstoffgehalte dieselben nicht beeinflussen. Größere Mengen Si und Al ($> 1{,}0\%$) sind ebenfalls schädlich, da die Oxyde dieser Metalle im Wasserstoffstrom bei 1200^0 nur zu einem sehr geringen Teil reduziert werden[2].

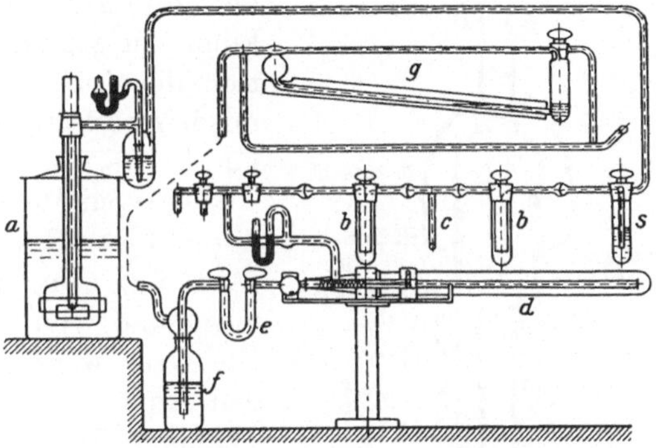

Abb. 50. Sauerstoffbestimmung im trockenen Wasserstoffstrom nach P. Oberhoffer.

a elektrolyt. Wasserstoffentwickler, *b* Trockengefäß, *c* Platinasbestrohr, *d* Reduktionsrohr, *e* Wiegeröhrchen, *f* Vorlage mit H_2SO_4 konz., *g* Gasmengenmesser, *s* Vorlage mit H_2SO_4 konz.

Für stabile Oxyde reicht die Reduktionskraft des Wasserstoffs nicht aus. Zur Reduktion solcher Oxyde benutzt man den Kohlenstoff unter gleichzeitiger Anwendung des Vakuums. Vakuumschmelzverfahren dieser Art sind im Bureau of Standards, Washington[3], dem Eisenhüttenmännischen Institut der Technischen Hochschule, Aachen[4] und dem Metallografiska Institutet, Stockholm[5] entwickelt worden.

Die im Eisenhüttenmännischen Institut der Technischen Hochschule, Aachen, entstandene Apparatur ist eine Weiterbildung der schon oben beschriebenen Oberhofferschen Apparatur.

---

[1] Oberhoffer, P.: Stahleisen **46**, 1045 (1926).

[2] Bardenheuer, P. u. C. Müller: Arch. Eisenhüttenwes. **1**, 707/12 (1927/28).

[3] Jordan u. Eckman: Sc. Pap. Bur. Stand. Nr 514 (1925); Stahleisen **46**, 1428/32 (1926).

[4] Hessenbruch, W. u. P. Oberhoffer: Arch. Eisenhüttenwes. **1**, 583/603 (1927/28).

[5] v. Seth: Jernkont. Ann. **83**, 113/50 (1928).

Abb. 51 zeigt den benutzten Hochfrequenzofen im Schnitt. Ein Tiegel aus Achesongraphit steht, von einem Strahlungsschutzrohr aus Magnesia umgeben, in einem Quarzrohr, welches als Vakuumraum dient. Tiegel und Schmelze werden durch eine Hochfrequenzspule geheizt, die das Quarzrohr eng umgibt. Es wird ein Strom von 8000 Perioden verwendet. Oberhalb des Kühlschliffes, der das Quarzrohr vakuumdicht mit dem Pumpenaggregat verbindet, ist eine Einwurfvorrichtung angebracht, die gestattet, mehrere Proben in den Tiegel einzubringen, ohne das Vakuum zu stören. Dadurch wird die Absorption der Luft an dem entgasten Tiegel vermieden und die Analysendauer erheblich verkürzt.

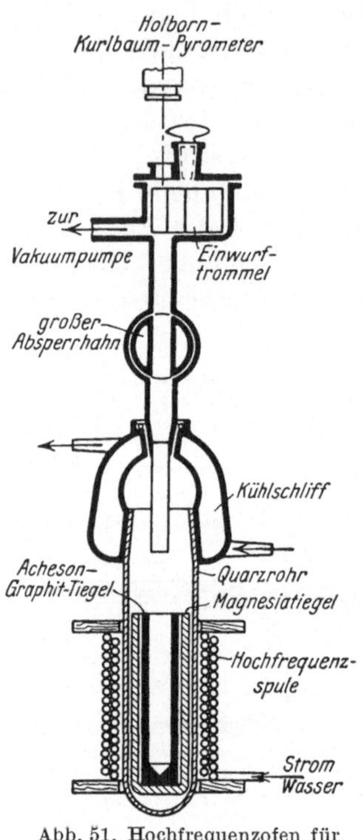

Abb. 51. Hochfrequenzofen für Gasbestimmung.

Die vom Metall abgegebenen Gase werden durch eine Hochvakuum-Diffusionspumpe *g* (Abb. 52) sehr schnell aus dem Ofen entfernt und von der Tropfpumpe gesammelt. Die Gase werden in beliebigen Abständen in den Analysator gebracht und dort auf CO_2, CO und H_2 analysiert. Durch Anbringen einer Pipette mit alkalischer Pyrogalluslösung können auch die Kohlenwasserstoffe bestimmt werden. Stickstoff wird als Rest ermittelt.

Die gesamte Zeitdauer einer Untersuchung vom Einsetzen der Probe bis zum Ergebnis beträgt je nach der Art des Metalles ½ bis ¾ Stunde. Den eigentlichen Untersuchungen geht das Entgasen des Graphittiegels voraus, welches bei etwa 1700° geschieht. Die normale Einwage beträgt für Flußstahl 10 bis 15 g, bei Edelstählen und Nichteisenmetallen müssen die Einwagen, entsprechend den geringeren Gasmengen, größer gewählt werden (50 bis 100 g). In diesem Falle wird die Einsetzvorrichtung der Proben etwas geändert. Das Verfahren

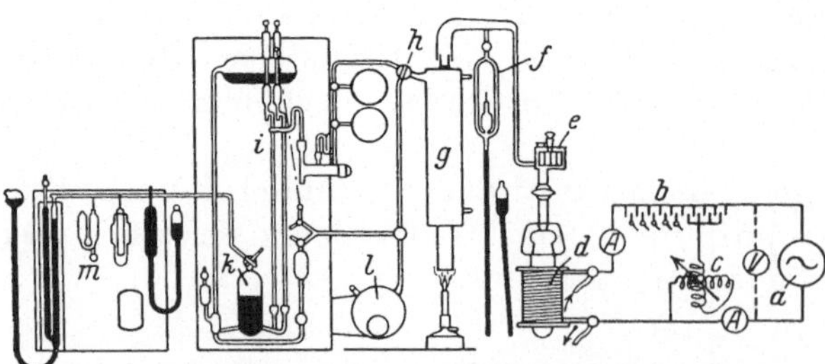

Abb. 52. Gasbestimmung durch Vakuumschmelzen.
a Hochfrequenzmaschine, *b* Kondensatoren, *c* Variometer, *d* Hochfrequenzofen *e* Einwurftrommel, *f* Mc-Leod-Vakuummeter, *g* Diffusionspumpe, *h* Dreiwegehahn, *i* Tropfpumpe, *k* Gassammelgefäß, *l* Ölkapselpumpe, *m* Analysator.

ergibt die Summe aller als Gasblasen, feste Lösung oder Einschluß vorliegender Gase: Sauerstoff, Wasserstoff und Stickstoff. Die Apparatur wurde auf der Werkstoffausstellung in Berlin 1927 zum ersten Male öffentlich in Betrieb vorgeführt.

Eine Übersicht über die Hochfrequenzvakuumapparatur des Aachener Institutes zeigt Abb. 52. Inzwischen ist auch im selben Institut der Kohlespiralofen in den Dienst der Gasbestimmung im Vakuum gestellt worden[1].

Anstatt die aus dem Metall durch Schmelzen im Vakuum abgesaugten Gase einer Gasanalyse zu unterziehen, kann man auch die Gasmenge und in beschränktem Maße auch ihre Art durch Ausfrieren bestimmen. Diesen Weg haben z. B. Brace und Ziegler beschritten[2]. Die zu diesen Verfahren benutzten Apparate sind jedoch keineswegs übersichtlicher als die oben beschriebenen.

Einen besonderen Weg der Bestimmung des in Metallen enthaltenen Stickstoffs ging das Bureau of Standards[3]. Das Metall wird im Vakuum umgeschmolzen und der freiwerdende Stickstoff in Kalziumnitrid übergeführt, indem man das Gas mit metallischem Kalzium bei 780^0 in Berührung bringt. Der Stickstoffgehalt des Kalziums wird nachher analytisch nach Kjeldahl bestimmt. Die Bestimmung ist nur dann einigermaßen zuverlässig, wenn das benutzte Kalzium an sich möglichst stickstoffarm ist, was nicht immer der Fall zu sein scheint. Dieses Verfahren ist mit Vorteil da zu verwenden, wo lediglich der Stickstoffgehalt eines Metalls interessiert ohne Rücksicht auf die übrigen Gase.

Die Bestimmung des Gesamtgasgehaltes genügt den Anforderungen des Metallurgen nicht immer. Da z. B. die verschiedenen Oxyde von verschiedenem Einfluß auf die Eigenschaften der Metalle sind, so möchten wir wissen, an welches Metall das Gas, z. B. der Sauerstoff, gebunden ist. Zur Beantwortung dieser Frage sind die Rückstandsverfahren benutzt worden. Sie bilden gewissermaßen das Gegenstück zu den Lösungsverfahren und wurden bereits oben ausführlich erwähnt. Während bei den Lösungsverfahren die als Gasblasen und als feste Lösung vorhandenen Gase erfaßt werden, ist das Ziel der Rückstandsverfahren die Bestimmung der festen, zurückbleibenden Verbindungen nach Menge und Aufbau.

---

[1] Diergarten, H.: Arch. Eisenhüttenwes. **2**, 813/28 (1928/29); **3**, 577/86 (1929/30). Diergarten, H. u. E. Piwowarsky: Arch. Eisenhüttenwes. **3**, 627/35 (1929/30).

[2] Brace u. Ziegler: Amer. Inst. Min. Met. Eng. **1928**; Stahleisen **48**, 803 (1928).

[3] Jordan u. Eckman: Sc. Pap. Bur. Stand. **22**, Nr. 563, 467/85 (1927); Stahleisen **48**, 593/95 (1928).

b) Physikalische Verfahren.

Für die Entdeckung geringer Beimengungen bzw. die Beeinflussung der Umwandlungspunkte durch diese, hat die thermische Analyse, d. h. die Aufnahme einer Abkühlungskurve gute Dienste erwiesen. Da die Wärmetönungen kleiner Mengen eines Fremdstoffes meist zu klein sind, um auf der normalen Abkühlungskurve zum Ausdruck zu kommen, benutzt man Differentialverfahren nach Saladin und Kurnakow[1]. Eine besonders empfindliche Anordnung traf N. Engel[2], der neben einer normalen Abkühlungskurve ein zweites Thermoelement auf die Primärwicklung eines Transformators arbeiten läßt. Die Sekundärwicklung des Transformators ist an ein empfindliches Spiegelgalvanometer oder einen Kardiographen angeschlossen. Sobald in der gleichmäßigen Abkühlung eine Änderung eintritt, entsteht im Transformator ein Feld, welches einen Sekundärstrom für den Kardiographen erzeugt. Das Verfahren ist um so empfindlicher, je schneller die Abkühlung ist.

Trotz aller Verfeinerung reichen die thermischen Verfahren nicht aus, eine sehr kleine Wärmetönung aufzuzeichnen. Die am Umwandlungspunkte auftretenden Anomalien der Ausdehnung bzw. Kontraktion sind oft viel größer. Von den französischen Forschern Portevin und Chevenard sind dilatometrische Verfahren ausgebildet worden, bei denen die Ausdehnung eines Metallstabes aufgezeichnet wird. Das meist als Differentialverfahren angewandte Prinzip hat zahlreiche Verfeinerungen erfahren, so daß die dilatometrische Analyse zu dem wichtigsten Hilfsmittel der modernen Metallkunde gehört. Da es sich bei diesen Verfahren, wie bei der thermischen Analyse, nur um indirekte Verfahren handelt, sollen sie nur erwähnt werden.

Kennt man die Art der Verunreinigung und will man lediglich über die Menge derselben Auskunft erhalten, so kann die Messung der elektrischen Leitfähigkeit gute Dienste tun. Geringe Mengen einer metallischen oder nichtmetallischen Beimengung beeinflussen die Leitfähigkeit erheblich, wie später gezeigt werden wird.

Ein für den Nachweis geringer Beimengungen in Metallen besonders geeignetes physikalisches Verfahren ist die Emissionsspektralanalyse. Sie ist im Gebiete geringer Konzentrationen allen anderen analytischen Verfahren überlegen. Bei höheren Gehalten der Verunreinigung ist dem Verfahren dagegen eine Grenze gesetzt, da die Intensitätsunterschiede immer kleiner werden.

Bei der quantitativen Emissionsspektralanalyse wird die zu untersuchende Probe als Elektrode eines hochgespannten Wechselstromlichtbogens benutzt und das Licht dieses Bogens in einem Spektographen aufgelöst. Der Gehalt des untersuchten Stoffes wird durch Vergleich

[1] Goerens, P.: Einführung in die Metallographie. Verlag Knapp, Halle.
[2] Engel, N.: Dr.-Diss., Aachen **1930**.

der Intensität bestimmter Linien mit den Linien eines Vergleichsspektrums festgestellt. Da die meisten Metalle außer den Alkalimetallen außerordentlich komplizierte Emissionsspektren haben, ist das Verfahren der Spektralanalyse bis vor etwa 10 bis 15 Jahren weniger beachtet worden als ihm gebührt.

Bereits 1884 hatte W. N. Hartley[1] seine grundlegenden Untersuchungen über die quantitative Spektralanalyse ausgeführt und dabei festgestellt, daß das Linienspektrum eines Stoffes mit fallender Konzentration immer ärmer an Linien wird. Einzelne Linien verschwinden dagegen erst bei sehr geringen Gehalten, und zwar bei bestimmten festliegenden Konzentrationen. Bei abnehmender Konzentration verschwinden immer dieselben Linien zuerst, und es bleiben immer die gleichen ganz bestimmten Linien bis zuletzt übrig. Hartley bezeichnete diese letzten charakteristischen Linien als ,,persistent lines" und stellte Tabellen auf, aus denen, für die größte Zahl der Elemente, das Verschwinden der charakteristischen Linien in Abhängigkeit von der Konzentration wiedergegeben wurde.

Hartley untersuchte seine Stoffe in Form von salzsauren Lösungen, die mittels einer Graphitelektrode in den Lichtbogen gebracht wurden. Das Hartleysche Verfahren wurde von J. H. Polloks und A. G. G. Leonards verbessert und vervollständigt, indem diese eine besonders geeignete Form der Funkenstrecke für flüssige Lösungen entwickelten. Sie arbeiteten im Gegensatz zu Hartley mit Goldelektroden und nahmen mit veränderter Spaltlänge ein Vergleichsspektrum von silberhaltigem Gold auf.

A. de Gramont[2] benutzte 1895 im Gegensatz zu den vorgenannten Forschern feste Proben für die Funkenerzeugung. Er stellte eine umfangreiche Tabelle über die charakteristischen letzten Linien auf, die er als ,,raies ultimes" bezeichnete. de Gramont hat sich während des Weltkrieges besonderes Verdienst um die Anwendung und Ausgestaltung der quantitativen Emissionsspektralanalyse erworben. Er hat dabei zur Auffindung der Konzentration Vergleichsspektren von Legierungen mit bekannten Konzentrationen verwendet, wodurch die für eine Spektralanalyse nötige Zeit wesentlich verkürzt worden ist. Seine Arbeit über die spektrographische Untersuchung der Spezialstähle[3] ist eine Fundgrube von lehrreichen Beispielen für den Wert dieses Verfahrens. Im übrigen sei auf die zahlreichen weiteren Veröffentlichungen de Gramonts hingewiesen[4].

---

[1] Hartley, W. N.: Phil. Trans. **175**, 49, 235 (1884).

[2] de Gramont, A.: Ann. Chem. Phys. **17**, 437 (1909).

[3] de Gramont, A.: Rev. Mét. **19**, 90 (1922); Bull. Rech. Invent. **1920**, 480.

[4] de Gramont, A.: Comptes rendus **145**, 1170 (1907); **166**, 94 (1918); **168**, 857 (1919); **171**, 1106 (1920); **173**, 13 (1921).

Diesen älteren Verfahren haben sich vor einigen Jahren neue Verfahren zur Seite gestellt. Insbesondere haben W. Gerlach und E. Schweitzer[1] neue Wege der Spektralanalyse beschritten. Eins ihrer Verfahren besteht darin, festzustellen, bei welcher Konzentration der Verunreinigung *V* eine Linie dieser Verunreinigung dieselbe Stärke hat wie eine bestimmte Linie der Grundsubstanz *G*. Sie bezeichnen diese beiden Linien als „homologes Paar“ und haben eine Tabelle dieser „homologen Paare“ herausgegeben[2]. Bei diesem Verfahren kommt man also, im Gegensatz zu den früheren, ohne Vergleichsaufnahme aus. Liegt dagegen in dem Spektrum des zu untersuchenden Stoffes und der Verunreinigung kein „homologes Paar“ vor, so wird ein Hilfsspektrum eines bekannten Stoffes als Bezugsspektrum über das zu untersuchende Spektrum photographiert. Jetzt können wieder „homologe Paare“ zwischen dem Spektrum des Grundstoffes und dem Hilfsspektrum oder dem Spektrum der Verunreinigung und den Hilfsspektren gefunden werden.

Zur Untersuchung von Metallen nach der Emissionsspektralanalyse wird sowohl der sichtbare, wie der ultraviolette Teil des Spektrums verwendet. Im letzteren Falle muß die Optik des Spektrographen aus Quarz-Fluorit-Systemen bestehen. Die Anordnung eines Spektrographen für Untersuchungen im sichtbaren und ultravioletten Spektrum zeigt Abb. 53 und das Schaltschema Abb. 54.

Ein Transformator *T* formt den Wechselstrom auf 10000 Volt um. An den Hochspannungsklemmen dieses Transformators liegt die Funkenstrecke und parallel dazu ein Schwingungskreis aus einer Selbstinduktion *SI* und einem Kondensator *Mi* einschließlich Nebenfunkstrecke *Ne*. Das Licht des Metallichtbogens wird durch eine Linse auf den Spalt des Kollimatorrohres geworfen. Von dort geht es durch das Prisma in die Kamera *Ka*, die mit einer Wellenlängenteilung *WL* verbunden ist. Die primäre Leistung des Transformators kann mit Hilfe von Widerständen reguliert werden.

Die Genauigkeit des Verfahrens hängt von der Art des zu untersuchenden Metalls ab. Bei Alkalimetallen ist die Genauigkeit sehr hoch. So läßt sich z. B. nach Prof. Roscoe noch 0,000003 mg Na, 0,00001 mg Li und 0,00006 mg Sr oder Ca nachweisen.

Weniger als 0,0001 % Blei sind im Gold mit Sicherheit festzustellen. Im allgemeinen kann man sagen, daß die Genauigkeit bei Mengen unter 1 %, für die ja die Spektralanalyse in der Hauptsache in Frage

[1] Gerlach, W.: Z. anorg. u. allg. Chem. **142**, 383 (1924). Gerlach, W. u. E. Schweitzer: Z. anorg. u. allg. Chem. **164**, 127 (1927). Schweitzer, E.: Z. anorg. u. allg. Chem. **165**, 364 (1927). Gerlach, W. u. E. Schweitzer: Z. anorg. u. allg. Chem. **173**, 92/103 (1928); Z. Metallkunde **20**, 248/51 (1928).

[2] Z. anorg. u. allg. Chem. **164**, 127ff. (1927).

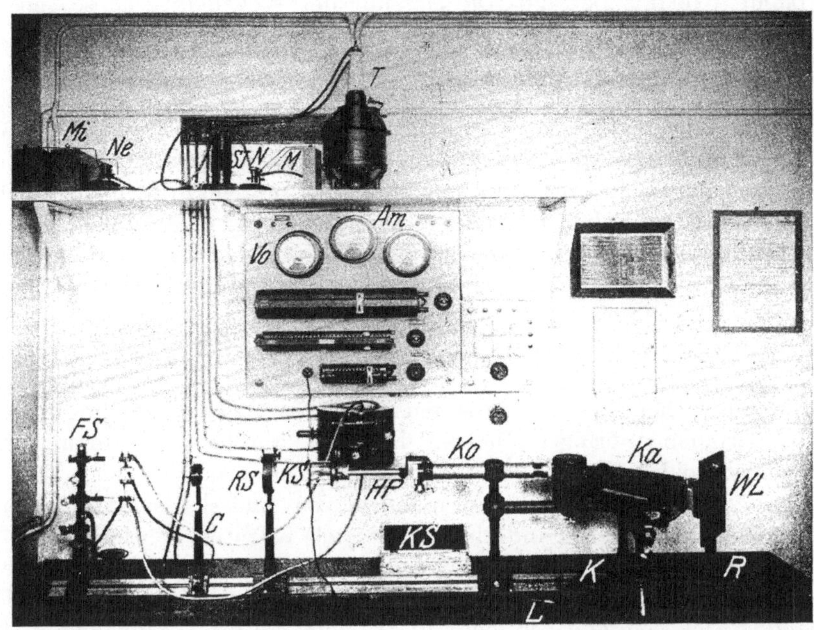

Abb. 53 (etwa 1/9 nat. Gr.). Spektrograph für Chemiker mit Kollimator *Ko*, Prisma und Kamera. Zwei Säulen der Grundplatte ruhen auf derselben optischen Bank, die auch die Lichtquelle *FS* und den Kondensor *C* trägt. *R* ist das Handrad zur Verschiebung des Kassettenschlittens, *WL* die Wellenlängenteilung, *K* die Lichtschutzkappe. Auf dem Kollimatorkopf ist mit einer Schelle das Hüfnersche Prisma *HP* mit 2 Quarzküvetten *KS* geschraubt; der rotierende Sektor *RS* wird durch einen nicht sichtbaren kleinen Elektromotor angetrieben. Der Quarzkondensor *C* soll ein vergrößertes Bild des Funkens entwerfen, der von der Funkenstrecke *FS* erzeugt wird. *Mi* sind 2 Minosplattenverdichter, *Ne* die Nebenfunkenstrecke, *SJ* die Selbstinduktionsspule, *T* der Transformator für 10000 Volt.

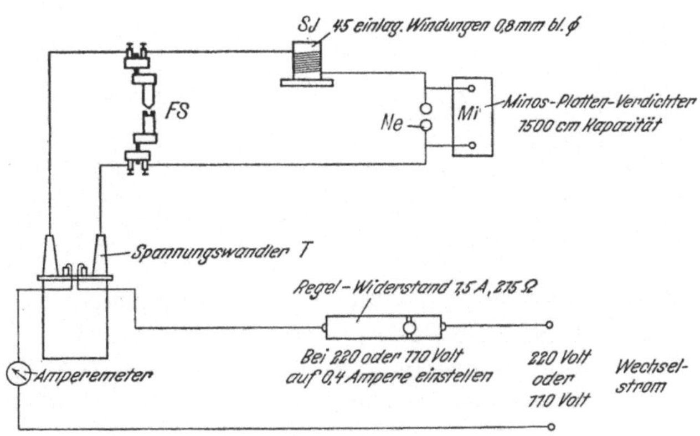

Abb. 54. Schaltschema eines Spektrographen.

kommt, 0,0001% beträgt. Die Messung der Wellenlänge ist so genau, daß man heute imstande ist, 0,001 Ångström-Einheiten (0,0001 $\mu\mu$) zu unterscheiden.

Bei Anwendung eines Schwingungskreises mit Kondensator des sogenannten kondensierten Funkens, werden nur die Elemente Cl, Br, J, O, N, S und Se nicht erfaßt. Andere Metalloide dagegen, die Bogenspektren haben, liefern auch „letzte Linien“ und sind damit der Spektralanalyse zugänglich. Hierhin gehören B, C, Si, P, As und Te.

Als besondere Vorteile der Spektralanalyse sind zu erwähnen, daß für die Untersuchung nur geringe Substanzmengen notwendig sind, und die Schnelligkeit der Analyse die chemische Untersuchung, zumal bei so geringen Mengen, wesentlich übertrifft. Man hat außerdem durch die Regelung der Selbstinduktion in der Hand, das Spektrum der Luft zu unterdrücken und die Linien der Metalloide mehr oder weniger zum Verschwinden zu bringen. Dieses Hilfsmittel kann bei der Untersuchung von Metalloiden in Metallen von großem Wert sein.

Die Leistungsfähigkeit der quantitativen Emissionsspektralanalyse soll im folgenden an Hand einiger Beispiele erläutert werden.

W. F. Meggers, C. C. Kieß und F. J. Stimson[1] teilen Einzelheiten über die Untersuchung von Zinn auf Zink und Blei mit. Es handelt sich um Zinn, welches nicht mehr als 0,1% Zink und 0,1% Blei haben darf. Die normalen Verunreinigungen in Zinn bestehen aus Pb, Zn, Sb, Cu, Fe, As und Bi und hie und da auch Cd, Mn, Ni, Co, S und P. Sind neben Pb und Zn Spuren von Bi und Cu vorhanden, so wird die chemische Analyse unzulänglich. Mit der Spektralanalyse ist eine Unterscheidung und quantitative Bestimmung dieser Verunreinigungen möglich. Nachfolgende Zahlentafel gibt die Untersuchung von fünf Zinkproben nach der spektrographischen und chemischen Analyse wieder:

Probe	Spektrographisch							Chemisch			
	Cu	Pb	Te	Zn	Ni	Hg	Bi	Cu	Pb	Fe	Zn
3993	0,1	0,1	0,005	0,001	0,001	0	0	0,08	0,10	0,03	
4409	0,6	0,05	0,1	0,07	0,001	0	0	0,62	0,04	0,04	0,06
4148	0,4	0,08	0,07	0,005	0,001	0	0,001	0,45	0,10	0,09	
4199	0,8	0,6	0,02	0,04	0,01	0,001	0,01	0,76	0,63	0,02	
4247	0,6	1,0	0,01	0,15	0,01	0,001	0,01	0,65	0,98	0,042	

Gerade für diese geringen Mengen ist die chemische Analyse sehr zeitraubend (2 Tage). Die Spektralanalyse kann dagegen von einer viel geringeren Substanzmenge in 2 Stunden ausgeführt werden. Ähnlich liegen die Verhältnisse bei der Untersuchung von Gold auf die normaler-

[1] Meggers, W. F., C. C. Kieß u. F. J. Stimson: Sc. Pap. Bur. Stand. **18**, Nr 444, 235/56 (1922/23).

weise vorkommenden Verunreinigungen: Ag, Cu, Pb, Fe und Ni, deren Gesamtmenge zwischen 0,01 und 0,02% liegen soll. Die chemische Untersuchung ist sehr zeitraubend. Die Aufnahme eines Funkenspektrogrammes dauert nur 1 Stunde.

Die spektographische Analyse von Platin hat besondere Bedeutung. Wird z. B. Platinschwamm auf Kalk oder Magnesia geschmolzen, so werden einige tausendstel Prozent Ca oder Mg aufgenommen. Ein solches Metall ruft, mit reinem Platin zu einem Thermoelement vereinigt, eine EMK von 30 bis 40 Mikrovolt = 0,03 bis 0,04 mV hervor, wenn man das Element auf 1200° erhitzt. Ähnliche Wirkung hat Rhodium. Trotz des großen Linienreichtums der Spektren der Platinmetalle soll die Bestimmung dieser Verunreinigungen sicher und mühelos sein.

Eine sehr wertvolle Arbeit lieferten W. Gerlach und F. Schweitzer[1], die nachwiesen, daß die Spektralanalyse auch geeignet ist, Auskunft über die Lagerung von Verunreinigungen in einem Metalle zu geben. Die genannten Verfasser konnten zeigen, daß die Stärke der „letzten Linien" bestimmter Verunreinigungen besonders stark waren, wenn die Funken von der frischen Bruchfläche eines Metalls übersprangen. Die höhere Konzentration der Verunreinigungen in den Korngrenzen rief diese Intensitätssteigerung der Linien hervor. Hier scheint die Spektralanalyse noch gänzlich unbeachtete Möglichkeiten der Anwendung zu eröffnen.

Die quantitative Spektralanalyse hat bereits Einzug in die Hüttenlaboratorien genommen, so teilen G. Scheibe und A. Neuhäuser[2] Schnellbestimmungsverfahren für die Legierungsbestandteile in Eisen mit. K. Kellermann[3] beschreibt die Anwendung der Spektralanalyse auf Spezialstähle mit Vanadin- und Molybdängehalt, und gibt dabei ein Verfahren für die Herstellung der Versuchsproben an. Danach werden die zu untersuchenden Metalle gelöst und mit fein verteilter Kohle zur Trockene eingedampft. Das entstehende Pulver wird verrieben und zu einer Pastille gepreßt, die als eine Elektrode der Funkenstrecke dient. Das Verfahren hat praktische Vorteile. Kürzlich bestimmte B. A. Lomakin[4] geringe Mengen Wismut in Kupfer auf dem Wege der Emissionsspektralanalyse.

Neben der normalen Spektralanalyse findet für wissenschaftliche Untersuchungen die Röntgenspektralanalyse Verwendung, wenn es sich darum handelt, eine Substanz von unbekannter Zusammensetzung zu analysieren bzw. eine bekannte Substanz auf ihre Reinheit

---

[1] Gerlach, W. u. E. Schweitzer: Z. anorg. u. allg. Chem. **173**, 104/10 (1928).

[2] Scheibe, G. u. A. Neuhäuser: Z. anorg. u. allg. Chem. **41**, 1218 (1928)

[3] Kellermann, K.: Arch. Eisenhüttenwes. **3**, 205/11 (1929/30).

[4] Lomakin, B. A.: Z. anorg. u. allg. Chem. **187**, 75/96 (1930).

zu prüfen. Man benutzt unter diesen Umständen den Stoff als Antikathode einer Röntgenröhre bzw. belegt die Antikathode mit einem Pulver aus diesem Stoff. Die auf die Antikathode auffallenden Kathodenstrahlen rufen dann eine Eigenstrahlung des Stoffes hervor und diese kurzwelligen Eigenstrahlen werden durch ein Kristallgitter gebeugt. Dadurch entsteht das Röntgenspektrum, welches besonders für die Untersuchung der seltenen Erden Großes geleistet hat. Die Röntgenspektralanalyse ist z. B. auch bei der Auffindung des Hafniums in Zirkonmineralien verwandt worden. Für die Untersuchung der handelsüblichen Metalle auf ihre Verunreinigungen ist die Röntgenspektralanalyse selten angewandt worden. Hier ist noch ein erfolgversprechendes Neuland zu erobern.

In gewissen Fällen kann auch die Röntgenstrukturanalyse nach den Verfahren von Bragg[1], sowie Debye und Scherrer[2] oder Laue[3] gute Dienste leisten. Die Verfahren sind weniger geeignet, quantitative Messungen über vorhandene Beimengungen zu gestatten. Sie erlauben jedoch z. B. Feststellungen darüber, ob eine Beimengung als Mischkristall vorliegt oder als Verbindung. Im letzten Fall kommt der Verbindung ein besonders charakteristisches Gitter zu. In Mischkristallen kann anderseits die Veränderung des Gitterparameters durch geringe Beimengungen bestimmt werden. Nach Vegard[4] besteht bei Mischkristallen die Regel, daß sich der Gitterparameter des Mischkristalls proportional den Molprozenten des gelösten Stoffes ändert. Wenn a der Parameter des Lösungsmittels und b der Parameter des gelösten Stoffes ist und die Anzahl der Molprozenten des gelösten Stoffes mit p bezeichnet wird, so ist der Parameter m des Mischkristalls:

$$m = \frac{p - 100}{100} a \cdot \frac{p}{100} b .$$

c) Metallographische Verfahren.

Der Nachweis von Verunreinigungen ist häufig nach Anfertigung eines Metallschliffes und Untersuchung desselben im Metallmikroskop ohne Schwierigkeit zu führen. Das gilt vor allem für die Fälle, wo die Löslichkeit für das Begleitelement nur sehr gering ist. Unter diesen Umständen erkennt man bereits geringe Zusätze durch Ausscheidungen in den Korngrenzen oder auch im Metallkorn selbst. Hierauf beruht z. B. die Bestimmung des Kupferoxyduls in Kupfer, indem die von

---

[1] Bragg, W. H. u. W. L.: Z. anorg. u. allg. Chem. **90** (1915).
[2] Debye u. Scherrer: Physik. Z. **17**, 277 (1916).
[3] Laue, Friedrich u. Knipping: Ann. Physik **41**, 971 (1913).
[4] Vegard, L.: Z. Physik **5**, 17/26 (1921).

dem Kupfer-Kupferoxydul-Eutektikum eingenommenen Flächen ausplanimetriert werden. Beim Desoxydieren eines Metalls mit etwa 0,05% Al entstehen feine Tonerdehäutchen, die sich in den Kristallgrenzen abscheiden. Alle Arten von Desoxydationsprodukten sowie intermetallische Verbindungen treten deutlich in Erscheinung.

Bei dem Ätzen der Metallschliffe spielt das Potential der verschiedenen Stellen des Schliffes gegenüber dem Ätzmittel eine wesentliche Rolle. Man kann dabei häufig die Beobachtung machen, daß geringe Mengen eines fremden Metalls die Angreifbarkeit des Grundmetalls wesentlich ändern können. Ist die Beimengung im Grundmetall löslich, so wird das Potential so lange edler oder unedler, bis die Löslichkeit für die Beimengung überschritten ist und letztere als heterogener Bestandteil auftritt. So konnte z. B. bei der Untersuchung reiner Eisen-Sauerstoff-Legierungen beobachtet werden, daß die durch Aufnahme von Sauerstoff hervorgerufene Veredelung einzelner Gefügeteile und die dadurch bedingte Primärstruktur beim Überschreiten eines gewissen Sauerstoffgehaltes undeutlich und unklar wurde. Das rührt daher, daß bei diesem Gehalt die Löslichkeitsgrenze für Sauerstoff überschritten wurde und die submikroskopisch feinen Eisenoxydulteilchen einen wesentlichen Potentialsprung gegenüber der gesättigten festen Lösung hervorbrachten[1].

Das Verfahren des Zählens von Schlackeneinschlüssen wurde in den letzten Jahren verschiedentlich zur Bestimmung des Desoxydationsgrades und der während des Schmelzverlaufes eintretenden Reaktionen benutzt. H. Kjerrman[2] machte mit Hilfe eines derartigen Verfahrens Untersuchungen über den Silikatgehalt von saurem Siemens-Martin-Stahl sowie über den Sulfidgehalt von Chrom-Kugellagerstahl. C. H. Herty, C. F. Christopher und R. W. Stewart[3] benutzten das Auszählen der Einschlüsse zur Untersuchung des desoxydierenden Einflusses von Silizium beim basischen Herdofenverfahren. Die Ergebnisse entsprachen durchaus den auf chemischen Wege nach Dickenson bestimmten Silikatmengen. Im Gegensatz zu der chemischen Bestimmungsmethode konnte bei dem Auszählen zwischen der Natur der Einschlüsse unterschieden werden, je nachdem diese mehr FeO oder mehr SiO_2 enthielten (s. Abb. 118). Obwohl die Verfahren auf den ersten Blick zeitraubend zu sein scheinen, erfordern sie nach Einarbeiten wesentlich weniger Zeit als z. B. das Verfahren von Dickenson, der zur Lösung der Stahlproben in der verdünnten Säure mehrere Wochen gebraucht.

---

[1] Oberhoffer, P., H. J. Schiffler u. W. Hessenbruch: Arch. Eisenhüttenwes. **1**, 57/68 (1927/28).

[2] Kjerrman, H.: Jernk. Ann. **101**, 181/99 (1929). Stahleisen **49**, 1346/8 (1929).

[3] Min. Met. Inv. Bull. **38** (1930).

B. Praktischer Teil.

IV. Der Einfluß geringer Beimengungen auf das Gefüge.

Im zweiten Kapitel wurde gezeigt, daß die Anwesenheit eines fremden Bestandteiles immer eine Änderung im Gefügeaufbau des Materials hervorruft, obwohl die Änderung so klein sein kann, daß sie nicht leicht entdeckt wird. Da das Gefüge der Metalle und Legierungen zum großen Teil die übrigen Eigenschaften beeinflußt, soll der Einfluß geringer Mengen fremder Bestandteile auf das Gefüge an Hand von Beispielen zunächst besprochen werden.

Begriffsbestimmung für „kleine Beimengungen“.

Es muß hier zunächst ein Wort über den Begriff „kleine Beimengung“ gesagt werden. Zunächst umfaßt dieser Ausdruck alle zufällig in handelsüblichen Metallen enthaltenen Verunreinigungen. Metalle und Legierungen für technische Zwecke haben selten mehr als 1% irgendeiner Verunreinigung, obwohl der Gesamtgehalt größer sein kann. Absichtliche Zusätze können anderseits von 50% der Legierung bis zu einem Bruchteil eines Hundertteils schwanken. In solchem Fall ist ein bestimmter Unterschied zwischen Hauptmetall und Beimengung nicht vorhanden. Mengen von 5 bis 10% rufen im allgemeinen schon so große Änderungen hervor, daß eine neue Legierung entsteht. Die Wirkungen dieser großen Änderungen der Zusammensetzung sind bereits gut bekannt, nachdem die meisten der binären und viele ternäre Stoffsysteme untersucht sind. Die Gleichgewichtsschaubilder dieser Systeme und die Änderungen der Eigenschaften dieser Legierungen sind in den metallographischen Handbüchern enthalten. In letzter Zeit hat man jedoch der Wirkung geringer Änderung der Zusammensetzung mehr Aufmerksamkeit geschenkt, nachdem die Verfeinerung der Verfahren die Bestimmung kleiner Mengen von Fremdstoffen gestattete. Willkürlich zugesetzte Bestandteile im Betrage von 1% oder darunter üben oft schon einen großen Einfluß auf die Eigenschaften der Legierungen aus. Diese Einflüsse sind denen gewisser Verunreinigungen ähnlich und können dementsprechend ebenfalls als „geringe Beimengungen“ betrachtet werden. Diese teilt man zweckmäßig wie folgt ein:

a) metallische Beimengungen,
b) nichtmetallische Beimengungen,
c) gasförmige Beimengungen.

Die Einteilung muß naturgemäß willkürlich sein. Manche Elemente, die gewöhnlich als Nichtmetalle gezählt werden, verhalten sich in gewissen Legierungssystemen wie Metalle und werden als solche betrachtet. Si in Al, C in Fe sind Beispiele hierfür. Anderseits können gasförmige

Bestandteile zu festen, nichtmetallischen Stoffen werden; es ist z. B. zweifelhaft, ob der vom geschmolzenen Silber absorbierte Sauerstoff als gelöstes Gas oder als Ag_2O vorliegt. Bei liberaler Handhabung ist die genannte Einteilung jedoch zweckmäßig und soll in den folgenden Abschnitten angewandt werden. Es ist im allgemeinen zweckmäßiger, der Betrachtung Angaben in Atomprozenten zugrunde zu legen.

a) Metallische Beimengungen.

Metallische Beimengungen bilden im allgemeinen mit den Metallen normale Legierungen. Macht man den Zusatz zu einem reinen Metall, so entsteht eine binäre Legierung. Die sich ergebende Änderung im Gefüge des Metalls kann durch das Gleichgewichtsschaubild bestimmt werden, welches von der etwaigen Löslichkeit der Komponenten, ihrem Bestreben, Verbindungen zu bilden usw., abhängt. Es ist nicht notwendig, diese Fälle im einzelnen zu studieren, da die möglichen Gefügearten aus dem früher Gesagten klar hervorgehen.

Die Bedingungen sind komplizierter, wenn der Zusatz zu einer Legierung erfolgt, da wir hier die Beziehungen zwischen dem neuen Bestandteil und jeder der schon anwesenden Komponenten betrachten müssen. Um imstande zu sein, die Gefügeänderungen vorauszusagen, muß man die Gleichgewichtsbedingungen der Drei- und Mehrstoffsysteme kennen, die im einzelnen nur in Ausnahmefällen studiert worden sind. Der neue Bestandteil ändert oft das bestehende Gleichgewicht, so daß neue Verbindungen gebildet oder feste Lösungen zerlegt werden. Der Betrag, zu dem das Gleichgewicht während der Wärmebehandlung erreicht wird, kann auch durch die Gegenwart geringer Beimengungen beeinflußt werden.

Endlich muß man auch den Einfluß beachten, den zwei oder mehrere gleichzeitig anwesende Elemente ausüben können. Oft kann die Wirkung einer Verunreinigung durch die Gegenwart einer zweiten aufgehoben werden. Die geringen metallischen Beimengungen sollen nun betreffs ihrer Löslichkeit im festen Zustand in dem Grundmetall oder der Hauptlegierung betrachtet werden.

Lösliche Bestandteile. Wir wollen zunächst den einfachen Fall annehmen, daß einem reinen Metall 1% eines isomorphen Fremdmetalls zugefügt wird. Es wird eine feste α-Lösung gebildet, deren Gefüge mit dem des reinen Metalls praktisch übereinstimmt. Die Konzentrationsunterschiede beim Erstarren sind bei den geringen Mengen des Fremdstoffes selten hinreichend, um eine Kristallseigerung erkennen zu lassen. Der Zusatz kann also mikroskopisch nicht ermittelt werden. Cu, Ag, Pb und Pd bilden alle einfache feste Lösungen mit Gold. Mo ist löslich in W und Sb in Bi. Das sind Beispiele vollkommen isomorpher Metalle. In geringen Konzentrationen werden einfache feste Lösungen auch von vielen Metallpaaren mit ungleichen Gittern gebildet. So löst Cu 7,25% As[1] und Gold mit 10% Fe zeigt normales Gefüge.

Im Falle der Legierungen kann die Zugabe eines anderen Bestandteiles, selbst wenn dieser vollkommen löslich ist, kompliziertere Wirkungen haben infolge der Störung des bestehenden Gleichgewichtes. Handelsübliche Messingsorten enthalten z. B. geringe Mengen eines oder mehrerer der folgenden Elemente: Pb, Sn, Al, Ni, Fe, Mn oder Si. Besonders die mechanischen und technologischen Eigenschaften lassen sich durch solche Zusätze oft verbessern. Das ist z. B. der Fall bei dem $\alpha + \beta$-Messing (61 bis 54,3% Cu). Ein solcher Zusatz äußert sich in erhöhter Elastizität, Härte und Korrosionsfestigkeit und macht das Metall außerdem leichter preßbar. Elemente wie Al, Sn und Ni, die eine beträchtliche Löslichkeit in Messing haben, können die Phasengrenzen in dem Gleichgewichtsdiagramme verschieben, wobei man annehmen kann, daß diese Elemente einen gewissen, aber nicht gleichen Betrag von Zn ersetzen. Eine solche Legierung von 69,5 % Cu, 25,5 % Zn und 5 % Al hat unter dem Mikroskop dasselbe Aussehen wie ein reines Messing mit 56 % Cu und 44% Zn. Guillet[2] schlug vor, den Metallen einen Gleichwertigkeitskoeffizienten zu geben hinsichtlich der gleichen Struktur der ternären Legierung im Vergleich mit der reinen CuZn-Legierung. So sollte z. B., wenn die Zugabe von einem Teil eines dritten Metalls an Stelle von t Teilen Zn geschehen konnte, ohne Änderung des erschienenen Gefüges, der Koeffizient für das zugefügte Metall t sein. Die folgenden Werte wurden aufgestellt: Mn: 0,5, Fe: 0,9, Pb: 1,0, Sn: 2,0, Mg: 2,0, Al: 6,0, Si: 10,0 und Ni: 0,9 bis 1,5. Dieser Vorschlag ist jedoch nicht gleichmäßig auf gegossene wie rekristallisierte Metalle anwendbar, und überdies sind die Löslichkeitsgrenzen für viele dieser Elemente so niedrig, daß schon bei kleinen Zusätzen eine neue Phase in Erscheinung tritt. Die einzige zufriedenstellende Grundlage für den Vergleich der Wirkung solcher Zusätze ist die Kenntnis der ternären Gleichgewichtsbedingungen. Es sind nur wenige Bestimmungen gemacht worden, aber Untersuchungen nach dieser Richtung sind im Gang. So haben vor allem Bauer und Hansen[3] Untersuchungen über den Einfluß von Ni, Pb und Sn auf das Gefüge der CuZn-Legierung gemacht. Ni kommt gewöhnlich nicht als Verunreinigung im Messing vor, aber seine Anwesenheit in $\alpha + \beta$-Messing ist für gewisse Zwecke vorteilhaft. Es erhöht die Dehnung und den spezifischen Schlagwiderstand, verbessert die Korrosionsfestigkeit und erhöht die Dichte der Güsse. Für praktische Zwecke kann man annehmen, daß es einen gleichen Teil Zn ersetzt, ohne die Struk-

---

[1] Hanson u. Marryat: J. Inst. Met. **37**, 121 (1927).

[2] Guillet: Rev. Mét. **2**, 97 (1905).

[3] Bauer u. Hansen: Z. Metallkunde **21**, 357, 406 (1929); **21**, 145, 190 (1929); **22**, 387, 405 (1930).

tur des Messings zu verändern. Die α- und β-feste Lösung von Zn und Cu sind isomorph mit der α- und β-festen Lösung von Zn und Ni, so daß die Grenzen im Gleichgewichtsschaubild praktisch für einen gegebenen Cu-Gehalt unverändert bleiben. Elemente wie Al und Sn, die beträchtlich mehr als ihrem eigenen Gewicht an Zn entsprechen, können in kleinen Mengen zugegeben werden, ohne das Gefüge zu beeinflussen, wenn die Zusammensetzung der Legierung nicht zu nah an einer Phasengrenze liegt. Im letzteren Fall tritt eine neue Phase auf. So enthält z. B. das Marinemessing, das gegen die Wirkung des Seewassers widerstandsfähig ist, 60 bis 62% Cu und 1% Sn. An Stelle der teilweise umgewandelten β-Lösung erscheint ein neuer Bestandteil, der der δ-Lösung in Bronzen entspricht.

Obgleich die Art des Gefüges erhalten bleibt, kann in solchen Fällen die Gegenwart einer geringen Menge eines zweiten Bestandteils die Korngröße des Metalls beeinflussen. Die Faktoren, welche die Korngröße des gegossenen und rekristallisierten Metalls bestimmen, können noch nicht alle übersehen werden. Wir wissen, daß in gegossenen Metallen eine große Abkühlungsgeschwindigkeit feines Korn erzeugt, daß in bearbeiteten Metallen die Zeit und Temperatur der Glühung und der Grad der Verformung bestimmte Einflüsse ausüben (Rekristallisation). Die wirkliche Größe der Körner muß also von der Geschwindigkeit des Kristallwachstums abhängen, und hier wissen wir praktisch noch nichts. Die Gegenwart eines anderen Metalls in Lösung kann vermutlich die Wachstumsgeschwindigkeit beeinflussen, aber bis jetzt sind nur einige Beobachtungen gemacht worden, die keinen allgemeinen Schluß zulassen. Die Eisensiliziumlegierungen mit 2 bis 4% Si sind durch ungewöhnlich große Körner gekennzeichnet, die offenbar durch Si in fester Lösung hervorgerufen werden. Blöckchen von 60 mm Durchmesser einer Legierung mit 7% Si und 0,5% Cr, die in normalen, nicht gewärmten Graugußkokillen von 80 bis 100 mm Durchmesser erstarren, haben Körner von 3 bis 4 mm Kantenlänge. Eisen mit Gehalten von $>0{,}050\%$ P zeichnet sich durch grobes Gefüge aus. Die Legierungen des Eisens mit Aluminium sind ebenfalls sehr grobkristallin. In langsam erstarrten Blöcken von 150 mm Durchmesser sind Kristalle bis zu 5 mm Kantenlänge gefunden worden. Anderseits konnte man feststellen, daß eine Reihe von Chromnickel-Legierungen mit 10, 20, 30% Chrom nach der Rekristallisation und gleicher Wärmebehandlung und mechanischer Bearbeitung steigende Feinheit des Kornes zeigten. Abb. 55 bis 57 zeigen geätzte Schliffe der zu Draht verarbeiteten Legierungen nach Rekristallisation und 10 Minuten langem Glühen bei 1100°. Die Wirkung solcher Zusätze ist bei anderen Metallen größer; so wird z. B. die Korngröße des Kupfers, welches bei 700° geglüht wurde, durch 0,1% Ag um 50% verkleinert.

Die Temperatur des Beginns der Rekristallisation wird in gewissen Metallen durch sehr geringe Mengen einer metallischen, löslichen Verunreinigung beeinflußt.

Widmann[1] beobachtete einen Unterschied von 35° in der Rekristallisationstemperatur zweier Silberproben, von denen beide 99,98% Ag enthielten. In der einen war die Verunreinigung fast nur Kupfer, welches in der anderen überhaupt nicht anwesend war. Widmann bestimmte daher die Wirkung von kleinen Mengen verschiedener Metalle auf die Rekristallisationstemperatur von Silber und Kupfer. Die Proben

Abb. 55. 10% Cr.

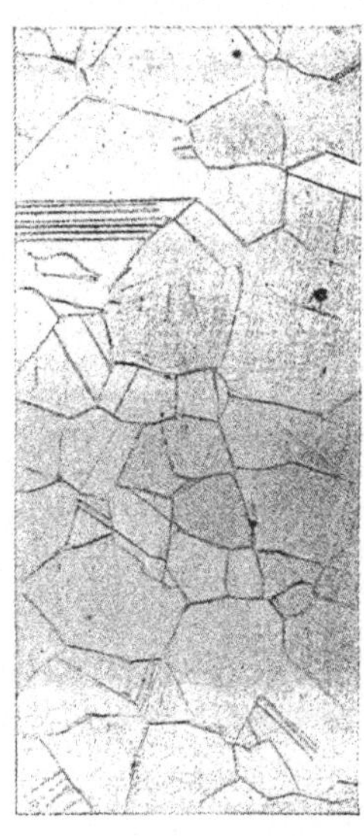

Abb. 56. 20% Cr.

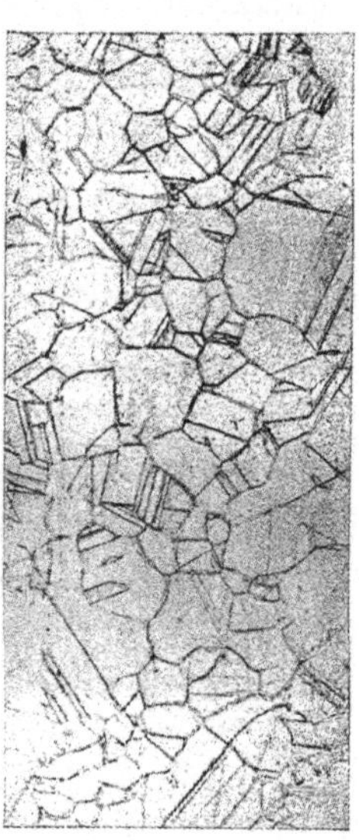

Abb. 57. 30% Cr.

Abb. 55 bis 57. Einfluß der Zusammensetzung auf die Korngröße von kaltbearbeiteten und geglühten CrNi-Legierungen. Ätzung $CuCl_2$ + Königswasser. × 100.

wurden um 98% verformt, durch Kaltwalzen und Röntgenaufnahme nach der Glühung bei verschiedenen Temperaturen untersucht, wobei man die Änderung der Faserstruktur als Beginn der Rekristallisation annahm. Die Ergebnisse für Silber enthält Zahlentafel 1.

Man sieht, daß 0,1% Cu die Rekristallisationstemperatur um 40° erhöht. Die Wirkung von Eisen ist noch größer, aber in umgekehrtem Sinne; 0,05% genügen, um die Rekristallisationstemperatur von 150° auf Raumtemperatur herabzusetzen, so daß das Material dadurch „selbstausglühend" (selfannealing) wird. Wenn man dieses Metall stark verformt, so kann es im Laufe von Wochen und Monaten im Gebrauch rekristallisieren und dadurch grobkörniger und weich werden. Wenn entweder Eisen oder Kupfer anwesend sind, kann ein geeigneter Zusatz

[1] Widmann: Z. Physik **45**, 200 (1927).

des anderen Metalls die normalen Eigenschaften des Grundmetalls wieder herstellen. 0,1% Cu genügt, um die Wirkung von 0,05% Fe unschädlich zu machen. Mit Ausnahme von Al und Cu erniedrigen alle Zusätze anderer Metalle die Rekristallisationstemperatur. Bei Kupfer wird die Rekristallisationstemperatur durch Eisen und Aluminium erniedrigt, aber durch andere Elemente erhöht (Zahlentafel 2). Die unteren Rekristallisationsgrenzen von vier Proben handelsüblichen Kupfers mit 99,98% Cu schwanken zwischen 125° und 185° gemäß der Anwesenheit verschiedener Verunreinigungen. Der Silbergehalt einiger handelsüblicher Kupfersorten schwankt zwischen 0,030 und 0,085 kg/t, d. h. zwischen 0,003 und 0,0085% und macht eine Änderung der Glühtemperatur während der Bearbeitung notwendig. Basset[1] gibt an, daß er es für gut befand, die Glühtemperatur für Walzkupfer in Anwesenheit von 0,0005% Ag von 250° auf 350° zu erhöhen.

Baß und Glocker[2] haben die Wirkung von Fe auf das Gefüge von 64/36 Messing geprüft und die Löslichkeitsgrenze bei 0,35% Fe gefunden. Die Rekristallisationstemperatur wird durch die Anwesenheit von Fe bis zu 0,79% nicht verändert, aber die Korngröße wird verkleinert besonders nach Glühungen bei 700°.

Zahlentafel 1. Einfluß von Fremdelementen auf die untere Rekristallisationsgrenze von Silber.

Element	Gewicht in %	Rekristallisationstemperatur °C
Ag 99,98%	—	150
Cu	0,303	230
Cu	0,12	200
Cu	0,073	175
Al	0,2	190
Zn	0,119	145
Pb	0,059	145
Ni	0,1	137
Au	0,1	112
Au	0,2	110
Pd	0,1	112
Fe	0,035	110
Fe	0,055	20
Fe	0,065	20

Zahlentafel 2. Einfluß von Fremdelementen auf die untere Rekristallisationsgrenze von Kupfer.

Element	Gewicht in %	Rekristallisationstemperatur °C
Cu (elektrolyt.)	—	205
Sn	0,24	375
Ag	0,24	340
Pb	0,15	325
Mn	0,23	320
P	0,36	325
Cd	0,19	300
Sb	0,06	280
S	0,21	275
As	0,14	250
Ni	0,28	250
Au	0,20	250
Si	0,06	245
Zn	0,33	220
Bi	0,027	200
Fe	0,21	190
Al	0,12	150

[1] Basset, W. H.: Trans. Amer. Inst. Min. Met. Engg. **5**, 73 (1924).
[2] Baß u. Glocker: Z. Metallkunde **20**, 179 (1928).

Nach dem Zinkentsilberungsverfahren von Parkes hergestelltes Blei rekristallisiert, wenn man es nach einer Bearbeitung 24 Stunden auf 180° erhitzt. Pattinsonblei rekristallisiert bei gleicher Behandlung nicht und ist infolgedessen mechanisch widerstandsfähig. Durch Dauererschütterung (160 Stunden) kann man Parkesblei bei Raumtemperatur rekristallisieren. F. Brenthel[1] führte diesen Unterschied der beiden Bleisorten auf den geringen in Lösung befindlichen Kupfergehalt des Pattinsonbleis zurück.

Wenn das zugefügte Metall eine sehr geringe Löslichkeit hat, kann die Wirkung (besonders in gegossenen Metallen) verschärft werden durch

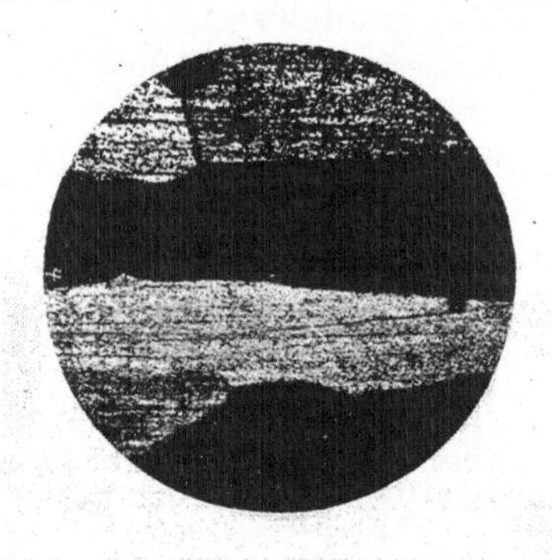

Abb. 58. Gold, Gußzustand. Ätzung Königswasser. (Nowack.) × 60

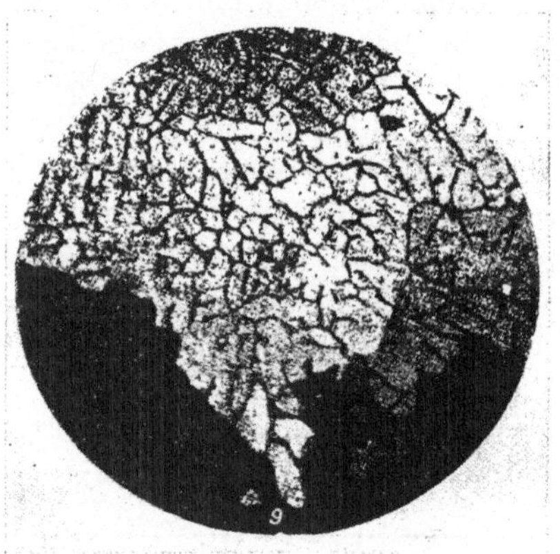

Abb. 59. Gold mit 1% Bi. Gußzustand. (Nowack.) × 72

die Tatsache, daß das Gleichgewicht nicht wirklich erreicht wird, d. h., daß die ungelöste Menge des Fremdelementes größer ist, als dem Gleichgewicht entspricht. Beispiele hierfür zeigen die Wirkung von Wismut und Zinn auf das Gefüge von gegossenem Gold[2]. Gold ist fähig, bei Raumtemperatur 5% Zinn oder 4% Wismut in fester Lösung zu halten, aber das gegossene Metall zeigt ein heterogenes Gefüge, wenn nur 1% von einem dieser Metalle anwesend ist. Das Gefüge reinen gegossenen Goldes zeigt Abb. 58. In gegossenem Gold mit 1% Wismut sind die α-Kristalle von Häutchen aus reinem Wismut umgeben (Abb. 59), welche das Metall brüchig und unbearbeitbar machen. Ähnliche Fälle findet man häufig bei Legierungen, die an der Grenze eines Gebietes mit fester Lösung liegen und infolge ungenügender Diffusion beim Abkühlen den Gleichgewichtszustand nicht erreichen.

Unlösliche Bestandteile. Es sind nur sehr wenige Fälle bekannt, in welchen zwei Metalle keine Löslichkeit in festem Zustande zeigen, ob-

[1] Brenthel, F.: Z. Metallkunde **22**, 22/26 (1930).
[2] Nowack: Z. Metallkunde **19**, 238 (1927).

wohl es eine größere Zahl gibt, in welcher die Löslichkeit unter 1% liegt und die in diese Klasse mit eingeschlossen werden können. Blei löst bei 1300° bis zu 30 Gewichtsprozent Wolfram[1], aber die Metalle bilden beim Abkühlen keine feste Lösung. Es wird kein Eutektikum gebildet und die Schmelze scheidet Wolfram aus, bis die Temperatur auf 328,4°, den Gefrierpunkt des reinen Bleies gesunken ist. Blei ist im geschmolzenen Zustand mit Kupfer teilweise mischbar, aber im festen Zustand ist es vollkommen unlöslich, und das Gleichgewichtsdiagramm zeigt, daß das Eutektikum wieder mit dem Erstarrungspunkt des reinen Bleies zusammenfällt[2]. Beim Abkühlen erstarrt daher das Kupfer zuerst

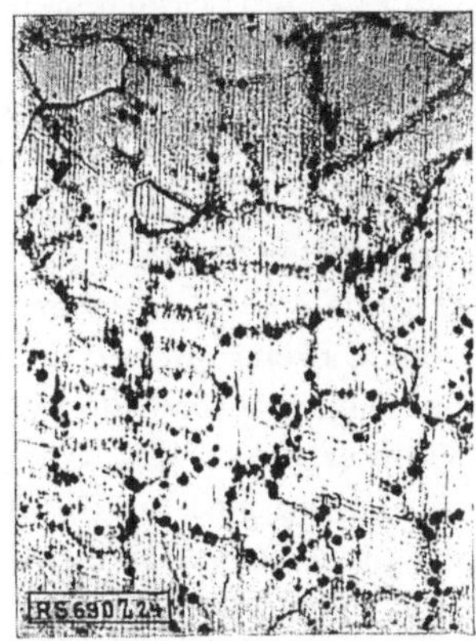

Abb. 60. Pb-Zn-Cu-Legierung mit 70,10% Cu, 2,01% Pb. Gußzustand. (Bauer und Hansen.) × 180

Abb. 61. Pb-Zn-Cu-Legierung mit 54,27% Cu, 0,47% Pb. Gußzustand (Bauer und Hansen.) × 180

und das Blei erscheint in kugeliger Form in den Korngrenzen der Kupferkristalle. Den Einfluß von Blei auf das Gefüge von Messing untersuchten Bauer und Hansen[3] bis zu Gehalten von 2,5% Pb. Nach beendigter Erstarrung ist der Gefügeaufbau gekennzeichnet durch die sehr geringe Löslichkeit des flüssigen und festen Bleies in den α- und β-Kristallen. Die Löslichkeit muß unter 0,1% liegen, denn in den bei den verschiedensten Temperaturen geglühten, langsam erkalteten Legierungen ist ein Gehalt von 0,1% Pb mikroskopisch nachweisbar. Das Gefüge gegossenen α-Messings wird in seinem Charakter nicht wesentlich verändert. Die Ausscheidungen von Blei liegen in der zuletzt erstarrten kupferärmeren Schicht des geschichteten α-Mischkristalls. Abb. 60 zeigt eine solche Legierung mit 2,01% Pb. Das Gefüge des β-Messings wird durch Pb-Gehalte stärker beeinflußt. Abb. 61 zeigt, daß die großen

[1] Inouye: Mem. Coll. Sci. Kyoto Imp. Univ. **4**, 43 (1919).
[2] Guillet u. Portevin: Metallographie, S. 246.
[3] Bauer u. Hansen: Z. Metallkunde **21**, 145/51 u. 190/6 (1929).

β-Mischkristalle durch feine zeilenförmige Ausscheidungen von Bleitröpfchen unterteilt sind. Oberhalb 0,5% wird das Gefüge verfeinert und eine eutektische Struktur gebildet.

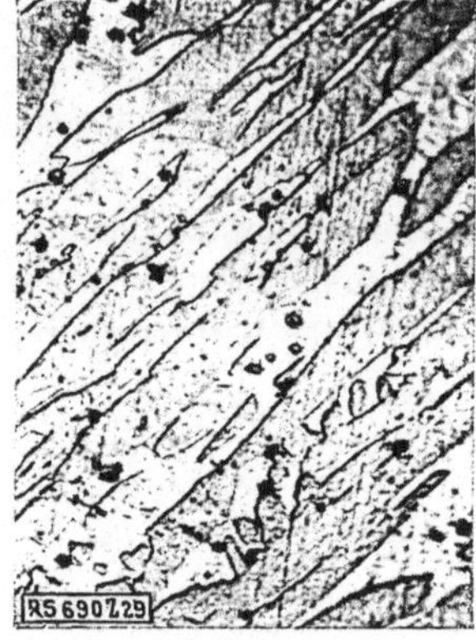

Abb. 62. Pb-Zn-Cu-Legierung mit 58,06% Cu, 2,26% Pb, Gußzustand. (Bauer und Hansen). × 900

Im Gefüge der $\alpha + \beta$-Messinge ist das Blei schwerer zu erkennen. Durch das heterogene Gefüge werden die feinen Bleiausscheidungen verdeckt. Bei starker Vergrößerung erkennt man jedoch auch hier das Blei deutlich (Abb. 62).

Durch die Zugabe von Blei wird das Zustandsschaubild der Cu-Zn-Legierungen dem Charakter nach nicht geändert. Die Phasengrenzen zwischen der α- und $\alpha + \beta$-Phase bzw. der $\alpha + \beta$- und β-Phase werden zu höherer Temperatur verschoben. Die Temperatur des Beginns der Erstarrung bleibt dieselbe wie bei reinen Cu-Zn-Legierungen. Die eingeschlossenen Bleitröpfchen scheiden sich kurz unterhalb der Soliduslinie aus dem Mischkristall aus und bleiben bis zum Schmelzpunkt des Bleies bei 326° flüssig. Daher wird die Warmverarbeitung von Messing durch Blei schon in geringen Mengen empfindlich gestört. Wo besonders gute mechanische Eigenschaften nicht verlangt werden, gibt man bis zu 3% Blei zu, um durch die größere Leichtflüssigkeit saubere Güsse zu erzielen. Durch einen Bleizusatz wird die spanabhebende Bearbeitung des Messings erleichtert.

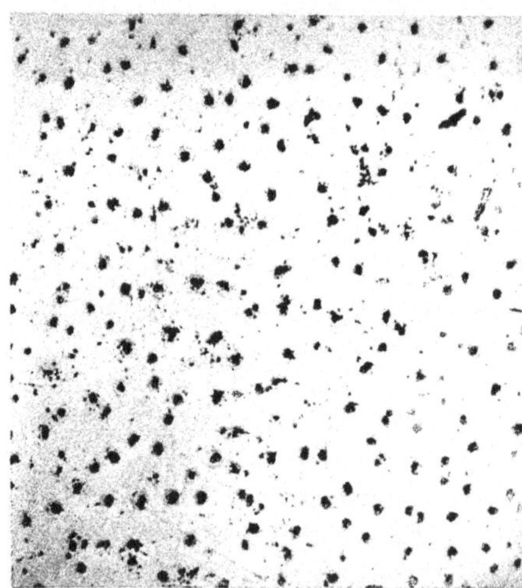

Abb. 63. Gewalztes Zink mit 3,3% Pb, 2,6% Sn und 2,1% Fe. Ungeätzt. × 50.

Blei ist auch im festen Zink unlöslich. Geschmolzenes Zink mit geringen Mengen Blei scheidet zuerst Kristalle von reinem Zink aus und dann erstarrt das Eutektikum in den Korngrenzen. In dem bearbeiteten und rekristallisierten Material erscheint das Blei durchs ganze Metall verteilt, wie man in Abb. 63 sieht. Dieses Bild zeigt einen Weg, wie man geringe Mengen eines unlöslichen metallischen Bestandteils durch geeignete Wärmebehandlung verteilen kann.

Es kann vorkommen, daß das Eutektikum nur geringe Mengen des Hauptmetalls enthält. Portevin[1] hat gezeigt, daß dies z. B. für Wismut

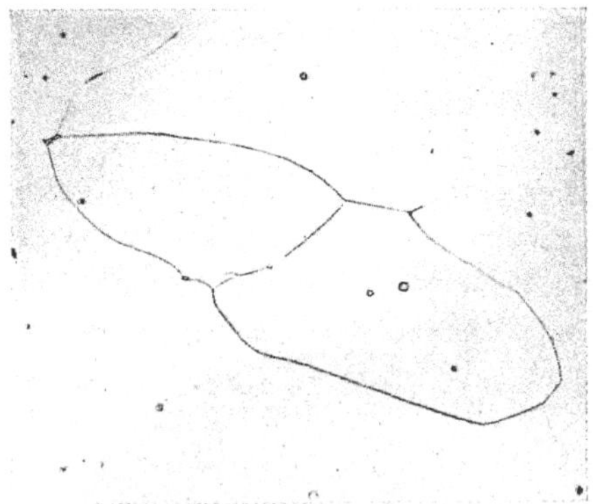
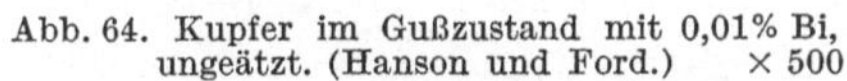

Abb. 64. Kupfer im Gußzustand mit 0,01% Bi, ungeätzt. (Hanson und Ford.) × 500

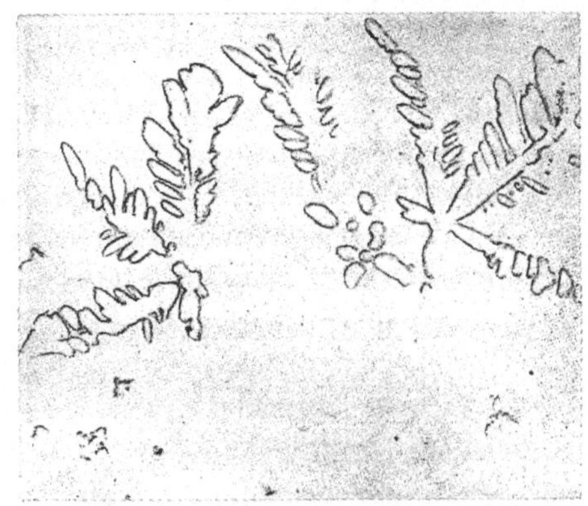

Abb. 65. Kupfer mit 3,51% Fe, Gußzustand. (Hanson und Ford.) × 150

in Kupfer gilt. Hanson und Ford[2] haben eine sorgfältige Studie über die Wirkung dieser Verunreinigung gemacht und gefunden, daß die Löslichkeit von Wismut in Kupfer nicht größer als 0,002% ist. Die geringste Menge dieses Elementes erscheint daher als zweiter Bestandteil und bildet ein Häutchen in den Korngrenzen, wie Abb. 64 zeigt. Die Wirkung von Eisen in Kupfer ist auch untersucht worden[3]. Eisen ist im geschmolzenen Metall bei 1100° bis zu 4% löslich, aber die Löslichkeit ist unterhalb 750° nur 0,2%. Das überschüssige Eisen scheidet sich in Form kleiner Teilchen aus, die in der polierten Probe sichtbar sind.

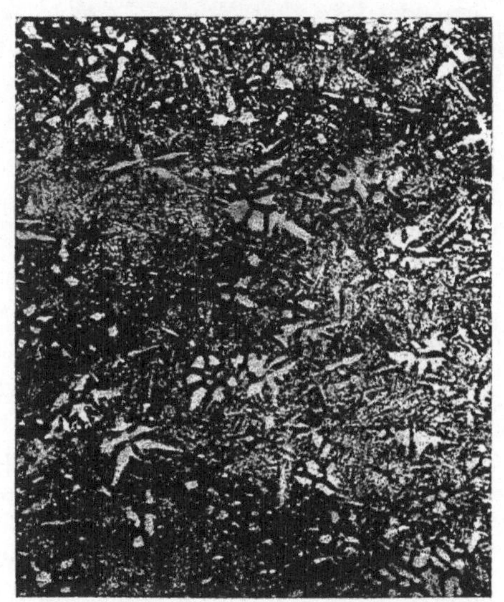

Abb. 66. Cd-haltiges Zink, Gußzustand. Ätzung HNO_3. × 50.

Wenn mehr als 3% Eisen anwesend sind (Abb. 65), nehmen die Ausscheidungen ausgesprochene Kristallform an. Auf gleiche Weise scheidet sich Kadmium, welches eine sehr geringe Lös-

[1] Portevin: Rev. Mét. 4, 1077 (1907).
[2] Hanson u. Ford: J. Inst. Met. 37, 169 (1927).
[3] Hanson u. Ford: J. Inst. Met. 32, 335 (1924).

lichkeit in Zink hat, als getrennter Kristall aus, wenn das Metall schnell abgekühlt wird. Abb. 66 zeigt solche Kristalle in gegossenem kadmiumhaltigem Zink. In allen Fällen, wo das hinzugefügte Metall unlöslich ist, erscheint es also als getrennte Phase. Es kann die Form von Kugeln, Kristallen oder Häutchen annehmen, die in den Korngrenzen liegen oder durch das Metall verteilt sind, wobei die besondere Form der Verteilung einen starken Einfluß auf alle Eigenschaften des Metalls hat.

Beim Erscheinen einer neuen Phase kann das Makrogefüge des Metalls ebenfalls verändert werden. Der unlösliche Bestandteil wirkt als Keim (siehe oben) und beeinflußt das normale Kristallwachstum während

Abb. 67. Reines Zink, Kokillenguß. Ätzung HNO_3. × 4.

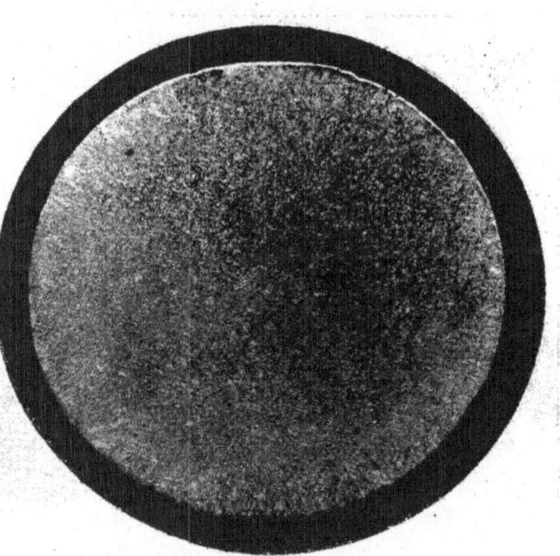

Abb. 68. Zink mit 1% Cd, Kokillenguß. Ätzung HNO_3. × 4.

des Abkühlens. Ganz geringe Mengen können daher eine große Änderung in der Korngröße hervorrufen. Ein Beispiel geben die Abb. 67 und 68, welche geätzte Proben gegossenen, reinen Zinks und eines Zinks mit 1% Kadmium zeigen. Das Kadmium hat das Wachstum der orientierten Kristalle vollkommen verhindert und sie durch feine, rundliche Körner ersetzt.

Verfeinerte (veredelte) Legierungen. Eine ähnliche Erscheinung ist im Gefüge gewisser Legierungen, besonders der des Aluminiums und Siliziums, von beträchtlicher praktischer Bedeutung. Aluminium und Silizium sind im geschmolzenen Zustand in allen Verhältnissen löslich, aber bei Raumtemperatur kann Aluminium nur 0,2% Silizium in fester Lösung halten[1]. Die eutektische Zusammensetzung liegt bei etwa 11,6% Silizium. 1911 bemerkte Frilley[2], daß die Eigenschaften dieser Legierungen,

[1] Anastasiadis: Z. anorg. u. allg. Chem. **179**, 145 (1928).
[2] Frilley: Rev. Mét. 8, 457 (1916).

wenn man sie durch Schmelzflußelektrolyse herstellt, verschieden sind von den Eigenschaften der durch Lösen von Silizium in Aluminium hergestellten Legierungen. Diese Tatsache hat inzwischen mehr Beachtung erfahren und man kennt nun zwei Arten von Silizium-Aluminium-Legierungen, die als normale und veredelte Legierungen bekannt sind. Die normale Legierung entspricht dem stabilen Zustand und die veredelte Legierung einem unstabilen Zustand, der infolge der Wirkung sehr kleiner Beträge von Fremdsubstanzen in der Legierung hervorgerufen werden kann. Die Bestandteile, die als Ursache hierfür bekannt geworden sind, schließen eine große Zahl von Elementen ein, von denen

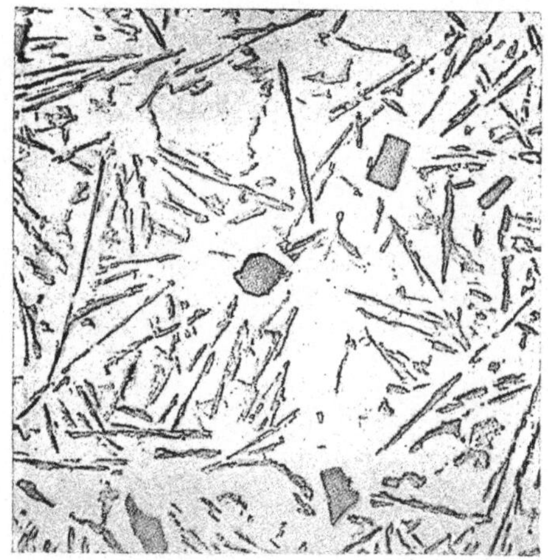

Abb. 69. Al-Si-Legierung (14,3% Si, 0,35% Fe), Kokillenguß, ungeätzt. × 200

Abb. 70. Wie Abb. 69, bei 750° C mit 0,01% Na behandelt. × 200

die wirksamsten die Alkalimetalle, die alkalischen Erdmetalle, Natrium- oder Kaliumfluoride, sowie Fluoride von Magnesium und Kadmium sind. Die für die Veränderung der Eigenschaften erforderliche Menge ist außerordentlich gering. 0,1% metallisches Natrium genügt, um die volle Wirkung hervorzurufen. Die Gegenwart solcher Stoffe in durch elektrolytische Reduktion hergestellten Legierungen verursacht den Unterschied der physikalischen Eigenschaften. Ein Mikrobild einer normalen Legierung mit 14% Si zeigt das Silizium-Aluminium-Eutektikum, in dem eutektisches Silizium als Nadeln, zusammen mit freiem Silizium, erscheint. In der veränderten Legierung ist Silizium so fein verteilt, daß es kaum im Mikroskop aufzulösen ist. Abb. 69 bis 72 zeigen die Wirkung wachsender Mengen von Natrium auf das Gefüge einer Kokillenguß-Legierung aus Al und Si[1].

---

[1] Gwyer u. Phillips: Inst. Met. **36**, 283 (1926).

Zahlreiche Theorien sind aufgestellt worden, um den Vorgang dieser Gefügeänderung zu erklären. Einer der ersten Vorschläge dieser Art geschah von Guillet[1]. Er nahm an, daß der verändernde Bestandteil als Flußmittel diene und die Oxyde entferne. Da jedoch andere Flußmittel, wie z. B. Borax, diese Wirkung nicht haben, erscheint diese Auffassung falsch. Curran[2] glaubt, daß die Änderung der Eigenschaften auf der Bildung einer ternären Legierung von Al, Si und Na beruht, wobei letzteres durch Reduktion der Natriumsalze entsteht, wenn diese als verändernde Substanz gebraucht wurden. Diese Theorie ist von Otani[3] weiter entwickelt worden, der annahm, daß eine flüssige Phase

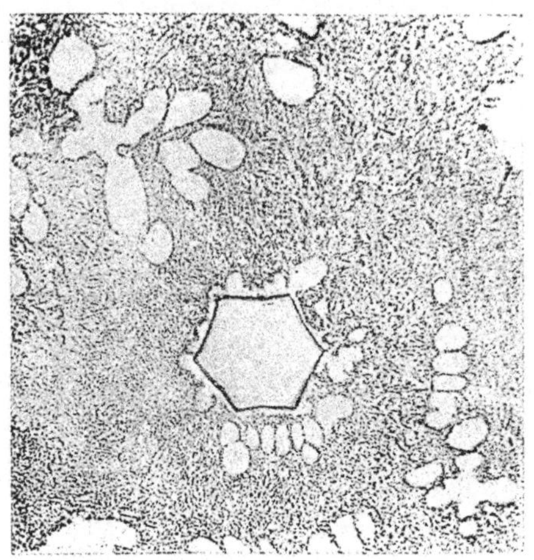

Abb. 71. Wie Abb. 69, bei 750° C mit 0,05% Na behandelt. × 200

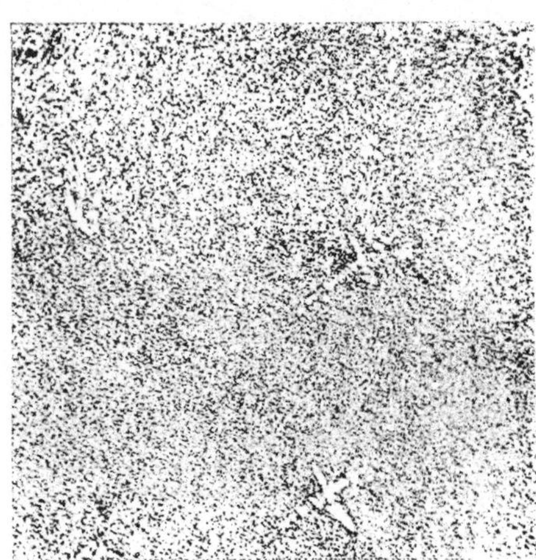

Abb. 72. Wie Abb. 69, bei 750° C mit 0,10% Na behandelt. × 200

von fast reinem Natrium das Wachstum der Siliziumkörner verhindert. Man hat jedoch keinen Hinweis für die Gegenwart von metallischem Natrium in diesen Legierungen gefunden, und anderseits bringen andere Natriumsalze, wie z. B. das Sulfat, welches durch Al reduziert werden kann, diese Wirkung nicht hervor. Edwards und Archer[4] glauben, daß in der flüssigen Legierung metallisches Natrium vorhanden ist, daß es jedoch bei der Erstarrung ausgeschieden wird und das Wachstum der Siliziumkristalle entweder mechanisch stört oder durch Adsorption auf der Oberfläche dieser Kristalle wie ein Schutzkolloid wirkt. Der letztere Gedanke ist von Gwyer und Phillips[5] in etwas allgemeingültiger Form unabhängig von Edwards und Archer entwickelt worden. Während der Abkühlung geht das Aluminium und Silizium durch

[1] Guillet: Rev. Mét. **19**, 303 (1922). [2] Curran: Chem. Met. Eng. **27**, 360 (1922).
[3] Otani: J. Inst. Met. **36**, 243 (1926).
[4] Edwards u. Archer: Chem. Met. Eng. **31**, 504 (1924).
[5] Gwyer u. Phillips: a. a. O.

ein Stadium atomarer Dispersion in die kristalline Form über, wobei die Kristallkeime im Anfangsstadium die Größe von Kolloiden haben. Dieser Zustand ist unstabil und die Verfasser vermuten, daß, wie bei anderen Kolloiden, die Ausseigerung durch geeignete Mittel beschleunigt oder verzögert werden kann. Die verschiedenen Stoffe, die eine Veränderung hervorrufen, werden daher als Schutzkolloide angesehen, die das Silizium des Eutektikums in feiner Verteilung erhalten. Diese Anschauung wird stark gestützt durch die Tatsache, daß man ein ähnliches Gefüge auch durch schnelles Abkühlen allein erzeugen kann.

Eine ähnliche Kornverfeinerung wurde in AlNi- und AlCu-Legie-

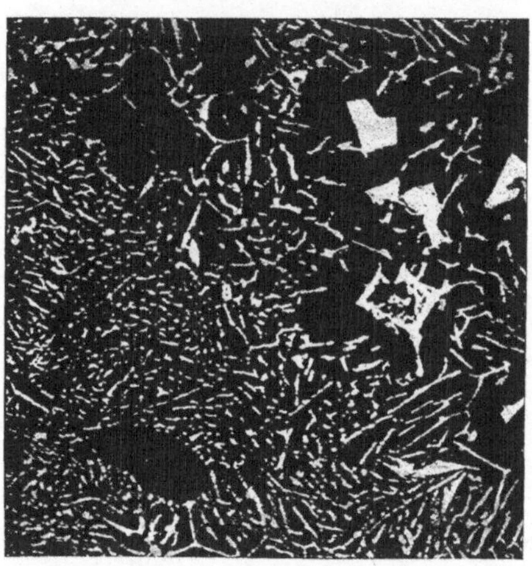

Abb. 73. Blei-Antimon-Legierung (87% Pb). Sandguß. Ätzung HCl. × 200.

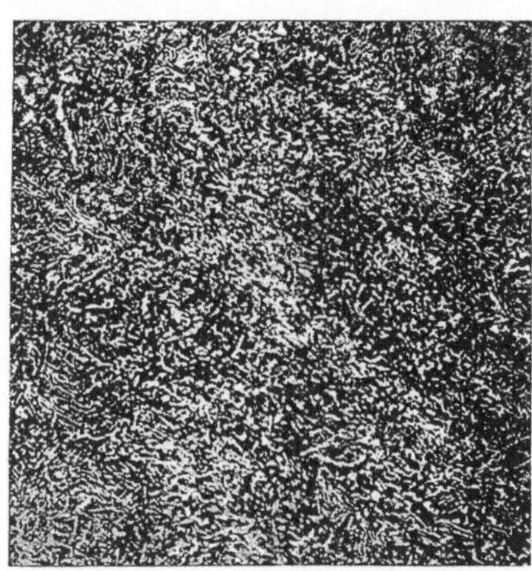

Abb. 74. Wie Abb. 73, bei 700 °C mit 0,2% Al behandelt. (Gwyer und Phillips.) × 200

rungen erzeugt durch Zugabe von metallischem Natrium. Gwyer und Phillips gelang es ebenfalls, andere Legierungen als die des Aluminiums zu veredeln. Die Blei-Antimon-Legierungen können durch die Zugabe von 0,2% Al raffiniert werden. Abb. 73 zeigt die normale Legierung mit 13% Antimon, in der freie Antimonkristalle in einer Grundmasse eines groben Eutektikums erscheinen. Die verfeinerte Legierung zeigt Abb. 74. Sie besteht ganz aus feinem Eutektikum. Der umgekehrte Effekt, durch Zusammenballung des einen Bestandteils hervorgerufen, tritt auf, wenn Eisen-Aluminium-Legierungen mit kaustischer Soda behandelt werden. Die $FeAl_3$-Kristalle, die normalerweise als feine Dendriten erscheinen, nehmen massive Form an, wenn eine Legierung mit 6% Eisen mit kaustischer Soda behandelt wird.

Bildung von Verbindungen. Wir wollen zunächst den Fall eines reinen Metalles betrachten, zu dem eine geringe Menge eines anderen Metalles hinzugefügt wird und mit dem ersteren eine Verbindung bildet. Die

Verbindung muß als zweiter Bestandteil betrachtet werden und kann in Metallen löslich oder unlöslich sein. Ist sie löslich, so wird eine feste α-Lösung gebildet, gerade als ob das hinzugefügte Metall direkt gelöst worden wäre. Es gibt in der Tat kein Mittel, zwischen diesen beiden Fällen zu unterscheiden, ausgenommen die Bestimmung des Gleichgewichtsschaubildes bei höheren Konzentrationen, wodurch das Bestehen einer Verbindung dargelegt wird. Die Gefügeänderungen bei der Lösung von Verbindungen sind ähnlich denen, die wir im Falle eines löslichen Zusatzes besprochen haben. Wahrscheinlich wird jedoch die

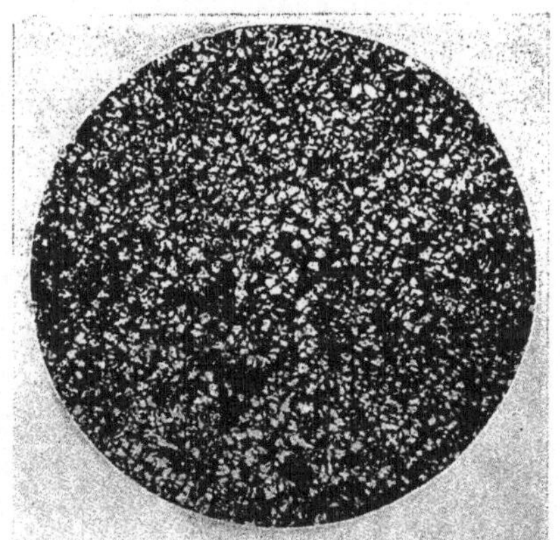

Abb. 75. Gold, Gußzustand (1% Te). (Nowack.) × 72

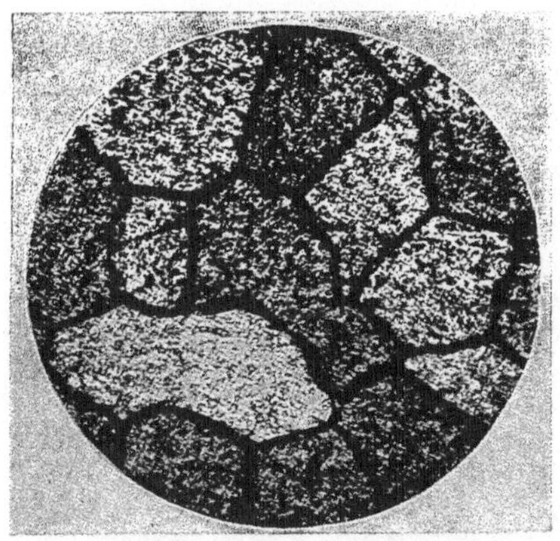

Abb. 76. Gold mit 0,60% Pb bei 650° C in H_2 geglüht. Ätzung Königswasser. (Nowack.) × 72

Wirkung im ersteren Falle stärker sein, da das größere Molekel der Verbindung im Gitter als gröberer Fremdkörper angesehen werden muß.

Ist die Löslichkeit gering oder die Verbindung sogar unlöslich, so erscheint sie als eine zweite Phase, entweder allein oder im Eutektikum. Auch in diesem Falle wird die Wirkung einer unlöslichen Verbindung wahrscheinlich ein Vielfaches der Wirkung eines unlöslichen Elementes ausmachen. Die Verteilung der Verbindung kann von irgendeiner Art sein, wie sie für die unlöslichen Bestandteile angegeben wurde, aber in der Mehrzahl der Fälle erscheinen Verbindungen als interkristalline Bestandteile. Die Eigenschaften eines Metalles werden oft im schärfsten Maße beeinflußt durch die Anwesenheit von Verbindungen, da diese bei Raumtemperatur außerordentlich spröde sind. Das scharfe kristalline, charakteristische Aussehen vieler Verbindungen ergibt ein Gefüge mit sehr geringem Schlagwiderstand, geringer Kerbzähigkeit. Antimon, Tellur und Blei, welche in Gold unlöslich sind[1], bilden die Verbindungen Au_2Sb, $AuTe_2$ und Au_2Pb. Diese im Gold unlöslichen Verbindungen sind äußerst

[1] Nowack: Z. Metallkunde **19**, 238 (1927).

spröde und verursachen niedrig schmelzende Eutektika. Das Au-Au_2Sb-Eutektikum enthält 75% Gold und schmilzt bei 360°. Das Gefüge von gegossenem Gold wird wesentlich verändert durch nur 0,1% Antimon infolge des Auftretens von Eutektikum in den Korngrenzen. Das Au-$AuTe_2$-Eutektikum schmilzt bei 450° und hat eine ähnliche Wirkung auf die Korngröße. Abb. 75 zeigt primäre Goldkristalle in gegossenem Metall mit 1% Tellur, umgeben von Eutektikum. Die Verbindung von Pb und Au schmilzt bei 418° und hat eine noch größere Wirkung auf das Gefüge des Metalls. Gold mit 0,05% Blei hat ein

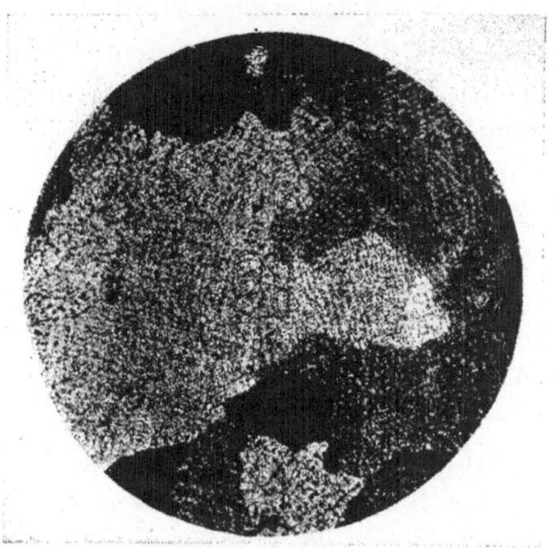

Abb. 77. Gold-Kupferlegierung (90% Au, 10% Cu). Gußzustand. (Nowack.) × 72

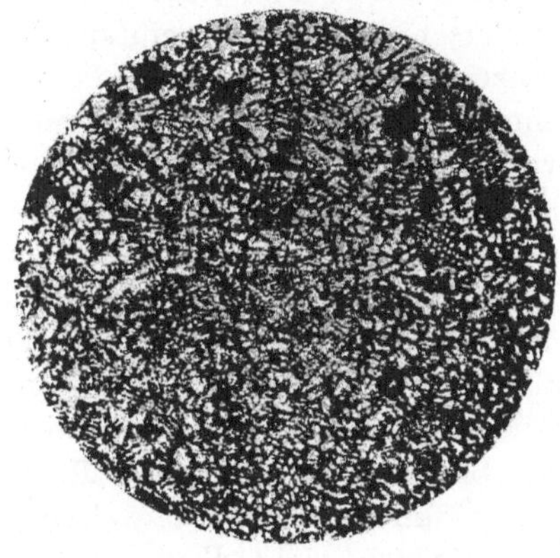

Abb. 78. Wie Abb. 77, mit 0,06% Pb. (Nowack.) × 72

feinkörniges, brüchiges Gefüge mit Eutektikum in den Korngrenzen. Beim Glühen in Wasserstoff bei 650° wächst das Korn, aber die Verbindung, die bei dieser Temperatur geschmolzen ist, scheidet sich in den Korngrenzen aus, wie Abb. 76 zeigt. Das Metall ist unbearbeitbar, wenn 0,1% Antimon oder Tellur oder 0,01% Blei anwesend sind. Dieselbe Wirkung wird in Gold-Kupfer-Legierungen, wie sie in der Goldschmiedekunst gebraucht werden, hervorgerufen, und die Änderung des Gefüges solcher Legierungen durch Zusatz von 0,06% Blei ist aus Abb. 77 und 78 zu ersehen.

Gold ist sehr empfindlich für Verbindungen oder unlösliche metallische Verunreinigungen, welche in den Korngrenzen erscheinen und die Geschmeidigkeit herabsetzen, während manche andere Metalle in dieser Beziehung durch die Gegenwart intermetallischer Verbindungen in ihren mechanischen Eigenschaften in nicht so starkem Maße beeinflußt werden. Eisen ist in Zink bis 0,7% löslich, aber bei höheren Konzentrationen bildet es die Verbindung $FeZn_7$. Sie wird durch das Metall verteilt angetroffen und beeinflußt die Geschmeidigkeit nicht, selbst wenn 3 bis 4% dieser Verbindung anwesend sind.

Diese Beispiele mögen genügen, um zu zeigen, wie kompliziert die Reaktion bei Zugabe kleiner Mengen fremder Elemente zu einem System sind, in dem das Gleichgewicht im festen Zustand sich mit der Temperatur beträchtlich ändert.

Ausseigerungen von metallischen Bestandteilen. Bei Betrachtung der Wirkung geringer metallischer Bestandteile auf das Gefüge von gegossenen Metallen ist es notwendig, die bereits im 2. Kapitel erwähnte Tatsache in Betracht zu ziehen, daß in der Praxis die Verteilung der Verunreinigungen nicht immer gleichförmig ist und daß eine Ausseigerung einzelner Bestandteile eintreten kann. Die Seigerungen kann man in verschiedene Arten einteilen entsprechend ihren verschiedenen Ursachen. Die sogenannte Kristallseigerung rührt von dem Erstarren eines Mischkristalls zweier Elemente innerhalb eines Temperaturintervalles her und findet ihren Ausdruck in der Tatsache, daß Schichtkristalle entstehen, deren Kern andere Zusammensetzung als der Rand hat. Während des Abkühlens ist die Konzentration des in geringerer Menge vorhandenen Bestandteils in dem schon erstarrten Metall normalerweise niedriger als in dem noch flüssigen Teil des Systems. Hierauf beruht die Blockseigerung, die eine Ansammlung des einen Bestandteils in dem zuletzt erstarrenden, inneren Teil des Blockes darstellt. Die Bearbeitung und das Glühen kann genügend Diffusionsmöglichkeit geben, um den schichtenweisen Aufbau des Kristalls aufzuheben, sie kann jedoch nicht Konzentrationsunterschiede in weit auseinanderliegenden Teilen des Metalls ausgleichen.

Obwohl diese Art Seigerung auf Grund theoretischer Betrachtungen erwartet werden muß, und sie auch durch die Analyse bestimmt werden kann, ist sie bei metallischen Verunreinigungen nicht sehr ausgesprochen. Immerhin ist die Diffusionsgeschwindigkeit selbst im flüssigen Metall im Vergleich mit der Abkühlungsgeschwindigkeit so gering, daß mit Ausnahme von sehr großen Abkühlungsgeschwindigkeiten das theoretische Gleichgewicht zwischen Kristallen und flüssigem Metall nicht erreicht wird. Die Seigerung spielt bei nichtmetallischen Verunreinigungen eine weitaus größere Rolle. Darauf wird später eingegangen werden.

Eine besondere Art der Seigerung, die man besser als Entmischung bezeichnet, entsteht durch Unterschiede im spezifischen Gewicht der Bestandteile einer Legierung. Derartige Seigerungen sind in bleihaltigen Messing- und Bronzesorten häufig. Die Zugabe von 2 bis 3% Blei erhöht die Bearbeitbarkeit der Bronze, aber da es viel schwerer als Kupfer, Zink oder Zinn ist, kann es auf den Boden des Tiegels sinken und wenn man die Schmelze nicht besonders stark umrührt, wird man das Blei in gewissen Teilen des Gusses angehäuft vorfinden. Es scheidet sich infolge der Unlöslichkeit im festen Kupfer in den Korngrenzen aus und führt zu geringer interkristalliner Festigkeit. Starke Entmischung ist immer zu befürchten, wenn das spezifische Gewicht der Legierungsbestandteile sehr verschieden ist. So entmischt sich z. B. eine Schmelze von Eisen mit 15% Aluminium, welches vollkommen in Lösung ist, wenn man die Schmelze sehr langsam erstarren läßt (beispielsweise 50 kg in 6 Stunden). In einem Falle wurde im Kopf einer solchen Schmelze über 30%, im Fuß 3,4% Aluminium gefunden.

b) Nichtmetallische Bestandteile.

Unter den nichtmetallischen Verunreinigungen nehmen die im Normalzustand gasförmigen Elemente eine hervorragende Stellung ein. Alle Metalle kommen beim Schmelzen und Glühen mehr oder weniger mit Gasen in Berührung und nehmen diese Gase auf. Dabei bilden sich zum Teil regelrechte Lösungen der Gase in Metallen, zum Teil stabile Verbindungen, wie die Oxyde, Sulfide und Nitride oder auch mit Metalloxyden, Silikate, Phosphate usw. Weiter gehören in die Klasse der nichtmetallischen Verunreinigungen Verbindungen der Elemente wie Phosphor, Arsen, Selen, Tellur, die an sich schon halbmetallischen Charakter tragen. Zunächst sollen hier alle verbindungbildenden nichtmetallischen Verunreinigungen besprochen werden. Im Anschluß daran findet die Behandlung der Lösungen von Gasen in Metallen statt.

Nichtmetallische Einschlüsse sind die am leichtesten zu beobachtende Form von Verunreinigungen in Metallen und haben seit langem Aufmerksamkeit beansprucht. Ihre Entfernung ist jedoch eine sehr schwierige Angelegenheit. Sie können aus Schlacken bestehen, die aus den Tiegeln und Flußmitteln stammen oder Reaktionsprodukte zwischen Metall und den Ofengasen sein, wobei Oxyde, Karbide oder Sulfide entstehen. Metalle, wie Aluminium oder Magnesium, die durch Elektrolyse ihrer geschmolzenen Salze hergestellt werden, enthalten oft Einschlüsse des Elektrolyten. Während Gase und metallische Verunreinigungen gewöhnlich zu einem gewissen Betrag in dem Metall löslich sind, ist die Löslichkeit nichtmetallischer Verbindungen gewöhnlich gering. In einigen Fällen jedoch bilden die Metalle Eutektika mit ihren eigenen Oxyden oder Sulfiden, wodurch richtige Legierungssysteme entstehen.

Sauerstoff im Kupfer. Kupfer gibt ein typisches Beispiel für diesen Fall ab. Reines Kupfer erstarrt bei 1083°. Aber wenn man es in Berührung mit der Luft schmilzt, löst sich das auf der Oberfläche gebildete Kupferoxydul in dem geschmolzenen Metall und erniedrigt den Schmelzpunkt. Alle technischen Kupfersorten enthalten Sauerstoff, welcher in Form des Kupferoxyduls Cu_2O anwesend ist. Die Wirkung dieses Oxydes auf den Schmelzpunkt des Metalles zeigt Abb. 79. Die eutektische Zusammensetzung entspricht ungefähr 0,4% Sauerstoff bzw. 3,6% Cu_2O und hat einen Schmelzpunkt von 1065°. Obgleich das Oxyd im geschmolzenen Metall bis zu 1,2% löslich ist, scheint seine Löslichkeit im festen Kupfer bei normaler Abkühlung nur gering zu sein[1]. Ein an der Luft geschmolzenes, oxydhaltiges Kupfer erstarrt genau wie eine binäre Legierung mit Eutektikum. Kristalle von reinem Kupfer werden zuerst abgeschieden unter Zurücklassung von oxydreicherer Mutterlauge. Dies geht solange, bis die flüssige Phase die eutektische Zusammensetzung erreicht hat. Inzwischen ist das meiste Kupfer erstarrt, wobei die Restschmelze die Kristalle umgibt, so daß bei der Erstarrung des Eutektikums eine Schicht zwischen den Kupferkristallen entsteht. Dieses Gefüge sieht man in Abb. 80 bis 85, die polierte Schliffe von 1″ dicken, in Kokille gegossenen Barren mit verschiedenem Sauerstoffgehalt zeigen. Man erkennt mit steigendem Sauerstoffgehalt ein fortschreitendes Anwachsen der vom Eutektikum eingenommenen Fläche, deren heterogene Struktur klar zu erkennen ist. Das reine Eutektikum ist in Abb. 83 in stärkerer Vergrößerung zu sehen, während Abb. 84 und 85 den Einfluß von As auf die Kupferoxydulausscheidungen zeigen.

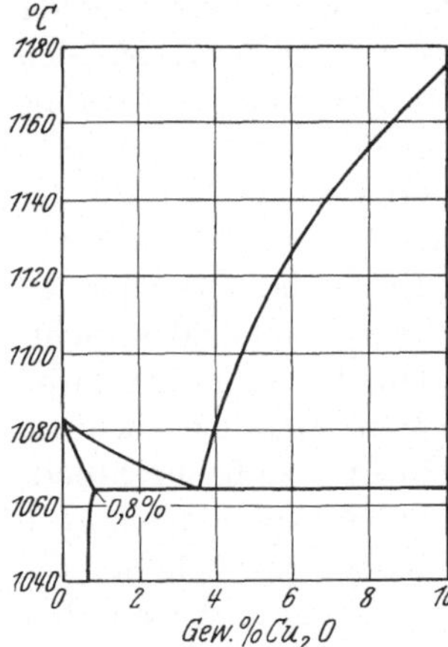

Abb. 79. Cu-Cu_2O-Gleichgewichts-Schaubild. (Nach Vogel.)

In einer sorgfältigen Untersuchung über das System Kupfer-Sauerstoff konnten R. Vogel und W. Pocher[2] zeigen, daß die Löslichkeit des Sauerstoffs im Kupfer größer ist, als man bisher auf Grund normal abgekühlter Schmelzen angenommen hatte[3]. Der im Schmelzfluß in beträchtlicher Menge in Lösung gehende Sauerstoff reichert sich in der Mutterlauge an und erzeugt typische Schichtkristalle. Abb. 86 zeigt die so entstehende Wabenstruktur einer kupferoxydhaltigen Schmelze. Die Art der erhaltenen Bilder wechselt etwas. Kennzeichnend ist jedoch immer die Wabenstruktur mit den Bändern in den Korngrenzen. Man kann nun durch Tempern von kupferoxydulhaltigen Schmelzen bei 950° C feststellen, daß das Lösungsvermögen des festen Kupfers für Sauerstoff viel größer ist. Es ergibt sich auf Grund der Versuche von R. Vogel und W. Pocher zu etwa 0,8% Cu_2O .bzw. 0,08% O_2. In der Praxis stellt sich jedoch gewöhnlich ein instabiler Gleichgewichtszustand ein, der in Abb. 87 gestrichelt eingezeichnet ist. Infolge des verhältnismäßig großen Erstarrungsintervalls tritt die oben geschilderte Schichtkristallbildung ein, wodurch das Eutektikum bei Gehalten an Sauerstoff erscheint, die weit

[1] Hanson, Marryat u. Ford: J. Inst. Met. 30, 197 (1923).
[2] Vogel, R. u. W. Pocher: Z. Metallkunde 21, 333/37 u. 368/71 (1929).
[3] Heyn, E.: Mitt. Kgl. Versuchsanstalt, S. 315. Berlin 1900.

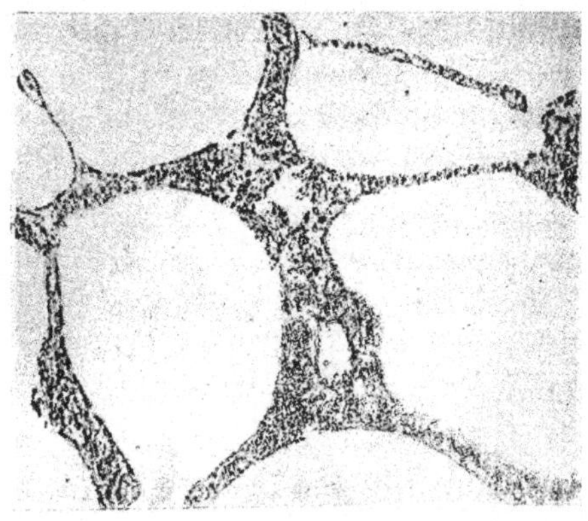

Abb. 80. Kupfer mit 0,09% O_2 im Gußzustand. × 150

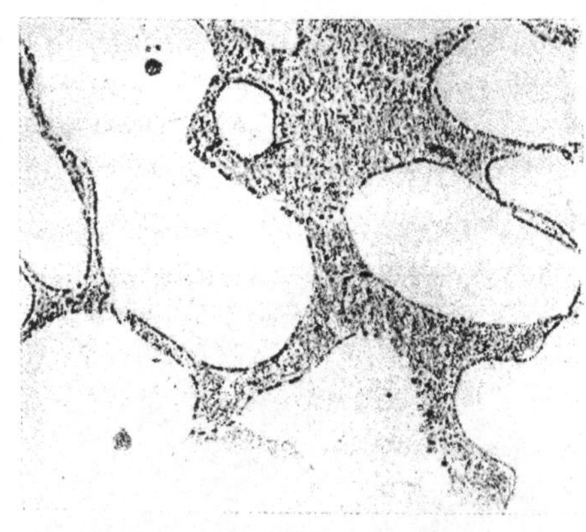

Abb. 81. Kupfer mit 0,12% O_2 im Gußzustand. × 150

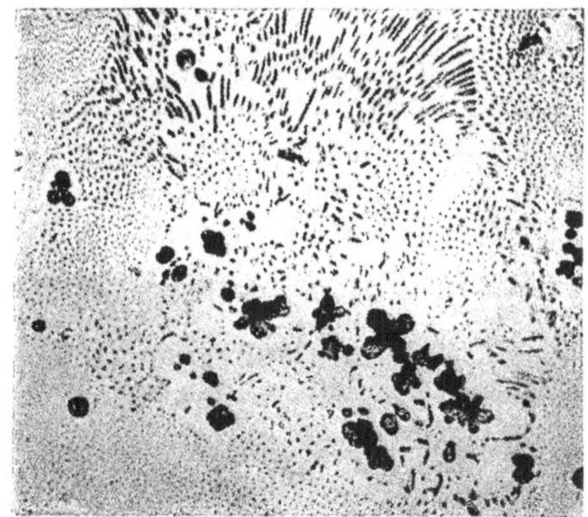

Abb. 82. Kupfer mit 0,638% O_2 im Gußzustand. (Hanson.) × 150

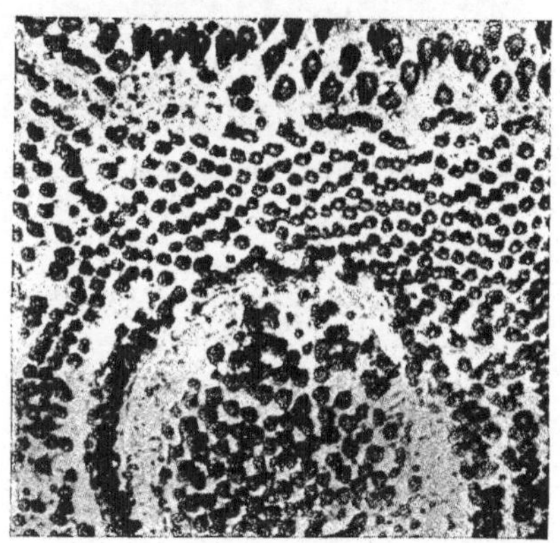

Abb. 83. Cu-Cu_2O-Eutektikum. (Bassett und Bradley.) × 500

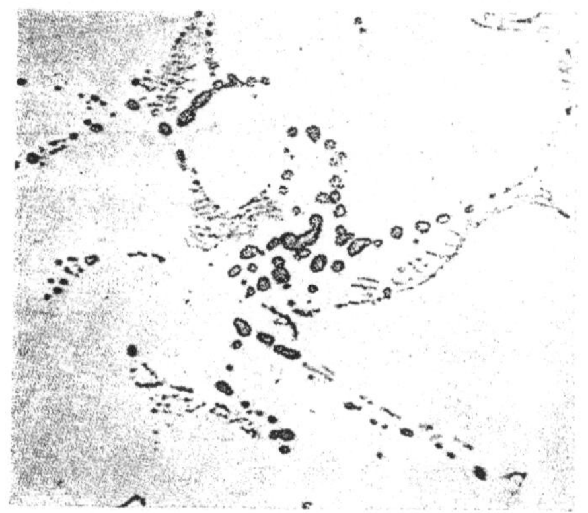

Abb. 84. Kupfer mit 0,11% O_2 und 0,09% As. Gußzustand. × 300

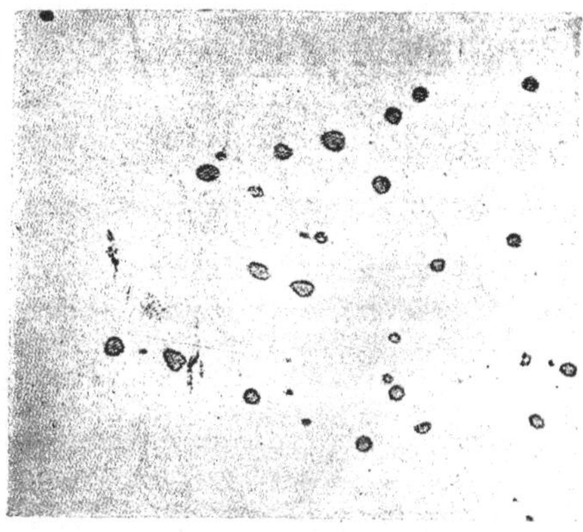

Abb. 85. Kupfer mit 0,09% O_2 und 0,84% As. Gußzustand. (Hanson.) × 300

unter der Grenze der Löslichkeit liegen. Zwischen 1,2% und etwa 50% Cu_2O besteht im flüssigen Zustand eine Mischungslücke, die metallurgisch insofern von Bedeutung ist, als sie oberhalb 1200° die Abscheidung des Oxyduls erleichtert. Normalerweise sind die ausgeschiedenen Cu_2O-Teilchen kugelig. Unter besonderen Bedingungen, z. B. langer Glühung bei Temperaturen von 850 bis 1000° scheint sich eine kristalline Form des Oxyduls zu bilden[1]. C. Blasey[2] beobachtete solche Kristalle in einem Kupferstück, welches zufällig unter der Herdoberfläche eines Ofens stak und fast ein Jahr erhitzt wurde. Das ausgeschiedene Kupferoxydul zersetzt sich, ganz analog dem Eisenoxydul, bei niedrigeren Temperaturen. In einem mit Dunkelfeldbeleuchtung ausgerüsteten Mikroskop kann man den eingetretenen Zerfall deutlich erkennen. Das Cu_2O zerfällt dabei in einen Mischkristall und CuO. Der Zerfall geht bei Temperaturen unter 375° aber sehr langsam vor sich. Die vollkommene Zerlegung der Oxyduleinschlüsse braucht sehr lange Zeiten.

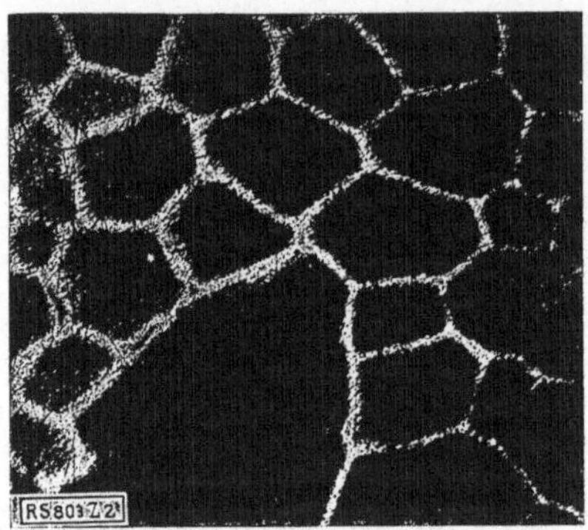

Abb. 86. Schichtkristallbildung in O_2-haltigem Kupfer, Ätzung Kupferammoniumchlorid. (Vogel u. Pocher.) × 90

Der Sauerstoffdruck des $CuCu_2O$-Systems ist beträchtlich. Abb. 88 zeigt das Druck-Temperaturschaubild nach Roberts und Smith[3]. Danach hat ein Gemenge von Cu_2O und CuO bei 1100° bereits einen Sauerstoff-Partialdruck von etwa 760 mm. Durch Schmelzen im Hochvakuum bei 1200° kann der Sauerstoff vollständig entfernt werden.

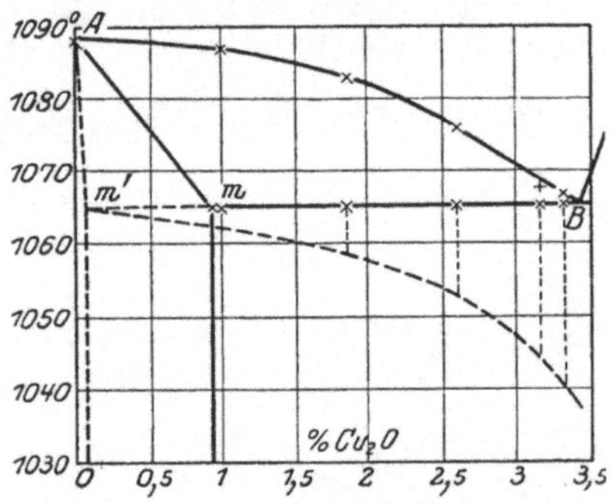

Abb. 87. Teilschaubild des Systems Cu-O_2. (Vogel u. Pocher.)

Die vollkommene Entfernun von Sauerstoff aus Kupfer ist normalerweise technisch schwer durchzuführen. Um den Sauerstoffgehalt vor dem Gusse soweit als möglich zu verringern, verwendet man in der Kupferraffination das sogenannte „Polen", welches darin besteht, das geschmolzene Metall kurz vor dem Gießen mit Holzstämmen umzurühren, um eine Reduktion des Oxydes zu erhalten.

[1] Siebe, P.: Z. anorg. u. allg. Chem. **154**, 126 (1926).
[2] Blasey, C.: J. Inst. Metals **42**, 375/80 (1929).
[3] Roberts u. Smith: Z. Elektrochem. **12**, 781 (1906).

Der Sauerstoffgehalt wird durch diesen Vorgang auf 0,015 bis 0,02% erniedrigt, was man als „Zähpolen“ des Kupfers bezeichnet. Die Oberfläche eines normalen Blocks zähgepolten Kupfers ist fast flach, aber wenn das Polen so weit durchgeführt wird, daß der Sauerstoffgehalt unter 0,01% sinkt, zeigt der Block ein besonderes Aussehen infolge der Entwicklung gelöster Gase. In diesem Zustand ist Kupfer überpolt und brüchig. Diese Erscheinung ist nicht mit dem Kohlenstoffgehalt in Verbindung zu bringen, da Elektrolytkupfer unter Holzkohle längere Zeit flüssig gehalten werden kann, ohne schlechte Ergebnisse beim Gießen zu erzielen.

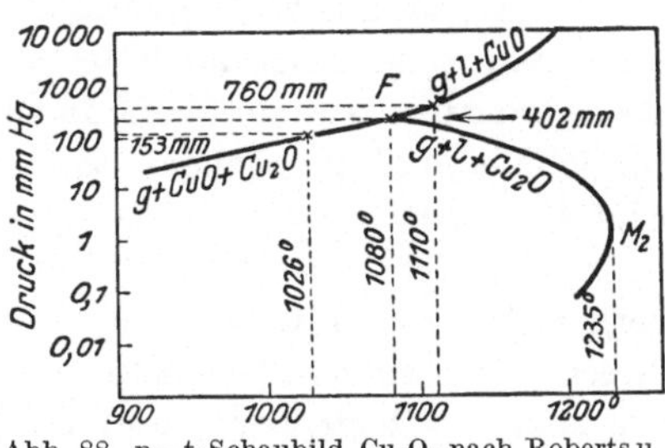

Abb. 88. p—t-Schaubild Cu-O_2 nach Roberts u. Smith.

Die Veränderung des Gefüges in Abhängigkeit vom Oxydulgehalt studierten P. Siebe und L. Katterbach[1]. Die Ergebnisse einer Versuchsreihe zeigt Abb. 89. Man erkennt, daß der O_2-Gehalt während des Polens abnimmt. Gleichzeitig nimmt die Kornzahl zu, d. h. das Gefüge wird feiner, vielleicht da infolge der starken Durchwirbelung die Emulsion des Oxyduls und Metalls immer feiner wird, zumal bei höherem Oxydulgehalt die einzelnen Tröpfchen leichter koagulieren können. Bei etwa 0,08% O_2, d. h. bei Erreichen der Löslichkeitsgrenze des Sauerstoffs im festen Kupfer, wird jetzt das Korn wieder sehr grob. Erst wenn später im „überpolten“

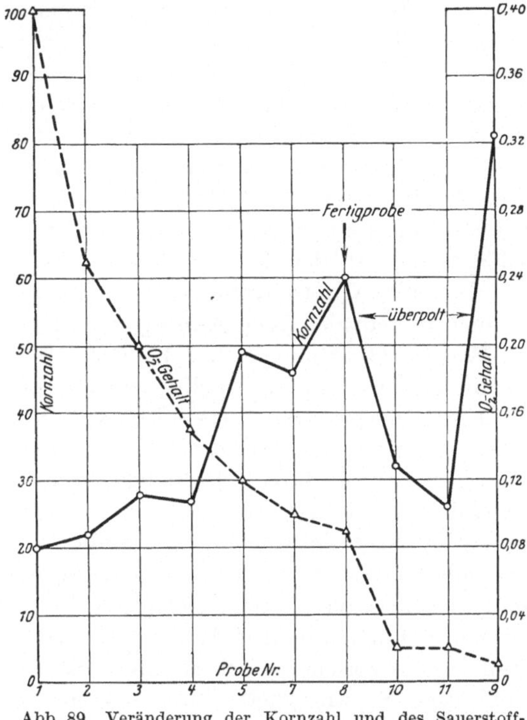

Abb. 89. Veränderung der Kornzahl und des Sauerstoffgehaltes in der Polperiode. (Siebe u. Katterbach.)

[1] Siebe, P. u. L. Katterbach: Z. Metallkunde **19**, 177/86 (1927).

Material Wasserstoffbläschen beim Erstarren auftreten, wird das Korn wieder feiner.

Die Aufnahme von Sauerstoff geht hauptsächlich im flüssigen Zustand vor sich. Aber auch festes Kupfer oxydiert leicht. Man kann die Oxydationsbeständigkeit durch Diffusion von W oder Zr steigern. Im Schmelzfluß zugegebene Elemente dieser Art sollen einen ähnlichen Einfluß haben.

Kathodisches Kupfer, durch Elektrolyse von Kupfersulfatlösung hergestellt, ist praktisch frei von Oxyden, aber das Metall kann in dieser Form schlecht bearbeitet werden. Es enthält sehr viel Wasserstoff, wie später gezeigt wird, und muß daher erst umgeschmolzen und in Blöckchen vergossen werden. Dadurch kommen weitere Verunreinigungen herein; auch Sauerstoff wird während des Schmelzens aufgenommen. Das beste Kupfer, was man auf diese Weise gewinnen kann, indem man es durch „Polen" desoxydiert, enthält 0,01% Sauerstoff und etwa 0,06% Gesamtverunreinigungen. Der Sauerstoffgehalt normaler technischer Kupfermarken schwankt zwischen 0,01 und 0,07%. In dem gegossenen Metall ist das Oxyd als Eutektikum in den Korngrenzen anwesend, aber wenn das Metall bearbeitet wird, werden die interkristallinen Häutchen zerbrochen und beim Glühen ballen sich die Oxydteilchen zusammen, indem sie einzelne Kugeln bilden, die durch das Metall verteilt sind. Das Gefüge eines gewalzten Kupferbandes bei 800° an Luft geglüht, zeigt Abb. 90. Ein großer Teil der Einschlüsse liegt in den Korngrenzen. Diese Verteilung des Oxyds leitet zu der mit Wasserstoffkrankheit bezeichneten Erscheinung, wenn Kupfer in reduzierender Atmosphäre erhitzt wird.

Wasserstoffkrankheit von Kupfer. Man weiß längst, daß kupferoxydulhaltiges Kupfer brüchig wird, wenn es in Wasserstoff geglüht wird und Beispiele der Sprödigkeit von Kupferteilen, die im Gebrauch einer reduzierenden Atmosphäre ausgesetzt wurden, sind zahlreich. Man hat erkannt, daß die Brüchigkeit durch die Reduktion des Kupferoxyduls mit Wasserstoff entsteht. Der gebildete Dampf kann nicht durch Diffusion entweichen und treibt so die Körner des Metalls auseinander, wobei er interkristalline Risse und Spalten erzeugt. Abb. 90 und 91 zeigen das Gefüge von geglühtem Kupfer, wobei die Glühung einmal in Luft, einmal in Wasserstoff vorgenommen wurde. Das letzte Bild zeigt typische interkristalline Brüche. Leiter[1] hat angegeben, daß diese Schwierigkeit durch Glühen des Metalls bei 900° unter Ausschluß der Luft behoben werden kann. Dadurch entsteht eine Zusammenballung der Oxydteilchen zu größeren Kugeln, wodurch der Zusammenhang der interkristallinen Häutchen zerstört wird, so daß

[1] Leiter: Tr. Amer. Inst. Min. Eng. **35** (1926).

die Sprödigkeit nach dem Glühen nicht mehr so stark ist. Es bestehen jedoch Zweifel, ob man dieses Ziel so leicht erreichen kann. Smith und Hayward[1] haben gezeigt, daß beim Glühen von wasserstoffkrankem Kupfer bei 1000° das eintretende Zusammenschweißen die Risse heilen kann, so daß die normalen Eigenschaften des Metalls wieder erhalten werden. Obwohl es sich nicht bezahlt machen wird, diese Behandlung auf Teile anzuwenden, die im Gebrauch brüchig geworden sind, hat man darin doch ein Mittel, oxydarmes Kupfer von guten mechanischen und elektrischen Eigenschaften zu erhalten.

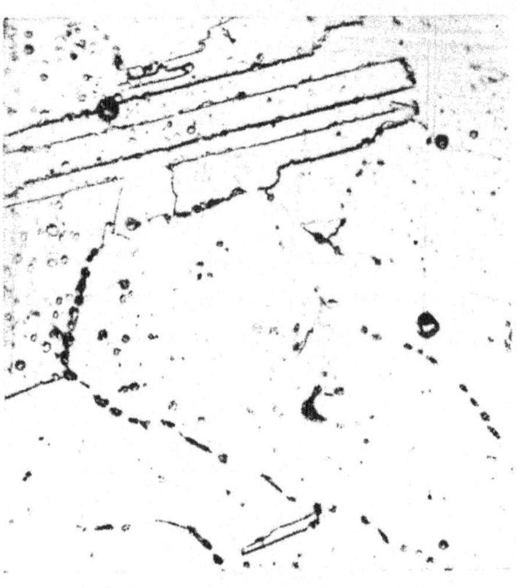

Abb. 90. Gewalztes Kupferband, bei 800° C an Luft geglüht. Ätzung $NH_3 + H_2O_2$. × 500.

Arsen erhöht, in geringen Mengen zu dem Kupfer zugefügt, die Zähigkeit stark und wirkt dem Einfluß von Sauerstoff entgegen. Die Wirkung von Arsen in Gegenwart und Abwesenheit von Sauerstoff ist von Hanson und Marryat[2] untersucht worden. Seine Löslichkeit in Kupfer ist ungefähr 7,25%, so daß in technischen Kupfersorten, wo der Arsengehalt selten 1% erreicht, das Arsen vollkommen in fester Lösung vorliegt. Die sichtbarste Änderung des Gefüges infolge Zugabe von Arsen zu sauerstofffreiem Kupfer ist die Verringerung der Korngröße der Gußblöckchen. Kokillengußblöckchen von reinem Kupfer von 1½″ Durchmesser zeigen wohlausgebildete, strahlige Kristalle, welche sich in der Blockachse treffen. Bis 0,05% Arsen ist

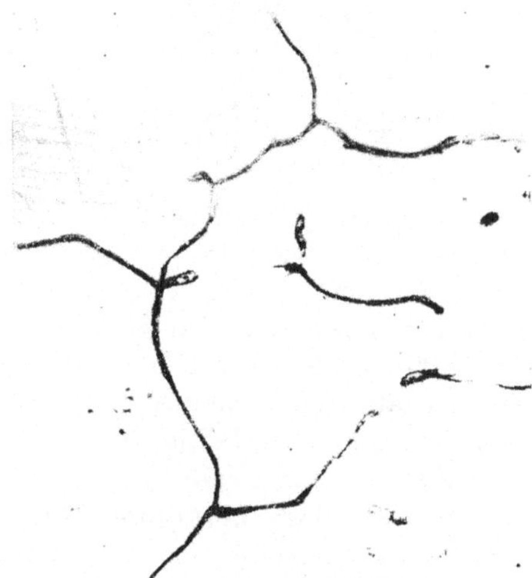

Abb. 91. Kupferband bei 800° C in Wasserstoff geglüht, mit interkristallinen Brüchen. × 500.

[1] Smith u. Hayward: J. Inst. Met. **36**, 211 (1926).
[2] Hanson u. Marryat: J. Inst. Met. **37**, 121 (1927).

keine merkliche Änderung festzustellen. Aber wenn die Konzentration gesteigert wird, wird die Korngröße kleiner, und bei 1% Arsen sind die strahligen Kristalle durch eine Masse feiner rundlicher Kristalle verdrängt. Eine ähnliche Wirkung ist bereits im Falle der metallischen Beimengungen erwähnt worden. Die Korngröße von gewalztem und geglühtem Material scheint durch die Anwesenheit von Arsen nicht beeinflußt zu werden. In Gußkupfer mit geringem Arsengehalt liegt der Sauerstoff als Cu_2O-Eutektikum vor, wie Abb. 84 zeigt. Wenn der Arsengehalt gesteigert wird, tritt eine interessante Änderung ein. Das eutektische Gefüge geht verloren und die interkristallinen Häutchen weichen größeren einzelnen Kugeln von Cu_2O (Abb. 85). Wenn der Arsengehalt ungefähr zehnmal so hoch ist wie der Sauerstoffgehalt, wird das Kupferoxydul durch einen schwach grauen Gefügebestandteil ersetzt, der ein Reaktionsprodukt zwischen Arsen und Kupferoxydul zu sein scheint, vielleicht Kupferarsenat. Aus diesen Tatsachen ist zu schließen, daß die Erhöhung der Festigkeit durch Zugabe von Arsen zu Kupfer hauptsächlich auf die Zusammenballung der Oxydteilchen und die Zerstörung der interkristallinen Häutchen aus Eutektikum zurückzuführen ist und für die Desoxydation des Kupfers mit Arsen das Verhältnis As : O_2 wie 10 : 1 sein sollte.

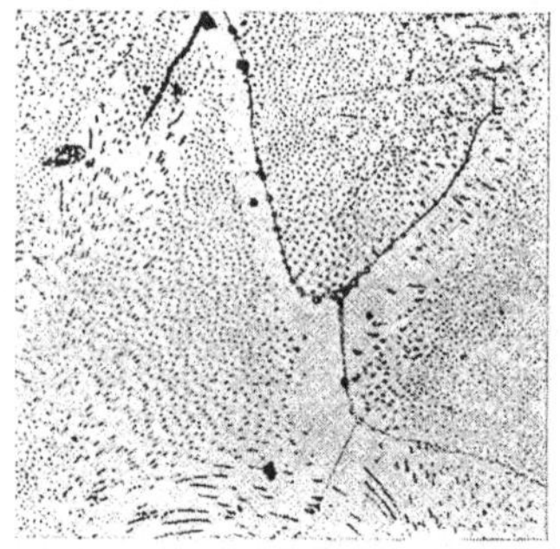

Abb. 92. Eutektikum Ni-NiO mit 0,24% O_2. (Merica u. Waltenberg.) × 150

Sauerstoff in Nickel. Ähnlich wie beim Kupfer bildet Sauerstoff nach P. D. Merica und R. G. Waltenberg[1] mit Nickel ein Eutektikum von 0,24% O_2, welches bei 1438° schmilzt. Der Schmelzpunkt des Nickels wird also von 1451° auf 1438° erniedrigt, also etwa 1°/0,02% O_2. Das Eutektikum hat ein ganz ähnliches Aussehen wie das zwischen Kupfer und Kupferoxydul (Abb. 92). Im Gegensatz hierzu und zum Eisen ist Nickel mit höherem Oxydgehalt noch warm und kalt verarbeitbar. Die Verarbeitbarkeit hört erst auf, wenn gleichzeitig Schwefel vorhanden ist. Dann bildet sich ein sehr niedrig schmelzendes ternäres Eutektikum, welches die Schmiedbarkeit sehr stark beeinflußt. Nach den spärlichen Daten über Sauerstoff in Nickel ergibt sich etwa folgendes $c-t$-Schaubild (Abb. 93).

Beim Kobalt ist zweifellos auch eine Löslichkeit von Kobaltoxydul im flüssigen und vielleicht auch im festen Zustand vorhanden. Genauere Daten hierüber sind jedoch bisher nicht bekannt geworden.

Sauerstoff in Eisen und Stahl. Das Vorkommen von Sauerstoff in Stahl ist von größter Bedeutung und ist Gegenstand zahlloser Unter-

[1] Merica, P. D. u. R. G. Waltenberg: Trans. Amer. Inst. Min. Met. Engs. **71**, 709/19 (1924).

suchungen vor allem von P. Oberhoffer und seinen Mitarbeitern gewesen. Das Gleichgewichtsschaubild ist vornehmlich von F. S. Tritton und D. Hanson[1] auf Grund von Versuchen und von K. Schönert[2] sowie C. Benedicks und H. Löfquist[3] auf Grund umfassender Literaturstudien und Zusammenfassung der Ergebnisse aufgestellt worden. Abb. 94 gibt das c—t-Diagramm für Sauerstoffgehalte bis 0,36% nach Rosenhain, Tritton und Hanson wieder. Eisen bildet mit Sauerstoff das bei hohen Temperaturen stabile Eisenoxydul FeO, welches bei 1370° schmilzt. Dieses Oxyd ist bei etwa 1520° bis zu 0,21% in flüssigem Eisen löslich. Die Löslichkeit im festen Zustand ist bedeutend

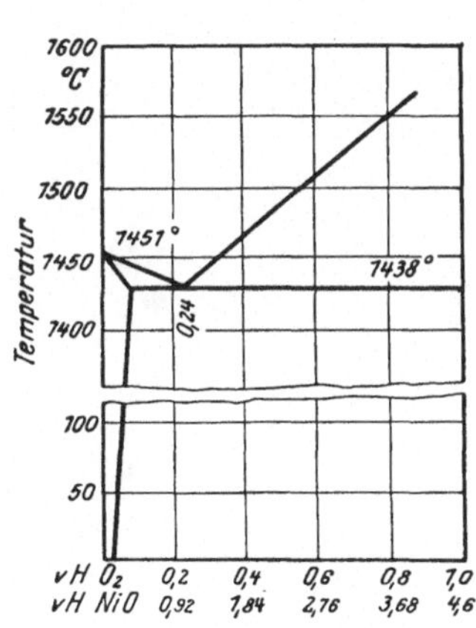

Abb. 93. Teilschaubild des Systems Ni-O_2.

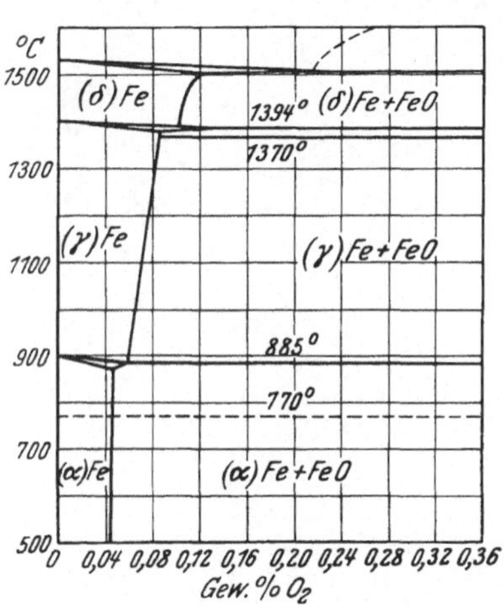

Abb. 94. Gleichgewichts-Schaubild Fe-O_2. (Rosenhain, Tritton u. Hanson.)

kleiner und beträgt bei Zimmertemperatur etwa 0,05 bis 0,11%[4]. Sie nimmt mit steigender Temperatur zu.

Abb. 95 zeigt Elektrolyteisen mit 0,067% O_2 nach langsamem Abkühlen aus dem Schmelzfluß. Die Abbildung läßt deutlich erkennen, daß es sich bei den Einschlüssen um eutektische Ausscheidungen handelt. Abb. 96 gibt Elektrolyteisen mit 0,225% O_2 wieder. Die großen Oxydeinschlüsse sind übereutektisch ausgeschiedene FeO-Teilchen. Beide Abbildungen sind einer noch unveröffentlichten Arbeit von L. Treinen[5]

[1] Rosenhain, F. S. Tritton u. D. Hanson: J. Iron Steel Inst. **110**, 85 (1924); Stahleisen **45**, 1124 (1925).

[2] Schönert, K.: Z. anorg. u. allg. Chem. **154**, 220 (1926).

[3] Benedicks, C. u. H. Löfquist: Slagginneslutningar i Järn och Stål, Stockholm 1929; Z. V. d. I. **71**, 1576/77 (1927).

[4] Oberhoffer, P., H. J. Schiffler u. W. Hessenbruch: Arch. Eisenhüttenwes. **1**, 57/68 (1927). Krings, W. u. J. Kempkens: Z. anorg. u. allg. Chem. **183**, 225/50 (1929).

[5] Treinen, L.: Dr.-Diss., T. H. Aachen **1929**.

entnommen. Auf die Haltepunkte des reinen Eisens hat der Sauerstoff, wie aus Abb. 94 hervorgeht, offenbar nur einen geringen Einfluß.

Die meisten Stähle enthalten nun außer Eisen noch wechselnde Mengen von C, Mn, Si, P, S und meist noch besondere Legierungselemente. Mit allen diesen Stoffen kann der Sauerstoff Oxyde bilden, deren Einfluß auf die Eigenschaften des Stahls sehr verschieden ist. Es ist eine alte Erfahrungstatsache, daß die Oxyde des Mangans, Siliziums und Aluminiums weniger schädlich sind als das Eisenoxydul.

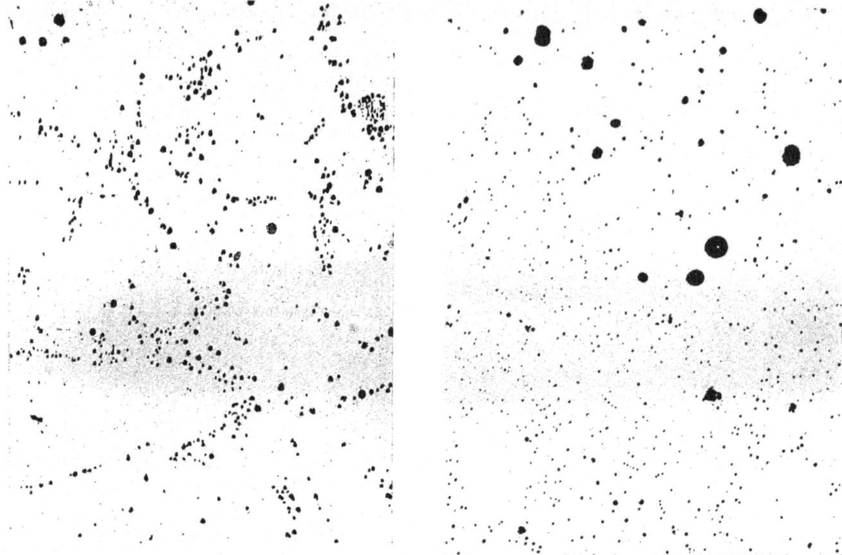

Abb. 95. Eisen-Sauerstoff-Schmelze mit 0,065% O_2. Mischkristalle mit Eutektikum. (Treinen.)

Abb. 96. Übereutektische Eisen-Sauerstoff-Schmelze mit 0,225% O_2. (Treinen.)

Dies beruht hauptsächlich darauf, daß diese Oxyde im Eisen wahrscheinlich nur ganz minimal, d. h. praktisch gar nicht löslich sind, im Gegensatz zu FeO. Für die Löslichkeit des Eisenoxyduls im festen Zustand sprechen auch die bei reinen Eisen-Sauerstoff-Schmelzen auftretenden Kristallseigerungen. Sie beruhen auf einer geringen Veredelung des Potentials des Eisen-Sauerstoff-Mischkristalls.

Das im Eisen gelöste Eisenoxydul ruft anderseits eine Veränderung der Korngröße hervor. Es konnte gezeigt werden[1], daß mit steigendem O_2-Gehalt die Korngröße zunimmt, obwohl hierbei auch andere Einflüsse mitwirken, so daß die Verhältnisse nicht immer klar zu erkennen sind. K. Inouye[2] hat sich ebenfalls mit dieser Frage befaßt

[1] Oberhoffer, P., H. J. Schiffler u. W. Hessenbruch: a. a. O.

[2] Inouye, K.: Mem. College Engineering **5**, 1/69 (1928).

und wir geben nachfolgend seine Ergebnisse in Zahlentafel 3 wieder. Man erkennt, daß die Korngröße mit steigendem Sauerstoffgehalt zunimmt. Dies gilt jedoch nur für reine Fe-FeO-Legierungen bzw. reine C-Stähle. Bei legierten Stählen tritt diese klare Abhängigkeit nicht auf[1]. Sind die entstehenden Oxyde ausgeschieden, so wird, wie weiter unten noch gezeigt werden soll, das Korn verkleinert.

Eine besonders lehrreiche, wenn auch nicht immer mit Eindeutigkeit festzustellende Wirkung der oxydreichen Stähle ist die Veränderung des Zementationsgefüges.

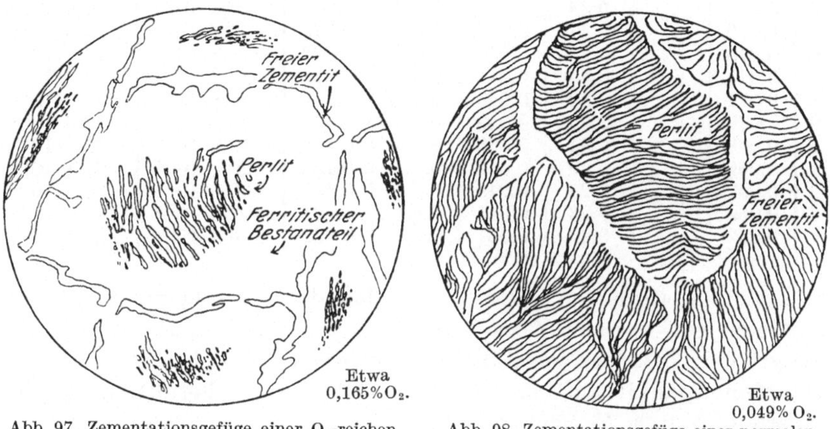

Abb. 97. Zementationsgefüge einer O_2-reichen Stahlprobe (schematisch). (Inouye.)

Abb. 98. Zementationsgefüge einer normalen O_2-ärmeren Stahlprobe (schematisch). (Inouye.)

H. W. McQuaid und E. W. Ehn[2] machten die Beobachtung, daß der Oxydgehalt des Eisens einen wesentlichen Einfluß auf die Ausbildung des bei der Zementation entstehenden übereutektoiden Gefüges hat. Bei hohem Sauerstoffgehalt des Eisens entsteht ein übereutektoides Gefüge, bei dem der freie übereutektoide Zementit von dem Perlit der einzelnen Körner durch einen ferritischen Bestandteil getrennt ist, wie dies Abb. 97 schematisch zeigt. Bei einem normalen Eisen oder Stahl grenzt dagegen der Perlit unmittelbar an den übereutektoiden Zementit an (Abb. 98). Das in Abb. 97 gezeigte anormale Zementationsgefüge wurde später von einer größeren Zahl von Forschern[3] ebenfalls gefunden.

---

[1] Oberhoffer, P., H. Hochstein u. W. Hessenbruch: Arch. Eisenhüttenwes. **2**, 725/38 (1928/29).

[2] Ehn, E. W.: J. Iron Steel Inst. **105**, 157/98 (1922). McQuaid, H. W. u. E. W. Ehn: Trans. Amer. Inst. Min. Met. Engs. **67**, 341/91 (1922). Ehn, E. W.: Trans. Amer. Soc. Steel. Treat. **2**, 1177/1202 (1922); Iron Age **109**, 1807/8 (1922).

[3] Epstein, S. u. H. S. Rawdon: Trans. Amer. Soc. Steel Treat. **12**, 337/75, 413/35 u. 478 (1927). Gat, J. D.: Trans. Amer. Soc. Steel Treat. **12**, 376/435 u. 478 (1927); Blast Furnace **15**, 271/74 u. 279 (1927). Harder, O. E., L. J. Weber u. T. E. Jerabek: Trans. Amer. Soc. Steel Treat. **13**, 961/1008 (1928). Larsen,

Zahlentafel 3. Abhängigkeit der Korngröße vom Sauerstoffgehalt.

Probe Nr.	C %	Si %	Mn %	P %	S %	O %	Mittlere Korngröße im Ausgangszustand mm	Mittlere Korngröße nach dreistündigem Glühen bei 1000° mm
1	0,085	Sp.	0,39	0,045	0,038	0,042	$5{,}5 \cdot 10^{-4}$	$7{,}2 \cdot 10^{-4}$
2	0,083	„	0,36	0,047	0,033	0,049	$5{,}9 \cdot 10^{-4}$	$7{,}5 \cdot 10^{-4}$
3	0,082	„	0,36	0,044	0,035	0,061	$6{,}3 \cdot 10^{-4}$	$7{,}9 \cdot 10^{-4}$
4	0,080	„	0,38	—	0,033	0,065	$7{,}1 \cdot 10^{-4}$	$9{,}4 \cdot 10^{-4}$
5	0,070	„	0,37	0,043	0,032	0,075	$7{,}8\ 10^{-4}$	$9{,}5 \cdot 10^{-4}$
6	0,070	„	0,34	0,048	0,038	0,092	$8{,}2 \cdot 10^{-4}$	$14{,}0 \cdot 10^{-4}$
7	0,071	„	0,30	0,047	0,032	0,099	$10{,}3 \cdot 10^{-4}$	$16{,}3 \cdot 10^{-4}$
8	0,071	„	0,33	0,045	0,040	0,116	$10{,}8 \cdot 10^{-4}$	$16{,}8 \cdot 10^{-4}$
9	0,070	„	0,33	0,049	0,037	0,132	$11{,}8 \cdot 10^{-4}$	$18{,}6 \cdot 10^{-4}$
10	0,068	„	0,31	0,050	0,035	0,142	$19{,}8 \cdot 10^{-4}$	$25{,}4 \cdot 10^{-4}$
11	0,065	„	0,29	0,052	0,040	0,165	$29{,}7 \cdot 10^{-4}$	$34{,}4 \cdot 10^{-4}$
12	0,067	„	0,25	0,048	0,035	0,180	$50{,}6 \cdot 10^{-4}$	$58{,}6 \cdot 10^{-4}$
13	0,062	„	0,23	0,045	0,032	0,201	$102{,}8 \cdot 10^{-4}$	$110{,}8 \cdot 10^{-4}$
14	0,062	„	0,22	0,051	0,038	0,232	$116{,}5 \cdot 10^{-4}$	$121{,}3 \cdot 10^{-4}$

Es konnte weiterhin gezeigt werden, daß diese Erscheinung mit dem Auftreten von weichen Flecken beim Härten Hand in Hand geht. Bei der größten Zahl der angeführten Arbeiten zeigt sich nun, daß diese Gefügeanormalität auf einem höheren Oxydgehalt beruht. Es konnte anderseits durch Zementationsversuche an reinen Eisen-Sauerstoff-Legierungen mit verschiedenem Sauerstoffgehalt festgestellt werden, daß der Grad der Gefügeanormalität offenbar mit steigendem O_2-Gehalt zunimmt. Abb. 99 zeigt das übereutektoide, mit Natriumpikrat geätzte Gefüge dreier Eisen-Sauerstoff-Schmelzen nach der Zementation. Man erkennt deutlich, daß der ferritische, zwischen Perlit und Zementit liegende Bestandteil mit steigendem Sauerstoffgehalt zunimmt. Eine einleuchtende Erklärung für die Ursache dieser Wirkung der Oxyde ist noch nicht gegeben worden. O. E. Harder und W. S. Johnson konnten wahrscheinlich machen, daß der Grund zu der Anormalität in einer Verschiebung der Gleichgewichtslinie *ES* des Eisen-Kohlenstoff-Diagrammes zu suchen ist. S. Epstein und H. S. Rawdon sowie C. H. Herty und Mitarbeiter stellten ebenfalls fest, daß eine Veränderung des Eisen-Kohlenstoff-Diagramms eintreten kann. Sie fanden den Ar_1-Punkt bei gleicher Abkühlungsgeschwindigkeit in einem Stahl mit

B. M. u. A. W. Sikes: Trans. Amer. Soc. Steel Treat. **144**, 355/62 (1928). Epstein, S. u. H. S. Rawdon: Research Papers Bur. Stand. **1928**, Nr 14 423/66. Großmann, Marcus A.: Trans. Amer. Soc. Steel Treat. **16**, 1/56 (1929). Herty jun., C. H., B. M. Larsen, V. N. Krivobok, R. B. Norton, R. E. Wiley, A. W. Sikes u. J. E. Jacobs: Mining Metallurgical Investigations, Carnegie Inst. Technology, Coop. Bull. **45**, 1/66 (1929).

anormalem Zementationsgefüge bei etwas höherer Temperatur als in einem normalen Stahl. Die Perlitbildung findet dadurch bei einer höheren

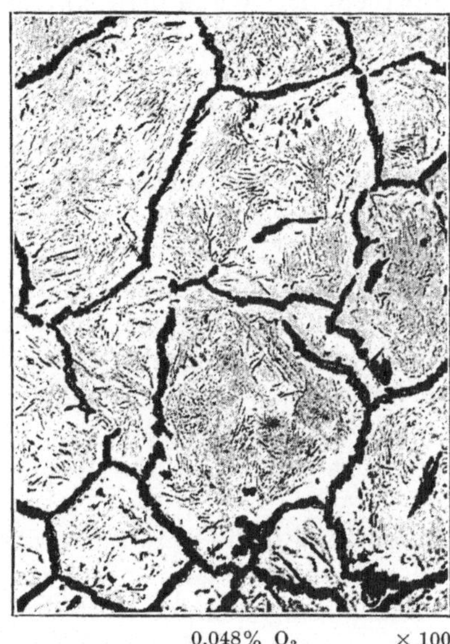

0,048% O_2 × 100

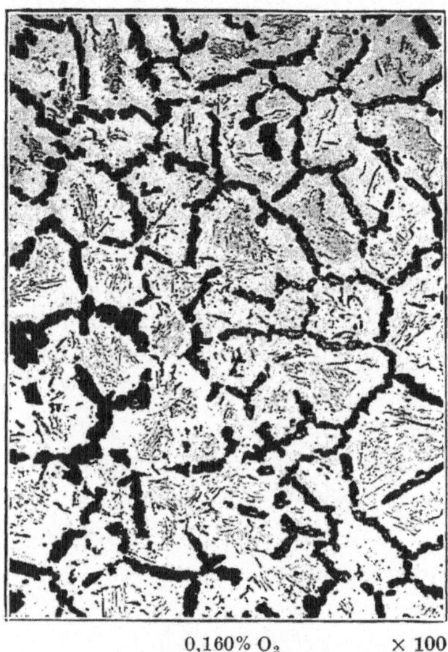

0,160% O_2 × 100

Temperatur statt, bei welcher die Zusammenballung des Zementites erleichtert wird. Die Oxydeinschlüsse und der gelöste Sauerstoff wirken dabei offenbar impfend. Eine Anwesenheit von Al oder V und vor allen Dingen eine Zugabe dieser Elemente beim Gießen des Blockes verstärken die Anormalität. Anderseits fand man in Stählen mit höherem Cr- und Mn-Gehalt die Anormalität nicht oder nur undeutlich. Daraus geht hervor, daß die Art der vorliegenden Oxyde offenbar eine wesentliche Rolle spielt. Das dürfte seinen Grund darin haben, daß die verschiedenen Oxyde in Stahl in verschiedenem Maße löslich sind. Im Zusammenhang mit dem anormalen Zementationsgefüge zeigen diese Stähle eine geringere Tiefe der zementierten Schicht.

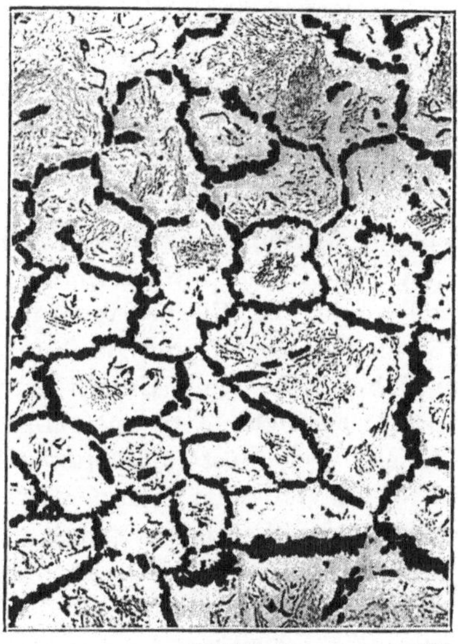

0,225% O_2 × 100

Abb. 99. Einfluß des Sauerstoffgehaltes auf das Zementationsgefüge (6 Stunden bei 950° zementiert). Ätzung Natriumpikrat. (Inouye.)

Sulfide. Über den Einfluß von Schwefel in Kupfer haben verschiedene Meinungen bestanden, und zwar über die Frage, ob er als gelöstes Schwefeldioxyd oder als Kupfersulfid anwesend ist. Wenn man Kupfer in einem koksgefeuerten Ofen schmilzt, wird das in den Verbrennungsgasen vorhandene Schwefeldioxyd vom Metall als Gas aufgenommen und kann Sulfide bilden. Das Sulfid ist oft in Kupfer anwesend, welches man durch Schmelzen sulfidischer Erze gewonnen hat. Es hat nur einen kleinen Einfluß auf die Eigenschaften des Metalls und verhält sich genau so wie Cu_2O, dem es im Aussehen sehr ähnelt. Es ist im festen Kupfer wahrscheinlich nur in sehr geringem Maße löslich, aber bildet ein Eutektikum mit 3,8% Cu_2S. Die Sulfidteilchen haben das Bestreben, sich zusammenzuballen und erscheinen als Kügelchen in den Korngrenzen des gegossenen Metalls. Einen ungeätzten Schliff von gegossenem Kupfer mit 0,45% Schwefel zeigt Abb. 100. Die Streckung der Sulfidteilchen in dem gewalzten Kupfer ist nach Siebe[1] in Abb. 101 zu sehen. Die Wirkung des Schwefeldioxyds auf Kupfer wird später erörtert.

Schwefel ist eine normale Verunreinigung des Eisens und Stahls und kann in diesem aus dem Erz oder aus dem Brennstoff der Feuerungen stammen. Der Schwefelgehalt kann durch besondere metallurgische Verfahren vermindert werden, aber ein geringer Teil bleibt immer zurück. Schwefel bildet mit Eisen ein ähnliches System wie der Sauerstoff. Der Schmelzpunkt des Eisens wird durch Zugabe von Eisensulfid stark erniedrigt. Das Eutektikum liegt jedoch bei 84,6% FeS. Im festen Zustand löst das Eisen nur geringe Mengen von Sulfid. Nach Fry[2] beträgt die Löslichkeit bei 940^0 0,015 bis 0,02%. Oberhalb dieses Gehalts scheidet sich das Sulfid in Form von rundlichen Einschlüssen aus, die bei höheren Schwefelgehalten die einzelnen Körner netzförmig umgeben. Reine Sulfideinschlüsse im Eisen sind in der Praxis äußerst selten, da alle Eisensorten Mn enthalten und die Einschlüsse unter diesen Umständen aus Mischungen von MnS und FeS bestehen[3]. MnS und FeS bilden ein Eutektikum, welches 6,5% MnS enthält und bei 1164^0 schmilzt. FeS und MnS sind ineinander im festen Zustand löslich. Der Beständigkeitsbereich der MnS-reichen festen Lösung wird mit fallender Temperatur kleiner, so daß die Einschlüsse teilweise beim Abkühlen zerfallen und MnS ausscheiden. Während das Eisensulfid bei gewöhnlicher Temperatur äußerst brüchig ist und vor allen Dingen in Form der dünnen Sulfidhäutchen einen sehr nachteiligen Einfluß auf das Eisen ausübt, haben die rundlichen FeS-MnS-Einschlüsse keinen so schlechten Einfluß. Dazu kommt, daß das MnS bzw. das Doppel-

---

[1] Siebe, P.: Z. Metallkunde **19**, 311 (1927). [2] Fry, A.: Stahl u. Eisen **43**, 1039 (1923).

[3] Levy: Carnegie Schol. Mem. **3**, 260 (1911). Röhl: Carnegie Schol. Mem. **4**, 28 (1912). Zen-ichi-Shibata: Sci. Rep. Tohoku Univ. **7**, 279/89 (1928).

sulfid in Eisen praktisch unlöslich ist[1]. Der A_3-Punkt wird durch gelöstes Eisensulfid erniedrigt, nach Zugabe von Mn jedoch durch anwesenden Schwefel anscheinend nicht mehr beeinflußt. Eisensulfid ruft in der Kälte und Wärme Brüchigkeit des Eisens hervor, auf die später noch zurückgekommen werden soll. Die verbessernde Wirkung des Mangans auf schwefelhaltige Stahlschmelzen beruht zum Teil in dem stärkeren Zusammenballungsvermögen der FeS-MnS-Einschlüsse. Die Erzielung eines genügenden Mn-Überschusses ist für alle Sorten von größter Wichtigkeit und selbst im schmiedbaren Temperguß soll der Mn-Gehalt mindestens das 1,7fache des Schwefelgehaltes betragen.

Nickel verbindet sich mit Schwefel unter Bildung der Verbindung Ni_3S_2, die bei Raumtemperatur eine Löslichkeit von weniger als 0,005 % hat. Nach Bornemann[2] beträgt die Löslichkeit bei höheren Temperaturen etwa 0,5% S, nimmt jedoch mit fallender Temperatur stark ab. Ni_3S_2 bildet ein Eutektikum, welches bei 644° schmilzt und 21,5 % Schwefel enthält[3]. Dieses Eutektikum scheidet sich bei der Abkühlung unter Bildung von Häutchen aus Ni_3S_2 in den Korngrenzen aus. Wie beim Eisen, führt die Zugabe von Mangan zur Bildung rundlicher Mangansulfideinschlüsse mit einer entsprechenden Verbesserung der mechanischen Eigenschaften des Materials. Noch wirksamer als ein Zusatz von Mn zu schwefelhaltigem Nickel ist der Zusatz von Mg. Abb. 102 zeigt Sulfidhäutchen aus Ni_3S_2 in einer hochprozentigen Nickellegierung. Abb. 103 zeigt dieselbe Legierung nach Zusatz von 0,5% Mg. Man erkennt deutlich, daß an Stelle der Sulfidhäutchen scharfkantige, feine Einschlüsse entstanden sind, die aus einem Mg-Sulfid bestehen.

Nitride. Stickstoff wird zwar von vielen Metallen im flüssigen Zustand gelöst, aber beständige Nitride werden nur bei einigen von ihnen gebildet. Die Aufnahme im geschmolzenen Zustand ist nur minimal, wie J. H. Andrew[4] und B. Sawyer[5] für Eisen nachweisen konnten. Dasselbe gilt für Nickel, Kupfer und Aluminium. Flüssiges Eisen nimmt bei einem Druck von 200 Atm. Stickstoff nur 0,30% N_2 auf. Ein Chromgehalt von 5 bis 12% setzt die Löslichkeit offenbar stark herauf. Im festen Zustand nimmt Eisen noch weniger Stickstoff auf und ein weicher Stahl kann lange Zeit bei 1000° in Stickstoff geglüht werden, ohne diesen zu lösen. Aus stickstoffhaltigen Verbindungen, wie Ammoniak und Cyan, nimmt das Eisen dagegen durch Diffusion bis über 10% N_2 auf.

---

[1] Andrews u. Binnie: J. Iron Steel Inst. **119**, 346 (1929).
[2] Bornemann: Metallurgie **5**, 13/19, 61/8 (1908); **7**, 667/74 (1910).
[3] Merica u. Waltenberg: Techn. Paper Bur. Stand. **19**, 155 (1925).
[4] Andrew, J. H.: Carnegie Schol. Mem. **3**, 236 (1911).
[5] Sawyer, B.: J. Amer. Inst. Min. Met. Engg. **1923**; Stahleisen **44**, 291 (1924).

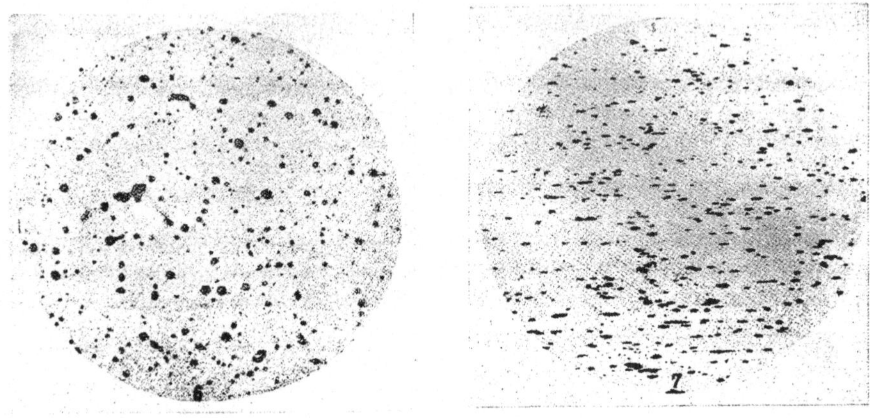

Abb. 100. Kupfer mit 0,45% S, Gußgefüge ungeätzt. (Siebe.) × 100

Abb. 101. Probe wie Abb. 100 nach dem Walzen. (Siebe.) × 100

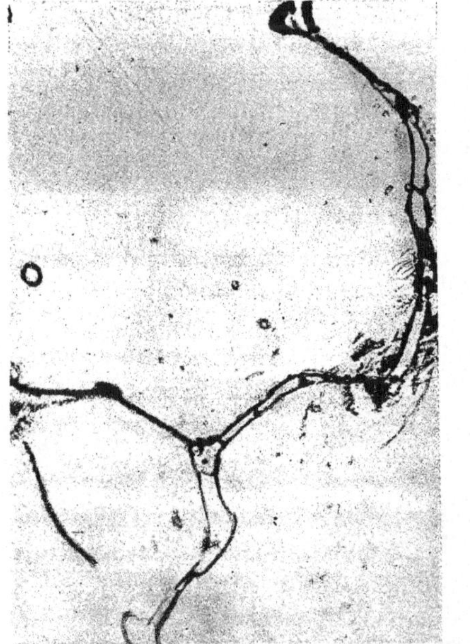

Abb. 102. Häutchen von Ni_3S_2 in Nickel mit 0,23% S. (Merica u. Waltenberg.) × 500

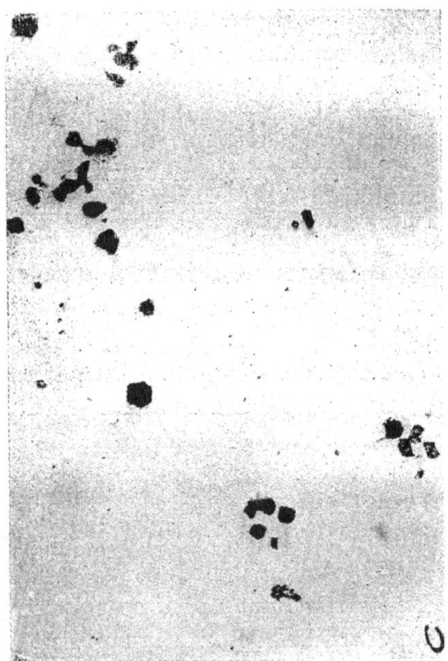

Abb. 103. Wie Abb. 102, aber nach Zusatz von 0,5% Mg, Mg-S-Einschlüsse. (Merica u. Waltenberg.) × 500

A. Fry[1] machte grundlegende Arbeiten über die Stickstoffaufnahme von Stahl und stellte ein *c*—*t*-Schaubild Eisen-Stickstoff auf, welches in Abb. 104 wiedergegeben ist. Danach löst Eisen oberhalb 900° über

[1] Fry, A.: Kruppsche Monatshefte **4**, 137 (1923); Stahleisen **43**, 1271 (1923).

12% Stickstoff. Bei etwa 6 und 11% bestehen zwei Verbindungen, deren Kristallstruktur kürzlich bestimmt wurde. Stickstoff setzt den A_3-Punkt des Eisens herunter. Bei 1,5% N_2 wird ein Eutektoid Braunit gebildet (580°). Die magnetische Umwandlung wird ebenfalls erniedrigt. Eine magnetische Umwandlung des Nitrids scheint bei 480° vorzuliegen. Im α-Eisen ist das Nitrid Fe_4N bei Raumtemperatur bis zu etwa 0,015% N_2 löslich. Bei 580° beträgt das Lösungsvermögen des α-Eisens 0,5% N_2. I. Lehrer[1] bestimmte das System Eisen-Stickstoff auf Grund magnetischer Untersuchungen unter Zuhilfenahme der chemischen Analyse und der Röntgenanalyse. Abb. 105 zeigt das auf Grund des Versuches aufgestellte Gleichgewichtsschaubild. Bei niedrigen Konzentrationen stimmt es mit dem von A. Fry gefundenen ziemlich gut überein. Das Eutektoid Braunit liegt etwas höher bei etwa 2,4% Stickstoff. Die Verbindung bei etwa 6% Stickstoff konnte ebenfalls festgestellt werden. In dem von Fry nicht näher bestimmten Gebiet zwischen 2 und 6% Stickstoff scheint ein zweites Eutektoid aufzutreten.

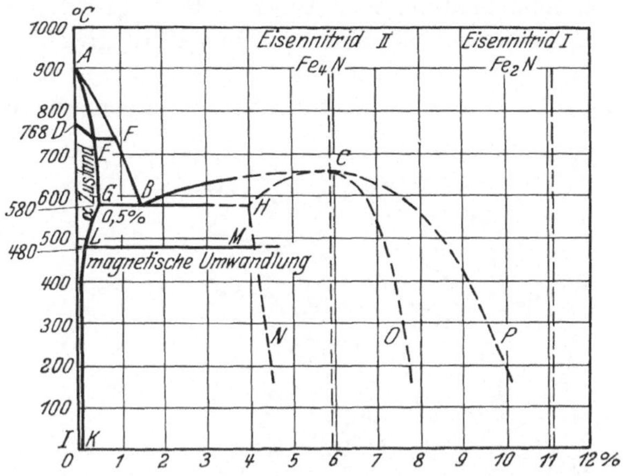

Abb. 104. System Fe-N auf Grund metallographischer Untersuchungen. (A. Fry.)

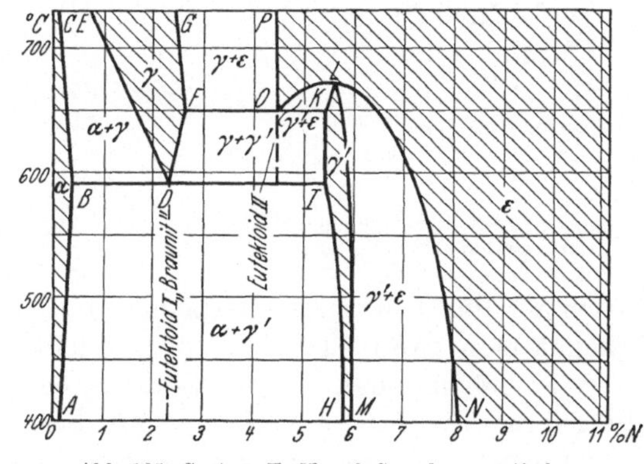

Abb. 105. System Fe-N auf Grund magnetischer Messungen. (I. Lehrer.)

Infolge der mit sinkender Temperatur fallenden Löslichkeit für Stickstoff scheiden sich bei Abkühlen stickstoffhaltiger Proben feine Lamellen von Nitriden aus, die ein martensitähnliches Gefüge erzeugen. Abb. 106 zeigt nitriertes Elektrolyteisen, welches von

[1] Lehrer, I.: Z. Elektrochem. **36**, 460/73 (1930).

550° langsam erkaltete[1]. Schreckt man das Eisen von dieser Temperatur ab, so bleibt das Nitrid in Lösung (Abb. 107). Durch Anlassen bei 250° kann dann die Ausscheidung des Nitrides bewirkt werden. Die Ausscheidung erfolgt jetzt in Form ganz feiner Nädelchen (Abb. 108). Die Ausscheidung geht meist in kristallographisch bestimmten Richtungen, anscheinend auf den Gleitebenen des Metalls vor sich[2]. Abb. 109 und 110 zeigen Stickstoffausscheidungen, die bei sechsstündigem An-

Abb. 106. Nitriertes Elektrolyteisen von 550° langsam erkaltet. (Köster.) × 200

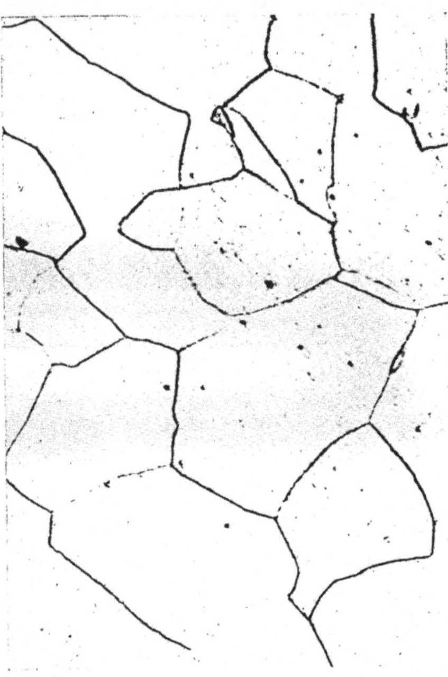

Abb. 107. Nitriertes Elektrolyteisen von 550° abgeschreckt. (Köster.) × 200

lassen auf 100° bzw. 250° entstanden. Bei noch stärkerer Vergrößerung erkennt man (Abb. 111), daß die Nadeln aus feinen einzelnen Stäbchen aufgebaut sind. Dieses Bild erinnert lebhaft an die Ausscheidungsform des Ni_3S_2 aus Nickel. Mit dieser Ausscheidung sind starke Änderungen der Festigkeitseigenschaften, der magnetischen und einer Reihe weiterer Eigenschaften verbunden, auf die später zurückgekommen werden soll (s. S. 145, 174ff.).

Die Nitride der Metalle zeichnen sich aus durch große Härte und Stabilität gegen Zersetzung bei höheren Temperaturen. Die Härte des Eisennitrids bzw. der festen Lösung von Stickstoff in Eisen wird bei

[1] Köster, W.: Arch. Eisenhüttenwes. 3, 553/8 (1929/30).
[2] Köster, W.: Arch. Eisenhüttenwes. 3, 637/58 (1929/30).

der Zementation mit Stickstoff, dem sogenannten Nitrieren oder Versticken, ausgenutzt. Ausgehend von seinen schon erwähnten grundlegenden Arbeiten hat A. Fry diese Verfahren entwickelt[1]. Die Nitrierhärtung hat auch im Ausland große Beachtung gefunden[2]. Das Verfahren hat gegenüber der Zementation mit Kohlenstoff den Vorteil, bei niedrigeren Temperaturen ausgeführt werden zu können, so daß die oberflächlich zu härtenden Gegenstände sich weniger verziehen. Die im Stahl vorhandenen Legierungselemente können die Nitridbildung beschleunigen oder verzögern. Stähle mit Aluminium, Chrom und Molybdän werden zur Nitrierung bevorzugt. Eine geeignete Zusammensetzung ist 1 bis 1,25% Al, 1 bis 5% Cr und 0,2% Mo, wobei der Kohlenstoffgehalt je nach dem für den Kern gewünschten Eigenschaften schwankt. Die größte Härte wird durch Nitrieren bei 510° erzielt. Die Tiefe der nitrierten Zone steigt mit der Temperatur zwischen 400° und 700°. Die Aufweitung des α-Eisen-Gitters bei der Bildung der festen Lösung bzw. der Nitride beträgt etwa 0,5%. Die Härte ändert sich durch Wiedererhitzen auf 650° oder niedrigere Temperaturen nur wenig, während ein normaler Kohlenstoffstahl hierdurch stark in der Härte abfällt. Die Nitridschicht bzw. der Stickstoff-Mischkristall ist sehr spröde und kann auf dünnen Querschnitten oder feinen Drähten nicht vorteilhaft angewandt werden. Die eigentliche Wirkung des Aluminiums bzw. Chroms in diesen Stählen ist nicht klar, obwohl die Versuche über die Absorption von Stickstoff durch Chrom und Eisen-Chrom-Legierungen von Adcock[3] einiges Licht auf diese Verhältnisse geworfen haben.

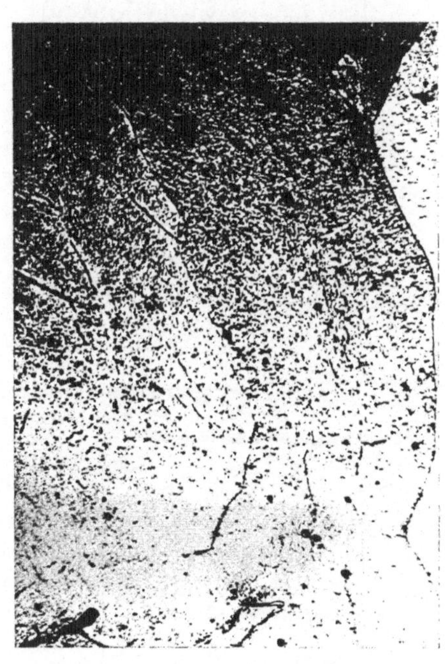

Abb. 108. Nitriertes Elektrolyteisen von 550° abgeschreckt und bei 250° angelassen. (Köster.) × 200

[1] Fry, A.: Kruppsche Monatshefte 4, 137 (1923); 5, 266/69 (1924); 7, 17 (1926); 8, 208 (1927); 9, 23 (1928). Stahl und Eisen als Werkstoff, 68/72. Düsseldorf 1927, Trans. Amer. Soc. Steel Treat. 16, 111/18 (1929); Iron Age 124, 738/41 (1929).

[2] S. insbesondere Trans. Amer. Soc. Steel Treat. 16, H. 5 (1929).

[3] Adcock: J. Iron Steel Inst. 114, 117 (1926).

Geschmolzenes Chrom nimmt Stickstoff begierig auf und hält ihn beim Erstarren fest. Die mikroskopische Untersuchung deckt die Anwesenheit eines neuen gelben Bestandteiles auf, der wahrscheinlich Chromnitrid ist. Man kann so Legierungen bis zu 3,9% N_2 erhalten, wohingegen geschmolzenes Eisen weniger als 0,02% N_2 absorbiert. Die Eisen-Chromlegierungen nehmen auch leicht Stickstoff auf, wobei die aufgenommene Menge mit dem Chromgehalt steigt. In Legierungen mit 12% Cr erzeugt Stickstoff eine martensitische Struktur (Abb. 112), und die Härte kann durch Wärmebehandlung verändert werden. Legierungen von Eisen mit 20 bis 60% Cr haben Zweiphasenstruktur und haben bei Gegenwart von N_2 Ähnlichkeit mit den Fe-C-Legierungen. Der Gefügeaufbau dieser Legierungen ist noch nicht untersucht worden, und die Rolle des Stickstoffs ist noch etwas unklar.

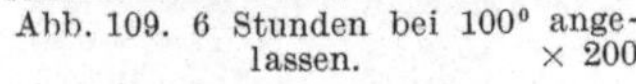

Abb. 109. 6 Stunden bei 100° angelassen. × 200

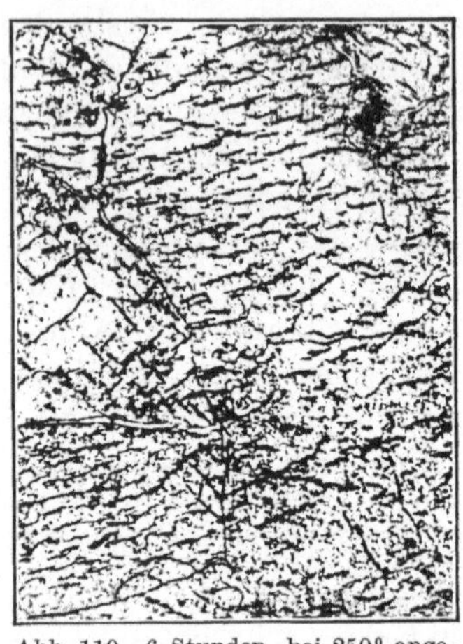

Abb. 110. 6 Stunden bei 250° angelassen. × 200

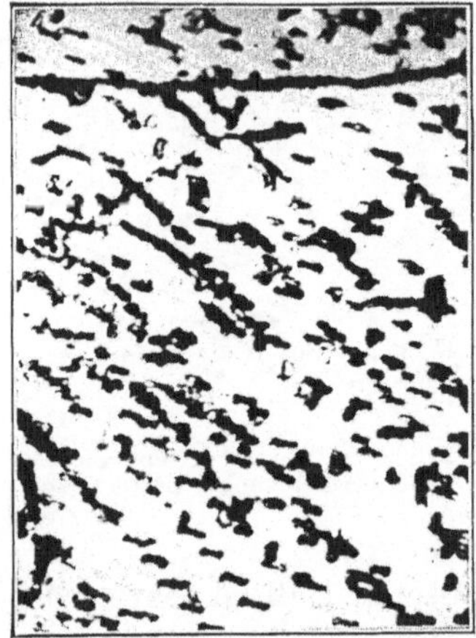

Abb. 111. Aufbau der Linien aus „Stäbchen". × 1200

Abb. 109 bis 111. Stickstoffausscheidungen entlang der Gleitlinien im Kraftwirkungsbereich. (Köster.)

Einige seltenere Elemente, wie Zirkon, Vanadin, Titan, Thorium, Bor usw. bilden oberhalb 1200° schnell Nitride, die oft als Verunreinigungen in diesen Metallen vorkommen. Die Nitride selbst sind gut bekannt und haben ganz charakteristische Eigenschaften, wie z. B. hohen Schmelzpunkt (3000° und höher), Sprödigkeit und hohe elektrische Leitfähigkeit.

Titannitrid kommt zeitweilig in mit Titan desoxydierten oder legierten Stählen vor. Es hat eine charakteristische rosa Farbe und bildet ausgesprochene Kristalle. Abb 113 zeigt das Gefüge von 25% Ferrotitan. Eisen und Titan bilden ein Eutektikum von 13,2% Titan, welches bei 1300° erstarrt. Die Legierung von 25% Titan scheidet primär ein Titanid (vielleicht Fe_3Ti) ab, dann erstarrt das Eutektikum. Man erkennt auf dem Bild außerdem zwei scharfkantig begrenzte Kristalle, die mit einem Pfeil bezeichnet sind. Es sind typische Titannitridkristalle, die auch durch Bearbeitung nicht verformt werden[1]. Eine untereutektische Eisen-Titan-Legierung mit Titan-Nitrid-Kristallen zeigt Abb. 114.

Abb. 112. Struktur in einer Eisenlegierung mit 12% Cr nach dem Schmelzen in Stickstoff. (Adcock.) × 400

Im allgemeinen ist wenig über das Auftreten von Nitriden bekannt. Da sie jedoch fast immer als interkristalline Verbindungen auftreten, verursachen schon kleine Mengen Sprödigkeit der Metalle. So wird die Sprödigkeit des gewöhnlich hergestellten Berylliums auf interkristalline Stickstoffverbindungen zurückgeführt[2].

Phosphide. Im Gefüge des phosphorhaltigen Thomasroheisens und Gußeisens ist ein typischer Gefügebestandteil enthalten, der als Phosphideutektikum oder wohl auch als Steadit bezeichnet wird[3]. Er ist kennzeichnend für ein langsam erstarrtes Gußeisen und kann gewissermaßen als Maßstab für die Erstarrungsgeschwindigkeit angesehen werden. Abb. 115 zeigt graues Roheisen mit Phosphideutektikum.

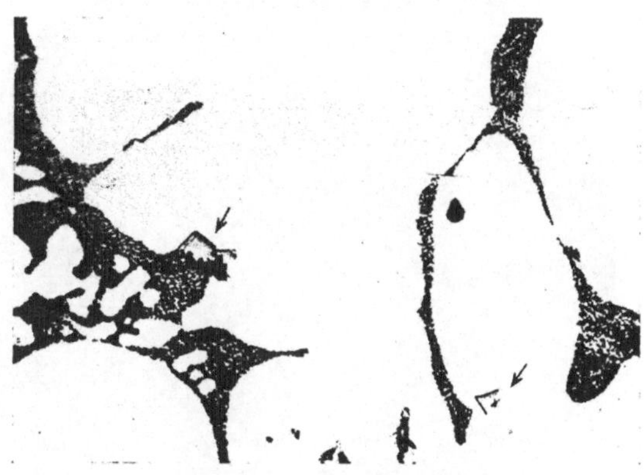

Abb. 113. Aluminothermisches Ferrotitan (25% Ti) mit rötlich erscheinendem Titannitrid. Ätzung HNO_3. × 500

[1] Comstock: Stahleisen **35**, 296 (1915).
[2] Vivian: Trans. Far. Soc. **22**, 211 (1926).
[3] Oberhoffer, P.: Das technische Eisen, S. 92. Berlin 1925.

Als Desoxydationsmittel für Kupfer und Kupferlegierungen wird Phosphorkupfer gebraucht. Die hierfür gebräuchlichen Mengen sind zwar sehr gering ($<0{,}1\%$ P) und die Löslichkeit des Phosphors in Kupfer ist groß, aber trotzdem treten im Gußgefüge phosphorhaltiger Schmelzen häufig feine Phosphide auf[1]. Nach dem Warmwalzen verschwinden die Einschlüsse. Wie beim Phosphor im Eisen hat das System Cu-P auf der Kupferseite ein breites Erstarrungsintervall, d. h. die Liquidus- und Soliduslinie liegen beträchtlich auseinander. So beträgt z. B. das Erstarrungsintervall bei 0,5% P in Cu bereits 150°, bei 1% P etwa 300°. Unter diesen Umständen neigt der Phosphor zur Kristallseigerung und diese ist der Grund dafür, daß in Legierungen mit wenigen Hundertel Prozenten P bereits Phosphide auftreten. Durch nachträgliche Glühung bei der Wärmebehandlung wird die Seigerung wieder ausgeglichen.

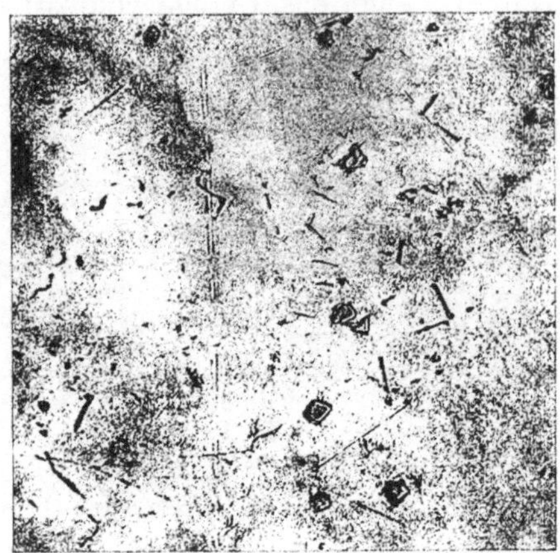

Abb. 114. Titannitrid in Ferro-Titan mit 11,9% Ti, ungeätzt. (Lamort.) × 250

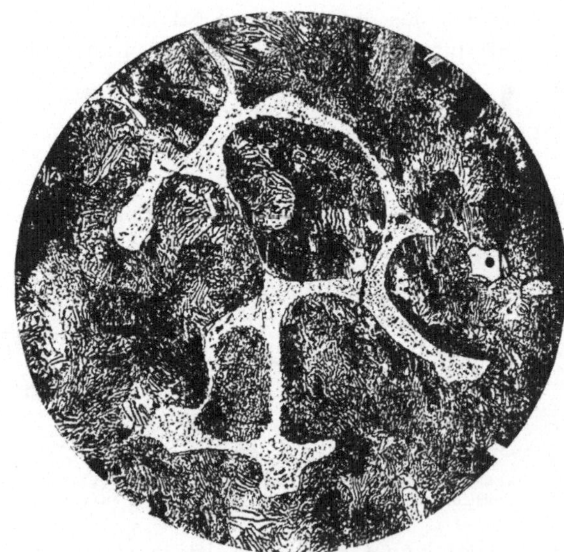

Abb. 115. Graues Roheisen mit Phosphideutektikum, Steadit. Ätzung HNO_3. (Oberhoffer.) × 100

Schlackeneinschlüsse. Eine andere, sehr wichtige Klasse nichtmetallischer Verunreinigungen umfaßt Einschlüsse von Schlacken, deren Auftreten in den aus dem Schmelzfluß gewonnenen Metallen und Legierungen, nicht ganz zu vermeiden ist.

[1] Hanson, D., S. L. Archbutt, G. W. Ford: J. Inst. Metals **43**, 41/72 (1930).

Bis zum Bekanntwerden des Elektrolyteisens und des Armco-Eisens war das Schweißeisen die reinste Form dieses Metalls. Von den verschiedenen Sorten war das von Schweden kommende wiederum das reinste, hauptsächlich wegen der Reinheit der Rohstoffe, aus denen es hergestellt wurde. An Stelle des Kokses war dort für die Reduktion der Erze eine reichliche Menge billiger Holzkohle verfügbar und mit dem Einsatz wurde eine geringere Menge silikathaltiger Stoffe als sonst eingeführt. Schwedisches Schweißeisen enthält trotzdem merkliche Mengen von Schlacke, die als einzelne Teilchen auftreten. Einen typischen Schliff eines solchen Eisens zeigt Abb. 116. Die Schlackenteilchen sind beim Walzen in Fasern zerrissen und auseinandergezogen worden. Diese Einschlüsse bestehen in der Hauptsache aus Oxyden, Silikaten und Sulfiden des Eisens und Mangans, seltener des Chroms, Nickels und Aluminiums, die in dem Erz als Verunreinigungen vorhanden sind. Abb. 117 zeigt einen Schlackeneinschluß bei stärkerer Vergrößerung. Man erkennt, daß primär Fayalitkristalle (2 FeO Si O_2) ausgefallen sind. Dieser Einschluß ist typisch für Schweißeisen. In Schweißeisen sind solche Einschlüsse bis zu einem gewissen Grade auf die Mischung von Schlackenteilchen und Metall während des Frischens zurückzuführen. Kommen solche in Flußstahlblöcken vor, so ist ihre Anwesenheit in der Hauptsache in Desoxydationsprodukten und deren ungenügendem Steigevermögen im flüssigen Metall während der Erstarrung begründet.

Abb. 116. Geglühtes Schweißeisen mit Schlackenzeilen. Ätzung alkal. HNO_3. × 100

Abb. 117. Schlackeneinschluß in Schweißeisen, ungeätzt. (Oberhoffer-) × 250

Eine umfassende vorbildliche Zusammenstellung unserer heutigen Kenntnisse über Schlackeneinschlüsse wurde von C. Benedicks und

H. Löfquist[1] vorgenommen. Wichtige Experimentaluntersuchungen nahmen C. R. Wohrman[2] und C. H. Herty jun. und Mitarbeiter[3] vor. Grundlegend für die Kenntnis der Entstehung der Schlackeneinschlüsse ist die Kenntnis der $c-t$-Schaubilder der Legierungen zwischen Metallen und Nichtmetallen einschließlich Desoxydationsmitteln. Hieraus ergeben sich die Schmelzpunkte, die gegenseitige Mischbarkeit und andere wichtige Eigenschaften. Für das Zusammenballungsvermögen spielen Viskosität des Metalls, Oberflächenspannung der Einschlüsse, Schmelzpunkt u. a. eine Rolle. In allen diesen Fragen herrscht noch wenig Klarheit und die vorgenannten Arbeiten bieten eine Fundgrube von Anregungen zu weiteren Beobachtungen.

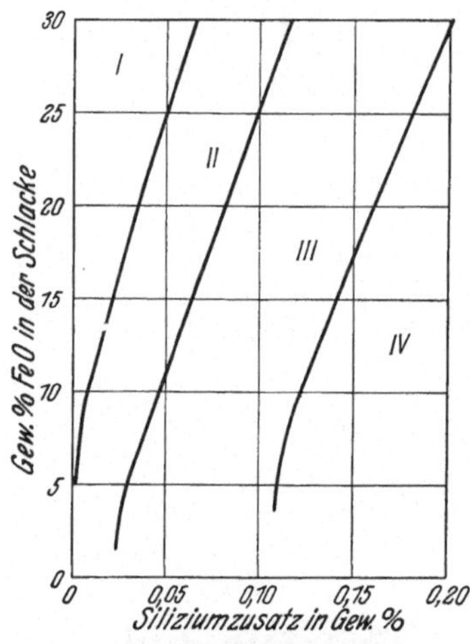

Abb. 118a. Bildungsbereiche der verschiedenen Eisenoxydul-Silikateinschlüsse. (Herty.)

Der Charakter der verschiedenen Einschlüsse eines Stahles ist z. B. verschieden je nachdem, welches Desoxydationsmittel gebraucht wurde und wie groß die Menge war. Diese Erkenntnis kann von Wert sein, wenn es gilt, festzustellen, wie ein Stahl desoxydiert worden ist.

Bei der Desoxydation eines FeO-haltigen Stahles mit Silizium bilden sich Einschlüsse, die sich je nach FeO-Gehalt des Bades und Siliziummenge typisch unterscheiden[4]. Abb. 118 ist eine Zusammenstellung der Versuchsergebnisse nach C. H. Herty, C. F. Christopher und R. W. Stewart[5]. Das Schaubild zeigt, welche Art von Einschlüssen je nach FeO-Gehalt und Si-Gehalt gebildet wird. Man unterscheidet vier Arten von Silikateinschlüssen, für die charakteristische Beispiele gleichzeitig abgebildet sind. Ist der Oxydgehalt hoch und der Siliziumzusatz gering, so scheiden sich Einschlüsse des Typus *I* aus, die aus einer primären Ausscheidung von FeO und dem Eutektikum FeO-Fayalit bestehen. Beträgt der Oxydgehalt der Einschlüsse nur 45 bis 80% FeO z. B. infolge größerer Siliziumzugabe, so entstehen Einschlüsse des Typus *II*. Sie entsprechen Gemengen von

[1] Benedicks, C. u. H. Löfquist: Slagginneslutningar i Järn och Stål. Nordiska Bokhandeln. Stockholm 1929.

[2] Wohrman, C. R.: Trans. Amer. Soc. Steel Treat. **14**, 81, 255, 385, 539 (1928).

[3] Herty, C. H. und Mitarbeiter: Min. Met. Invest., Pittsburgh, Bulletins **34**, **36**, **38**, **46**.

[4] Wohrmann, C. u. C. H. Herty: a. a. O.

[5] Herty, C. H., C. F. Christopher u. R. W. Stewart: Min. Met. Invest. Bulletin **38**.

Fayalit und einem Eutektikum. Bei noch höherem Siliziumzusatz entstehen Einschlüsse gemäß Typus *III*, bei denen man deutlich das primär ausgeschiedene SiO_2 erkennt. Bei besonders großem Siliziumgehalt und kleinen FeO-Mengen entstehen ganz rundliche Einschlüsse vom Typus IV, die fast schwarz erscheinen. Dies ist eine Brechungserscheinung des Lichtes. An sich sind die Einschlüsse hell, wie durch Herauslösen und mikroskopische Betrachtung gezeigt werden kann. Das Zusammenballungs- und Aufsteigvermögen der verschiedenen Einschlüsse ist ebenfalls verschieden.

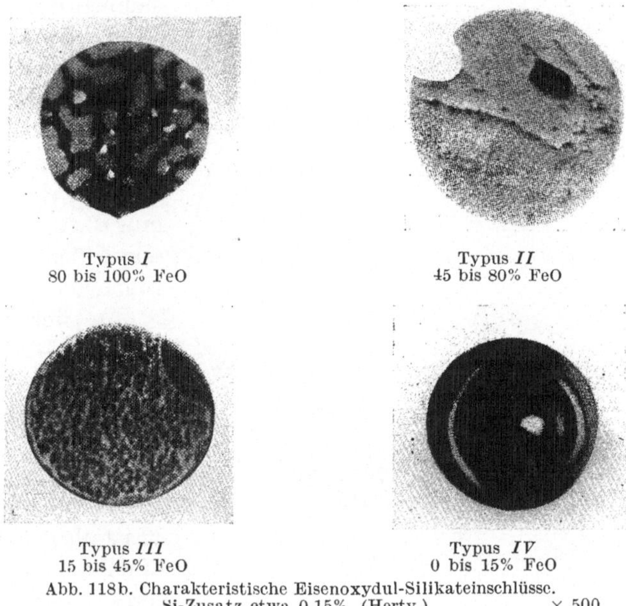

Typus *I* 80 bis 100% FeO — Typus *II* 45 bis 80% FeO

Typus *III* 15 bis 45% FeO — Typus *IV* 0 bis 15% FeO

Abb. 118b. Charakteristische Eisenoxydul-Silikateinschlüsse. Si-Zusatz etwa 0,15%. (Herty.) × 500

In mit Mangan desoxydiertem Eisen sind oft Einschlüsse enthalten, wie sie z. B. Abb. 119 zeigt. Sie bestehen aus MnO-reichen Mischkristallen im Eutektikum FeO-MnO.

Typisch sind vor allem die Einschlüsse, die bei der Desoxydation des Stahls mit Aluminium entstehen. Die Desoxydationsprodukte bestehen hier aus nesterförmigen, feinen Kriställchen. Die einzelnen Teilchen sind um so scharfkantiger begrenzt, je höher der Aluminiumzusatz war[1]. Abb. 120 zeigt einen Stahl mit Einschlüssen aus Eisenoxydulaluminaten, entstanden durch Zugabe von 0,048% Al zu einem überfrischten Stahl. Abb. 121 zeigt die Einschlüsse nach Zusatz von 0,186% Al zu demselben Stahl. Die aus fast reiner Tonerde bestehenden Einschlüsse sind fein und scharfkantig.

[1] Herty, C. H., G. R. Fitterer u. J. M. Byrns: Min. Met. Invest. Bulletin **46**.

Ähnlich wie die Tonerdeeinschlüsse sind die durch Zugabe von Vanadin entstehenden Einschlüsse[1]; vgl. Abb. 122. Sie sind ebenso wie die Tonerdeeinschlüsse nicht von Nachteil auf die Warmformgebung des Stahls. Sie werden durch die Verformung zu Streifen auseinander gezogen, ohne selbst verformt zu werden.

Zusammenballen nichtmetallischer Teilchen. Es ist darauf hingewiesen worden, daß kleine Teilchen nichtmetallischer Einschlüsse sich in der Schmelze zusammenballen und aufsteigen können Im festen Zustand können sich Einschlüsse ebenfalls zu größeren Teilchen zusammenziehen, z. B. beim Glühen. Diese Wirkung ist von einer großen Zahl von Beobachtern festgestellt worden und es ist anziehend, den Mechanismus zu betrachten, durch den dies vor sich geht.

Abb. 119. FeO-MnO-Einschlüsse in mit Mn desoxydiertem Eisen, ungeätzt. (Oberhoffer.) × 150

An der Oberfläche der Kristalle bzw. eines Einschlusses ist die Kraftwirkung zwischen den einzelnen Molekeln unsymmetrisch. Kleine Einschlüsse und kleine Kristalle haben nun offenbar ein ungünstigeres Verhältnis der Oberflächenenergie zum Inhalt. Schottky[2] konnte durch Versuche zeigen, daß bei einem Durchmesser von 1 bis 0,1 μ die freie Energie der Oberfläche so groß ist, daß die Oberfläche danach strebt, ihre Gestalt zu ändern. Die Veränderung der Gestalt wird erleichtert, wenn der betreffende Einschluß im Grundmetall, wenn auch nur in geringem Maße, löslich ist.

Das Zusammenballen von Kupferoxydulteilchen in Kupfer beim Glühen bei 900° ist ein Beispiel hierfür. Abb. 123 zeigt gegossenes Kupfer mit 1,33% Sauerstoff. Abb. 124 zeigt dieselbe Probe nach 13stündigem Glühen auf 900°. Man erkennt deutlich, daß die Einschlüsse größer, ihre Zahl aber kleiner geworden ist. Die Löslichkeit des Sauerstoffs in

[1] Oberhoffer, P., H. Hochstein u. W. Hessenbruch: a. a. O.
[2] Schottky: Nachr. Ges. Wiss., Göttingen **1912**, 480.

Kupfer bei 900° beträgt etwa 0,08 %, so daß dadurch die Diffusion eintreten konnte.

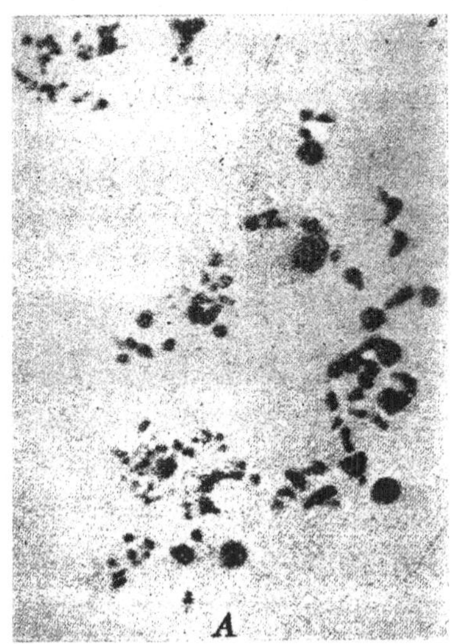

Abb. 120. Eisenoxydul-Aluminat-Einschlüsse mit Anzeichen der Zusammenballung in einer mit 0,48% Al versetzten Schmelze. (Herty.) × 400

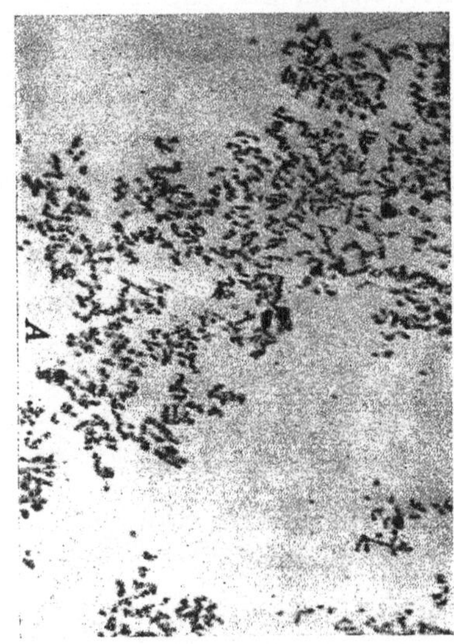

Abb. 121. Tonerde-Einschlüsse in einer mit 0,186% Al vollkommen desoxydierten Schmelze. (Herty.) × 400

Ein weiteres, sehr lehrreiches Beispiel ist die Überführung des lamellaren in kugeligen Perlit. Der lamellare Perlit (Abb. 125) stellt die normale Entstehungsform des Fe-Fe_3C-Eutektoids dar. Für die Bearbeitung ist diese Form sehr ungünstig. Durch Pendeln der Glühtemperatur um etwa 10° über und unter den Haltepunkt oder durch lange Glühung kurz unterhalb Ac_1 kann man den Perlit in die körnige, kugelige Form überführen (Abb. 36). Diese Form ist die hinsichtlich der Oberflächenenergie günstigste Form. Auch hier ermöglicht die Löslichkeit des Zementits Fe_3C im α-Eisen[1] die schnelle Diffusion, die übrigens schon von

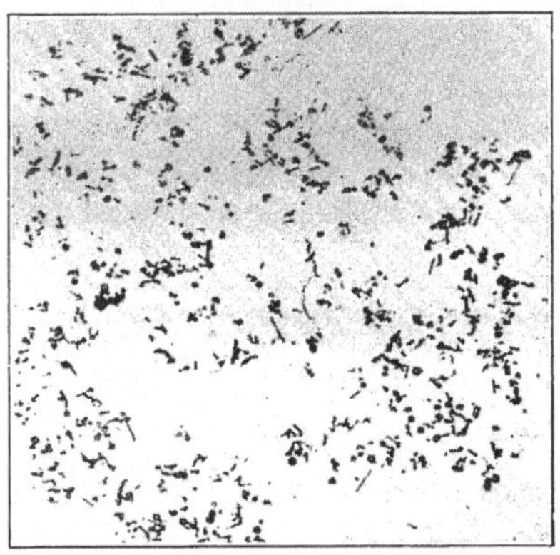

Abb. 122. Einschlüsse von Vanadinoxyd in einem überfrischten, mit 0,8% V versetzten Stahl. × 100

[1] Whiteley: J. Iron Steel Inst. **116**, 293 (1927); Stahleisen **48**, 87 (1928). Köster, W.: Arch. Eisenhüttenwes. **2**, 503/22 (1928/29).

E. Zingg[1] experimentell festgestellt wurde. Eine ähnliche Erscheinung ist bei dem elektrolytisch hergestellten Chrom beobachtet worden. Das Metall enthält beträchtliche Mengen Chromoxyd, aber

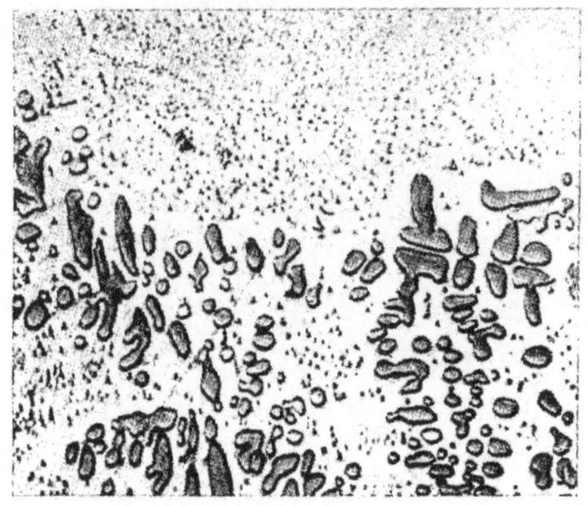

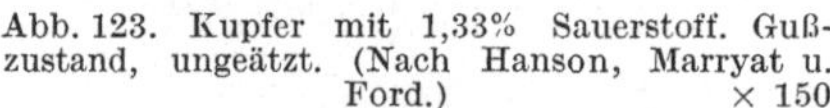

Abb. 123. Kupfer mit 1,33% Sauerstoff. Gußzustand, ungeätzt. (Nach Hanson, Marryat u. Ford.) × 150

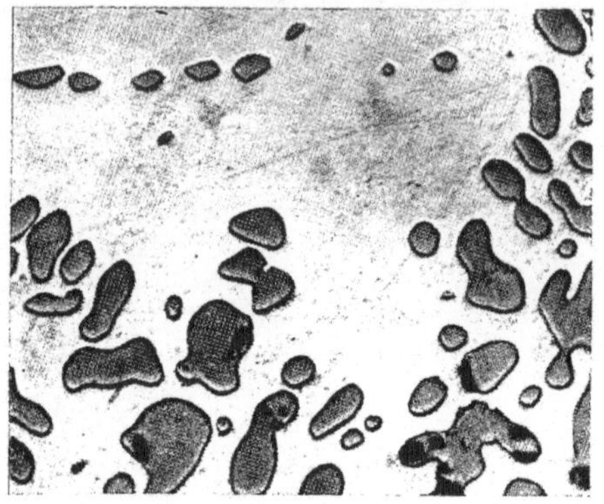

Abb. 124. Probe wie Abb. 123. 13 Stunden bei 900° geglüht, ungeätzt. (Nach Hanson, Marryat u. Ford.) × 150

durch die außerordentlich feine Korngröße erscheinen die Oxydteilchen unter dem Mikroskop im ungeätzten wie geätzten Zustand nicht.

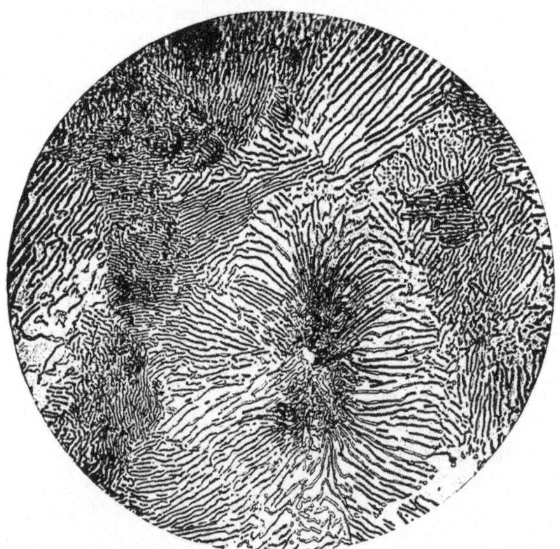

Abb. 125. Lamellarer Perlit, Ätzung HNO_3. (Oberhoffer.) × 100

Abb. 126 zeigt einen geätzten Schliff eines elektrolytisch hergestellten Bleches und Abb. 127 dasselbe, nicht geätzte Blech. Nach 5 Minuten langem Glühen im Wasserstoff bei 1000° sind die Oxydteilchen klar zu unterscheiden (Abb. 128) und nach ½ Stunde erscheinen sie als geradlinig begrenzte Teilchen in den Korngrenzen der nun wohl ausgebildeten Körner (Abb. 129). Auf ähnliche Weise kann man das Wachsen von Thoroxydteilchen in Wolframdrähten beobachten, die man 1 Woche lang bei 2300° hält. Im letzteren

[1] Zingg, E.: Stahleisen **46**, 776/77 (1926).

Falle hat man keinen Grund anzunehmen, daß eine Löslichkeit des Oxydes im Metall vorliegt, während die eigenen Oxyde von den Metallen sehr oft in geringem Maße gelöst werden. Die Zusammenballung fremder Oxyde tritt allemal ein, wenn die Temperatur so hoch steigt,

Abb. 126. Elektrolyt-Chrom Ätzung HCl. ×500

Abb. 127. Wie Abb. 126, aber ungeätzt. × 500

daß ursprünglich perlschnurartig verteilte Einschlüsse oder Häutchen sich unter dem Einfluß der Oberflächenspannung zusammenziehen.

Ein Zusammenballen nichtmetallischer Bestandteile einer Legierung liegt außerdem bei den meisten Vergütungserscheinungen vor. Wenn

Abb. 128. Wie Abb. 127, 5 Min. in reinem Wasserstoff geglüht. × 500

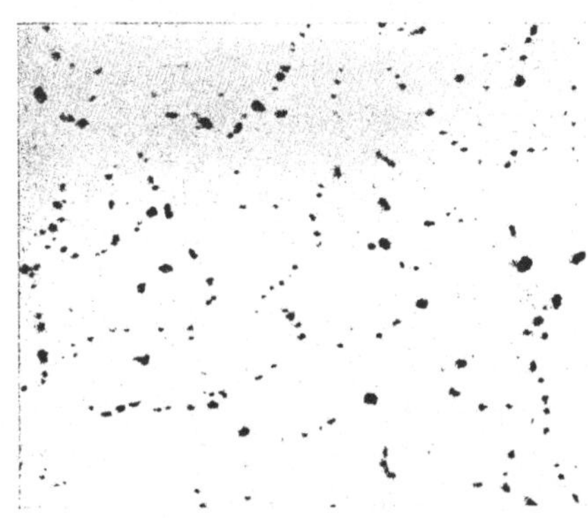

Abb. 129. Wie Abb. 127, 30 Min. in reinem Wasserstoff geglüht. × 500

ein Metall oder eine Legierung ein Lösungsvermögen für eine Verbindung, ein Metall oder ein Nichtmetall hat, welche mit fallender Temperatur abnimmt, so scheiden sich aus Legierungen, die bei höheren Temperaturen oberhalb der Löslichkeitslinie liegen, beim Abkühlen die betreffenden Elemente oder Verbindungen aus. Die Ausscheidung geschieht zuerst in sehr feiner, submikroskopischer Form. Nach längerem

Tempern bei Temperaturen unterhalb der Löslichkeitslinie koagulieren die feinen Teilchen infolge der sehr großen Oberflächenspannung und der Diffusionsmöglichkeit und sind dann mikroskopisch nachweisbar. Die Koagulation geht um so schneller vor sich, je höher die Temperatur ist und je näher sie dem Umwandlungspunkt liegt.

Abb. 130 zeigt einen Thomasstahl[1] mit 0,021% Stickstoff nach 8tägigem Anlassen auf 100°. Während der Stahl vor dem Anlassen ein glattes ferritisches Gefüge zeigt, sind jetzt zahlreiche feine Nitridausscheidungen zu sehen. Ein nur 6 Stunden langes Anlassen auf 250°

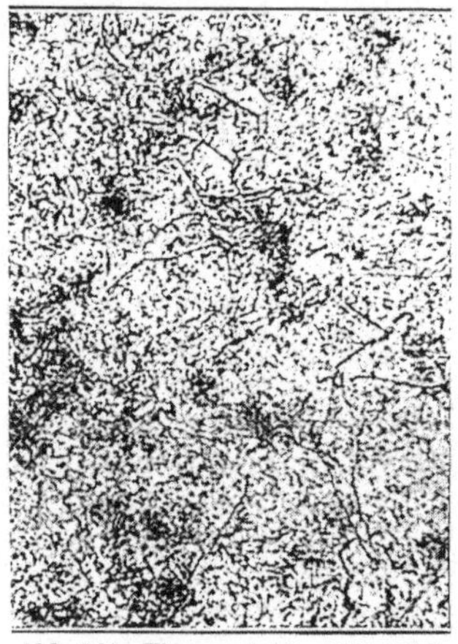

Abb. 130. Thomasstahl mit 0,021% Stickstoff 8 Tage bei 100° angelassen. (Köster.) × 200

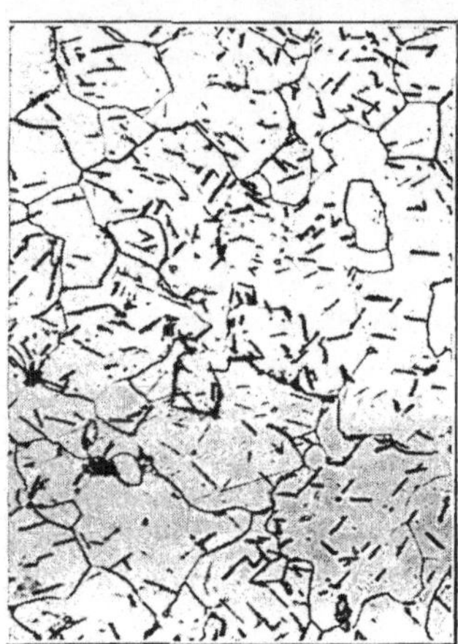

Abb. 131. Thomasstahl mit 0,021% Stickstoff 6 Stunden bei 250° angelassen. (Köster.) × 200

erzeugt beim selben Stahl eine bedeutend gröbere Form der Ausscheidung (Abb. 131). Hier hat die Ausscheidung auch erst in feinster Form stattgefunden, aber die Temperatur war für das Zusammenballen günstiger. Hand in Hand mit den Ausscheidungen gehen Änderungen der physikalischen Eigenschaften vor sich, auf die später zurückgekommen werden soll (vgl. S. 145, 174ff.).

Kristallseigerung und Schichtkristallbildung. Ein wichtiger Grund, warum oft äußerst kleine Verunreinigungen erhebliche Wirkungen ausüben können, ist die mit Seigerung benannte Erscheinung. Damit bezeichnet man den Vorgang, daß alle Teile eines erstarrenden Metalles nicht überall gleiche Zusammensetzung haben. Es wurde im allgemeinen Teil dieses Buches beschrieben, wie aus dem Haltepunkt beim Erstarren eines reinen Metalles ein Erstarrungsintervall wird. Die Größe des Erstarrungsintervalls ist je nach der Art der Verunreinigung sehr verschieden. Sollen sich alle Teile der Legierung im Gleichgewicht befinden, so müssen die zuerst erstarrten Teile eines Kristalles sich während des

[1] Köster, W.: Arch. Eisenhüttenwes. **3**, 637/58 (1929/30).

Durchlaufens des Erstarrungsintervalles dauernd verändern (Abb. 132). Während zu Beginn der Erstarrung die Schmelze die Zusammensetzung l_a hat, und sich aus dieser Schmelze Kristalle der Zusammensetzung s_a ausscheiden, hat die Restschmelze kurz vor Ende der Erstarrung die Zusammensetzung l_e. Die zuletzt erstarrenden Kristalle haben wieder die Zusammensetzung der Ausgangsschmelze $l_a = s_e$. Diese theoretischen Verhältnisse werden nie erreicht und in Wirklichkeit ist der Kern der Kristalle immer reiner und ärmer an der Beimengung als der Rand. Solche Schichtkristalle erleichtern unter Umständen das Auffinden geringer Verunreinigungen. Anderseits wird die Wirkung der Zusätze dadurch lokalisiert. Abb. 86 zeigte Schichtkristalle von Sauerstoff in Kupfer. Abb. 133 zeigt eine Elektrolyteisenschmelze mit 0,059% O_2*. (Bestimmung nach dem Vakuumschmelzverfahren.) Man erkennt die Tannenbaumkristalle, einige Korngrenzen und sieht, daß die zuletzt erstarrten Teile der Schmelze vom Ätzmittel fast gar nicht angegriffen worden sind. Diese Teile enthalten bedeutend mehr Sauerstoff in Lösung als die zuerst erstarrten, fast reinen Eisenkristalle (dunkel geätzt). Man sieht weiter, daß in den zuletzt erstarrten Bestandteilen zahlreiche Oxydeinschlüsse liegen.

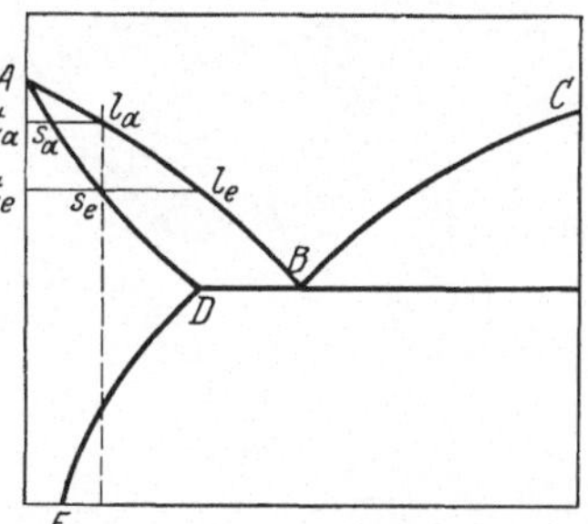

Abb. 132. Binäres System mit Eutektikum und beschränkter Löslichkeit im festen Zustand.

Die Kristallseigerung ist ausgesprochen bei Phosphor, Schwefel und Kohlenstoff in Eisen. Sie ermöglicht es uns, mit geeigneten Ätzmitteln das Erstarrungsgefüge erkenntlich zu machen. Die in jedem Stahlblock vorhandene Kristall- und Blockseigerung kann nun durch Glühung bei den normalen Glühtemperaturen nicht ausgeglichen werden. P. Oberhoffer und A. Heger[1] zeigten, daß selbst zwischen 1100 und 1300° die Zerstörung des sogenannten Primärgefüges, des Erstarrungsgefüges, sehr langsam vor sich geht. Abb. 134 und 135 zeigen denselben C-Stahl mit 0,8% C im ungeglühten Zustand bzw. nach einer 23stündigen Glühung bei 1200°. Die Kristallseigerung ist zwar verwischt, aber immer noch deutlich zu erkennen. Bei Seigerungen von metallischen Elementen ist der Ausgleich eher möglich, da die Diffusionsgeschwindigkeit dieser Elemente in Metallen meist recht beträchtlich ist.

Wird ein Material, welches Kristallseigerung zeigt, warm verformt, so werden die Seigerungszonen gestreckt. Es entsteht die sogenannte primäre Zeilenstruktur (Abb. 136). Die Sekundärkristallisation wird dann oft auch beeinflußt und es entsteht eine sekundäre Zeilenstruk-

* Treinen, L.: Dr.-Ing.-Dissertation, Aachen 1929.

[1] Oberhoffer, P. u. A. Heger: Stahleisen **43**, 1151 (1923).

tur[1] (Abb. 137). Während die primäre Zeilenstruktur infolge der geringen Diffusionsgeschwindigkeit der Nichtmetalle in den Metallen meist hartnäckig erhalten bleibt, kann die sekundäre Zeilenstruktur häufig durch Umkristallisieren beseitigt werden. Abb. 138 zeigt einen 5%igen Nickelstahl mit Zeilenstruktur, die nach Erhitzen oberhalb A_3 und Abschrecken nicht mehr sichtbar ist (Abb. 139).

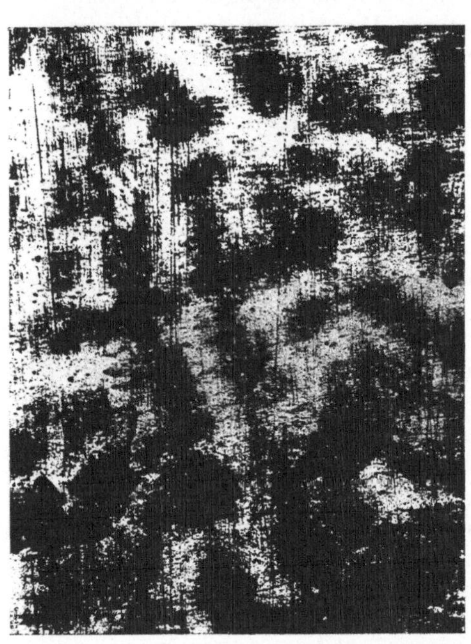

Abb. 133.
Elektrolyteisen mit 0,059% O_2. Ätzung salzsaure, verd. Kupferchloridlösung. (Treinen.) × 25

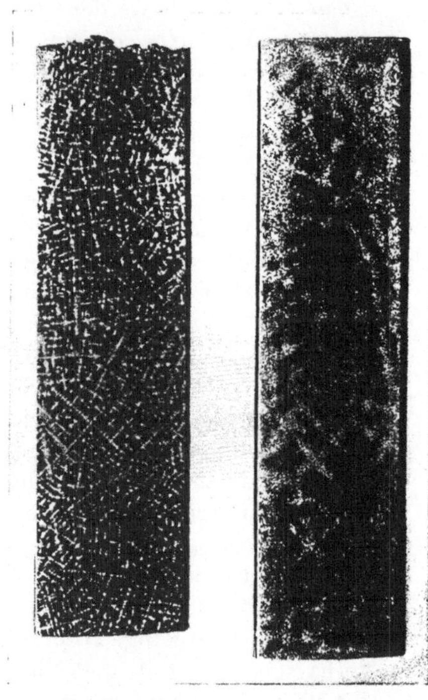

Abb. 134. Abb. 135.
Beständigkeit der Kristallseigerung in Stahl mit 0,8% C. (Oberhoffer u. Heger.)

In manchen Fällen ist der Grund zum Verschwinden der Zeilenstruktur darin zu sehen, daß als Keime wirkende geringe Mengen von Karbiden durch das Abschrecken von hoher Temperatur in Lösung bleiben. Die im ausgeglühten Blech auftretenden Karbide können nachteilige Wirkungen hervorrufen. So wird z. B. der Säureangriff von V_2A-Stählen erst dann genügend klein, wenn man durch Abschrecken von 900° den Kohlenstoff als Austenit zurückhält. Erst bei Kohlenstoffgehalten unter 0,02% ist diese Behandlung unnötig, weil bei diesem Kohlenstoffgehalt keine Karbide mehr auftreten.

Blockseigerung. Was die Kristallseigerung für den einzelnen Kristall ist, das ist die Blockseigerung für den Block oder das Formstück. Die

[1] Oberhoffer, P.: Das technische Eisen, S. 424ff. Berlin 1925.

Anreicherung der Verunreinigung in der Mutterlauge (Abb. 132) und die Tatsache, daß die wachsenden Kristalle die Mutterlauge vor sich her schie-

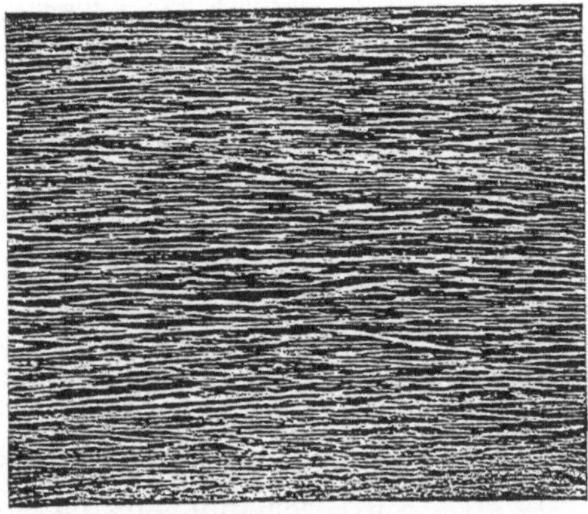

Abb. 136. Primäre Zeilenstruktur, Ätzung Kupferammoniumchlorid. (Oberhoffer.) × 4

Abb. 137. Sekundäre Zeilenstruktur, Ätzung HNO_3. (Oberhoffer.) × 50

ben, führt dazu, daß das Innere und vor allem der Kopf eines Blockes reicher an der Beimengung sind als die übrigen Teile. Die spezifisch leich-

Abb. 138. 5% Ni-Stahl mit Ferritzeile, Ätzung HNO_3. × 200

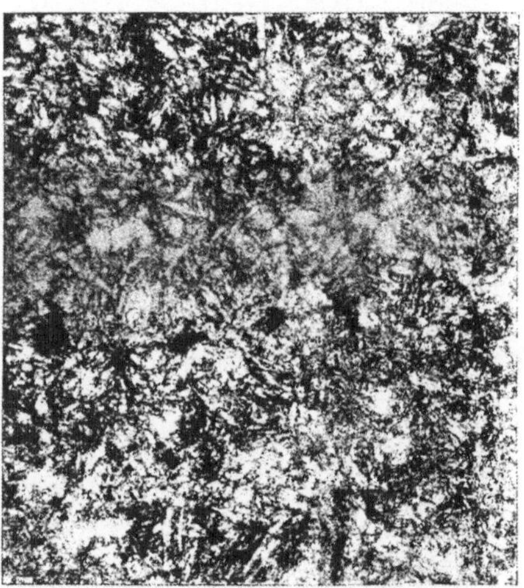

Abb. 139. Wie Abb. 138, nach dem Glühen bei 850° C, Ätzung HNO_3. × 200

teren Einschlüsse haben das Bestreben aufzusteigen. Außer von dem Erstarrungsintervall, von dem oben bereits die Rede war, hängt die Stärke der Blockseigerung von der Blockgröße ab. Die Seigerung eines bestimmten Nichtmetalls oder Metalls wird um so stärker, je größer der Block und je langsamer die Abkühlung ist. Abb. 140 zeigt nach P. Oberhoffer[1]

[1] Oberhoffer, P.: Z. V. d. I. **71**, 1569/77 (1927).

die Abhängigkeit der Seigerung in Flußstahlblöcken von den Blockabmessungen. Die Stärke der Seigerung fällt von Schwefel zum Phosphor, Kohlenstoff und Sauerstoff.

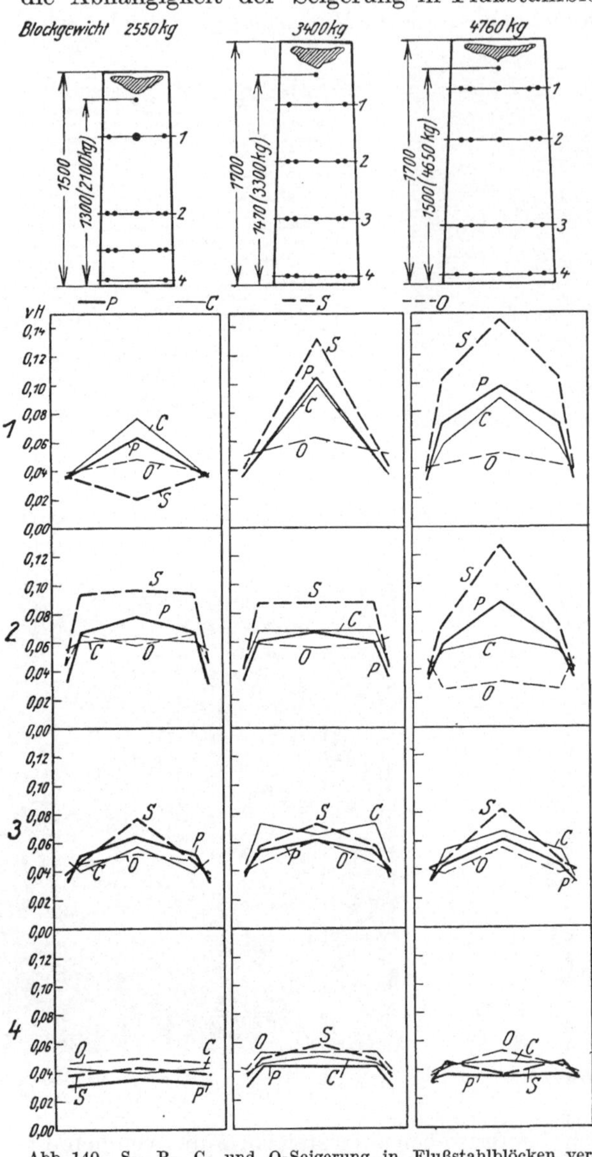

Abb. 140. S-, P-, C- und O-Seigerung in Flußstahlblöcken verschiedener Größe. (Oberhoffer.)

In den letzten Jahren sind umfangreiche Arbeiten gemacht worden, die sich die Klärung der äußerst bedeutungsvollen Seigerungserscheinungen zum Ziel gemacht hatten. Hier sind vor allem die Arbeiten des Iron and Steel Institutes zu nennen, dessen Heterogeneity Research Committee seine Ergebnisse in mehreren Veröffentlichungen niedergelegt hat[1]. Aber auch an anderen Stellen wurde wertvolles Material für die Erkenntnis des Erstarrungsvorganges in der Kokille mitgeteilt[2]. Der Einfluß verschiedener Desoxydation, der Gießtemperatur und Gießgeschwindigkeit, der Kokillenform und des Kokillenbaustoffs

[1] J. Iron Steel Inst. **113**, 39ff. (1926); **117**, 401ff. (1928); **119**, 305/89 (1929).

[2] Brearley, H. u. F. Rapatz: Blöcke und Kokillen. Berlin 1927. Badenheuer, F.: Stahleisen **48**, 713/18, 762/70 (1928). Gejrot: Jernk. Ann. **111** (1927), Diskussionsmötet. Hultgren, A.: Jernk. Ann. **114**, 95/158 (1930). Hultgren, A.: J. Iron Steel Inst. **120**, 69/125 (1929).

drücken sich alle in der Größe und Art der Blockseigerung aus. Wie bei der Kristallseigerung ruft Schwefel die stärksten Unterschiede im

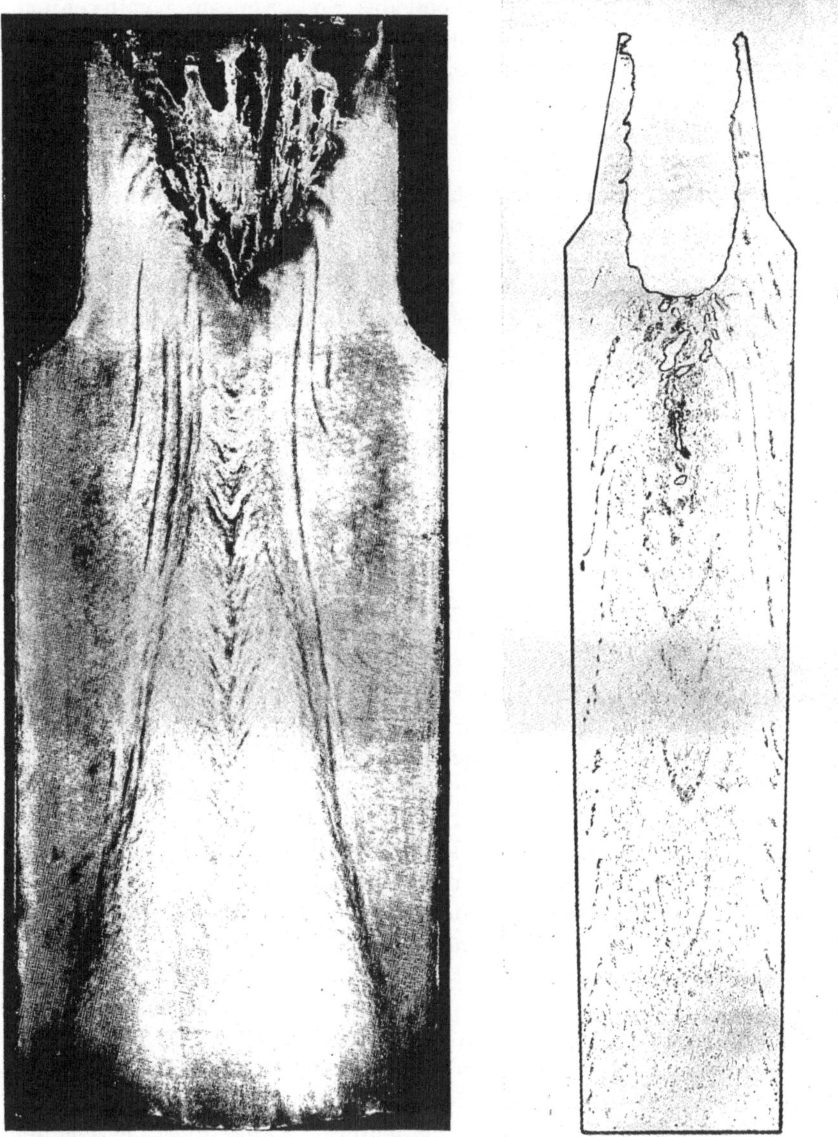

Abb. 141. 10 t-Stahlblock geteilt und geätzt.

Abb. 142. S-Abzug von einem 750 kg-Stahlblock.

(Nach „First Report on the Heterogeneity of Steel Ingots.“)

Block hervor, danach kommen der Reihe nach Phosphor, Kohlenstoff, Mangan und Silizium. Von den metallischen Begleitelementen neigen Chrom und Molybdän stark zur Seigerung. Nickel dagegen vermindert die Seigerung, indem es anscheinend das Erstarrungsintervall verengt. Wie stark die Heterogenität in einem Block werden kann, zeigt Abb. 141. Es ist der geätzte Querschliff eines 10-t-Blocks. Man sieht deutlich, daß vor allen Dingen die Mitte des Blocks an Fremdstoffen angereichert ist. Typisch ist die Lage der Hauptseigerungszonen, die als A-Seigerung bezeichnet wird.

Da Schwefel am stärksten seigert, ist die Anfertigung eines sogenannten Schwefelabdruckes ein praktisches Mittel, Aufschluß über die Seigerungen in einem Block zu bekommen. Abb. 142 zeigt den Schwefelabzug eines 750-kg-Stahlblockes. Hier erkennt man deutlich eine andere sehr wichtige Form der Blockseigerung, die sogenannte V-Seigerung. Mit Ausnahme des Siliziums zeigen alle Elemente eine starke Zunahme der Konzentration vom Boden zum Kopf des Blockes. Giolitti[1] hat vermutet, daß Mangan nicht nur als Desoxydationsmittel wirkt, da viel stärkere Reduktionsmittel, wie z. B. Silizium, alleine keinen gesunden Stahl erzeugen können.

Das Mangan soll eine ausflockende Wirkung auf die kolloidalen Verunreinigungen im geschmolzenen Stahl ausüben. Entsprechend der Stokeschen Regel steigen große Teilchen schneller auf als kleine, und daher hat eine solche Ausflockung eine ausgesprochene Wirkung auf die Entfernung der Verunreinigungen aus dem geschmolzenen Metall und ihrer Abscheidung im Kopfe des Blockes während der Erstarrung.

Weitaus der größte Teil des Stahles wird für Bleche, Walzeisen, Rohr usw. hergestellt, für die die hohe Qualität des beruhigten Stahls nicht notwendig oder nicht wirtschaftlich ist. Die genannten Produkte werden aus unberuhigtem Stahl gegossen, der ganz niedrig in Kohle und Silizium ist. Der Stahl enthält dabei noch große Mengen von Gas. Da die Kokillen für Gas undurchlässig sind, wird das Metall durch die entstehenden Gase ausgedehnt, und da sich in dem erstarrenden Block zahlreiche Blasenräume bilden, fällt der Kopf des Blocks nicht ein. Die Verteilung der Beimengungen ist denen in beruhigten Stählen ähnlich. Alle Elemente, außer Silizium, reichern sich im Kopfe des Blockes an, aber die Verarmung an C, P und S in der unteren Mitte des Blockes ist weniger ausgeprägt. P. Bardenheuer und C. A. Müller[2] zeigten, daß die Seigerung in unberuhigten Stählen größer ist als in beruhigten.

Oberflächenaussehen. Bearbeitete Oberflächen von Stahl-Schmiedestücken zeigen oft Erscheinungen, die man als „Ghost lines" bezeichnet

[1] Giolitti: J. Iron Steel Inst. **108**, 35 (1923).

[2] Bardenheuer, P. u. C. A. Müller: Mitt. K.-W.-I. Eisenforsch. **11**, 255/77 (1929).

und welche auf Blockseigerung zurückzuführen sind. Cameron und Waterhouse[1] haben gezeigt, daß diese Wirkung noch verstärkt werden kann durch Anwesenheit von Arsen, wodurch ausgesprochene Ferritbänder in dem gewalzten Stahl entstehen. In der Abwesenheit von Arsen ist die Verteilung von Ferrit und Perlit gleichmäßiger. Das Aussehen der fertigen Oberfläche mancher Nichteisenmetalle wird oft durch die Anwesenheit von Einschlüssen verschlechtert. Wenn das spezifische Gewicht der nichtmetallischen Einschlüsse von dem des Metalls nicht sehr abweicht, werden die ersteren nur mit Schwierigkeit abgeschieden und man gebraucht in hohem Maße Flußmittel bzw. Zusätze zur Entfernung dieser Einschlüsse während des Schmelzens. Das oxydische

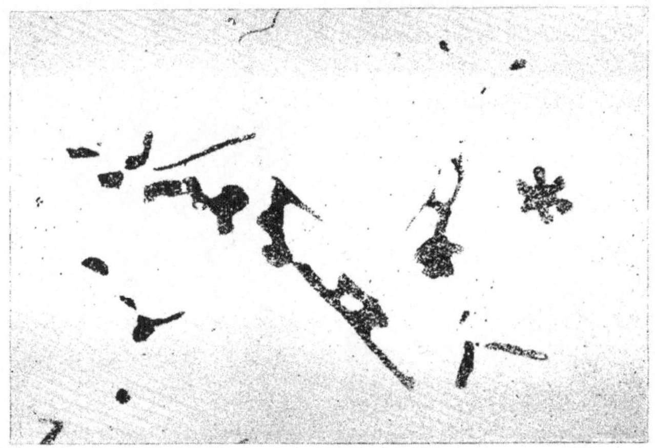

Abb. 143. Zinkoxydeinschlüsse in 70/30 Messing. (Genders und Haughton.) × 500

Häutchen, welches sich auf der Oberfläche von geschmolzenem Aluminium bildet, ist sehr zähe, und wenn man nicht besondere Vorsicht beim Rühren und Ausgießen walten läßt, können solche Häutchen mit in die Form gerissen werden und im Metall stecken bleiben. Aluminium hoher Reinheit hat einen silbrigen Schein, und das bläuliche Aussehen technischen Aluminiums scheint auf die Anwesenheit von Oxyden zurückzuführen zu sein, welche 1,5% erreichen können. Die Anwesenheit von Oxyden in Messerstahl setzt die Polierfähigkeit stark herunter[2]. Bronze wird auf ähnliche Weise durch die Anwesenheit von Zinkoxyd beeinflußt[3]. Ein solcher Einschluß ist in Abb. 143 zu sehen. Oxydhaltiges Silber nimmt keine Schwarzpolitur an.

Regelung des Kornwachstums. Eine der wichtigsten Eigenschaften der nichtmetallischen Bestandteile in gegossenen und bearbeiteten

[1] Cameron u. Waterhouse: J. Iron Steel Inst. **108**, 355 (1923).
[2] Eilender, W. u. W. Oertel: Stahleisen **47**, 1558 (1927).
[3] Genders u. Haughton: Trans. Faraday Soc. **20**, 124 (1924).

Metallen ist der Einfluß auf das Gefüge bei der Rekristallisation. Diese Vorgänge sind gründlich untersucht worden bei Metallen, die aus gepreßten und gesinterten Pulvern hergestellt wurden, entsprechend der Leichtigkeit, mit der die Verteilung unlöslicher Materialien bei dieser Herstellungsmethode kontrolliert werden kann. Die dabei gewonnenen Erkenntnisse sind ebenfalls auf Metalle anwendbar, die auf dem normalen Wege des Gießens und Schmiedens hergestellt wurden. Bei Wolfram, welches für die Herstellung von Lampendrähten verwandt wird, werden

Abb. 144. Reiner W-Stab, 2 Min. bei 2700° C geglüht. Ätzung H_2O_2. × 100

Abb. 145. Wolfram mit 0,75% ThO_2. 2 Min. bei 2700° C geglüht. Ätzung H_2O_2. × 100

nichtmetallische Bestandteile auf verschiedene Weise zugefügt, um das Kornwachstum zu regeln. Je nach den verschiedenen Verwendungszwecken sind verschiedene Strukturformen erforderlich und können entweder durch Unterdrückung der normalen Korngröße oder durch Begünstigung starken Kornwachstums hervorgerufen werden.

Unterdrücktes Kornwachstum. Die Wolframstäbe für das Ziehen von Drähten werden aus sehr feinem Metallpulver hergestellt, welches in eine Stahlform gepreßt und dann auf eine Temperatur kurz unterhalb des Schmelzpunktes erhitzt wird. Während dieser Behandlung tritt starkes Kornwachstum ein und die Stäbe werden fest und widerstandsfähig. Sie werden dann gehämmert und zu Drähten gezogen unterhalb der Temperatur, bei der Rekristallisation eintritt, so daß ein faseriges Gefüge entsteht. Nach der Montage des Drahtes in der Lampe wird die Temperatur bis zur Weißglut gesteigert und die Rekristallisation tritt ein. Das Gefüge der gesinterten Stäbe und auch der fertigen Drähte ist von großer Bedeutung für die Güte der Lampe und kann durch die

Zugabe gewisser Oxyde geregelt werden. Die Oxyde von Thor, Uran, Kalzium usw. werden bei dem Sinterungsprozeß nicht merklich verdampft. Sie sind im Wolfram unlöslich und bleiben durch das Metall verteilt, wodurch sie einen mechanischen Widerstand für das Wachsen der Körner bieten, der proportional ihrer Oberfläche ist. Ein gegebenes Gewicht dieser Stoffe ist daher wirksamer, wenn es sehr fein ist. Thorium kann in einem sehr fein verteilten Zustand zugefügt werden, indem man eine Lösung von Thornitrat oder kolloidalem Thorhydroxyd zu dem Wolframoxyd vor der Reduktion zusetzt. Bei der Erhitzung werden diese Verbindungen zerstört und lassen das Thoroxyd gleichmäßig durch das Metallpulver verteilt zurück. Wenn man den gepreßten Stab über die Temperatur des beginnenden Kornwachstums erhitzt, behindern diese Teilchen die Rekristallisation und Vereinigung der Wolframkörner. Ein Wolframstab mit 0,75% Thoroxyd hat eine Korngröße von 5000 bis 10000 Körnern/mm^2 im Vergleich mit 1000 bis 1500 Körnern/mm^2 bei einem reinen Wolframstab. Die Zugabe bestimmt auch die Größe des Kornes beim Glühen des Metalls nach einem Bearbeitungsprozeß. Abb. 144 und 145 zeigen Querschnitte von Stäben aus reinem Wolfram und Wolfram mit 0,75% Thoroxyd, die durch Kaltbearbeitung eine Querschnittsverminderung von 90% erhalten hatten und bei 2700^0 2 Minuten lang rekristallisiert wurden. Der Unterschied in der Korngröße ist außerordentlich stark. Abb. 144 zeigt außerdem, daß die Körner im reinen Wolfram nach allen Richtungen gleich stark gewachsen sind und keine Tendenz zeigen zur Streckung in der Bearbeitungsrichtung, während die kleineren Körner in Abb. 145 ausgesprochen länglich sind. Diese Tendenz der bei der Rekristallisation gebildeten Körner, in der Bearbeitungsrichtung zu wachsen, ist bei vielen Metallen und Legierungen beobachtet worden und ist ohne Zweifel auf die Verteilung der unlöslichen Bestandteile nach der Kaltbearbeitung zurückzuführen. Das ist ebenfalls in Abb. 116 deutlich zu sehen, welche die Verlängerung der Körner in geglühtem Schmiedeeisen zeigt gemäß der faserigen Struktur der Schlackeneinschlüsse. In entsprechender Weise ist die Lage der Korngrenzen in geglühtem Kupfer wahrscheinlich bis zu

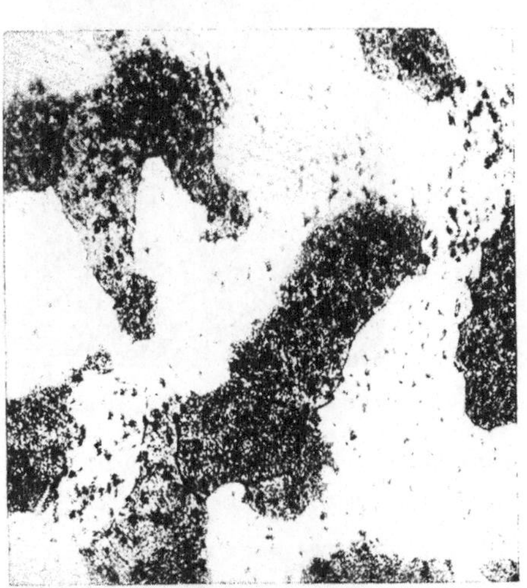

Abb. 146. Rauhe Korngrenzen in Wolfram mit Thoroxyd. Ätzung H_2O_2. × 500

gewissem Grade durch die Verteilung der Kupferoxyduleinschlüsse bestimmt. Der Charakter der Korngrenzen wird durch die Einschlüsse ebenfalls beeinflußt, wie Abb. 144 und 146 zeigen. In reinem Metall

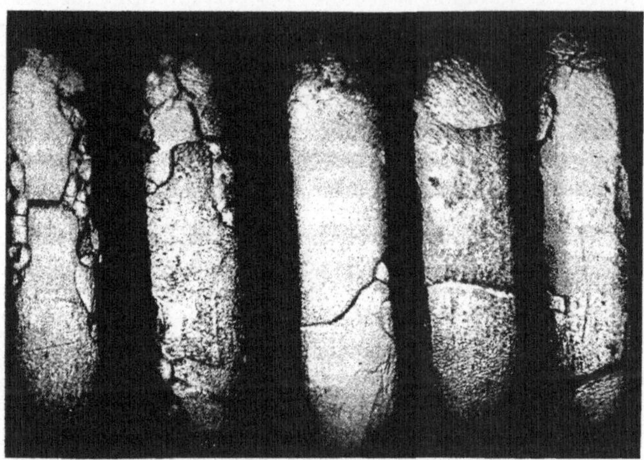

Abb. 147. Wolframdrahtspirale, hergestellt aus Oxyd mit weniger als 0,02% Verunreinigungen.

sind sie glatt und fast gerade, während das Auftreten von Thoroxyd ihnen einen zerrissenen Charakter verleiht. Ein ähnlicher Widerstand

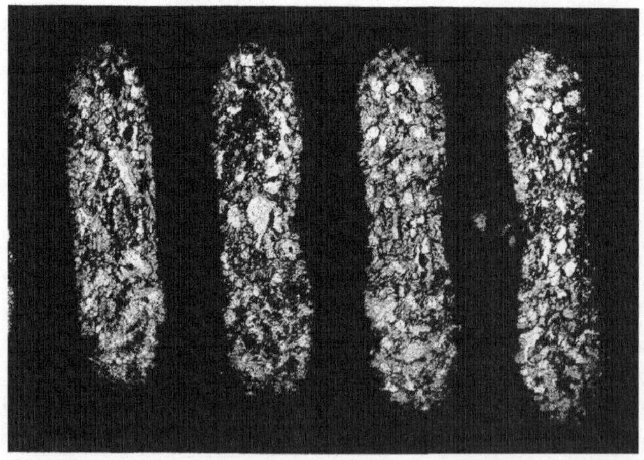

Abb. 148. Wolframdrahtspirale, hergestellt aus Oxyd mit 0,7% ThO_2.

gegen das Wachsen der Körner kann man in den fertigen Drähten beobachten. Die einzelnen Körner in einem Wolframdraht mit 99,98% Wolfram sind in der Größe ungefähr gleich dem Durchmesser des Drahtes und die großen Korngrenzen machen den Draht brüchig. Ferner verlängert das Kornwachstum die Lebensdauer der Drähte durchweg, indem diese sich unter der Wirkung der Schwerkraft verdrehen oder durchbiegen können. Die Gegenwart von Thoroxyd oder ähnlich wirkenden Mitteln machen den Draht also sehr feinkörnig und durch die Verminderung der Geschwindigkeit des Kornwachstums steigt sein Widerstand gegen Durchhängen. Das Gefüge einer Spirale aus reinem Wolframdraht und solchem mit Thoroxyd zeigen die Abb. 147 und 148.

Gesteigertes Kornwachstum. Hat man den Einfluß nichtmetallischer Einschlüsse erkannt, so kann man auch den gerade entgegengesetzten

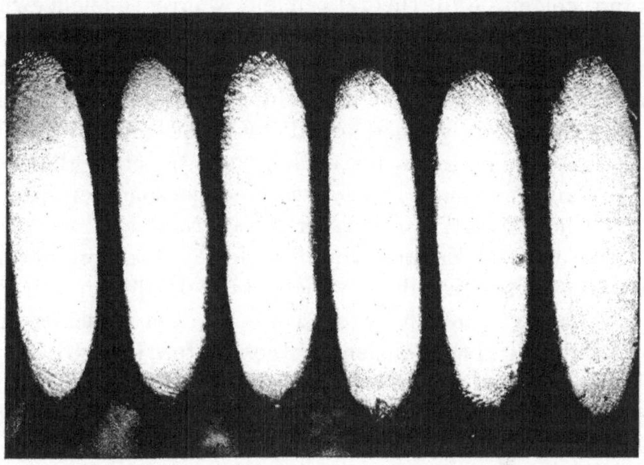

Abb. 149. Wolframdrahtspirale, hergestellt aus Oxyd mit 0,2% NaCl, 0,3% KCl, 0,4% SiO_2.

Abb. 147 bis 149. Einfluß von nichtmetallischen Beimengungen auf das Gefüge von Wolframdrahtspiralen nach 1 Min. Erhitzung auf 2500° C.

Weg gehen und die Menge der Verunreinigungen ungewöhnlich klein machen. Es ist jedoch schwierig, mit gewöhnlichem chemischen Mitteln Wolfram herzustellen mit weniger als 0,001% Gesamtverunreinigungen, aber diesen Betrag kann man beträchtlich reduzieren durch Zugabe gewisser Oxyde, welche während der Behandlung verdampft werden. Die Mehrzahl der Elemente und Verbindungen ist bei hohen Temperaturen, bei denen der gepreßte Stab gesintert wird, sehr flüchtig. Aber da das Kornwachstum und das Schrumpfen gleichzeitig vor sich gehen, werden solche Verunreinigungen in dem Metall eingeschlossen. Wenn sie in großen Mengen anwesend sind, können sie bei ihrem Entweichen die Körner zur Seite drücken und in ganz besonderen Fällen den Regulus spalten. Man hat festgestellt, daß durch Zugabe von Siliziumdioxyd und Alkalioxyden zum Metall das Entweichen wenig flüchtiger Verunreinigungen erleichtert wird. Diese zugegebenen Stoffe verdampfen zwischen 1000 und 2000° und nehmen die letzten Spuren von Verunreinigungen mit, wahrscheinlich in der Form von Silikaten, wobei die Wirkung ähnlich der eines Flußmittels bei der Reinigung eines geschmolzenen Metalls ist. Die vollkommene Abwesenheit von Häutchen, die das Wachstum behindern, erzeugt in den so hergestellten Drähten bei der ersten Erhitzung außerordentlich große Körner. Einzelne Kristalle in einem Draht von 0,05 mm Durchmesser können mehrere Zentimeter lang sein, wobei der ganze Draht aus 10 oder 20 Kristallen zusammengesetzt ist. Dies Gefüge ist besonders stabil bei hohen Temperaturen und nähert sich dem Einkristall, wie Abb. 149 zeigt.

Man kann zeigen, daß theoretisch ein wahres Gleichgewicht nur dann erreicht ist, wenn alle Körner in einem Metallstück zu einem einzigen Kristall zusammengewachsen sind. In der Praxis erreicht man diesen Zustand selten, zum Teil wegen der Behinderung durch dünne Häutchen von Verunreinigungen um die Körner und zum Teil wegen des außerordentlichen geringen Kornwachstums bei etwa gleicher Korngröße des Ausgangsmaterials. Alles, was einen besonderen Kontrast in der Korngröße hervorruft, kann daher zu anormalen Arten des Kornwachstums führen. Die Zugabe von feuerfesten Oxyden hat man zu diesem Zweck bei der Herstellung von Einkristalldrähten von Wolfram benutzt sowohl beim ,,Pintsch"-Prozeß wie bei dem Goucherschen Prozeß (Brit. Patent 174 714). Bei dem erstgenannten Prozeß wird ein gespritzter Wolframdraht mit 2% Thoroxyd langsam durch eine Zone hoher Temperatur gezogen. Es wird zuerst ein großer Kristall gebildet, der den ganzen Durchmesser des Drahtes einnimmt. Er wächst durch Aufnahme der feineren Körner bei Eintritt in die erhitzte Zone. Das Thoroxyd unterdrückt das Wachstum der kleinen Körner, bis die Korngrenze des wachsenden Einkristalls sie erreicht, wodurch der große Kristall fähig ist, sie infolge ihres starken Gegensatzes in der Korngröße aufzunehmen. Bei dem Goucher-Verfahren wird ein gezogener Draht zunächst so erhitzt, daß die faserigen Körner durch kleine rundliche Körner ersetzt werden und dann durch einen Pintsch-Apparat gezogen.

Verschiedene Stufen in der Herstellung des Einkristalls gemäß dem ersten Verfahren zeigen die Abb. 150 bis 153. Dasselbe Verfahren kann angewandt werden zur Entwicklung sehr großer Kristalle in Wolframstäben während der Sinterung. Der Temperaturabfall wird in diesem Falle durch den elektrischen Strom erzeugt, der den Stab durchläuft. Auf diese Weise können Einkristalle erzeugt werden von mehreren Zentimetern Länge und etwa 6 mm Durchmesser.

G. Tammann hat bei seinen Arbeiten über Rekristallisation[1] die Bedeutung der Zwischensubstanz in den Korngrenzen betont. Dieses meist aus nichtmetallischen Verunreinigungen stammende Häutchen

[1] Tammann, G.: Lehrb. der Metallographie, Leipzig; s. auch Z. Metallkunde **22**, 224/29 (1930); Z. anorg. u. allg. Chem. **185**, 1 (1930); **182**, 289 (1929); **187**, 289 (1930).

verhindert ein Wachsen der Körner vollkommen, sei es, daß es beim Erstarren entstanden ist oder beim Erhitzen bearbeiteter Metalle oberhalb der Temperatur des im Metall enthaltenen Polyeutektikums gebildet wird. Bei der Verarbeitung der Metalle im kalten oder warmen Zustand wird dieses Häutchen zerstört, die Kristalle treten in metallischen Kontakt und es tritt Neubildung der Körner ein, von den Stellen erhöhten Potentials ausgehend. Da das Häutchen oder die Reste des Häutchens das Wachsen der Körner behindern, wird ein Metall nach der Rekristallisation um so größere Körner haben, je reiner es ist. Das radikale Mittel, Einkristalle herzustellen, ist eben die weitgehendste Entfernung der Verunreinigungen oder Beimengungen.

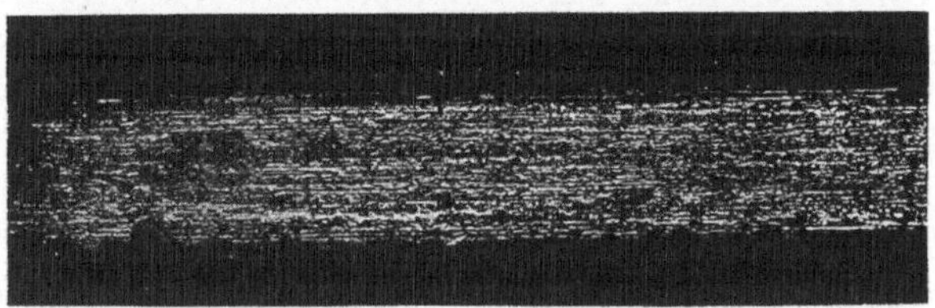

Abb. 150. Gezogener Draht.

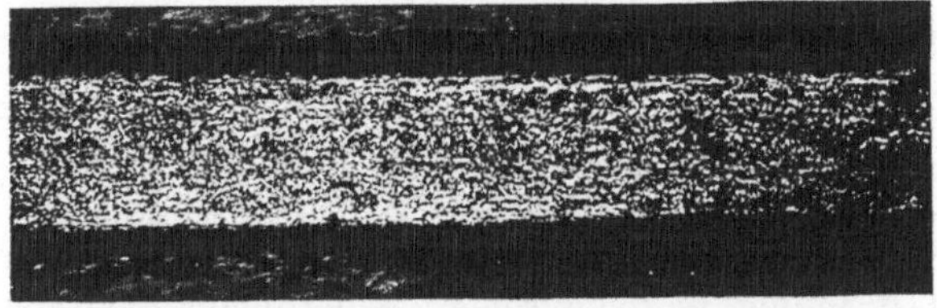

Abb. 151. Wie Abb. 150, bei 1600° C geglüht.

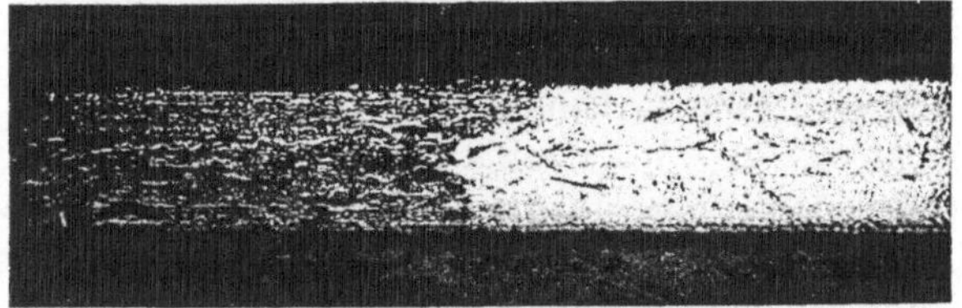

Abb. 152. Wachsendes Korn.

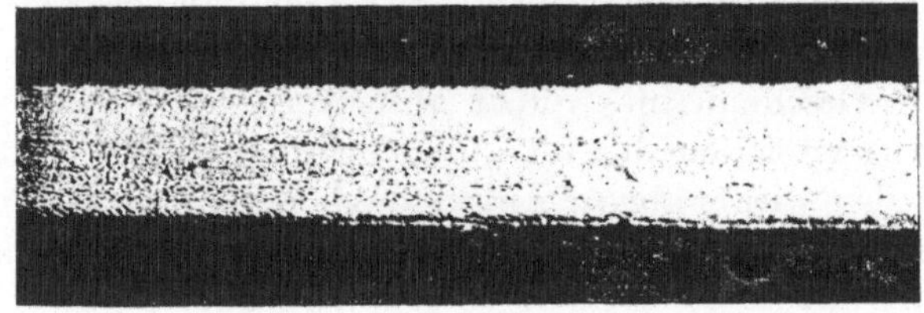

Abb. 153. Fertiger Einkristalldraht.

Abb. 150 bis 153. Stufen der Herstellung von Wolfram-Einkristalldrähten mit ThO_2.

H. Gries und H. Esser[1] haben einen schönen Beitrag zu dieser Frage geliefert mit einer Arbeit über Einkristalle aus Eisen. Es gelang nicht, aus einem Elektrolyteisen mit mehr als 0,030% Sauerstoff (hauptsächlich in Form von FeO) Einkristalle herzustellen.

Die Löslichkeit des Sauerstoffs im festen Eisen bei Raumtemperatur

[1] Gries, H. u. H. Esser: Arch. Eisenhüttenwes. 2, 749/62 (1928/29).

beträgt etwa 0,05 bis 0,06%. Solange dieser Wert nicht überschritten wird, liegen freie Oxyde nicht vor. Bei größeren Gehalten an Sauerstoff behindern die ausgeschiedenen Oxyde das Entstehen eines einheitlichen Kristalls. Das widerspricht keineswegs der Tatsache, daß mit steigendem Oxydgehalt des Eisens die Korngröße steigt. Je größer der Sauerstoffgehalt, desto größer sind die Körner. Bei geringen Gehalten ist das Oxyd wahrscheinlich submikroskopisch ausgeschieden.

Bei der Rekristallisation von α-Messing machten A. Baß und R. Glocker[1] die Beobachtung, daß 0,8% Eisen den Verlauf der Rekristallisation und insbesondere der Korngrößenkurven verändern. Bis 700^0 ist das Korn sehr fein und wächst dann schneller als sonst an. Offenbar wird bei dieser Temperatur die Löslichkeitsgrenze für Eisen im α-Messing, die bei Raumtemperatur 0,35% beträgt, überschritten.

V. Gase in Metallen.

Eine besondere Klasse von Verunreinigungen der Metalle stellen die Gase, d. h. die im Normalzustand gasförmigen Elemente dar. Gase sind fast immer in technischen Legierungen und Metallen vorhanden und trotzdem wissen wir zur Zeit über ihre Menge, Verteilung und Wirkung viel weniger als über die Verteilung der mehr in Erscheinung tretenden Einschlüsse, intermetallischen Verbindungen usw. Das kommt daher, weil ihre Anwesenheit nicht immer eine äußerlich erkennbare Wirkung auf das Gefüge des Metalls ausübt. Dadurch werden die Gase bei der chemischen und metallographischen Untersuchung oft nicht erkannt. Sie sind schwierig zu entdecken und noch schwieriger quantitativ zu bestimmen, und wenn man das kann, ist ihre Entfernung aus dem Metall in der Praxis nicht leicht. Es sind jedoch auch viele Fälle bekannt, in denen die Anwesenheit von Gasen in einem Metall sehr offensichtlich ist und daher schon früh untersucht wurde.

Geschmolzenes Silber absorbiert das 20fache seines Volumens an Sauerstoff aus der Luft, und beim Abkühlen wird ein großer Teil desselben wieder abgegeben, wodurch große Gasansammlungen oder Blasenräume im Metall entstehen. Oft zersprengt das sich entwickelnde Gas die äußere erstarrte Kruste und sprüht das noch geschmolzene Metall aus dem Inneren des Blockes heraus, eine als Spucken des Silbers bekannte Erscheinung. Solche Güsse sind so offensichtlich ungesund, daß die Aufmerksamkeit in sehr frühen Zeiten auf die im geschmolzenen Metall gelösten Gase gelenkt wurde. Dieselbe Erscheinung ist inzwischen in verändertem Maßstabe bei vielen anderen Metallegierungen beobachtet worden. Es soll hinzugefügt werden, daß es sehr viele andere Fälle gibt, in denen die Gegenwart von Gasen festgestellt werden kann,

[1] Baß, A. u. R. Glocker: Z. Metallkunde **20**, 179/83 (1928).

obwohl keine merkliche Krankheit des Stoffes vorliegt. Soweit bekannt ist, scheinen alle Metalle fähig zu sein, unter gewissen günstigen Bedingungen Gase zu absorbieren. In einigen Fällen wird das Gas vom geschmolzenen Metall gelöst und beim Abkühlen wieder abgegeben, während in anderen die Löslichkeit im festen Zustand ebenfalls hoch ist und große Gasvolumen bei gewöhnlicher Temperatur absorbiert werden können. Die vorliegenden Experimentalergebnisse beziehen sich nur auf die gewöhnlichen Gase und eine beschränkte Zahl von Metallen und Legierungen. Sie sind das Ergebnis von Bestimmungen der Löslichkeit von Gasen im flüssigen und festen Zustand und von Analysen derjeniger Gase, welche aus dem Metall durch Behandlung im Vakuum gewonnen werden können. Es können gewisse allgemeine Schlüsse auf Grund dieser Ergebnisse gezogen werden, aber es bleibt noch sehr viel Experimentalarbeit zu leisten.

Die Regeln der Löslichkeit von gewöhnlichen Gasen in Flüssigkeiten gelten nicht für den Fall der geschmolzenen Metalle. In gewöhnlichen Flüssigkeiten fällt die Löslichkeit eines Gases mit steigender Temperatur, so werden z. B. Sauerstoff oder Ammoniak durch Kochen aus dem Wasser leicht ausgetrieben, während bei geschmolzenen Metallen die Löslichkeit gewöhnlich mit steigender Temperatur größer wird. Es muß jedoch betont werden, daß die Experimentalergebnisse sich auf einen kleinen Temperaturbereich in der Nachbarschaft des Schmelzpunktes beschränken und nicht auf höhere Temperaturen angewandt werden können. Die Löslichkeit eines Gases ist im allgemeinen in einem festen Schwermetall viel geringer als im flüssigen und fällt immer weiter, wenn das Metall vom Erstarrungspunkt auf Raumtemperatur abkühlt. Wenn das Metall langsam durch den Erstarrungsbereich abkühlt, werden Gasblasen gebildet, welche Zeit haben, an die Oberfläche oder in den Kopf des Blockes aufzusteigen. In gewöhnlichen Güssen jedoch wird eine große Zahl dieser Blasen durch die wachsenden Kristalle festgehalten. Da, wie später gezeigt werden soll, eine beträchtliche Zeit für die Lösung oder das Austreten aus der Lösung notwendig ist, wird das Gleichgewicht nicht immer erreicht und das Gas kann in dem Metall festgehalten werden, ohne daß Gasblasen sichtbar sind. Oft sind mikroskopisch kleine Bläschen vorhanden oder das Gas bleibt im Metall in Art eines Mischkristalls gelöst. Seine Anwesenheit kann manchmal durch Bestimmungen der Dichte ermittelt werden, jedoch ist dann ein Schluß auf die Art des Gases unmöglich. Die von einem Gas absorbierte Gasmenge kann in Volumeneinheiten ausgedrückt werden, z. B. als cm^3 (im Normalzustand) von einem cm^3-Metall aufgenommene Gasmenge oder als mg Gas/100 g Metall oder auch als cm^3 Gas (Normalzustand) je 100 g Metall. Die Löslichkeit kann bei konstantem Druck ermittelt werden (Isobare) oder bei konstanter Temperatur in Abhängigkeit vom Druck

(Isotherme). Für praktische Zwecke ist die Darstellung als Isobare vorzuziehen, während die Isothermen für wissenschaftliche Zwecke oft geeigneter sind.

Wie schon an anderer Stelle ausgeführt, kann das Auftreten von Gasen in Metallen in drei verschiedenen Formen geschehen. Das Gas kann vorliegen als:

1. Gasblasen,
2. feste Lösungen zwischen Gas und Metall,
3. Verbindungen zwischen Gas und Metall.

Die Entstehung von Gasblasen ist meist mit verhältnismäßig einfachen Mitteln durch Entnahme von Proben festzustellen. Die Bestimmung der Art des eingeschlossenen Gases ist schwieriger.

Die unter 2. und 3. genannten Arten der Gasbindung sind praktisch wichtig. Während beim Wasserstoff bereits eine systematische Behandlung der verschiedenen Metallwasserstoffsysteme vorliegt, fehlen größere systematische Arbeiten über die anderen Gase fast noch ganz. Beim Wasserstoff konnte eine Klassierung hinsichtlich der Zugehörigkeit der einzelnen Systeme zu den Gruppen 2. und 3. stattfinden. Bei anderen Systemen Metall-Gas kann die Röntgenstrukturanalyse oft Aufklärung in dieser Richtung geben.

Während bei Anwesenheit von Gasblasen die Röntgenstrahlen-Beugungsbilder unverändert bleiben, zeigen feste Lösungen von Gas in Metall eine Aufweitung der Gitterparameter, die sich durch Parallelverschiebung der Linien äußert. Ob es sich um Substitutions- oder Einlagerungs-Mischkristalle handelt, kann die Röntgenanalyse nicht entscheiden. Liegen Verbindungen vor, so treten neue Linienpaare im Röntgenbild auf.

Als Beispiel sei eine Arbeit von Yamada[1] über Palladium-Wasserstoff erwähnt. Yamada fand, daß Palladium mit 660 Volumen Wasserstoff das charakteristische Raumgitter des Metalls zeigt, aber mit einer Verschiebung in der Lage der Atome, entsprechend einer Dehnung des Gitters von 2,8%. Dies stimmt eng überein mit der Messung der Ausdehnungsänderung von 2,9%. Es waren keine neuen Linien zu sehen und man schließt daraus, daß der Wasserstoff in fester Lösung im Metall vorliegt. Erhitzt man das elektrolytisch mit Wasserstoff beladene Metall auf 58^0, so entweicht das Gas größtenteils wieder und das normale Gitter wird wieder erhalten. In einer weiteren Untersuchung an sehr reinem Palladium fand Hanawalt[2], daß die Proben nach Elektrolyse in Schwefelsäure verschiedene Aufweitung des Gitterparameters von 4,017 bis 4,045 Å zeigen. Nach einigen Tagen, während deren die Proben bei 20^0 lagerten, geht der Wert allgemein auf 4,017 Å zurück.

[1] Yamada: Philosophic. Mag. **45**, 241 (1923).
[2] Hanawalt: Physic. Rev. **33**, 444 (1929).

Dieser Wert bleibt dann bei Erhitzung bis zu Temperaturen von 80⁰ bestehen. Oberhalb 80⁰ tritt eine vollkommene Änderung ein, und der Gitterparameter zeigt den Wert 3,885 Å des reinen Palladiums.

Während für wässerige Lösungen das Henrysche Gesetz von der Proportionalität der gelösten Gasmenge und dem Druck des betreffenden Gases in der Gasphase gilt, ist diese Regel bei schmelzflüssigen Metallen nicht gültig. An den meisten untersuchten Systemen Gas-Metall konnte gezeigt werden, daß die gelöste Gasmenge m der Quadratwurzel aus dem Druck p proportional ist.

$$m = K \cdot \sqrt{p} = K \cdot p^{\frac{1}{2}} .$$

Das bedeutet aber offenbar, daß das Gas nicht im molekularen, sondern im atomaren Zustand im Metall in Lösung ist. Das Gas muß also an der Metalloberfläche erst dissoziieren, um gelöst zu werden. Dadurch erklärt sich unter anderem auch die schnellere Einstellung des Gleichgewichtes bei hohen als bei niedrigen Temperaturen. Die Dissoziationsgeschwindigkeit ist bei hohen Temperaturen größer und ebenso die Diffusionsgeschwindigkeit. Anderseits ist die Geschwindigkeit der Gasaufnahme der Oberfläche des Metalls proportional. Bei Metallen mit sehr geringer Löslichkeit kann selbst im flüssigen Zustand die Diffusionsgeschwindigkeit noch so gering sein, daß die bloße Berührung des Metalls mit dem Gas nicht genügt und daß man zur Beschleunigung der Einstellung des Gleichgewichtes das Metall bewegen oder rühren soll. L. L. Bircumshaw[1] hat die Absorption von Wasserstoff durch geschmolzenes Zinn und Aluminium untersucht und fand, daß es fast unmöglich ist, das Metall zu sättigen durch bloße Berührung mit dem Gase ohne Umrühren. Das umgekehrte Verfahren, die gelösten Gase im Vakuum aus dem Metall zu entfernen, braucht ebenfalls Zeit für die Diffusion der Atome an die Oberfläche, wo sie entbunden werden und als Gasmoleküle austreten. Abb. 154 zeigt die Geschwindigkeit der Wasserstoffabsorption durch reduziertes Eisenpulver. Man erkennt, daß der Anstieg der Absorptionskurven bei niedrigen Temperaturen flacher ist. Da die dem Gleichgewicht entsprechende Gasmenge bei höheren Temperaturen an sich höher ist, wird trotz der schnelleren Gasaufnahme der Gleich-

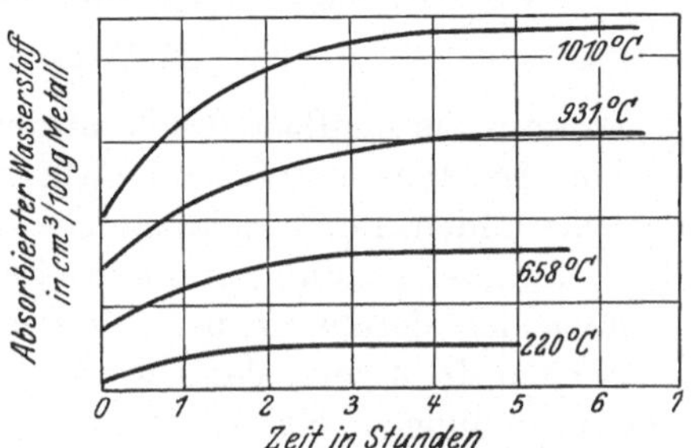

Abb. 154. Absorptionsgeschwindigkeit des Wasserstoffs in Eisenpulver.

[1] Bircumshaw, L. L.: Philosophic. Mag. Ser. 7, 510 (1926).

gewichtszustand etwas später als bei niedrigen Temperaturen erreicht. Trotz der großen Oberfläche dauert die Absorption 2 bis 4 Stunden.

Für die Aufnahme der Gase durch Metalle im atomaren Zustand spricht weiter die Tatsache, daß bei der Elektrolyse wässeriger Lösungen das Kathodenmetall Wasserstoff viel schneller aufnimmt als es dasselbe Metall bei derselben Temperatur in Wasserstoffatmosphäre tun würde. Der naszierende Wasserstoff ist im atomaren Zustand und kann so unmittelbar durch das Metall diffundieren. Es ist daher kein Wunder, wenn sich die elektrolytisch gewonnenen Metalle durch den höchsten Gasgehalt auszeichnen, den man bei dem betreffenden Metall feststellen konnte. Beispiele hierfür sind Elektrolytkupfer, Elektrolyteisen, Elektrolytnickel und Elektrolytchrom. Bei Elektrolytchrom genügt eine Erhitzung auf 100°, um brennbare Mengen Wasserstoff auszutreiben.

Die Gleichgewichte zwischen Gasen und Metallen.

a) Wasserstoff.

Weitaus am häufigsten kommt der Wasserstoff in technischen Metallen vor. Der Wasserstoff kann dabei im Metall gelöst sein oder er kann Hydride bilden. Letztere können salzartig oder gasförmig, flüchtig sein. Die Art dieser Bindung steht in einem engen Zusammenhang mit der Stellung des Metalls im periodischen System.

Zahlentafel 4 zeigt das periodische System hinsichtlich der Wasserstoffverbindungen der einzelnen Elemente[1]. Man erkennt, daß die Alkali- und Erdalkalimetalle salzförmige Hydride bilden. Es sind weiße oder graue Pulver, deren Zusammensetzung der Wertigkeit der Metalle entspricht. Jedoch entspricht die Wasserstoffmenge nicht genau dem theoretischen Wert. Die salzförmigen Hydride sind nicht zersetzlich. Der Wasserstoff spielt hier die Rolle des negativen Ions. Für die praktische Metallurgie sind diese Hydride nicht von Bedeutung.

Zahlentafel 4. Hydride.

salzartige		halbmetallische			metallische								flüchtige				
Li											Be	B	C	N	O	F	He
Na											Mg	Al	Si	P	S	Cl	Ne
K	Ca	Sc	Ti	V	Cr	Mn	Fe!	Co!	Ni!	Cu!	Zn	Ga	Ge	As	Se	Br	Ar
Rb	Ba	Y	Zr	Nb	Mo		Ru	Rh	Pd	Ag!	Cd	In	Sn	Sb	Te	J	Kr
Cs	Sr	La	Hf	Ta	W	Re	Os	Ir	Pt!	Au	Hg	Tl	Pb	Bi	Po		X
	Ra	usw.	Th		U												Em

An der anderen Seite des periodischen Systems stehen die Elemente, mit denen Wasserstoff flüchtige Hydride bildet. Der Aufbau dieser

[1] Paneth, F. u. Rabinowitsch: Ber. dtsch. chem. Ges. **58**, 1138 (1925). Hüttig, G. F.: Z. anorg. u. allg. Chem. **39**, 67 (1926). Sieverts, A.: Z. Metallkunde **21**, 37/46 (1929).

Verbindungen entspricht ebenfalls der Wertigkeit. Wasserstoff ist hier elektropositives Ion. Dieser Charakter wird um so deutlicher, je näher das Element den Edelgasen steht. Die flüchtigen Hydride haben für die Metallurgie untergeordnete Bedeutung.

In der Mitte des periodischen Systemes stehen nun die metallartigen „Hydride", d. h. Metall-Wasserstoffverbindungen, die dadurch gekennzeichnet sind, daß der Wasserstoff in veränderlichen Mengen je nach Temperatur und Partialdruck des Wasserstoffs aufgenommen werden kann. Es liegt also eine Lösung, ein Wasserstoff-Mischkristall vor. Das Gitter wird nicht verändert, sondern nur aufgeweitet. Für diese Metalle ist charakteristisch, daß die Löslichkeit mit steigender Temperatur zunimmt. Da das Gitter an sich nicht verändert und der Wasserstoff wahrscheinlich „eingelagert" wird, ist die stärkere Löslichkeit durch den mit steigender Temperatur größer werdenden Gitterparameter zu erklären. Am Schmelzpunkt wächst die Gaslöslichkeit sprungartig und steigt dann wieder kontinuierlich an. Dasselbe gilt teilweise für die Umwandlungspunkte. Für die Elemente dieser Gruppe gilt fast ausnahmslos das Gesetz, daß die aufgenommene Gasmenge proportional der Quadratwurzel des Druckes ist:

$$m = K\sqrt{p}\,.$$

Einzelne der hierher gehörigen Elemente, wie Cu, Pd, bilden außerdem Verbindungen nach Art der Hydride.

Die Klasse der metallischen „Hydride" kann unterteilt werden, einerseits in die Elemente der Titan- und Vanadingruppe sowie der seltenen Erden. Hierzu gehört außerdem Palladium. Alle diese Elemente zeichnen sich dadurch aus, daß die Löslichkeit mit steigender Temperatur fällt. Die Metalle dieser Untergruppe werden als halbmetallische Hydride bezeichnet. Dieser Untergruppe stehen die übrigen Schwermetalle gegenüber, bei denen fast durchweg die Löslichkeit mit steigender Temperatur zunimmt.

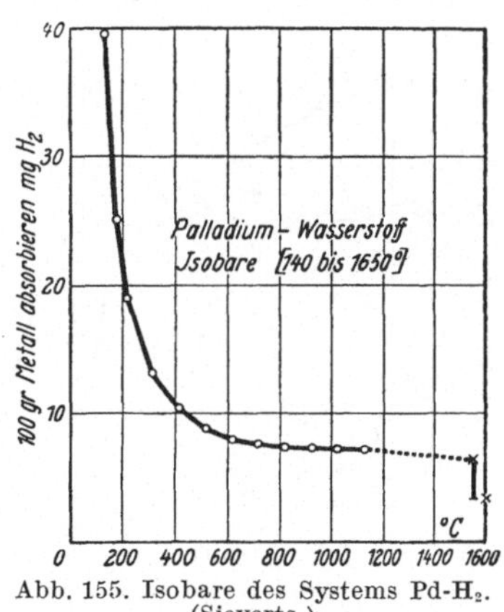

Abb. 155. Isobare des Systems Pd-H_2. (Sieverts.)

Palladium und Wasserstoff. Palladium nimmt eine Sonderstellung ein. Es löst weitaus die größte Menge Wasserstoff von allen Metallen, bei 20° etwa das 800 bis 900fache des eigenen Volumens[1].

[1] McKeehan, L. W.: Physic. Rev. **21**, 334 (1923). Literaturübersicht über Pd-H_2.

Die Löslichkeit fällt mit steigender Temperatur stark. Abb. 155 zeigt die Löslichkeitskurve. Zwischen 130 und 140° nimmt die Löslichkeit sprungartig ab. Eine weitere Abnahme findet beim Schmelzpunkt statt. Anscheinend bestehen im festen Zustand zwei verschiedene feste Lösungen. Abb. 156 zeigt die Isothermen des Systems Palladium-Wasserstoff[1]. Man sieht, daß der parallele Teil mit steigender Temperatur kleiner wird. Die Gleichung $m = K\sqrt{p}$ gilt nur für Temperaturen oberhalb 140° und auch nur bis etwa Atmosphärendruck.

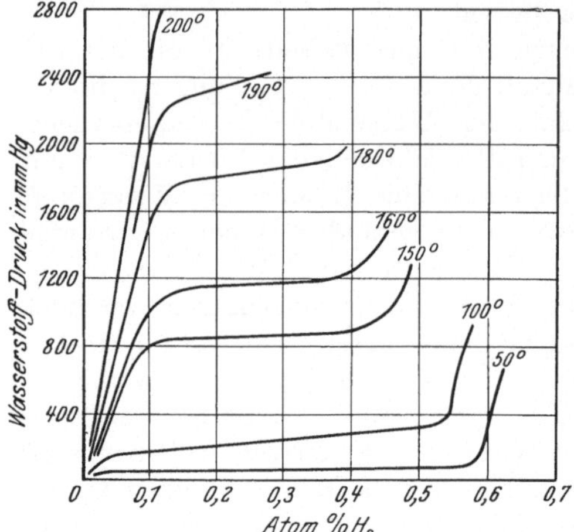

Abb. 156. Isothermen des Systems Pd-H_2. (Hoitsema.)

Ce, Ti, Zr, Th, V, Ta und Wasserstoff. Palladium steht in dem oben geschilderten Verhalten nicht allein da. Die in der Zahlentafel 4 gleich rechts von den Erdalkalien stehenden Metalle und seltenen Erden lösen nach Sieverts ebenfalls bei höherer Temperatur weniger Wasserstoff als bei niedrigen Temperaturen[2]. Abb. 157 zeigt das Lösungsvermögen dieser Elemente für verschiedene Temperaturen. Diese Metall-Wasserstoff-Legierungen sind keine Verbindungen, sondern wie bei den Schwermetallen feste Lösungen.

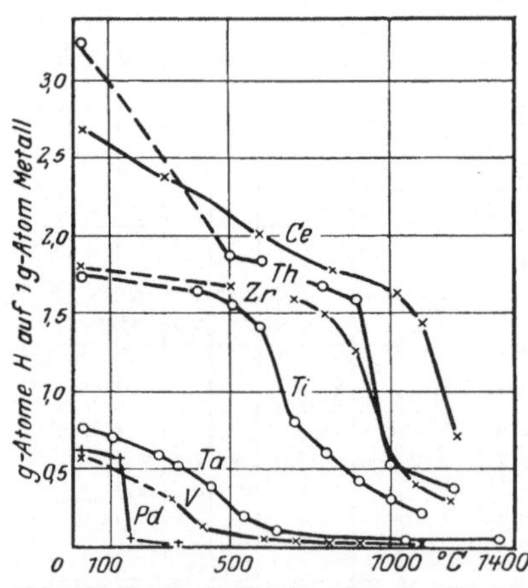

Abb. 157. Isobaren der Elemente Ce, Th, Zr, Ti, Ta, V und Pd mit H_2. (Sieverts.)

Es ist denkbar, die bei niedrigen Temperaturen starke Löslichkeit der Gase in diesen Metallen zur Bindung von Wasserstoff in Schwermetallen auszunutzen, um zu verhindern, daß eine bestimmte Menge Wasserstoff beim Abkühlen und Erstarren abgegeben wird. Leider üben die Zusätze dieser Elemente auf die übrigen Eigenschaften meist einen starken Einfluß aus, so daß man in der Zugabe dieser Stoffe beschränkt ist.

[1] Hoitsema, C.: Z. phys. Chem. **17**, 1 (1895).

[2] Sieverts, A.: Z. anorg. u. allg. Chem. **131**, 65 (1923); **146**, 149 (1925); **150**, 261 (1926); **153**, 289 (1926). Ber. dtsch. chem. Ges. **44**, 2394 (1911); **59**, 2891 (1926).

Palladiumlegierungen und Wasserstoff. Durch Zusatz von Platin, Gold oder Silber wird die Löslichkeit des Wasserstoffs in Palladium

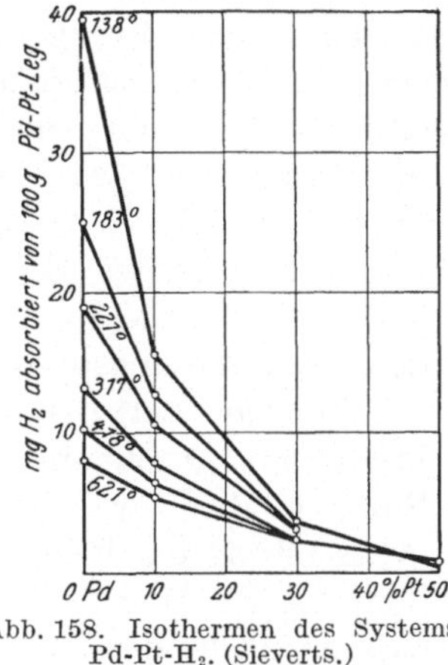

Abb. 158. Isothermen des Systems Pd-Pt-H_2. (Sieverts.)

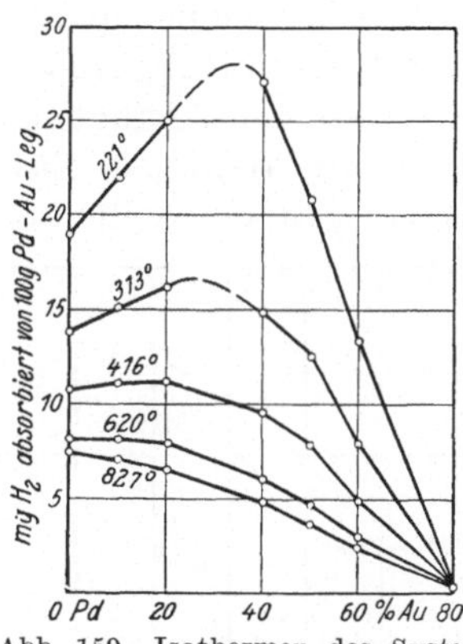

Abb. 159. Isothermen des Systems Pd-Au-H_2. (Sieverts.)

stark verändert, ohne daß man die resultierende Gaslöslichkeit nach der Mischungsregel berechnen könnte. Während Platin das Lösungsvermögen für Wasserstoff erniedrigt, erhöhen Gold und Silber das Lösungsvermögen des Palladiums bei gewissen Hundertteilen sehr stark. Dies gilt vor allem für die niedrigen Temperaturen, während die Löslichkeit bei hohen Temperaturen nur wenig verändert wird. Abb. 158 bis 160 geben die Isothermen für die Systeme Pd-Pt, Pd-Au und Pd-Ag nach A. Sieverts, E. Jurisch und P. Metz wieder[1].

Eisen-Wasserstoff. Abb. 161 zeigt die Löslichkeit von Wasserstoff in verschiedenen Eisensorten[2]. Die Messungen von A. Sieverts an Armco-Eisen wurden kürzlich von E. Martin geprüft und bestätigt[3], während die Messungen von K. Iwaŝé[4] als unzutreffend befunden wurden. Eisen löst ab 400° in steigendem Maße Wasserstoff, bei 900°, der α—γ-Umwandlung, tritt eine Unstetigkeit der Kurve auf. Beim Schmelzpunkt werden

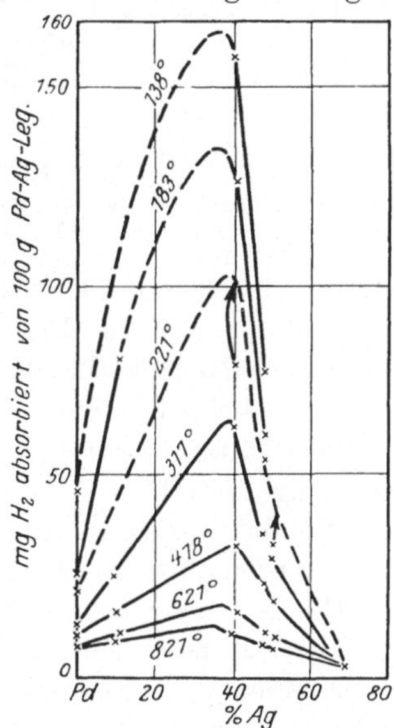

Abb. 160. Isothermen des Systems Pd-Ag-H_2. (Sieverts.)

[1] Sieverts, A., E. Jurisch u. P. Metz: Z. anorg. u. allg. Chem. **92**, 329 (1915); Z. Metallkunde **21**, 42 (1929).

[2] Sieverts, A. u. W. Krumbhaar: Ber. dtsch. chem. Ges. **43**, 893 (1910); Z. Metallkunde **21**, 37/46 (1929).

[3] Martin, E.: Arch. Eisenhüttenwes. **3**, 407/16 (1929/30).

[4] Iwasé, K.: Sci. Rep. Tohoku. Imp.-Univ. **15**, 531 (1926).

etwa 1,2 mg H_2 gelöst, ehe die Löslichkeit bei höheren Temperaturen wieder dem Gesetz $m = K \sqrt{p}$ gehorcht. Der starke Sprung der Löslichkeit beim Schmelzpunkt ist praktisch von größter Bedeutung, da die beim Erstarren abgegebene Gasmenge diesem Sprung proportional ist. Beim langsamen Abkühlen gibt Eisen den aufgenommenen Wasserstoff wieder ab. Wird das Eisen dagegen abgeschreckt, so bleibt das Gas in Lösung und macht das Eisen spröde[1]. Ein durch Evakuieren von Gas befreites Eisen zeigt kleinere Wärmetönungen an den Umwandlungspunkten[2].

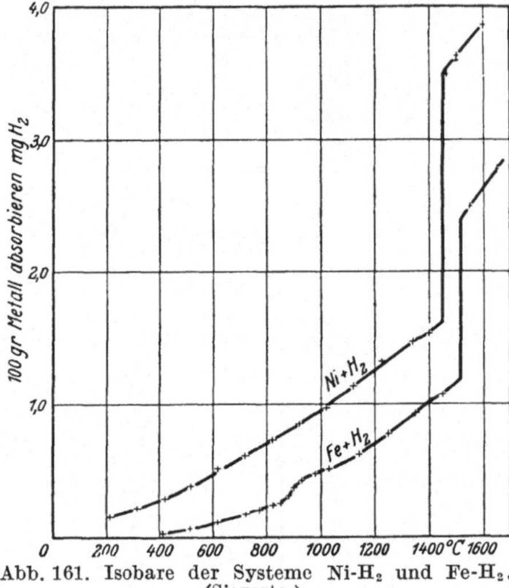

Abb. 161. Isobare der Systeme Ni-H_2 und Fe-H_2. (Sieverts.)

Entgegen der ziemlich verbreiteten Anschauung, daß Silizium die Löslichkeit des Wasserstoffs im Eisen erhöhe, konnte E. Martin[3] zeigen, daß dies nicht der Fall ist. Gehalte zwischen 0,55 und 5,1% Si beeinflussen die Löslichkeit nur wenig. Bei höheren Temperaturen wird die Löslichkeit anscheinend etwas erniedrigt. Diese Verhältnisse bedürfen aber erst noch eingehenderer Klärung.

Nickel, Kobalt und Wasserstoff. Nickel nimmt bei gleichen Temperaturen bedeutend mehr Wasserstoff auf als Eisen. Abb. 161 zeigt ebenfalls die Löslichkeitskurve des Nickels für Wasserstoff. Der Charakter der Kurve ist derselbe wie beim System Fe-H_2. Beim Erstarren werden etwa 1,8 mg H_2 je 100 g Metall abgegeben, entsprechend einer Menge von etwa 200 cm^3 auf 1 kg Metall.

Wie beim Eisen nimmt besonders durch Elektrolyse hergestelltes Nickel beträchtliche Mengen von Wasserstoff auf.

Die Aufnahmefähigkeit des Kobalts für Wasserstoff ist bedeutend geringer als beim Nickel (Abb. 162).

Kupfer und Wasserstoff. Die Löslichkeit des Wasserstoffs in Kupfer ist von A. Sieverts und W. Krumbhaar[4] eingehend studiert worden. Sie steigt ebenfalls mit steigender Temperatur stark an, um beim Schmelzpunkt sprungartig zuzunehmen (Abb. 162). Das wasserstoff-

[1] Heyn, E.: Stahleisen **20**, 837 (1900).
[2] Roberts-Austen: 5. Rep. Alloys, Res. Com. **1899**.
[3] Martin, E.: Arch. Eisenhüttenwes. **3**, 407/16 (1929/30).
[4] Sieverts, A. u. W. Krumbhaar: Ber. dtsch. chem. Ges. **43**, 893 (1910).

haltige Kupfer zeigt bedeutend größere Härte (s. Kapitel VI) und ganz andere elektrische Eigenschaften. Den Einfluß fremder Metalle auf die Löslichkeit von Wasserstoff in Kupfer zeigt Abb. 163. Nickel erhöht die Löslichkeit sehr stark, während Platin sie nur wenig erhöht. Silber verändert das Lösungsvermögen nicht, während Zinn und Aluminium die Löslichkeit stark erniedrigen. Gold steht dazwischen, es erniedrigt die Löslichkeit nur wenig. Die Verringerung der Löslichkeit durch Zinn geht bereits so weit, daß man Wasserstoff durch Bronze leiten kann, ohne daß die Blöcke blasig werden[1]. Die Löslichkeit des Wasserstoffs in Kupfer wird durch Zink noch stärker erniedrigt als durch Zinn. Die Gaslöslichkeit der Legierungen kann nicht nach der Mischungsregel berechnet werden. Den stärksten Einfluß haben offenbar Metalle, die sich aus der Schmelze als Verbindung ausscheiden (Sn, Zn, Al).

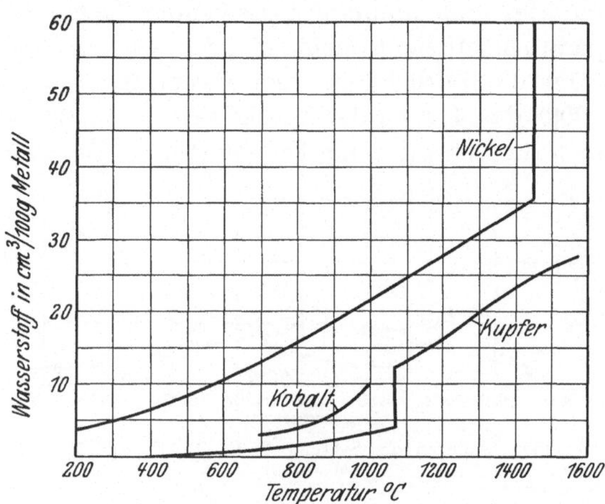

Abb. 162. Isobaren der Systeme Ni-N_2, Co-H_2 und Cu-H_2 (Sieverts).

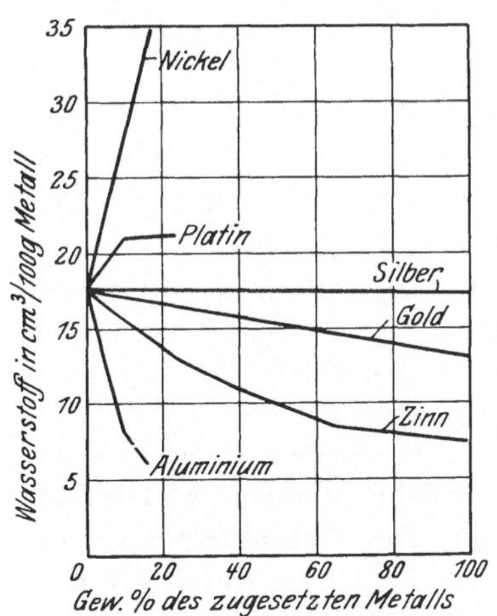

Abb. 163. Einfluß von Fremdmetallen auf die Löslichkeit von Wasserstoff in Kupfer. (Sieverts.)

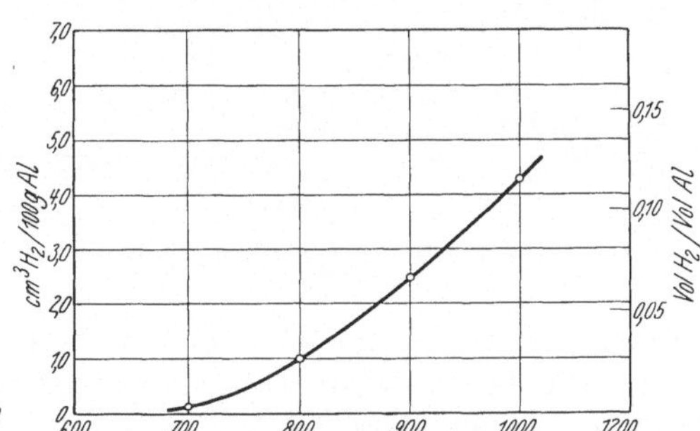

Abb. 164. Isobare des Systems Al-H_2. (Braun.)

Aluminium und Wasserstoff. Aluminium und Aluminiumlegierungen

[1] Bailey: J. Inst. Met. **39**, 191 (1928).

lösen ebenfalls Wasserstoff. Auch hier gilt die Beziehung $m = K\sqrt{p}$. Die Löslichkeit beginnt in meßbarem Maße erst oberhalb des Schmelzpunktes und nimmt mit steigender Temperatur zu. Zwar ist der Temperaturkoeffizient nicht so groß wie K. Iwasé[1] angibt. Dennoch beträgt die Löslichkeit nach Experimentalarbeiten von H. Braun[2] bei 1000° das 4fache der Löslichkeit bei 800°. Abb. 164 zeigt die Löslichkeit für verschiedene Temperaturen. Bei Aluminium konnte im festen Metall durch Sättigungsversuche kein Aufnahmevermögen für Wasserstoff gefunden werden. Gerade hierin ist eine große Gefahr für Aluminiumgußstücke zu sehen. Infolge der fehlenden Löslichkeit im festen Zustand muß alles noch enthaltene Gas beim Erstarren abgegeben werden und erzeugt infolgedessen leicht Blasigkeit[3]. Anderseits erklärt die Kurve deutlich die Gefahr der Überhitzung im Schmelzfluß.

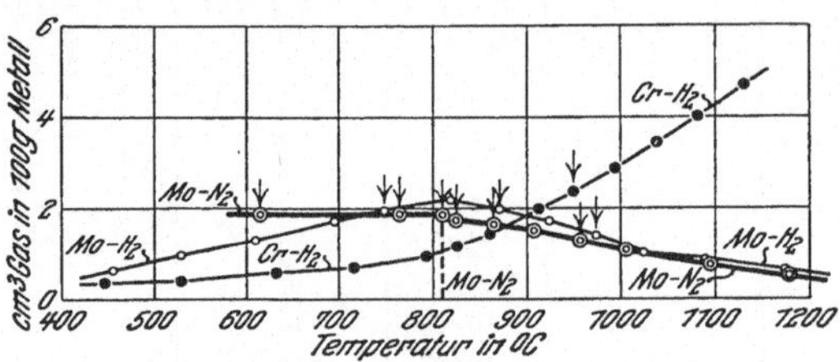

Abb. 165. Isobaren der Systeme $Cr\text{-}H_2$, $Mo\text{-}H_2$ und $Mo\text{-}N_2$. (Martin.)

Chrom und Wasserstoff. Die Löslichkeit von Wasserstoff in Chrom nach E. Martin[4] zeigt Abb. 165. Bis 1140° steigt die Löslichkeit nahezu nach dem Gesetz $m = K\sqrt{p}$. Das durch Erhitzen im Wasserstoffstrom aufgenommene Gas wird beim Abkühlen wieder abgegeben.

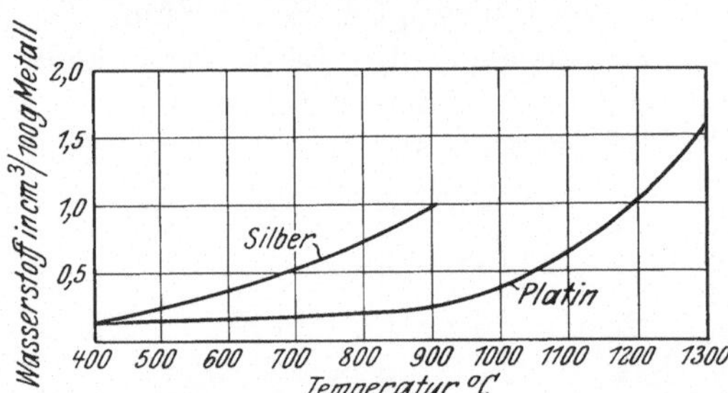

Abb. 166. Isobaren der Systeme $Ag\text{-}H_2$ und $Pt\text{-}H_2$. (Sieverts.)

Bei der Elektrolyse nimmt Chrom unter Umständen beträchtliche Mengen Wasserstoff auf[5], die leicht wieder abgegeben werden. Der Charakter der Aufnahme ist der einer festen Lösung, bei der das Gitter durch die Einlagerung des Gases aufgeweitet wird[6]. Oberhalb 58° wird der überschüssige Wasserstoff schnell abgegeben.

Silber, Gold und Wasserstoff. Silber gehört ebenfalls in die Reihe der Metalle, die im festen Zustand Wasserstoff in Form eines Misch-

[1] a. a. O. [2] Dr.-Ing.-Diss., Aachen **1931**.
[3] Czochralski, I.: Z. Metallkunde **14**, 277/85 (1922). [4] a. a. O.
[5] Gruber, H.: Z. Elektrochem. **30**, 396 (1924).
[6] Hüttig, G. F. u. F. Brodkorb: Z. anorg. u. allg. Chem. **144**, 341 (1925).

kristalls lösen. Die eingelagerten Mengen sind jedoch gegenüber dem ebenfalls löslichen Sauerstoff gering. Abb. 166 zeigt die Löslichkeitskurve nach A. Sieverts und J. Hagenacker[1]. Die Messungen erstrecken sich nur bis zum Schmelzpunkt.

Gold löst keinen Wasserstoff[2].

Platin und Wasserstoff. Die Löslichkeit des Wasserstoffs in Platin ist im Vergleich zu den übrigen Metallen dieser Gruppe sehr gering[3]. Sie ist zunächst unabhängig von der Temperatur. Erst oberhalb 900° steigt sie an und gehorcht hier dem Gesetz der Proportionalität der Quadratwurzel des Druckes. Abb. 166 zeigt die Löslichkeitskurve im Vergleich zu Silber.

Molybdän, Wolfram, Uran und Wasserstoff. Die im periodischen System am Übergang von den metallischen zu den nichtmetallischen Hydriden stehenden Elemente Molybdän, Wolfram und Uran lösen keinen Wasserstoff oder nur sehr kleine Mengen[4]. Diese Tatsache ist insofern von Bedeutung, als Molybdän und Wolfram auf dem Wege über Molybdän- bzw. Wolframsäure durch Reduktion mit Wasserstoff gewonnen werden.

Eingehende Untersuchungen der 2. Gruppe des periodischen Systems, der Metalle Be, Mg, Ca, Sr, Ba, Zn und Cd liegen nicht vor. Diese Elemente lösen anscheinend teilweise Wasserstoff in Form von Mischkristallen (Be, Mg, Zn, Cd), teilweise bilden sie salzartige Hydride (Ca, Ba). Sie sind als Übergangsgruppe in ihrem Verhalten nicht einheitlich.

b) Sauerstoff.

Staecie und Johnson[5] haben die Wirkung von Temperatur und Druck auf die Löslichkeit des Sauerstoffs in Silber untersucht. Sie benutzten 0,1 bis 0,3 mm dicke Folien von zwei Qualitäten, die eine war technisch reines Silber und die andere eine besonders reine Sorte mit folgenden Analysen:

	Cu	Fe	Pb
Handelsübliches Silber	0,02	0,001	0,005%
Gereinigtes Silber	0,004	Sp.	0,001%

Die Folie wurde in ein geschlossenes Gefäß gepackt, welches mit einer Vakuumpumpe verbunden war und mit einem Ofen umgeben, dessen Temperatur geregelt werden konnte. Das Metall wurde zunächst vom Gas befreit durch 24stündiges Erhitzen im Vakuum auf 550 bis 750°,

---

[1] Sieverts, A. u. J. Hagenacker: Z. physik. Chem. **68**, 115 (1909).

[2] Sieverts, A. u. W. Krumbhaar: Ber. dtsch. chem. Ges. **43**, 896 (1910).

[3] Sieverts, A. u. E. Jurisch: Ber. dtsch. chem. Ges. **45**, 221 (1912).

[4] Sieverts, A. u. E. Bergner: Ber. dtsch. chem. Ges. **44**, 2394 (1911); **45**, 2581 (1913). Martin, E.: Arch. Eisenhüttenwes. **3**, 407/16 (1929/30).

[5] Staecie u. Johnson: Proc. Roy. Soc. Med. **112**, 542 (1926).

und dann wurde eine gemessene Menge Sauerstoff in das Gefäß geleitet. Es wurden eine Reihe von Beobachtungen der Temperatur und des Druckes gemacht, wobei Zeit gegeben wurde, daß das Gleichgewicht nach jeder Temperaturänderung erreicht werden konnte. Die Änderung der Löslichkeit zwischen 200 und 800° für verschiedene Drücke zeigt Abb. 167. Die Löslichkeit fällt bis zu einem Minimum bei 400° und steigt danach sehr schnell wieder an. Das Metall absorbiert beim Schmelzpunkt (960°) etwa das 20fache seines eigenen Volumens an Gas, und die Löslichkeit steigt in gewöhnlicher Weise weiter, wenn die Temperatur weiter erhöht wird, ohne eine sichtbare Ungleichmäßigkeit in der Kurve zu zeigen. Bei allen Temperaturen ist die Löslichkeit proportional der Quadratwurzel aus dem Druck. Diese Beziehung ist von Donnan und Shaw[1] eingehend erörtert worden. Gemäß dem Henryschen Gesetz sollte die Löslichkeit dem Druck proportional sein, wenn der Molekularzustand des Sauerstoffs in Silber derselbe wie im gasförmigen Zustand wäre. Die beobachtete Tatsache, daß die Löslichkeit der Quadratwurzel aus dem Druck proportional ist, bedeutet, daß der Sauerstoff in atomarem Zustand oder als Ag_2O vorliegt, wobei eine Entscheidung zwischen diesen beiden Möglichkeiten nicht gemacht werden kann.

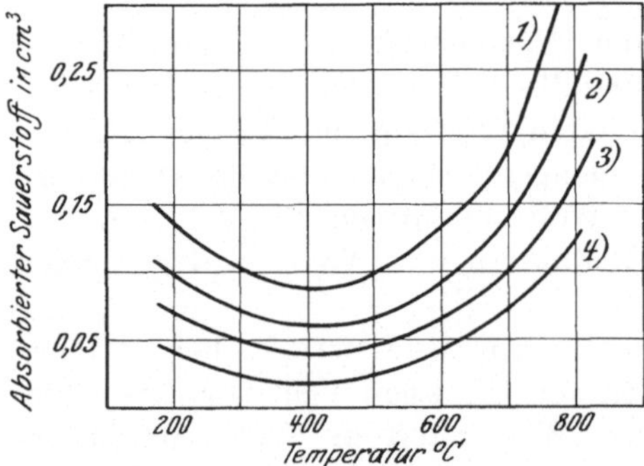

Abb. 167. Isobaren des Systems Ag-O_2. 1) $p = 800$ mm, 2) $p = 400$ mm, 3) $p = 200$ mm, 4) $p = 100$ mm.

Das Minimum in der Löslichkeitskurve ist eine Eigenart des Systems Silber-Sauerstoff. Es scheint keine allotrope Umwandlung in dem Metall bei dieser Temperatur vorzuliegen. Die Lösungswärme des Sauerstoffs in Silber scheint dagegen unter 400° positiv und bei höheren Temperaturen negativ zu sein. Da die Bildungswärme des Ag_2O positiv ist, während die Dissoziationswärme des Oxyds negativ ist, wird vermutet, daß der Sauerstoff unter 400° hauptsächlich als Silberoxyd vorliegt und bei höheren Temperaturen hauptsächlich als gelöster Sauerstoff. Die plötzliche Entwicklung von Sauerstoff bei der Erstarrung von geschmolzenem Silber rührt offenbar von der Tatsache her, daß Silberoxyd im geschmolzenen, aber nicht im festen Metall löslich ist. Festes Silberoxyd hat bei 960° einen hohen Dissoziationsdruck, aber dieser vermindert sich wesentlich, wenn es im Metall in verdünnter

[1] Donnan u. Shaw: J. Soc. Chem. Ind. **29**, 987 (1910).

Lösung vorliegt. Beim Erstarren wird das Oxyd aus der Lösung ausgestoßen und zerfällt mit fast explosiver Gewalt unter Entwicklung von molekularem Sauerstoff. Während für die Absorption von reinen und handelsüblichen Silberproben dieselben Werte gefunden wurden, haben Zusätze von Kupfer eine ausgesprochene Verhinderung des Sprühens zur Folge und werden absichtlich dem Metall zugefügt[1]. Das Kupfer verbindet sich mit Sauerstoff unter Bildung von Kupferoxydul und verhindert so, daß das Silber bei dem normalen Schmelzprozeß mit Sauerstoff gesättigt wird. Beim Erstarren bleibt das Gas als Kupferoxydul zurück und man erhält gesunde Güsse. Da Kupferoxydul unlöslich ist, beeinflußt es die Löslichkeit des Gases an sich nicht. Es wirkt als typisches Desoxydationsmittel. Abb. 168 zeigt zwei kleine Probeblöckchen. Das rechte ist reines Silber und man erkennt die gehobene Oberfläche infolge der Gasabgabe. Das linke Blöckchen ist Silber mit 1% Cu. Es ist ohne Anzeichen eines Gasgehaltes erstarrt. Gold setzt die Löslichkeit für Sauerstoff ebenfalls herunter. Platin und Palladium zeigen nach dem Schmelzen an Luft ähnliche Erscheinungen wie Silber, jedoch in weitaus kleinerem Maße.

Abb. 168. Links Silber mit 1% Cu. Rechts reines Silber. Beide Blöckchen wurden an Luft geschmolzen und gegossen. × 1/2.

Über die Löslichkeit von Sauerstoff in den anderen Metallen ist wenig bekannt, da in der Mehrzahl stabile Oxyde gebildet werden. Es ist sehr wenig wahrscheinlich, daß in diesen Fällen Sauerstoff als solcher irgendeine Löslichkeit hat. Das Gas verbindet sich auf der Oberfläche unter Bildung von Oxyden, welche sich im flüssigen Metall lösen. In fremden Metallen lösen sich die Oxyde nicht oder nur in nicht nachweisbaren Mengen. Im Gegensatz zu Silberoxyd zerfallen die Schwermetalloxyde nicht leicht, obwohl z. B. Fe_2O_3 oder CuO bei höheren Temperaturen in die niedrigeren Oxyde FeO bzw. Cu_2O und Sauerstoff zerfallen und dabei einen gut meßbaren Sauerstoffpartialdruck haben. Da die Oxyde beim Überschreiten der meist geringen Löslichkeit als nichtmetallische Einschlüsse im Metall auftreten, sind die wichtigsten Systeme bereits im vorigen Kapitel besprochen worden.

---

[1] Streicher, S.: Z. Metallkunde **19**, 205 (1927).

c) Stickstoff.

Der Stickstoff bildet mit den meisten Metallen Verbindungen. Wie früher bereits am Eisen gezeigt wurde, können viele Metalle mit elementarem Stickstoff direkt keine Nitride bilden, während der Stickstoff aus seinen Verbindungen, z. B. NH_3, also offenbar im statu nascendi, sofort in die Verbindung eintritt. Vielleicht spielt hier auch die reduzierende, vor Oxydation schützende Wirkung des Wasserstoffs eine Rolle.

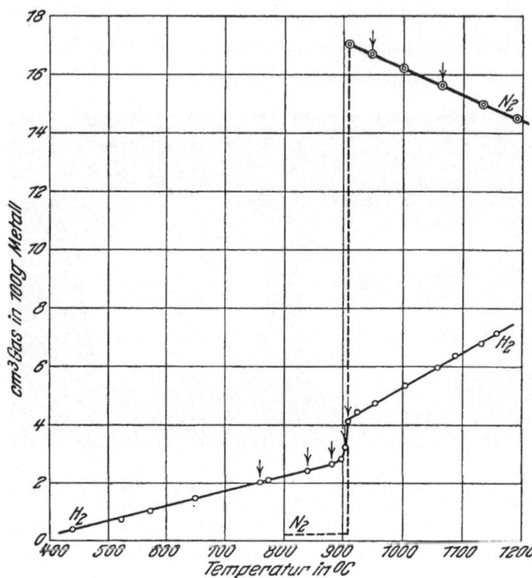

Abb. 169. Isobaren der Systeme Fe-H_2 und Fe-N_2. (Martin.)

Die Nitride sind meist stabile Verbindungen, die teilweise bei sehr hohen Temperaturen unzersetzt schmelzen, wie z. B. das Berylliumnitrid (2200°), oder gar bisher nicht geschmolzen wurden, wie Bornitrid und Titannitrid.

Außer der Nitridbildung tritt bei einzelnen Metallen eine ausgesprochene Lösung des Stickstoffs auf, die bis zu einem Gleichgewicht führt. Ein typisches Beispiel hierfür ist das System Eisen-Stickstoff[1]. Pulverförmiges Eisen löst in 100 g oberhalb 900° mehr als 17 cm³ Stickstoff (Abb. 169). Die Löslichkeit fällt mit steigender Temperatur etwas. Beim Abkühlen nimmt das Metall die bei Temperatursteigerung abgegebene Menge wieder auf. Wir haben also ein richtiges Gleichgewicht vor uns. Im übrigen entspricht die gelöste Menge der Quadratwurzel aus dem Gasdruck. Bei Abkühlung unter 900° wird nahezu der ganze Gasgehalt abgegeben. Die Löslichkeit des Stickstoffs im flüssigen Eisen ist nicht näher untersucht worden, jedoch scheint sie minimal zu sein, da in Stickstoff geschmolzene, rasch abgekühlte Eisenproben keinen höheren Stickstoffgehalt oder gar Gasblasen zeigen. Bei legierten Stählen liegen die Verhältnisse jedoch anders. Viele der Legierungselemente, z. B. Chrom, binden den Stickstoff begierig.

Die Löslichkeit des gasförmigen Stickstoffs im festen Eisen wird

[1] Sievert, A. u. E. Jurisch: Z. physik. Chem. **60**, 129 (1907). Jurisch, E.: Dr.-Diss. Leipzig **1912**. Martin, E.: Arch. Eisenhüttenwes. **3**, 407/16 (1929/30).

durch Silizium verändert[1]. Das α-Eisen löst bei Gehalten von 0,55 bis 5,1% Si jetzt meßbare Mengen Stickstoff, am meisten jedoch bei 0,55%. Oberhalb 900° wird die Löslichkeit, mit Ausnahme der Schmelze mit 0,55% Si erhöht. Ferner ist zu bemerken, daß in siliziumhaltigem Eisen die Löslichkeit des Stickstoffs mit steigender Temperatur ansteigt. Abb. 170 gibt eine Zusammenstellung der Martinschen Versuchsergebnisse.

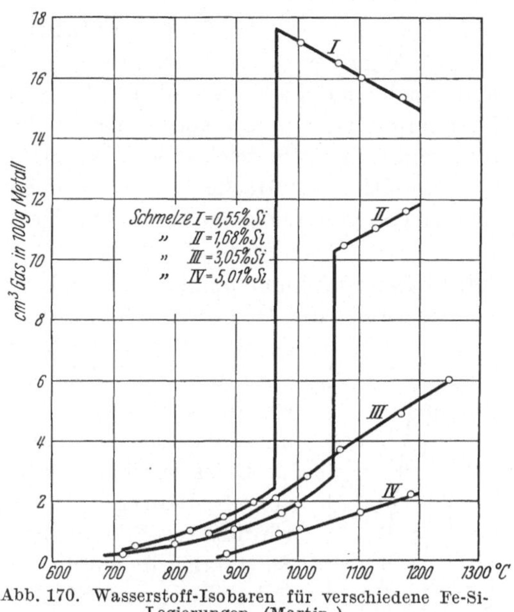

Abb. 170. Wasserstoff-Isobaren für verschiedene Fe-Si-Legierungen. (Martin.)

Die Löslichkeit des Stickstoffs im Eisen ist ein Beispiel dafür, daß die Vorstellung von der Weitung des Atomgitters der Metalle mit steigender Temperatur und die dadurch erklärliche steigende Löslichkeit noch auf schwachen Füßen ruht. Es ist nicht einzusehen, warum die Löslichkeit des Stickstoffs bei demselben Metall mit steigender Temperatur einmal einen positiven und einmal einen negativen Temperaturkoeffizienten hat, je nachdem ob mehr oder weniger Silizium im Metall legiert sind.

Nach Untersuchungen von K. Iwasé[2] soll Eisenpulver oberhalb 900° eine steigende Löslichkeit für Stickstoff zeigen. Diese Versuchsergebnisse haben jedoch genauer Prüfung nicht standgehalten, während die Sievertssche Kurve experimentell mehrfach bestätigt wurde.

Stickstoff ist in festem und flüssigem Nickel und Kobalt unlöslich. Mit Kupfer will K. Iwasé eine Löslichkeit im flüssigen Zustand festgestellt haben. Dies widerspricht der Erfahrung, nach der Wasserstoff aus Kupfer und Kupferlegierungen durch Behandlung mit Stickstoff, d. h. durch Hineinblasen von Stickstoff in die flüssige Schmelze, ausgetrieben werden kann[3], ohne die geringste Blasigkeit der Gußstücke zu erzeugen.

In Aluminium ist Stickstoff anscheinend unlöslich. Jedoch scheint

---

[1] Martin, E.: Arch. Eisenhüttenwes. **3**, 407/16 (1929/30).

[2] Iwasé, K.: Sci. Rep. Tohoku Imp. Univ. **15**, 531 (1926).

[3] Prytherch, W. E.: J. Inst. Metals **43**, 73/80 (1930). Allen, N. P.: J. Inst. Metals **43**, 81/124 (1930). Daniels, E. J.: J. Inst. Metals **43**, 125/162 (1930).

eine Nitridbildung einzutreten. Die Nitride zersetzen sich erst nach Erhitzung auf etwa 1000° im Vakuum unter Abspaltung von Stickstoff.

Von Palladium wird berichtet, daß es nach Sättigung mit Wasserstoff und anschließendem Entgasen im Hochvakuum bei Raumtemperatur das 285fache seines Volumens an Stickstoff löst[1]. Vielleicht spielen hier Absorptionserscheinungen des Palladiumschwamms eine Rolle.

d) Schwefeldioxyd.

Die Abgase von Kohlefeuerungen enthalten immer Schwefeldioxyd und auch der Koks ist nicht frei von Schwefel. Dies ist für die Metallurgie des Kupfers von großer Wichtigkeit. Mit steigender Temperatur nimmt Kupfer wechselnde Mengen Schwefeldioxyd auf[2]. Bei 1500° löst Kupfer das 29fache seines Volumens an Schwefeldioxyd. Dabei spratzt das geschmolzene Metall infolge der Reaktion:

$$Cu_2S + 2\,Cu_2O \rightleftarrows SO_2 + 6\,Cu$$

heftig. Die Aufnahmefähigkeit für SO_2 ist bei konstanter Temperatur seltsamerweise der Quadratwurzel aus dem Druck proportional, obwohl es sich hierbei nicht um Aufspaltung eines zweiatomigen Gases handelt. Es ist wahrscheinlich, daß wir im vorliegenden Falle ein Reaktionsgleichgewicht im Sinne der obigen Gleichung haben.

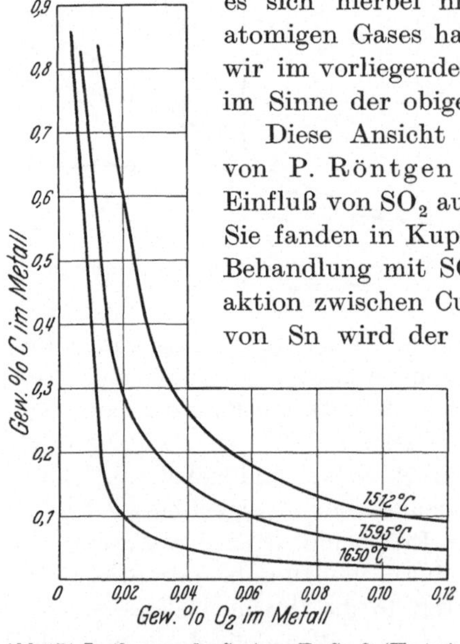

Abb. 171. Isothermen des Systems Fe-Cu-O. (Herty.)

Diese Ansicht wird bestärkt durch den Befund von P. Röntgen und G. Schwietzke[3], die den Einfluß von SO_2 auf Bronze und Kupfer untersuchten. Sie fanden in Kupfer ausgesprochene Porosität nach Behandlung mit SO_2, die nach ihrer Ansicht auf Reaktion zwischen CuO und Cu_2S beruht. Durch Zusatz von Sn wird der Sauerstoff an das Zinn gebunden und es tritt keine Blasigkeit mehr auf. Die Verhältnisse sind jedoch noch keineswegs ganz geklärt, wie die Beobachtung von W. Schmitz[4] zeigt. Danach löst Magnesium SO_2 in beträchtlichem Maße, ohne daß MgO und MgS gebildet werden. Bei hoher Temperatur dagegen reagiert das Schwefeldioxyd unter Oxydbildung. Beim Erstarren gibt Magnesium das gelöste Schwefeldioxyd wieder ab, wodurch Poren entstehen.

[1] Puodziukinas: Z. Physik **46**, 253 (1927).
[2] Sieverts, A. u. W. Krumbhaar: Z. physik. Chem. **74**, 295 (1910).
[3] Röntgen, P. u. G. Schwietzke: Z. Metallkunde **21**, 117/20 (1929).
[4] Schmitz, W.: Z. Metallkunde **21**, 44 (1929).

Man sollte erwarten, daß in Magnesium, welches ein starkes Desoxydationsmittel ist, auch bei niedrigen Temperaturen die Zerlegung des Schwefeldioxyds eintreten müßte.

Mit flüssigem Nickel reagiert Schwefeldioxyd offenbar unter Bildung von Ni_3S_2 und NiO. Die mechanischen Eigenschaften des Nickels werden dadurch sehr nachteilig beeinflußt.

e) Kohlenoxyd und Kohlendioxyd.

Kohlenoxyd und Kohlendioxyd sind in den technisch wichtigen Metallen im Schmelzfluß und im festen Zustand nicht löslich. Dagegen nehmen die Metalle in Gegenwart dieser Gase, die ja in jedem Feuerungsgas enthalten sind, Sauerstoff und Kohlenstoff auf. Es stellt sich ein Gleichgewicht zwischen Kohlenstoff und Sauerstoff ein, welches von der Temperatur und dem Druck der Gasphase abhängig ist. Abb. 171 zeigt die Gleichgewichtsbedingungen für C-Stahlschmelzen mit verschiedenem Sauerstoff- und Kohlenstoffgehalt nach Untersuchungen von C. H. Herty und Mitarbeitern[1]. Man ersieht daraus, daß Gleichgewicht zwischen den Oxyden und Karbiden eines Stahles herrscht, wenn für eine bestimmte Temperatur zusammengehöriger Sauerstoff- und Kohlenstoffgehalt auf der betreffenden Kurve liegen. Der Oxydgehalt ist um so kleiner, je höher der Kohlenstoffgehalt und je höher die Temperatur ist.

Es genügt nun nicht, dafür zu sorgen, daß ein Metall vor dem Abstechen der Charge z. B. ein weicher Flußstahl einen Sauerstoff- bzw. Kohlenstoffgehalt hat, der dem Gleichgewicht entspricht. Beim Abstechen und Gießen nimmt das Metall weiteren Sauerstoff aus der Luft und der Schlacke auf und es entsteht durch Reaktion mit dem vorhandenen Kohlenstoff Kohlenoxyd, der Block wird blasig.

Will man einen dichten Guß erzielen, so muß man den vorhandenen Sauerstoff möglichst weitgehend in stabile Oxyde überführen oder aus dem Bad entfernen. Dazu dient die „Desoxydation“ mit Mangan, Silizium oder Aluminium. Vor dem Gießen soll ein Metall einen gewissen Überschuß an Desoxydationsmitteln haben.

Geschieht ein Zusatz dieser Stoffe nicht oder nur in ungenügendem Maße, so entstehen Blöcke, die voller Blasen sind. Bei dem handelsüblichen, für Bleche und Rohre benutzten Flußstahl will man höhere Siliziumgehalte vermeiden, um die Festigkeit möglichst tief zu halten und gute Tiefziehfähigkeit zu bekommen. Abb. 172 zeigt einen Querschnitt durch einen 6,8-t-Block für Bleche. Man erkennt deutlich die Blasenzone unter der Haut, den zweiten Blasenkranz und die starke Ansammlung von Gasblasen im Kopf des Blocks.

[1] Herty, C. H. u. Mitarbeiter: Min. Met. Invest., Bulletin **34**, 27.

K. Iwasé bestimmte die Löslichkeit von CO und CO_2 in Kupfer und fand eine nicht unbeträchtliche Löslichkeit im flüssigen Zustand, die mit steigender Temperatur abnahm. Dies steht im Gegensatz zu den zuverlässigen Versuchen von A. Sieverts und den Erfahrungen, daß man CO_2 und CO in Kupfer einleiten kann, um Wasserstoff daraus zu entfernen[1], ohne daß Lösung eintritt.

Abb. 172. 6,75 t-Block Weichstahl geteilt und geätzt. („Second Report on the Heterogeneity of Steel Ingots.")

f) Wasserdampf.

Ähnlich wie Kohlenoxyd und Kohlensäure hat der Wasserdampf an sich in den Metallen aller bisherigen Erfahrung nach keine Löslichkeit. Er spielt eben aus diesem Grunde in der Metallurgie eine große Rolle, weil er bei seinem Auftreten Porigkeit des Metalls verursacht. Er entsteht z. B. als Reaktionsprodukt des Wasserstoffs mit den Oxyden des Metalls. Es ist bereits früher erwähnt worden, daß die sogenannte Wasserstoffkrankheit des Kupfers auf einer Bildung von unlöslichen Dampfbläschen durch Reaktion zwischen dem Kupferoxydul und dem eindringenden Wasserstoff entsteht. Auch im flüssigen Metall spielt diese Reaktion eine Rolle. N. P. Allen[2] zeigte, daß ein Gleichgewicht zwischen Wasserstoff und Sauerstoff gemäß der folgenden Gleichung besteht:

$$Cu_2O + H_2 \rightleftarrows 2\,Cu + H_2O\,.$$

[1] Prytherch, W. E.: J. Inst. Metals **43**, 73/162 (1930).
[2] Allen, N. P.: J. Inst. Metals **43**, 81/124 (1930).

Das Gleichgewicht ist umkehrbar. Abb. 173 gibt die Isotherme für 1150° für die obige Gleichung wieder. Man sieht, daß selbst in stark sauerstoffhaltigem Kupfer immer noch Wasserstoff anwesend sein kann. Anderseits sieht man, daß die Entfernung der letzten Spuren Sauerstoff einen erheblichen Überschuß an Wasserstoff benötigen. Diese Erkenntnis ist von Wert für das Polen des Kupfers, bei dem der überschüssige Sauerstoff durch Einbringen von frischem Holz in das Bad entfernt wird. Der sich aus den Zersetzungsprodukten des Holzes entwickelnde Wasserstoff reduziert das Cu_2O. Kommt man jedoch an den mit *A* bezeichneten Punkt der Abb. 173, so wird die Schmelze mit Wasserstoff sehr stark angereichert, ohne daß der Sauerstoffgehalt wesentlich sinkt. Beim Vergießen einer so wasserstoffreichen „überpolten" Schmelze muß Blasigkeit eintreten.

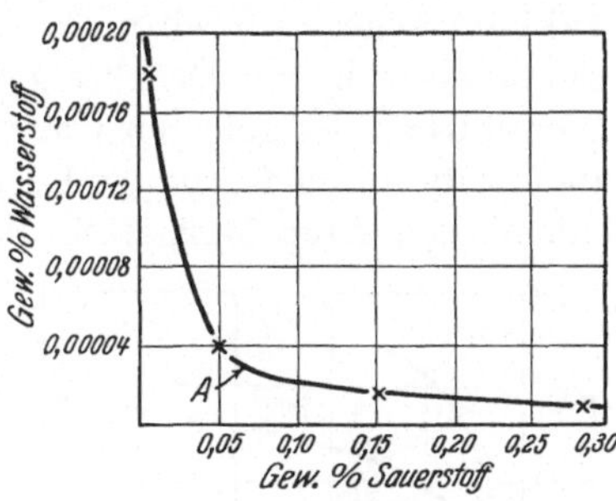

Abb. 173. Isotherme des Systems Cu-O_2-H_2 für 1150°. (Allen.)

N. P. Allen konnte nun zeigen, daß die Zugabe von 0,002% O_2 zu einem Kupfer, dessen Wasserstoffgehalt so gering war, daß es ohne Blasen erstarrte, sofort Blasigkeit hervorrief. Die Spuren von Wasserstoff genügen, um mit dem zugegebenen Oxydul unter Wasserdampfbildung zu reagieren. Da nun beim Gießen ebenfalls eine geringe Oxydation auftritt, muß man zur Vermeidung von blasigen Blöcken durch Zugabe eines Desoxydationsmittels (P, As) den Sauerstoff in eine Form überführen, in der er mit dem Wasserstoff nicht mehr reagieren kann.

Ähnlich wie beim Kupfer liegen die Verhältnisse bei Metallen wie Nickel und Kobalt.

g) Edelgase.

Entsprechend ihrer Natur verbinden die Edelgase Helium, Neon, Argon und Krypton sich nicht mit festen oder flüssigen Metallen, wie A. Sieverts und E. Bergner[1] für Argon und Helium nachgewiesen haben. Die Gase wurden daher immer für wissenschaftliche Zwecke speziell als inerte Gase für die Untersuchung der Löslichkeit von anderen Gasen in Metallen herangezogen.

h) Der Gasgehalt handelsüblicher Metalle.

Es gibt eine beträchtliche Menge von Versuchsergebnissen über die von handelsüblichen Metallen absorbierten Gase, und wenn auch die Ergebnisse keinen Aufschluß über die wirkliche Löslichkeit der Gase

[1] Sieverts, A. u. E. Bergner: Ber. dtsch. chem. Ges. **45**, 2576 (1912).

geben, da im allgemeinen die Gleichgewichte nicht erreicht werden, sind sie von praktischem Interesse und sollen auszugsweise behandelt werden. Das gewöhnliche Verfahren zur Bestimmung der Menge eines in einem Metall vorliegenden Gases besteht in dem Einschließen der Probe in ein Gefäß, welches man evakuieren kann und durch Messen und Analysieren des Gasvolumens, welches bei verschiedenen Temperaturen im Vakuum abgegeben wird. Das kann einmal durch Messung des in dem Gefäß entwickelten Druckes geschehen, wobei man in Wirklichkeit den Dampfdruck des gelösten Gases bei der Versuchstemperatur mißt, oder anderseits durch fortlaufendes Abpumpen des Gases und Auffangen in einem geeigneten Meßgefäß. Man hat im allgemeinen gefunden[1], daß sogar nach der zweiten Methode die ganze Gasmenge nur dann gefunden werden kann, wenn die Temperatur über den Schmelzpunkt des Metalls erhöht wird. Die Vakuumbehandlung eines festen Metalls bei einer bestimmten Temperatur macht eine bestimmte Gasmenge frei, und mit jeder weiteren Steigerung der Temperatur wird eine weitere Menge entwickelt. Der Faktor Zeit ist dabei von größter Bedeutung, gerade wie bei der Bestimmung der Gasmenge, welche ein Metall absorbieren kann. Das Gas im Inneren der Probe kann die Oberfläche des Metalls nur durch Diffusion erreichen, und die dafür erforderliche Zeit hängt von den Abmessungen der Probe und den zu entfernenden Gasmengen und der Temperatur ab. Die Diffusionsgeschwindigkeit steigt mit steigender Temperatur beträchtlich. Durch die infolge der Erhitzung eintretende Weitung des Kristallgitters können die Gase um so leichter entweichen, je höher die Temperatur ist. Die Behandlung bei hohen Temperaturen gestattet die schnelle Entfernung der Hauptmenge der absorbierten Gase, aber unterhalb des Schmelzpunktes werden mehrere Stunden benötigt, bevor das gesamte Gas entfernt ist. Die Abhängigkeit der Diffusionsgeschwindigkeit und der Gasabgabe zeigt Abb. 174 nach Messungen von R. Hughes[2]. Diese Abbildung veranschaulicht die Geschwindigkeit der Gasabgabe von 20 cm³ im Vakuum geglühtem Elektrolyteisen bei verschiedenen Temperaturen. Für jede Temperatur nähert sich die Gasmenge asymptotisch einem Höchstwert. Dieser ist offenbar durch die bei dieser Temperatur bestehende Diffusionsgeschwindigkeit der Gase

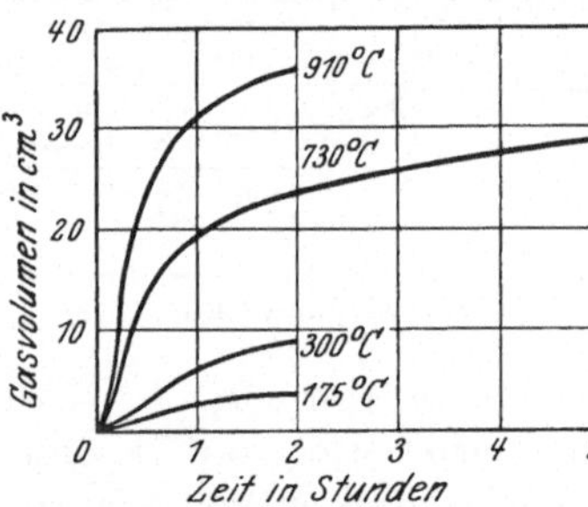

Abb. 174. Geschwindigkeit der Gasabgabe von Elektrolyteisen im Vakuum bei verschiedenen Temperaturen. (Hughes.)

[1] Hessenbruch, W. u. P. Oberhoffer: Arch. Eisenhüttenwes. **1**, 583/603 (1927/28).

[2] Hughes, R.: Rev. Mét. **22** (1925); Mém. S. 764/75.

(50% H_2, 35% CO) und das jeweilige Gleichgewicht zwischen den Oxyden und Karbiden bestimmt. Es ist dann nur eine Frage der Zeit, wann alles Gas abgesaugt ist und der Druck wieder fällt.

Ähnliche Versuche machte B. S. Gossling[1] an Nickel und Molybdän. Er erhitzte schmale Scheiben aus Nickel bzw. Molybdän in einem evakuierten Glaskolben, in dem die Proben an zwei Drähten, die ein Thermoelement bildeten, aufgehängt waren und durch Bestrahlung mit einer außerhalb befindlichen Wärmequelle erhitzt wurden. Das Glasgefäß wurde zunächst auf 400° erwärmt und evakuiert, dann wurde das Metall der Reihe nach auf verschiedene Temperaturen erhitzt und die entwickelte Gasmenge durch Druckmessung bestimmt. Kennzeichnende Ergebnisse dieser Versuche für Nickel und Molybdänscheiben sind in Abb. 175 und 176 dargestellt. Bei jeder Temperatur läßt die Gasentwicklung, die zuerst stark ist, nach und hört schließlich auf. Bei der Erhitzung des Metalls auf eine höhere Temperatur tritt infolge der gesteigerten Reaktionsgeschwindigkeit der Oxyde und Karbide sowie der höheren Diffusionsgeschwindigkeit eine weitere Gasabgabe ein, wobei der Kurvenverlauf sich wiederholt. Die Enddrucke stellen den Partialdruck des Gases für den betreffenden Bodenkörper bei verschiedenen Temperaturen dar. Bei der Erhitzung von Nickel über 950° verdampft das Metall stark, wodurch eine Absorption des Gases an den metallischen Beschlägen auf den Wandungen des Gefäßes eintritt. Eine Analyse des Gases zeigt, daß es fast ganz aus Kohlenoxyd besteht und die bei 900° entwickelte Menge entspricht im Normalzustand etwa dem doppelten Volumen des Metalls. Fast dieselben Ergebnisse wurden mit Molybdän erhalten, wobei die Gase ein Gemisch von Kohlenoxyd und Wasserstoff bildeten.

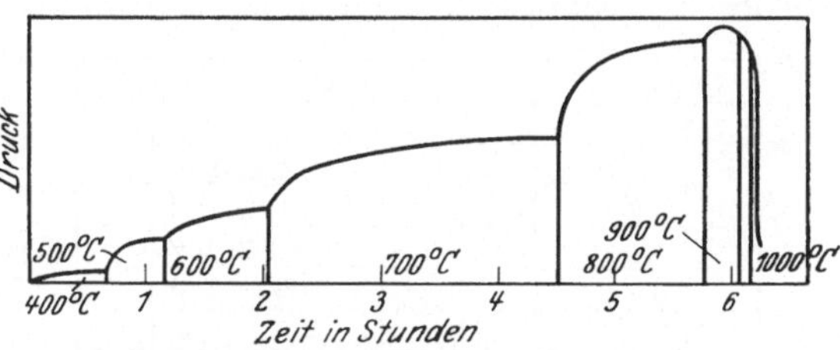

Abb. 175. Geschwindigkeit der Gasabgabe von Nickel bei verschiedenen Temperaturen im Vakuum.

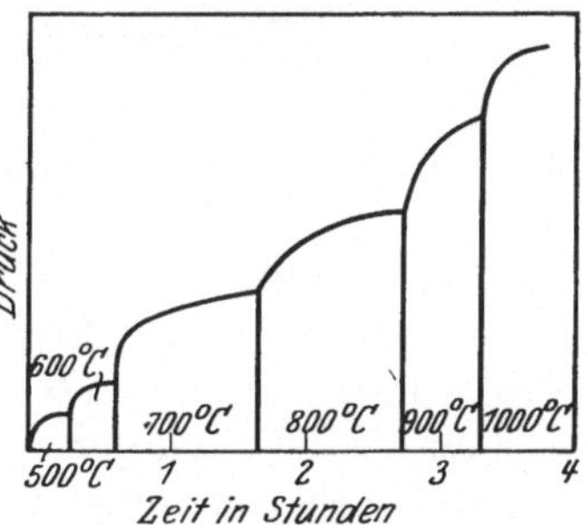

Abb. 176. Geschwindigkeit der Gasabgabe von Molybdän bei verschiedenen Temperaturen im Vakuum.

Aus den erwähnten Versuchen ersieht man deutlich, daß eine Bestimmung der Gase durch Glühen des Metalls unterhalb des Schmelz-

[1] Gossling, B. S.: Res. Labs. General Electric Co. Wembley (nicht veröffentlicht).

punktes sehr zeitraubend und ungenau sein muß. Die Natur des Gases spielt dabei natürlich eine Rolle, wie auch aus folgendem Beispiel hervorgeht. Erhitzt man im Vakuum in einem Graphittiegel ein Stück Metall bis zum Schmelzpunkt und hält die Schmelze bei dauernd laufender Gaspumpe flüssig, so erkennt man, daß die Gasabgabe des Metalls bei steigender Temperatur zunächst stärker wird, um am Schmelzpunkt einen Höchstwert zu erreichen. Kurz darauf sinkt der Gasdruck wieder, um schließlich nach 1 bis 2 Stunden auf den Dampfdruck der Apparatur bei der betreffenden Temperatur, den sogenannten Leerwert, zu fallen. Saugt man die sich entwickelnden Gase von Zeit zu Zeit ab und nimmt eine Analyse vor, so zeigt sich (Abb. 177), daß die zuerst entwickelten Gase während der Erhitzung hauptsächlich aus Wasserstoff und Kohlensäure bestehen. Oberhalb des Schmelzpunktes herrscht Kohlenoxyd vor, und erst nach längerer Behandlung im Schmelzfluß, wenn der Gesamtdruck in der Apparatur wieder fällt, entwickelt sich Stickstoff. Er stammt offenbar aus schwer dissoziierbaren Nitriden. Der Gasgehalt der in Abb. 177 gezeigten Probe war außergewöhnlich hoch, so daß die Verhältnisse recht anschaulich wurden.

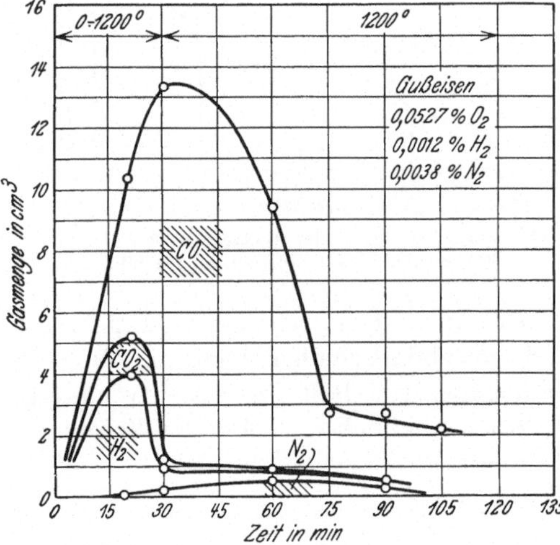

Abb. 177. Gasabgabe von Gußeisen beim Vakuumschmelzen. (Hessenbruch.)

Eine Gasbestimmung in Metallen soll den in Abb. 177 gezeigten Verlauf mit raschem Anstieg und raschem Abfall des Druckes über dem geschmolzenen Metall haben, wenn die Werte zuverlässig sein sollen. Es soll hier nicht weiter auf die Einzelheiten der Gasbestimmung eingegangen werden, da dieselbe im III. Kapitel ausführliche Behandlung erfahren hat. Dort ist auch die maßgebende Fachliteratur angegeben worden.

Im folgenden seien einige praktische Ergebnisse von Gasbestimmungen wiedergegeben[1].

Zahlentafel 5 zeigt die in verschiedenen Kupfersorten gefundenen Gasmengen. Die Gesamtmenge der Gase wie die Zusammensetzung

[1] Hessenbruch, W.: Z. Metallkunde **21**, 46/57 (1929).

schwankt stark. Vor allem fällt die große Gasmenge des Elektrolytkupfers auf. In Gewichtsprozenten beträgt der Wasserstoffgehalt 0,00028%. Auch die in Wasserstoff geschmolzene Probe hat 0,00009% H_2, während die handelsüblichen Raffinadekupferbarren etwa 0,00002% H_2 enthalten.

Zahlentafel 5. Gase im Kupfer. (Versuchstemperatur 1250° C.)

Probe	Einwage	Gasmenge $cm^3/100$ g	Gaszusammensetzung Vol.-%				Gew.-%	Bemerkungen
	g		SO_2	H_2	CO	Rest (N_2)	H_2	
Raffinadekupfer 1	40,44	2,72	58,20	7,90	19,50	14,40	0,00002	Beginn des Gießens
Raffinadekupfer 2	111,42	1,46	85,70	7,43	—	6,87	0,00001	Ende des Gießens
Raffinadekupfer 3	114,97	1,79	33,90	28,55	37,55	—	0,00005	Beginn des Gießens
Raffinadekupfer 4	109,93	0,73	61,10	11,11	22,22	5,57	0,00001	Ende des Gießens
Raffinadekupfer H	103,99	2,81	11,72	35,10	(53,10)	—	0,00009	im H_2-Strom geschmolzen
Elektrolytkupfer	78,50	7,98	10,88	39,52	(49,70)	—	0,00028	„Merck“

Da es sich bei den vorliegenden Bestimmungen um Umschmelzen im Vakuum handelt, ist der Cu_2O-Gehalt nicht bestimmt worden! Er kann durch Reduktion mit trockenem Wasserstoff (s. IV. Kapitel) bestimmt werden. Zahlentafel 6 zeigt die von W. Stahl nach diesem Verfahren ermittelten Werte für verschiedene Kupfersorten einschließlich der zugehörigen spezifischen Gewichte.

Zahlentafel 6.

Art des Kupfers		Feinraffinad Arbeit (umgeschmolzenes Elektrolytkupfer) I. %	A Raffinad II. %	A Raffinad III. %	B Raffinad IV. %
Rohgares Cu	O_2	0,013	0,870	0,854	1,280
	s	8,6078	8,5226	8,4864	8,5044
Stengeliges oder grobstrahliges Cu	O_2	0,352	0,361 0,339	0,365 0,372	0,393 0,388
	s	8,7088	8,7501 8,7524	8,7364 8,7205	8,7188 8,6976
Faseriges Cu	O_2	0,292 0,272			
	s	8,7609 8,7695			
Dichtgepoltes Cu . . .	O_2	0,039	0,136	0,220	0,233
	s	8,6536	8,6812	8,7363	8,6806
Zähgepoltes Cu	O_2	0,029	0,030	0,040	0,051
	s	8,1945	8,5242	8,5192	8,5770

Zahlentafel 7. Gase im Nickel. (Versuchstemperatur 1470° C.)

Probe	Chemische Analyse					Gasmenge	Gasanalyse Vol.-%				Gasanalyse Gew.-%		
	Ni	Fe	Cu	Si	S	$cm^3/100$ g	CO_2	CO	H_2	Rest (N_2)	O_2	H_2	N_2
Würfelnickel . .	99,01	0,54	0,095	0,018	0,010	482	2,30	90,00	3,50	4,20	0,3970	0,0015	0,0252
Nickelgranalien .	88,32	2,15	0,255	5,25	0,052	803	0,23	92,66	4,57	2,54	0,5360	0,0033	0,0255
„Mond"-Nickel .	99,60	n. b.	n. b.	n. b.	n. b.	113	2,92	72,38	24,70	—	0,0578	0,0025	—
Elektrolyt-Nickel	99,93	0,02	0,02	Sp.	n. b.	7,88	0,00	21,10	78,90	—	0,0017	0,0006	—

Die auf mikroskopischem Wege durch Ausplanimetrieren der Oxydeinschlüsse ermittelten Sauerstoffgehalte liegen meist etwas zu tief. P. Siebe und L. Katterbach[1] fanden den so ermittelten O_2-Gehalt verschiedener Kupferproben während der Polperiode zu 0,08 bis 0,32% O_2.

Die in vier verschiedenen Nickelproben enthaltenen Gase gibt die Zahlentafel 7 wieder. Besonders auffällig ist der hohe Gasgehalt des Würfelnickels und der Granalien. Dabei besteht das Gas zu 90,0 und mehr % aus CO. Während im Würfelnickel und in Nickelgranalien der Wasserstoff gegen den CO-Gehalt zurücktritt, enthält Elektrolytnickel hauptsächlich Wasserstoff. Die technischen Nickelproben stehen betreffs Höhe des Gasgehaltes an der Spitze aller untersuchten Metalle.

Die in Aluminium verschiedenen Reinheitsgehaltes enthaltenen Gase zeigt Zahlentafel 8. Das extrahierte Gas besteht hauptsächlich aus Wasserstoff. Kohlenoxyd und Kohlensäure dürften auch in diesem Falle Reaktionsgase sein.

Zahlentafel 9 gibt eine kleine Auswahl von Gasbestimmungen an verschiedenen Stählen, die lediglich als Beispiel dienen sollen. Im übrigen wird auf die einschlägige Literatur verwiesen[2].

Zahlentafel 10 zeigt die Zusammenstellung von Gasbestimmungen an verschiedenen Metallen und von verschiedenen Bearbeitern.

Bei 60/40 Messing tritt die erste Gasabgabe bei 480° ein. Die Geschwindigkeit der Gasabgabe zeigt bei 750° ein Maximum entsprechend der Umwandlung von $\alpha + \gamma$- in $\alpha + \beta$-Messing. Beim Schmelzpunkt tritt ein erneuter Anstieg ein. Es wurde mehrfach beobachtet, daß bei den Umwandlungspunkten, und besonders an kalt-

---

[1] Siebe, P. u. L. Katterbach: Z. Metallkunde **19**, 177/86 (1927).

[2] Hessenbruch, W. u. P. Oberhoffer: Arch. Eisenhüttenwes. **1**, 583/603 (1927/28). Diergarten, H.: Arch. Eisenhüttenwes. **3**, 577/86 (1929/30). Diergarten, H. u. E. Piwowarski: Arch. Eisenhüttenwes. **3**, 627/35 (1929/30). Petersen, H.: Arch. Eisenhüttenwes. **3**, 459/72 (1929/30).

verformten Proben, bei der Rekristallisation mehr Gase frei werden als bei den übrigen Temperaturen in festem Zustand.

Zahlentafel 8. Gase im Aluminium. (Versuchstemperatur 1200° C.)

Probe Nr.	Analyse Al	Si	Fe	Gesamtgasmenge cm³/100 g	Gaszusammensetzung Vol.-% H_2	CO	CO_2	Rest (N_2)	Gew.-% H_2
1	97,61	1,24	1,15	4,61	71,60	11,90	5,65	10,85	0,00030
2	99,52	0,22	0,26	3,94	74,70	11,16	—	14,20	0,00026
3	98,40	0,45	1,15	8,78	83,26	8,54	3,98	4,22	0,00065
4	98,62	0,98	0,40	6,38	84,31	12,08	2,98	0,63	0,00048
5	99,50	0,24	0,26	7,03	71,70	15,38	2,56	10,36	0,00045
6	99,01	0,08	0,65	17,20	88,13	8,48	3,39	—	0,00135
7	99,01	0,08	0,65	12,45	77,33	17,20	5,47	—	0,00085

Zahlentafel 9. Gase im Stahl. (Versuchstemperatur 1550 ° C.)

Probe	Chemische Analyse Gew.-% C	Si	Mn	P	S	Cr	Ni	Gasanalyse Gew.-% O_2	H_2	N_2
Elektrolyteisen	0,02	0,02	0,02	Sp.	0,0028	—	—	0,010	0,0010	0,0037
Armco-Eisen	0,02	—	0,05	—	—	—	—	0,062	0,0007	0,0035
Schwedisches Nageleisen	0,04	—	—	—	—	—	—	0,152	0,0012	0,0029
Thomasstahl vor der Desoxyd.	0,05	—	0,15	0,06	0,035	—	—	0,076	0,0009	0,0089
Thomasstahl nach der Desoxyd.	0,06	0,05	0,30	0,05	0,032	—	—	0,034	0,0007	0,0042
S.-M.-Stahl	1,02	0,31	0,25	0,02	0,030	1,47	—	0,005	0,0004	0,0027
Elektrostahl	1,03	—	—	—	—	1,47	0,27	0,003	0,0002	0,0087

Zahlentafel 10.

Element	Temperatur °C	Volumen von Gas cm³/100 g	Zusammensetzung Vol.-% H_2	CO	CO_2	CH_4	N
Duralumin[1]	500	8,5	91	9	—	—	—
67/33 Messing	720	6,3	65,5	13,5	14	—	7
60/40 Messing	720	4,25	56,5	—	8,5	—	44
60/40 Messing	1040	5,7	36	9,5	19	22	13,5
Zinn[2]	1350	5 bis 12	47	45	8	—	—

i) Die Entfernung von Gasen aus geschmolzenen Metallen.

Das Vorhandensein von Gasen in flüssigen Metallen gehört zu den unangenehmsten Erscheinungen der Metallurgie überhaupt. Der plötzliche Sprung in der Löslichkeit beim Erstarrungspunkt und die dadurch entstehende Gasentwicklung verursachen Gasblasen, Poren, geringe

[1] Guillet u. Roux: Comptes rendus **184**, 724 (1927).
[2] Hessenbruch, W.: Z. Metallkunde **21**, 46 (1929).

Dichte oder gar Steigen der Blöcke. Man hat daher von jeher nach Verfahren gesucht, diese Erscheinungen zu vermeiden.

Die Gase können im Ausgangsmaterial bereits enthalten sein. So ist z. B. jedes elektrolytisch gewonnene Metall mit Wasserstoff beladen, der beim Schmelzen der Kathodenplatten mehr oder weniger Ärger verursacht. Oft nehmen die Metalle jedoch die schädlichen Gase erst beim Schmelzen auf. Unter solchen Umständen kann ein Verfahren am besten zum Ziele führen, welches die Gasaufnahme beim Schmelzen verhindert. Diese Verfahren sind jedoch für technische Prozesse nur mit großen Kosten durchzuführen. Meist handelt es sich darum, die gelösten Gase nach dem Einschmelzen wieder zu entfernen.

Die für diesen Zweck benutzten Verfahren richten sich nach der Art des Gases. Handelt es sich um Kohlenoxyd, welches wohl ausschließlich als Reaktionsgas zwischen Oxyden und Karbiden anzusprechen ist, so ist meist die Überführung des Sauerstoffs in stabile, mit Kohlenstoff schwer reagierende Oxyde, die sogenannte „Desoxydation" am Platze. Die Desoxydationsmittel sind nach der Art des Metalls verschieden. Beim Eisen sind es Mangan, Silizium, Aluminium, beim Nickel Mangan, Silizium, Magnesium, beim Kupfer Phosphor, Arsen, Magnesium. Alle bilden im Metall fast vollkommen unlösliche Oxyde, die als Schlacke vom Tiegelmaterial aufgesaugt oder von der Schlackendecke aufgenommen werden.

Ist das bei der Erstarrung entweichende, im Metall vorhandene Gas Schwefeldioxyd, so ist der Zusatz von Mg in Mengen von 0,05 bei 0,1% ratsam. Die Entschwefelung durch Mg sollte jedoch immer nach der Desoxydation erfolgen. Anderenfalls wird das Magnesium zur Desoxydation verbraucht.

Häufig ist mit einer Desoxydation nichts mehr auszurichten, da es sich, wie z. B. bei Al und Mg um Metalle handelt, die den Sauerstoff sehr stark binden, so daß beim Erstarren kein CO frei werden kann. In solchen Fällen handelt es sich um gelösten Wasserstoff und hier tut eine Vorerstarrung im Ofen gute Dienste. Aluminiumgüsse zeigen gerne feine Gasblasen, die radial verlaufen und über den ganzen Block zerstreut sind. Die Gasblasen entstehen eher in Sandgüssen als in Kokillenguß oder nach ganz langsamer Erstarrung im Tiegel. S. L. Archbutt[1] vermutete, daß der Hauptteil der gelösten Gase entfernt werden könne, wenn man die Schmelze im Tiegel langsam erstarren ließe, wobei man dem Gas Zeit gibt, aus der Schmelze aufzusteigen. Anschließend sollte schnell wieder auf Gießtemperatur erhitzt werden. Wenn man den oberen Teil der Schmelze warm hält oder vermeidet, daß sich eine Decke auf der Schmelze bildet, entweichen

---

[1] Archbutt, S. L.: J. Inst. Met. **33**, 227 (1925).

meist so viel Gase, daß das Metall in der Tat nach dem Aufschmelzen ohne Blasenbildung erstarrt. Die Anwendung dieses Verfahrens auf Aluminiumlegierungen ergab fehlerfreie Sandgüsse und Steigerung der Festigkeit bis zu 10%. Das Verfahren kann mit Vorteil auf alle Metalle angewandt werden, die Wasserstoff lösen, so z. B. auf Kupfer und Kupferlegierungen[1]. Nickellegierungen soll man sogar in Wasserstoff schmelzen und gießen können, wenn man sie kurz unter die Soliduslinie abkühlt und dann vor dem Gießen schnell aufschmilzt. Ein Steigen soll nicht eintreten.

W. Claus und E. Kalaehne[2] haben das Metall nicht erstarren lassen, sondern es lediglich auf Temperaturen kurz oberhalb des Erstarrungspunktes, eventuell ins Gebiet zwischen Liquidus- und Soliduskurve abgekühlt. Dann entweicht ebenfalls ein großer Teil der Gase und ein kurz darauf erfolgender Guß wird dicht. Vorbedingung ist jedoch, daß die Abkühlung nicht in der ursprünglichen Ofenatmosphäre geschieht. Daraus geht hervor, daß die entweichenden Gase offenbar im festen Metall nicht löslich sind und durch die Verminderung des Partialdruckes in der Gasphase entweichen. Für Gase, die im festen Zustand ebenfalls eine beträchtliche Löslichkeit haben und besonders für Metalle, die erst beim Erstarren merkliche Gasmengen abgeben, dürfte dieses Verfahren weniger zu empfehlen sein.

Oft genügt auch ein starkes Durchwirbeln des Metalls mit einem inerten Gas, um die in Lösung befindlichen Gase zu vermindern. S. L. Archbutt benutzte bei Aluminium Stickstoff und N. P. Allen sowie E. J. Daniels verwandten für Kupfer und Kupferlegierungen Stickstoff, Kohlensäure und Kohlenoxyd. Während des Durchleitens des Gases kühlt die Schmelze bis zur Erstarrung ab. Während der ersten Zeit tritt wohl mit dem Stickstoff ein brennbares Gas aus der Schmelze aus. Der Stickstoff muß jedoch für diese Zwecke von Sauerstoff und Wasserdampf gereinigt werden, sonst wird mehr Unheil gestiftet als gut gemacht.

Die Entfernung des Gases dürfte in der Hauptsache auf der Abkühlung beruhen. Die Gasabgabe wird lediglich durch den Stickstoff beschleunigt, da vermieden wird, daß das Metall sich an Gas übersättigt. Die Wirkung der inerten Gase ist also ein physikalische. Die Löslichkeit eines bestimmten Gases kann durch Anwesenheit eines anderen nicht verändert werden. Sie hängt nur ab von Temperatur und dem Partialdruck des betreffenden Gases in der Gasphase.

Man kann auch die physikalische Wirkung mit einer chemischen

---

[1] Prytherch, W. E.: J. Inst. Met. **43**, 73/80 (1930). Allen, N. P.: J. Inst. Met. **43**, 81/124 (1930). Daniels, E. J.: J. Inst. Met. **43**, 125/62 (1930).

[2] Claus, W. u. E. Kalaehne: Gieß. **15**, 996 (1928); Z. Metallkunde **21**, 271 (1929).

Reinigung verbinden, wie dies D. R. Tullis[1] und später andere bei der Behandlung mit Chlor taten. D. R. Tullis leitete einen Strom von Chlor oder Bortrichlorid durch das Metall. Das Chlor verbindet sich mit Verunreinigungen wie Oxyden und Fremdmetallen, die als flüchtige Chloride entweichen. Das mit dem Chlor eingeführte Element (Bor, Titan) dient als Desoxydationsmittel. Das Verfahren ist mit Vorteil auf Aluminiumlegierungen angewandt worden und verspricht gute Ergebnisse.

Alle diese Verfahren sind ein Notbehelf und bleiben in speziellen Fällen mehr oder weniger unwirksam. Das einwandfreieste Verfahren ist das Schmelzen unter Ausschluß der Gase, das Schmelzen im Vakuum.

Das Schmelzen im Vakuum verhindert nicht nur die Aufnahme von Gas beim Schmelzen, sondern entfernt auch die in den Rohstoffen vorhandenen Gase. Dabei kann es sich einerseits um gelöste Gase handeln, wie z. B. Wasserstoff in Kupfer. Anderseits werden auch die Verbindungen von Gasen mit Metallen, die Oxyde und Nitride, zerstört. Hierbei kommt zunächst die Dissoziationsspannung der Verbindungen in Frage. Diese ist, wie z. B. aus folgender Zahlentafel hervorgeht, beträchtlicher als man gemeinhin annimmt.

Zahlentafel 11. Dissoziationsdrucke einiger Oxyde.

Oxyd	Temperatur °C	p_{O_2} in mm Hg
$Fe_2O_3 + Fe_3O_4$ (0,9% FeO) . .	1100	0,37
	1200	5,00
$Fe_2O_3 + Fe_3O_4$ (9,09% FeO). .	1100	0,10
	1200	2,15
$4\,CuO = 2\,Cu_2O + O_2$	1000	97,2
	1100	557,1
$2\,Ag_2O = 4\,Ag + O_2$.	25	$5 \cdot 10^{-4}$
	302	20,5
	445	207,0

Ermittelt man auf Grund des Nernstschen Näherungssatzes, bei welchen Temperaturen die Sauerstoffdrucke der verschiedenen Metalloxyde den Sauerstoffpartialdruck der Atmosphäre erreichen, so kommt man[2] zu folgenden Werten:

$CuO \rightarrow Cu_2O$	1406° C		$FeO \rightarrow Fe$	> 2200° C
$Cu_2O \rightarrow Cu$	1662° C		$Fe_2O_3 \rightarrow Fe_3O_4$	1127° C
$PbO \rightarrow Pb$	2075° C		$F_3O_4 \rightarrow FeO$	> 2200° C
$NiO \rightarrow Ni$	2478° C		$MnO_2 \rightarrow MnO$	1147° C
$ZnO \rightarrow Zn$	3544° C		$MnO \rightarrow Mn$	weit > 2200

[1] Tullis, D. R.: J. Inst. Met. **40**, 55 (1928).

[2] Stahl: Metallurgie **4**, 682 (1907). v. Jüptner: Theorie der Eisenhüttenprozesse. Stuttgart: F. Enke 1907.

Es ist also möglich, Eisenoxyd durch Erhitzung auf 1700° im Vakuum in Fe, Sauerstoff und Eisenoxyduloxyd zu zerlegen, das im Eisen bei 1700° bis zu 0,92% gelöst wird. Noch günstiger liegen die Verhältnisse für CuO und Ag_2O, bei denen die Dissoziation ein fast oxydfreies Metall liefert.

Die stabilen Oxyde werden nun ebenfalls entfernt oder vermindert, wenn man durch geringe gewollte oder ungewollte Zusätze von Kohlenstoff Gelegenheit zur Kohlenoxydbildung gibt. Da das entstehende Kohlenoxyd abgepumpt wird, geht die Reaktion $MO + C = M + CO$ erst zu Ende, wenn entweder der Kohlenstoff oder das Oxyd verbraucht ist. Der wünschenswerteste Zustand läßt sich nur auf Grund großer Erfahrung erzielen. Im allgemeinen ist dies die vollkommene Entfernung von Sauerstoff. Zeitweilig kann dagegen auch der kleinste C-Überschuß unerwünscht sein.

Die Entfernung des Stickstoffs aus den Nitriden kann teilweise auch durch Reaktion von Karbid und Nitrid erfolgen, unter Bildung des bei hohen Temperaturen stabilen, flüchtigen Zyans.

Das Vakuumschmelzen bringt für die Herstellung von Schwermetallen eine weitere Annehmlichkeit mit sich. Metalle wie Mg, Zn, Pb, Cd und Bi, die meist schon in Spuren die Eigenschaften der Schwermetalle stark beeinträchtigen, werden im Vakuumofen abdestilliert. Leider wird durch diese Wirkung des niedrigen Druckes auch das Mangan betroffen, welches beim Schmelzpunkt des Nickels bereits einen großen Dampfdruck hat. Es gehört Erfahrung dazu, den Manganverlust durch Verdampfung je nach Legierung, Schmelzpunkt und Schmelzdauer durch entsprechenden Zusatz richtig auszugleichen.

Soweit die Metalle nicht verdampfen bzw. an kältere Teile des Ofens destillieren, ist der Abbrand an Metall beim Vakuumschmelzen sehr gering, er beträgt etwa 0,1 bis 0,3%. Dies ist ein nicht zu unterschätzender Vorteil.

Wie schon an anderer Stelle gezeigt wurde, gehört Wasserdampf zu den für die meisten Metalle sehr schädlichen Dämpfen. Während der Wasserdampf bei niedrigeren Temperaturen als Reaktionsprodukt von Metalloxyden und Wasserstoff entsteht, hat er bei hohen Temperaturen eine stark oxydierende Wirkung. Außerdem wird bei der Zersetzung der naszierende Wasserstoff begierig gelöst. Es ist nun eine weitere sehr bedeutsame Erscheinung, daß der Wasserdampfdruck der feuerfesten Zustellung durch das Vakuum beträchtlich vermindert wird. Ja, man kann durch besondere Vorrichtungen für eine fast absolute Entfernung des Wasserdampfes sorgen.

Anderseits verbindet der Vakuumofen mit der Möglichkeit des Entgasens eine zweite Annehmlichkeit, die willentliche zeitweise Zuführung von Gas zu dem Metall. So ist man z. B. imstande, die letzten Reste

Sauerstoff aus Eisen zu entfernen, wenn man Wasserstoff als Reduktionsmittel benutzt und nachträglich wieder evakuiert.

Neben all diesen Vorteilen bietet der Vakuumofen von geeigneter Bauart auch Gelegenheit zum Vergießen des Metalls im Vakuum. Hierin ist ein besonderer Vorteil des Vakuumofens zu sehen, da man bei geeigneter Wahl der Gießtemperatur den Block so langsam gießen kann, daß er kurz unterhalb der jeweiligen Oberfläche in der Kokille erstarren kann und so der Lunker verkleinert wird. Hierzu ist im übrigen noch die Beachtung einer größeren Reihe von Vorsichtsmaßregeln nötig.

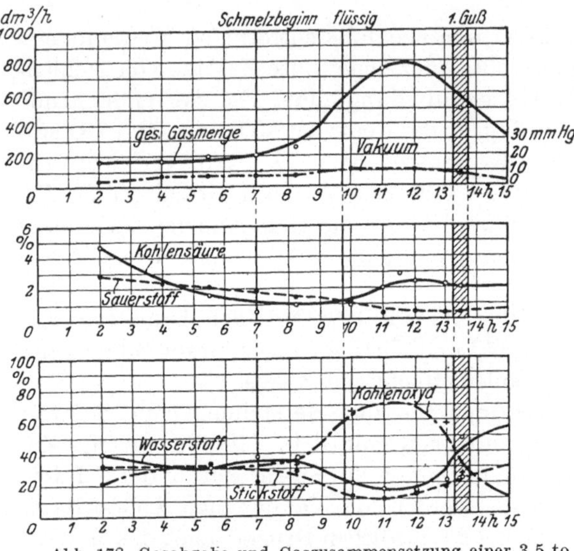

Abb. 178. Gasabgabe und Gaszusammensetzung einer 3,5 to Vakuumschmelze von Chrom-Nickel. (Rohn.)

Alle diese nützlichen Eigenschaften des Vakuumofens sind bisher im allgemeinen nur für Laboratoriumszwecke ausgenutzt worden. Die erste technische Ausführung größerer Öfen in Verbindung mit wassergekühlten Kokillen geschah durch W. Rohn[1] in der Heraeus-Vakuumschmelze A.G., Hanau. Es gelang, Schmelzen in besonderen Induktions-Vakuumöfen von 3 bis 4000 kg zu machen. Nach vielen anfänglichen Schwierigkeiten war es möglich, diese Öfen so zu bauen, daß in der Kälte ein Vakuum von < 1 mm bei abgestellter Pumpe wochenlang gehalten werden kann. Über den Druckverlauf und die Zusammensetzung der abgepumpten Gase gibt Abb. 178 an dem Beispiel einer Chromnickel-Schmelze Auskunft. Man sieht, daß die Hauptgasentwicklung erst nach dem Niederschmelzen beginnt. Das

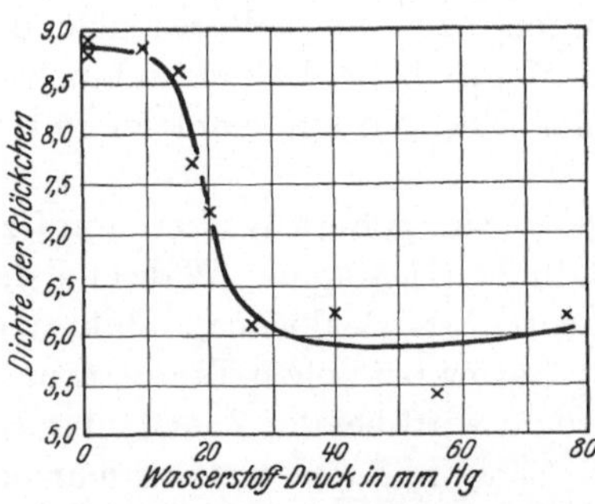

Abb. 179. Dichte von Kupferblöckchen in Abhängigkeit vom Wasserstoffdruck während des Schmelzens. (Allen.)

[1] Rohn, W.: Z. Metallkunde **21**, 12 (1929); J. Inst. Met. **42**, 203 (1929).

rührt daher, daß der größte Teil der aus Metallen entfernten Gase Reaktionsgas ist. Der Druck steigt, wenn das ganze Metall im Schmelzfluß ist, zunächst noch weiter, da jetzt die Hauptreaktionen erst beginnen. Nach etwa 2 Stunden fällt die Gasmenge, der Druck sinkt, die Schmelze ist zum Gießen fertig. Das Metall kann durch die Schaulöcher im Ofendeckel beobachtet werden. Es sieht silbrigglänzend aus und ist selbst bei sonst schnell oxydierenden Metallen absolut blank. Hie und da schwimmt ein Schlackenteilchen auf dem Bad, welches aus der Zustellung und den Disoxydationsmitteln entstanden ist.

Die Frage der Beendigung der Entgasung ist eine der wichtigsten Fragen beim Vakuumschmelzen. Zur Entfernung der gelösten Gase bis auf kleine Spuren braucht man an sich nicht Drucke unter 10 mm Quecksilber. Einen Beleg hierfür gab kürzlich N. P. Allen, der die Dichte von Elektrolytkupfer nach Schmelzen unter verschiedenen Vakua prüfte. Abb. 179 zeigt die Abhängigkeit der Dichte der Kupferblöcke von der Höhe des Vakuums, aus denen man erkennt, daß die Dichte unterhalb 10 mm praktisch konstant ist. Während bei 60 mm Hg und darunter die Gasblasen bereits 1% des Gesamtvolumens ausmachen, ist erst unterhalb 20 mm eine wesentliche Steigerung des spez. Gewichts, infolge der Entziehung des in fester Lösung bleibenden Gases eingetreten. Die Entfernung der letzten Spuren von Gasen erfordert dagegen äußerst kleine Drucke ($< 0{,}01$ mm).

Bei leicht oxydierbaren Gasen kann dagegen ein dauernder Druck von einigen mm genügen, um das Metall stark zu oxydieren. Ein absolut sicherer Ausschluß der Außenluft muß daher vorhanden sein.

Den Erfolg des Vakuumschmelzens kann man an der Härte, der Korngröße, den Festigkeitseigenschaften, der Korrosionsbeständigkeit usw. deutlich erkennen. Das Metall ist weicher, weniger empfindlich gegen Schlag und zeigt bei entsprechenden Erstarrungsbedingungen größeres Korn. Die magnetischen und elektrischen Eigenschaften werden ebenfalls merklich beeinflußt.

So stellt das Vakuumschmelzen und -Gießen an sich ein Optimum der wünschenswerten Metallbehandlung im Schmelzfluß dar. Seine sachgemäße technische Durchführung ist jedoch äußerst schwierig und kostspielig.

VI. Der Einfluß geringer Beimengungen auf die mechanischen Eigenschaften der Metalle.

Die charakteristische Eigenschaft der Metalle, welche sie von anderen Stoffen unterscheidet, ist ihre Geschmeidigkeit. Diese Eigenschaft macht es möglich, sie zu schmieden, zu walzen oder zu ziehen, und wenn sie mit hoher Festigkeit, Härte und Kerbzähigkeit einhergeht, macht sie die Metalle als Konstruktionsmaterialien besonders geeignet. Alles, was diese Eigenschaften in geringstem Maße beeinflußt, ist daher von größter Bedeutung. Die mechanischen Eigenschaften der Metalle und Legierungen sind eng mit ihrem Gefüge verbunden, und dieses ist, wie schon gezeigt wurde, durch die Gegenwart von Beimengungen oder geringen Änderungen der Zusammensetzung leicht zu beeinflussen. Die früher benutzte Einteilung soll bei der nun folgenden Besprechung des Einflusses geringer Beimengungen auf die mechanischen Eigenschaften der Kristalle beibehalten werden.

Metallische Verunreinigungen.

a) Lösliche Bestandteile.

Metallische Bestandteile, welche einfache feste Lösungen mit dem Metall bilden, erhöhen im allgemeinen die Festigkeit und Härte und erniedrigen die Dehnung. Daher wird Kupfer dem Gold und dem Silber für Münzzwecke zugefügt, um ihre Härte zu steigern. Platin wird mit Iridium legiert, um seine Härte für den Gebrauch z. B. von Goldfederspitzen zu erhöhen. Der Platin-Rhodium-Draht der Thermoelemente ist von dem reinen Metall durch seine viel größere Steifigkeit leicht zu unterscheiden. Die Zerreißfestigkeit und Härte von Kupfer wird durch die Zugabe von Metallen, die feste Lösungen bilden, gesteigert. Das α-Messing und die Bronze sind viel härter als Kupfer und sind typische Beispiele hierfür. Die Nickelstähle mit 3 bis 5% Nickel haben bessere mechanische Eigenschaften als die gleichen, reinen Kohlenstoffstähle, da der nickelhaltige Ferrit härter ist.

Die in einem Mischkristall vorhandenen Atome der Beimengungen werden in den Gitterverband aufgenommen. Da der Gitterparameter der beiden Komponenten jedoch nie gleich ist, entstehen Spannungszustände, die sich eben in einer Änderung des Gitterparameters äußern. Es ist verständlich, daß isomorphe Elemente mit Gitterparametern von nahezu derselben Größe wie das Lösungsmittel den geringsten Einfluß auf die Härte ausüben. Die Größe der Gitterstörung wird durch die Aufweitung der Röntgenspektren meßbar. Die Spannungszustände dürfen jedoch ein gewisses Maß nicht überschreiten. Im allgemeinen gilt die Regel, daß die Löslichkeit zweier Metalle ineinander der Ähnlichkeit der Atome proportional, die Steigerung der Härte der Ungleichheit proportional ist[1]. Die härtende Wirkung ist daher um so größer, je begrenzter die Löslichkeit der beiden Metalle ist. Die Geschmeidigkeit der Metalle hängt von der Möglichkeit ab, auf bestimmten kristallographischen Ebenen zu gleiten. Zusätze, die die Bildung solcher Gleitebenen stören, müssen notgedrungen Sprödigkeit der Metalle hervorrufen.

[1] Rosenhain, W.: Chem. Metallurg. Engg. **25**, 243/45 (1921).

In einigen Fällen verschlechtert ein Zusatz von kleinen Mengen eines Metalls, die nach dem Gleichgewichtsschaubild im Grundmetall löslich sind, die Geschmeidigkeit so stark, daß das Metall nicht verarbeitet werden kann. Die Wirkung von Wismut und Zinn auf das Gefüge von Gold ist bereits erwähnt worden. Obwohl die Löslichkeit dieser Elemente 4 bis 5% ist, machen viel geringere Mengen das Metall unverarbeitbar. Dies hat seinen Grund in Seigerungen, die das homogene Gefüge nicht zustande kommen lassen. Während reines Gold fast unbegrenzt gewalzt werden kann, ohne hart zu werden, verursachen 1% Sn nach 20 Stichen Bruch[1] und Gold mit 0,1% Bi brach nach 3 Stichen. Gold-Kupfer-Legierungen mit 1,0% Cu waren noch empfindlicher und konnten mit 0,01% Bi nicht mehr verarbeitet werden.

Ein besonders anschauliches Beispiel für die Wirkung geringer, in fester Lösung befindlicher metallischer Verunreinigungen ist die Festigkeit handelsüblicher und reinster Metalle.

Die zur Gewinnung technischer Metalle benutzten Erze enthalten meist mehr als ein Metall. Es bestehen typische Ganggemeinschaften und Familien von Erzen, die immer zusammen vorkommen. Bei der Verhüttung ist die Entfernung solcher Fremdmetalle nicht leicht und selbst in guten, handelsüblichen Metallen sind Fremdmetalle enthalten. Sie liegen zumeist in fester Lösung vor. Wie stark die Festigkeitseigenschaften dadurch beeinflußt werden, erkennen wir erst dann, wenn es uns gelingt, reinere oder reinste Metalle herzustellen. Die Härte und Festigkeit solcher Reinstmetalle ist durchweg kleiner als die der handelsüblichen. Nachfolgende Aufstellung zeigt die Härte, Festigkeit und Dehnung für Aluminium verschiedenen Reinheitsgrades[2] im Vergleich mit Reinstaluminium mit mehr als 99,9% Aluminium nach I. D. Edwards[3].

Al-Gehalt %	Zugfestigkeit kg/mm²	Dehnung %	Kontraktion %	Brinellhärte ** kg/mm²
98,7*	11,8	31,0	n. b.	n. b.
99,1*	10,0	30,0	n. b.	19,5
99,9*	7,0	43,0	n. b.	n. b.
über 99,9	6,0	60,0	95	15

* bei 250° ½ Std. geglüht. ** (5/62,5/30).

Man erkennt die stetige Zunahme der Dehnung und den Abfall der Festigkeit mit steigender Reinheit. Die Kontraktion des Reinstalumi-

[1] Nowack, L.: Z. Metallkunde 19, 238 (1927).
[2] Werkstoffhandbuch, Nichteisenmetalle.
[3] Edwards, I. D.: J. Amer. Electrochem. Soc. 50, 267/77 (1925).

niums ist außerordentlich. Normalerweise bewegt sie sich zwischen 50 und 70%.

Normales Handelszink hat eine Festigkeit von 19,0 kg/mm², Feinzink des Handels mit 99,7 bis 99,9% Zn 12,6 kg/mm². H. M. Cyr[1] stellte spektroskopisch reines Zink (99,999% Zn) dar, welches eine Festigkeit von 10,0 kg/mm² hat. J. R. Freeman, F. Sillers und P. F. Brandt[2] fanden sogar an einem sehr reinen Zink mit etwa 0,007% Verunreinigungen eine Festigkeit von 2,8 kg/mm²!

Normales Beryllium mit 99,75% Be hat eine Brinellhärte von 140. Reinstes Beryllium ($>$99,9%) hat nach A. C. Vivian[3] eine Brinellhärte von 90.

Manche Metalle, die bisher als äußerst spröde bekannt sind, sind im höchst reinen Zustand geschmeidig. A. E. v. Arkel und F. H. de Boer[4] stellten reines Ti, Zr, Hf und Th durch Dissoziation der betreffenden Jodide an Wolframfäden dar. Die so erhaltenen feinen Metallüberzüge waren absolut weich und geschmeidig.

b) Unlösliche Bestandteile.

Unlösliche metallische Bestandteile steigern im allgemeinen die Härte, aber meist beeinflussen sie auch die Geschmeidigkeit des Metalls wesentlich. Ihre Wirkung hängt davon ab, welcher Art das Gefüge ist, in dem sie entstehen, und ob sie selbst spröde oder zähe sind. Wenn das zugegebene Metall als einzelne Teilchen verteilt ist, wird es auf die Zähigkeit weniger Einfluß haben als wenn es ein Netzwerk um die Primärkristalle bildet.

Wismut übt einen besonders nachteiligen Einfluß auf die mechanischen Eigenschaften von Messing und Bronze aus durch seine Verteilung in den Korngrenzen und durch außerordentlich hohe Sprödigkeit. Kupfer mit mehr als 0,01% Wismut kann nicht warmgewalzt werden, und 0,05% scheint die obere Grenze für das Kaltbearbeiten zu sein[5]. Die feste Löslichkeit von Wismut in Kupfer ist kleiner als 0,002% und jeder Überschuß bildet spröde Häutchen zwischen den Kupferkörnern. Für die meisten Zwecke ist 0,005% Wismut der zulässige Höchstwert, und wo das Metall angestrengter Kaltbearbeitung ausgesetzt werden soll, sollte man auf absolutes Fehlen dieses Elements streng achten. Antimon übt einen ähnlichen Einfluß auf Kupfer und seine Legierungen

---

[1] Cyr, H. M.: J. Amer. Electrochem. Soc. **52**, 349/54 (1927).

[2] Freeman, J. R., F. Sillers u. P. F. Brandt: Sci. Pap. Bur. Stand. **20**, 661/95 (1926).

[3] Vivian, A. C.: Trans. Faraday Soc. **22**, 211/25 (1926).

[4] v. Arkel, A. E. u. F. H. de Boer: Z. anorg. u. allg. Chem. **148**, 345/50 (1925).

[5] Hanson u. Ford: J. Inst. Met. **37**, 169 (1927).

aus, und Messing mit 0,005% dieses Elements ist praktisch unbearbeitbar[1].

Wenn das zugegebene Metall dehnbar ist, kann seine Anwesenheit für gewisse Zwecke wünschenswert sein. Blei, das praktisch in Kupfer und Messing unlöslich ist, wird oft zu 70/30 Messing zugegeben, um die Gießbarkeit und Bearbeitbarkeit zu verbessern. Es verbessert die Leichtflüssigkeit des geschmolzenen Metalls und erleichtert die Herstellung gesunder Güsse. In der festen Legierung ist es als Kügelchen in den Korngrenzen verteilt und bildet dadurch Flächen mit geringer Festigkeit, welche dem Metall den Bruch beim Schneiden eher ermöglichen, einen kurzen, brüchigen Span geben und daher die Bearbeitung erleichtern. Seine Wirkung in dieser Richtung ist ähnlich der des Graphits im Gußeisen.

Die Steigerung der Härte durch die Zugabe eines unlöslichen Metalls hat in einer Reihe von Fällen praktische Anwendung gefunden. Blei, welches in mancher Hinsicht viele wertvolle Eigenschaften hat, wie großen Korrosionswiderstand, ist außerordentlich weich, wenn es rein ist. Es kann durch die Zugabe geringer Mengen von Antimon, Zinn oder Kadmium gehärtet werden, wobei die beiden ersten fast vollständig unlöslich sind. Die Zugabe von 1% Antimon steigert die Festigkeit und Brinellhärte um etwa 50%, und diese Legierung wird allgemein für die Ummantelung von Kabeln benutzt. Eine ähnliche Wirkung wird durch 3% Zinn hervorgerufen. Für die sogenannten Masseplatten von Akkumulatoren, die eine größere Härte haben müssen, kann man 6 bis 8% Antimon zufügen. Die Härte steigt und die Dehnung fällt mit steigendem Antimongehalt dauernd, aber die Legierung wird nicht spröde, bis die eutektische Zusammensetzung überschritten ist und primäre Antimonkristalle erscheinen. Es ist von Beckinsdale und Waterhouse[2] gezeigt worden, daß der interkristalline Bruch des Bleis, der einen häufigen Fehler bei den Kabelmänteln vorstellt, das Ergebnis der Ermüdung infolge Schwingungen ist[3]. Diese Art von Fehlern ist nicht auf Verunreinigungen zurückzuführen, und das reine Blei ist in der Tat am empfindlichsten entsprechend seiner geringen Ermüdungsgrenze. Die Ermüdungsgrenze von reinem Blei ist nur $\pm 2{,}84$ kg/mm², aber man kann sie auf das Dreifache steigern durch Zugabe von 0,5% Kadmium. Ähnliche Wirkungen erzielt man bei ternären Legierungen mit Kadmium und Zinn oder Kadmium und Antimon, deren geeignete Zusammensetzungen sind: 0,25% Kadmium + 1,5% Zinn oder 0,25% Kadmium + 0,5% Antimon. Diese ternären Legierungen haben nicht

[1] Wieland: Z. Metallkunde **19**, 417 (1927).

[2] Beckinsdale u. Waterhouse: British Non-Ferrous Metals Research Assoc. Rep. Nr. C 81/126.

[3] S. auch Haehnel, O.: Z. Metallkunde **19**, 492/96 (1927).

nur eine hohe Ermüdungsgrenze, sondern sind viel weniger empfänglich für Verzundern als binäre Legierungen und sind daher leichter in sauberem Zustand auf der Strangpresse zu bearbeiten. Zink wird in ähnlicher Weise durch die Zugabe von Kadmium beeinflußt. Die Brinellhärte steigt von 34 auf 55, wenn 1% Kadmium im gegossenen Metall vorliegt[1].

Die Veredelung von Aluminium-Silizium-Legierungen durch Behandlung mit weniger als 0,1% Natrium ist schon erörtert worden und gibt ein sehr einleuchtendes Beispiel der Abhängigkeit der mechanischen Eigenschaften vom Gefüge. Die Ergebnisse der mechanischen Proben von normalen und mit Natrium behandelten Legierungen, die Gwyer und Phillips[2] erhielten, sind in Zahlentafel 12 wiedergegeben. Da die behandelten Legierungen weniger als 0,01% Natrium enthalten, ist die Änderung der Eigenschaften fast völlig der geänderten Struktur des Silizium-Aluminium-Eutektikums zuzuschreiben.

Zahlentafel 12. Eigenschaften einer 11%igen Al-Si-Legierung.

Behandlung		Elast. Grenze kg/mm²	Festigkeit kg/mm²	Dehnung (% auf 50 mm) Meßlänge	Brinellhärte
Kokillenguß	Normale Legierung. . .	7,45	16,15	3,1	61,0
	Mit 2% NaOH behandelt	8,95	21,60	8,1	62,5
Sandguß	Normale Legierung. . .	6,62	10,24	1,4	50,8
	Mit 2% NaOH behandelt	7,00	16,60	9,2	47,0

c) Bildung von Verbindungen.

Intermetallische Verbindungen sind dadurch gekennzeichnet, daß sie hart und spröde sind und häufig als wohlausgebildete Kristalle innerhalb oder zwischen den Körnern eines Metalls oder einer Legierung auftreten. Ihre Wirkung ist im allgemeinen eine Steigerung der Härte und eine Erniedrigung der Dehnung und der Kerbzähigkeit. Der Einfluß dieser Gefügeart auf die Ermüdung bei wechselnden Beanspruchungen soll im Zusammenhang mit den nichtmetallischen Bestandteilen betrachtet werden, da diese in mancher Beziehung ähnlich wirken. Es sind viele Beispiele der Sprödigkeit infolge der Anwesenheit von intermetallischen Bestandteilen bekannt. Die Bildung solcher Verbindungen bei Zugabe geringer Mengen Antimon, Tellur oder Blei in Gold ist schon erwähnt worden. Die Eutektika, die Gold mit Au_2Sb und $AuTe_2$ bildet, sind sehr spröde, und die Anwesenheit von 0,1% eines dieser Elemente macht das Metall unbearbeitbar. Die Verbindung mit Blei Au_2Pb scheidet sich in den Korngrenzen aus unter Bildung eines spröden

[1] Jenkins, C. H. M.: J. Inst. Met. **36**, 63 (1926).
[2] Gwyer u. Phillips: J. Inst. Met. **36**, 283 (1926).

Netzwerkes (Abb. 76) und das Metall kann nicht gewalzt werden, wenn es mehr als 0,005% Blei enthält.

Kupfer wird auf ähnliche Weise durch kleine Mengen Magnesium beeinflußt. Kupfer löst bei Raumtemperatur nur geringe Mengen Magnesium bei 700° jedoch etwa 3%. Bei normaler Abkühlung scheidet sich der gesättigte Mischkristall aus, der die mechanischen Eigenschaften sehr ungünstig beeinflussen soll.

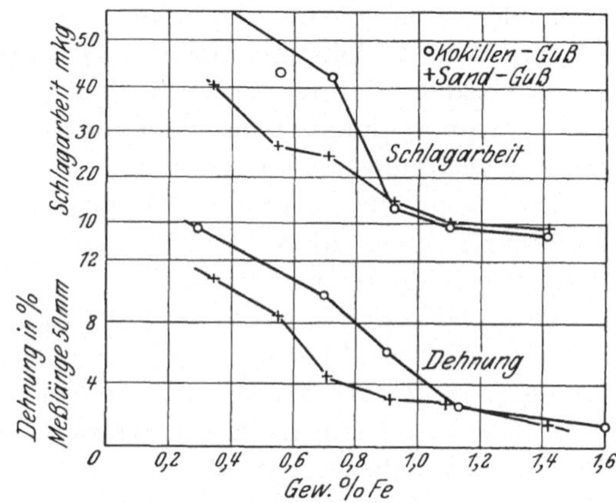

Abb. 180. Einfluß von Fe auf die mechanischen Eigenschaften einer Aluminiumlegierung mit 11% Si (Gwyer und Phillips).

Eisen ist eine der gewöhnlichsten Verunreinigungen des Aluminiums, mit denen es Verbindungen der Formel $FeAl_3$ bildet. Letzteres bildet ein Eutektikum mit Aluminium, welches 1,89% Eisen enthält. Silizium ist ebenfalls eine häufige Verunreinigung von Aluminium und seinen Legierungen; es hat bei Raumtemperatur eine geringe Löslichkeit und bildet ein gewöhnliches Eutektikum mit Aluminium. Wenn beide Elemente anwesend sind, entsteht ein neuer Bestandteil X von unbekannter Zusammensetzung, der Eisen, Silizium und Aluminium enthält. Dieser Bestandteil ist gewöhnlich in Aluminium-Silizium-Legierungen vorhanden, und wenn der Eisengehalt 0,8% überschreitet, bildet er große Lappen oder Nadeln innerhalb der Legierung, welche Ebenen geringer Festigkeit darstellen. Ihr Einfluß ist am besten zu beobachten in den Kerbzähigkeitswerten, welche für verschiedene Eisenmengen in Abb. 180 wiedergegeben sind.

d) Ausscheidungshärtung und Alterung.

Bei der Betrachtung des Einflusses intermetallischer Verbindungen auf die mechanischen Eigenschaften der Metalle müssen wir eine Erscheinung erwähnen, die in den letzten Jahren an zahlreichen Metalllegierungen beobachtet worden ist. Läßt man z. B. gewisse Aluminiumlegierungen einige Tage liegen, so zeigen sich Änderungen der Härte, Festigkeit, der Dichte und der elektrischen Leitfähigkeit, die Legierung altert. Die Alterung besteht in der Ausscheidung feinster Teilchen eines Fremdelements oder einer intermetallischen Verbindung aus einer übersättigten Lösung. Die Alterung ist eine typische Erscheinung, die auf im Metall vorhandene instabile Gleichgewichtszustände hindeutet. Die

Schnelligkeit und Größe der Alterung hängt von der Konzentration und der Temperatur ab. Die Ausscheidungshärtung durch Altern, künstliches Altern oder entsprechende Abschreck- und Anlaßbehandlung (Vergütung) ist an das Vorhandensein einer Löslichkeitskurve eines oder mehrerer Fremdelemente gebunden, bei der die Löslichkeit mit sinkender Temperatur abnimmt. Da nun die vollkommene Unlöslichkeit eines Metalls in einem anderen Metall im festen Zustand sehr selten vorkommt, und die Löslichkeit in diesen Fällen meist mit der Temperatur abnimmt, sind die Fälle der alterungs- und vergütungsfähigen Legierungen sehr zahlreich.

Praktische Bedeutung erhielten diese Vorgänge zunächst beim Duralumin, einer Aluminiumlegierung mit 3,5 bis 5% Cu, 0,8% Fe, 0,6% Mn, 0,5% Mg und 0,2% Si[1].

Während Merica, Waltenberg und Scott[2] die veredelnde Wirkung der Ausscheidung von $CuAl_2$ und Hanson und Gayler[3] die Verbindung Mg_2Si als Träger der Ausscheidungshärte ansahen, konnte K. L. Meißner[4] zeigen, daß die starke Veredelung lediglich durch den Magnesiumgehalt bedingt ist. Dieselbe Beobachtung machte R. S. Archer[5], der z. B. an einer Legierung mit 3,55% Cu, 0,48% Mg, 0,03% Fe und 0,02% Si folgende Härte- und Festigkeitssteigerung fand:

Behandlung	Zugfestigkeit kg/mm²	Brinellhärte kg/mm²
Sofort nach dem Abschrecken	25,2	78
Nach dem Lagern	37,1	107
Anstieg in Prozenten	47%	37%

Weitere Beispiele für die durch Altern oder Vergüten hervorgerufene Änderung der mechanischen Eigenschaften geben die Legierungen von Eisen und Kupfer[6]. Da Kupfer bei Raumtemperatur weniger als 0,2% Fe löst, bei 750° aber bereits 4%, rufen kleine Mengen von Eisen (z. B. 0,5 bis 1%) nach Abschrecken von 1000° und Anlassen bei 500° starke Steigerung der Härte hervor. Bei Blei-Antimon-Legierungen[7] liegen die Verhältnisse ähnlich. Blei löst bei der eutektischen Temperatur von 247° 2,45% Sb, bei Raumtemperatur jedoch nur noch 0,5%. Die durch Abschrecken erzielte Härtesteigerung tritt bereits ohne An-

[1] Wilm: Metallurgie **8**, 225/27 (1911).
[2] Merica, Waltenberg u. Scott: Sci. Pap. Bur. Stand. **1919**, Nr. 347.
[3] Hanson u. Gayler: J. Inst. Met. **26**, 321 (1921).
[4] Meißner, K. L.: Z. Metallkunde **21**, 328/32 (1929).
[5] Archer, R. S.: Trans. Amer. Soc. Steel Treat. **10**, 718/47 (1926).
[6] Hanson, D. u. G. W. Ford: J. Inst. Met. **32**, 335/61 (1924); Z. Metallkunde **16**, 438/39 (1924).
[7] Dean, R. S., L. Zickrick u. F. C. Nix: Amer. Inst. Min. Met. Engg. **1924**.

lassen in Erscheinung, da man beim Blei mit der Raumtemperatur bereits oberhalb der kritischen Alterungstemperatur ist.

Die Alterung einer 1%igen Blei-Antimon-Legierung bei Raumtemperatur wird durch 0,1% As verbessert[1].

W. P. Sykes[2] machte Untersuchungen über die Systeme Eisen-Wolfram und Eisen-Molybdän. Beide Systeme zeigen die Abnahme der Löslichkeit des Wolframids Fe_3W_2 und des Molybdänids Fe_3Mo_2 mit sinkender Temperatur. Legierungen mit 15 bis 30% und 6 bis 23% Mo sind vergütbar, wenn man sie von hohen Temperaturen abschreckt und bei 650° anläßt.

Besonders lehrreiche Beispiele für die Vergütbarkeit zeigen die Berylliumlegierungen, die in dem Forschungslaboratorium der Siemens & Halske A.-G. untersucht wurden. G. Masing und Mitarbeiter[3] konnten zeigen, daß Legierungen des Berylliums mit Kupfer und Nickel bei Gehalten von 1,5 bis 3% Be ganz hervorragende Vergütungswirkungen zeigten. Dasselbe gilt für die Eisen-Beryllium-Legierungen[4].

Als Beispiel sei die Änderung der Festigkeitswerte von Kupfer-Beryllium-Legierungen nach G. Masing[5] wiedergegeben:

Zahlentafel 13. Änderung der Festigkeitseigenschaften bei der Vergütung von Beryllium-Kupfer-Legierungen.

Zerreißversuch		Brinellhärte	Elastizitätsgrenze (0,003-Grenze) kg/mm²	Streckgrenze (0,2-Grenze) kg/mm²	Festigkeit kg/mm²	Dehnung %
2,5% Be	weich . .	98	5	16	49	52
	vergütet .	392	46	128	135	0,8
	enthärtet.	154	21	31	66	21
3% Be	weich . .	120	8,1	21	54	24
	vergütet .	396	60	130	147	1
	enthärtet.	175	7,7	32	68	24

Man erhält also Härtesteigerung um 200 bis 300%. Mit geringeren Berylliumzusätzen unter 1% sind auch noch Vergütungserscheinungen zu erzielen, jedoch in wesentlich schwächerem Maße.

Über den Einfluß metallischer Zusätze auf die Warmbearbeitbarkeit des Stahls machte A. Ledebur[6] Mitteilung. Ein Kupfergehalt

[1] Seljesater: Trans. Amer. Inst. Min. Met. Eng. Techn. Publ. **1929**, Nr. 179; s. auch Schuhmacher, Bouton u. Ferguson: Ind. Eng. Chem. **21**, 1042 (1929).

[2] Sykes, W. P.: Trans. Amer. Inst. Min. Met. Eng. **73**, 968/1008 (1926); Trans. Amer. Soc. Steel Treat. **10**, 839/71 (1926).

[3] Masing, G. u. Mitarbeiter: Wiss. Veröffentl. Siemens-Konzern **1929**, Berylliumheft.

[4] Kroll: Wiss. Veröffentl. Siemens-Konzern **1929**, Berylliumheft.

[5] Masing, G.: Arch. Eisenhüttenwes. **2**, 189 (1928/29).

[6] Ledebur, A.: Handb. Eisenhüttenk. **3**, 11.

bis 4,7% schadet einem weichen Stahl nicht, wenn der Sauerstoff- und der Schwefelgehalt gering sind. Kupfer scheint sogar teilweise die Rolle des Mangans übernehmen zu können, indem es das Eisensulfid reduziert und rundliche Cu_2S-Einschlüsse bildet[1]. Mangan und Silizium erleichtern die Warmformgebung insofern, als sie den Rotbruch vermindern. Stähle mit hohem Siliziumgehalt (8 bis 10%) sind wegen der großen Kristalle in der Kälte gar nicht, in der Wärme schwer zu bearbeiten. Aluminium schadet in geringen Mengen der Geschmeidigkeit in der Wärme nicht. Oberhalb 6% sind die Legierungen jedoch in der Kälte äußerst spröde. Die Bearbeitung gelingt bei höheren Gehalten bis etwa 16% Al im Temperaturintervall zwischen 620 und 1000°. Jedoch gehört auch hier viel Erfahrung zur Handhabung solcher Legierungen. Chrom und Wolfram beeinflussen die Schmiedbarkeit nicht. Bei größeren Zusätzen wird die Warmfestigkeit höher. Zinn macht den Stahl oberhalb 1% rotbrüchig.

e) Metallische Verunreinigungen in technischen Metallen.

Im folgenden Abschnitt sind die wichtigsten Untersuchungen über metallische Verunreinigungen in handelsüblichen Metallen zusammengestellt. Es wird keine Vollständigkeit dieser Zusammenstellung beansprucht, und es sind nur solche Untersuchungsergebnisse aufgenommen worden, die genügend sicher sind, um allgemein angewandt werden zu können. Sehr häufig wird der Einfluß einer besonderen Verunreinigung ohne Rücksicht auf andere Verunreinigungen untersucht, welche in dem Metall ebenfalls anwesend sind.

Aluminium. Eine große Zahl von technischen Al-Legierungen enthält geringe Mengen anderer Elemente, welche definitionsgemäß als geringe Beimengungen im Sinne dieses Buches anzusprechen sind. Eine eingehende Erörterung aller betreffenden Systeme würde hier zu viel Platz beanspruchen, aber es ist interessant, die allgemeinen Gesichtspunkte zu kennzeichnen, die zu den verbesserten Eigenschaften der Leichtmetall-Legierungen im Vergleich zum reinen Aluminium führten. Viele dieser Legierungen können nach dem Abschrecken durch Tempern oder Altern gehärtet werden. Dies hängt von zwei Faktoren ab. Erstens sind viele Metalle im geschmolzenen Aluminium löslich, im festen Aluminium bei Raumtemperatur aber nur in geringem Maße. Zweitens bilden zahlreiche Metalle mit Aluminium intermetallische Verbindungen, die im festen Metall unlöslich sind. Wenn Legierungen einer dieser beiden Gruppen von 500 bis 600° abgeschreckt werden, können die Metalle oder Verbindungen im unstabilen Gleichgewicht als übersättigte Lösungen zurückgehalten werden. Beim Altern bei Raumtemperatur oder

[1] Cain, J. R.: Techn. Pap. Bur. Stand. Nr. 261, 18, 327/35 (1924).

beim Tempern bei höheren Temperaturen wird der Überschuß des Metalls oder der Verbindung in fein verteilter Form ausgeschieden, wodurch die Härte und Zerreißfestigkeit der Legierungen steigt. Die Löslichkeit im festen Aluminium bei 20⁰ und bei 500⁰ wird für eine Reihe von Metallen in der folgenden Zahlentafel wiedergegeben. Auf die Ausscheidungshärtung an sich wird an anderer Stelle eingegangen (S. 145).

Eisen, Nickel, Kupfer und Kalzium bilden mit dem Aluminium die Verbindungen $FeAl_3$, $NiAl_3$, $CuAl_2$ und $CaAl_3$. Einige der technisch wichtigen Legierungen enthalten eins oder mehrere der oben erwähnten Elemente. Wichtige Aluminiumlegierungen sind z. B.:

Zahlentafel 14. Die Löslichkeit von Metallen im festen Aluminium bei verschiedenen Temperaturen.

Element	Löslichkeit in Prozent	
	bei 20⁰ C	bei 500⁰ C
Silber[1]	0,5	40
Kupfer[2]	2	5,6
Beryllium[3] . . .	0,013	0,05
Kalzium[4]	0,3	0,6
Silizium[5]	0,25	1,3
Magnesium . . .	2,2	—
Zink[6]	2,5	5,0

Duralumin (3 bis 4% Cu, 0,5 bis 0,075% Mg, 0 bis 0,5% Mn und verschiedene Beträge von Eisen und Silizium),

Lautal (4% Cu, 2% Silizium, 0,5% Mn),

Scleron (13% Zn, 2 bis 3% Cu, 0,5% Mn, 0,1% Li),

Aeron (1,5 bis 2% Cu, 0,75% Mn, 1% Si),

Silumin oder Alpax (eutektische Legierung, enthaltend 13% Si),

Aludur (0,7 bis 2,0% Si, 0,2 bis 1,0% Mg, 0,3 bis 0,5% Fe mit oder ohne 2 bis 5% Cn).

In einigen Fällen können zwei der zugefügten Elemente zu einer intermetallischen Verbindung zusammentreten. So bilden Mg und Si Mg_2Si, welches bei der Alterungshärtung des Duralumins eine Rolle spielen soll, ähnlich wie das Lithium in Scleron. Im allgemeinen erhöhen in fester Lösung auftretende Beimengungen die Zerreißfestigkeit der Legierungen oder bilden Verbindungen, wodurch die Zerreißfestigkeit ebenfalls beeinflußt wird.

Der Einfluß der wichtigsten Verunreinigungen des Aluminiums, des Eisens und des Siliziums ist beträchtlich. Die Löslichkeit für beide Elemente bei Raumtemperatur ist gering, so daß sich bereits 0,6% Fe

[1] Hansen: Z. Metallkunde **20**, 217 (1928).

[2] Soldau u. Anisimov: Chem. Abstr. **21**, 3801 (1926).

[3] Archer u. Fink: Amer. Inst. Min. Met. Eng., Tech. Pub. **1928**, Nr. 91.

[4] Bozza u. Sonnino: Chem. Zentralblatt **99**, 2401 (1928).

[5] Anastasiadis: Z. anorg. u. allg. Chem. **179**, 145 (1928).

[6] Tiedemann: Z. Metallkunde **18**, 20 (1926). Isihara: Sci. Rep. Tohoku Imp. Univ. **15**, 209 (1926) gibt die Löslichkeit zu 22,5% bei 20⁰ an.

bzw. 0,5% Si im Schliffbild erkennen lassen[1]. Dabei tritt das Silizium als Al-Si-Eutektikum, das Eisen als Fe-Al_3-Kristalle in Erscheinung. Wie oben erwähnt wurde, haben eine größere Zahl von Elementen eine mit sinkender Temperatur abnehmende Löslichkeit in Al. Die einzelnen Stoffe scheinen sich jedoch gegenseitig zu beeinflussen. So haben z. B. geringste Mengen von Eisen einen erheblichen Einfluß auf die Vergütung der Aluminiumlegierungen, die Kupfer enthalten[2].

Die Zugabe von Ca zu Aluminium vermindert die Zerreißfestigkeit und ruft Sprödigkeit hervor. Geringe Zugaben von Be haben geringe Wirkung auf die Zerreißfestigkeit, aber erhöhen die Härte der Cu-Al-Legierungen. Kadmium beeinflußt bis zu 10% die Eigenschaften des Aluminiums nicht[3]. Die Gegenwart von mehr als 0,5% Co ist unerwünscht, da es die Lunkerung erhöht und die mechanischen Eigenschaften nicht verbessert. Ag kann an Stelle von Kupfer in Legierungen des Lautaltyps auftreten[4], wodurch die Geschmeidigkeit gesteigert wird, die Zerreißfestigkeit dagegen sinkt. Der Einfluß verschiedener metallischer Verunreinigungen auf die mechanischen Eigenschaften des Systems Si-Al sind von Dornauf untersucht worden[5].

Magnesium und Antimon in Mengen von 0,1 bis 1,0% drücken die Festigkeit und Dehnung beträchtlich herab. Ähnliche Wirkung, jedoch in etwas schwächerem Maße, hat Zinn. Zink hat dagegen auf Festigkeit und Dehnung einen geringen Einfluß, dasselbe gilt vom Mangan. Eisen erhöht die Festigkeit bei Zusätzen bis zu 1,0%. Oberhalb nimmt sie wieder ab. Die Dehnung sinkt durch Zusatz von Eisen stark. Kupfer setzt die Dehnung ebenfalls herunter, ohne zwischen 0,0 und 1,0% Cu die Festigkeit zu verändern. Höhere Kupferzusätze erniedrigen die Festigkeit. Im folgenden seien die Grenzen für einige Verunreinigungen wiedergegeben, oberhalb deren die Festigkeitseigenschaften stark zurückgehen. Fe 1%, Mg 0,1%, Mn 0,8%, Zink 0,3%, Cu 0,8%, Zinn 0,2% und Sb 0,1%. Geringere Zugaben dieser Elemente erhöhen die Dehnung. Die Härte wird gesteigert durch Fe, Cu, Mn und Sb, durch Sn und Zn dagegen verkleinert.

Kupfer. Eine allgemeine Untersuchung über die Wirkung von Verunreinigungen in Kupfer ist vor einigen Jahren vom National Physical Laboratory gemacht worden und die Ergebnisse für As, Bi und Fe wurden veröffentlicht[6]. Fe ist in festem Kupfer bis zu 0,2% löslich und hat nur eine geringe Wirkung auf die mechanischen Eigenschaften

[1] Czochralski, J.: Z. Metallkunde **16**, 162/74 (1926).
[2] Meißner, K. L.: Z. Metallkunde **19**, 363 (1927).
[3] Budgen: Brass World **22**, 349 (1926).
[4] Kroll: Metall Erz **23**, 555 (1926).
[5] Dornauf, Z. Metallkunde **20**, 289 (1928).
[6] Hanson, D. u. Mitarbeiter: J. Inst. Met. **30**, 197 (1923); **32**, 335 (1924); **37**, 121, 169 (1927).

innerhalb dieser Grenze. Wenn größere Mengen zugegeben werden, scheidet sich der Überschuß an Fe als freie Kristalle aus, und dadurch entsteht eine geringe Verringerung der Geschmeidigkeit bzw. der Dehnung und eine Erhöhung der Zerreißfestigkeit, wie Zahlentafel 15 zeigt:

Zahlentafel 15. Einfluß von Eisen auf die mechanischen Eigenschaften von Cu.

Eisengehalt in %	Zerreißfestigkeit kg/mm^2	Dehnung in %
0,06	22,9	57,1
0,2	22,4	60,0
0,4	23,7	59,9
0,73	26,5	51,7
0,96	25,2	45,0
1,38	30,4	29,6
2,09	34,8	33,7

Die Änderungen sind geringer, als man sie von einem löslichen Bestandteil erwarten sollte. Durch Wärmebehandlung ist die Härte eisenhaltigen Kupfers stark zu beeinflussen, wie auf S. 146 erwähnt wurde. Die Alterungsgeschwindigkeit soll gering sein. Eisen hat keinen nachteiligen Einfluß auf die Bearbeitungsfähigkeit des Kupfers.

Wismut ist im Kupfer fast unlöslich. Die Löslichkeit ist bei Raumtemperatur kleiner als 0,002%. Es werden keine Verbindungen gebildet. In gegossenem Kupfer ohne andere Verunreinigungen erscheint Bi als interkristalliner Bestandteil und beeinflußt die Bearbeitungsmöglichkeit des Metalls sehr nachteilig. Die Grenze für das Warmwalzen ist etwa 0,01% Bi und für das Kaltwalzen 0,05%. Es ist wahrscheinlich, daß die Anwesenheit anderer Elemente die Wirkung des Bi beeinträchtigt, und Johnson[1] fand, daß in Gegenwart von Sauerstoff das interkristalline Häutchen durch rundliche Einschlüsse von Wismutoxyd ersetzt wird. Blasey[2] führt die Sprödigkeit von arsenhaltigem Kupfer auf 0,004% Wismut zurück. Desch fand dagegen, daß synthetische Kupferlegierungen mit 0,005% Wismut nicht brüchig waren, daß dagegen bei 0,002% Tellur Sprödigkeit eintrat, wenn gleichzeitig Bi anwesend war. Arsen ist im festen Kupfer bis zu 7,25% löslich. In Abwesenheit von Sauerstoff hat ein Arsengehalt bis zu 1% wenig Einfluß auf Kupfer und ruft nur eine geringe Steigerung der Härte und Festigkeit hervor. Kupfer mit 0,1% Sauerstoff wird durch Zugabe von Arsen wesentlich verbessert, und die beste Geschmeidigkeit wird erreicht, wenn der Arsengehalt 10mal so groß ist wie der Sauerstoffgehalt. Die mechanischen Eigenschaften sind dann nahezu dieselben wie im arsenhaltigen, sauerstofffreien Kupfer. Der Einfluß geringer Mengen metallischer Beimengungen auf die Erweichungstemperatur und Proportionalitätsgrenze des Kupfers ist von der Britischen Non-Ferrous-Metals-Research Association in Zusammenhang mit einer Untersuchung über Lokomotivstehbolzen untersucht worden. Im ausgeglühten Zu-

[1] Johnson: J. Inst. Met. 4, 163 (1910).
[2] Blasey: J. Inst. Met. 41, 321 (1929).

stand zeigt keine dieser Legierungen eine meßbare Proportionalitätsgrenze, aber nach zweistündigem Glühen bei 200°, welches gewöhnliches Kupfer mit 0,45% Arsen vollständig weich macht, behalten viele Legierungen einen Teil der Härte infolge vorhergehender Kaltbearbeitung. Es ist jedoch gezeigt worden, daß die Proportionalitätsgrenze bei 300° nur wenig tiefer liegt als bei Raumtemperatur. Kupfer mit 0,5% Fe, Sn oder Si oder 0,05% Ag hat nach 10% Kaltbearbeitung und 2 Stunden Glühen bei 300° eine Elastizitätsgrenze von 8 bis 9,5 kg/mm² bei Raumtemperatur und 6 bis 8 kg/mm² bei 300°. In den meisten Fällen ist die Entstehung einer ausgesprochenen Proportionalitätsgrenze verbunden mit sehr stark gestiegener Härte und Verlust der Geschmeidigkeit, aber bei 0,05% Ag werden diese Eigenschaften nicht sehr beeinflußt. Dieser geringe Zusatz gibt daher ein Material mit wesentlich verringerter Kriechgrenze bei 300°, aber von genügender Zähigkeit, um die Bearbeitung (z. B. beim Nieten) zu überstehen. Pb und Sn[1] sind an sich ohne Einfluß. Wenn dagegen gleichzeitig Sauerstoff anwesend ist, sind sie schädlich. Es soll die Beziehung bestehen: $Pb + \frac{1}{2} Sn = O_2$. Ist mehr Pb vorhanden, so ist die Walzbarkeit schlecht. Ist mehr Sn vorhanden, so leidet die Leitfähigkeit. Sn liegt offenbar als SnO_2 in Kupfer vor. Pb dagegen als Metall.

Geringe Mengen von C scheinen auf Kupfer-Nickellegierungen einen nachteiligen Einfluß ausüben zu können. Eine für Münzzwecke verwandte Legierung mit 80% Cu und 20% Ni wurde z. B. äußerst spröde, wenn mehr als 0,04% C vorlag[2]. Der Kohlenstoff scheint sich grafitisch auf den Kerngrenzen ausgeschieden zu haben.

Messing und Bronze. Die Wirkung metallischer Verunreinigungen auf das Gleichgewichtsschaubild von Messing ist von O. Bauer und M. Hansen untersucht worden. Pb[3] ist in Messing praktisch unlöslich. Seine Gegenwart in α-Messing stört die Warmbearbeitung, da das Pb bei 327° schmilzt. Die Legierungen sind also erst unterhalb 327° vollkommen erstarrt. Das Pb ruft interkristalline Brüchigkeit in der Wärme hervor. Man gibt gewöhnlich ½ bis 2% Pb zum Messing, um die Leichtflüssigkeit zu steigern und die Bearbeitbarkeit mit Werkzeugen zu erleichtern. Gewöhnlich setzt man zu $(\alpha + \beta)$ Messing 20% Pb, um einen kurzen, spritzigen Span beim Drehen zu bekommen. Für das Ziehen und Verspinnen ist ein Überschuß von Pb schädlich. Die Zugabe von Pb bis zu 4% zu Messing mit 57 bis 65% Cu beeinflußt die Streckgrenze oder Bruchfestigkeit nicht wesentlich[4]. Bei Messing mit 57% Cu fällt

[1] Pilling u. Halliwell: Trans. Amer. Inst. Min. Met. Eng. **73**, 679, 744, 755 u. 776 (1926).

[2] Metall Ind. **21**, 195 (1922).

[3] Bauer, O. u. M. Hansen: Z. Metallkunde **21**, 145 u. 190 (1929).

[4] Gemeinschaftsarbeit der deutschen Ges. f. Metallk. Z. Metallkunde **21**, 152/59 (1929).

die Dehnung durch Zusatz von Pb stark ab. Bei Messing mit 60 und 65% Cu wird die Dehnung weniger verändert. Die Werte für Kontraktion, Biege- und Verdrehungsfestigkeit werden stark erniedrigt. Typische Versuchsergebnisse für ein Messing mit 57% Cu und 43% Zn mit Zusätzen von Pb bis zu 4% sind in Abb. 181 zusammengestellt.

Pb neigt zu Entmischung, wenn die Schmelze vor dem Gießen nicht gründlich durchgerührt wird, und diese Erscheinung ist nicht selten der Grund zu Fehlern.

Fe ist eine gewöhnliche Verunreinigung des Messings und wird auch manchmal Messing und Bronze mit hoher Festigkeit absichtlich zugesetzt. Delta-Metall ist 60/40 Messing mit 1 bis 2% Eisen, die zur Steigerung der Härte zugesetzt werden. Die Anwesenheit von Fe scheint jedoch keine ausgesprochene Einwirkung auf die mechanischen Eigenschaften von Messing zu haben, obwohl im allgemeinen eine geringe Steigerung der Bruchfestigkeit und Erniederung der Dehnung eintritt. Die geringen Mengen von Fe, die als Verunreinigung in handelsüblichem Messing vorkommen, sind wahrscheinlich ohne Einfluß. Al ist strukturell der 4-fachen Gewichtsmenge Zn gleichwertig und kann als Ersatz für Zn in α-Messing zugesetzt werden. Die Bruchfestigkeit steigt, je mehr Zn durch Al ersetzt wird, aber die Dehnung und Kontraktion werden erniedrigt. Sn ist bei 400° im α-Messing bis zu 0,4%, im β-Messing bis zu 1,5% löslich[1]. Die Festigkeitseigenschaften des Messings steigen, je mehr Zn man im Messing durch Sn ersetzt. Der stärkste Einfluß wird auf die Streckgrenze ausgeübt, welche bei einem Messing mit 82% Cu durch Zusatz von 5% Sn auf das doppelte erhöht wird. Ni[2] und Co[3] sind beide sowohl in Zn wie in Cu löslich. Ihre Anwesenheit in $(\alpha+\beta)$-Messing bis zu etwa 3% steigert die Bruchfestigkeit, Dehnung und spezifische Schlagarbeit. Innerhalb des α-Mischkristallgebietes wird die Härte durch Ni nur wenig verändert und ebenso innerhalb des β-Mischkristallgebietes. In den heterogenen Gebieten $(\alpha+\beta)$ und $(\beta+\gamma)$ wird die Härte durch Ni bedeutend erhöht. Co erhöht die Bruchfestigkeit

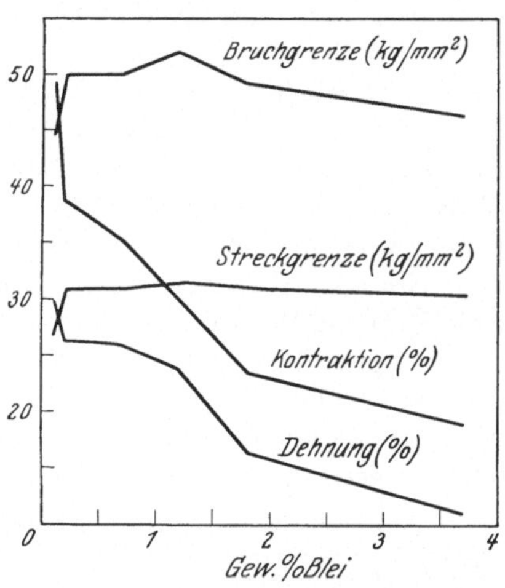

Abb. 181. Einfluß von Blei auf die mechanischen Eigenschaften kalt gezogenen Messings (57/43).

[1] Bauer, O. u. M. Hansen: Z. Metallkunde **23**, 19/22 (1931).
[2] Bauer, O. u. M. Hansen: Z. Metallkunde **21**, 357 (1929).
[3] Iitsuka: Mem. Coll. Sci. Kyoto **12**, 179 (1929).

vom α-Messing und erniedrigt die Dehnung. Sb und As sind beide gefährliche Verunreinigungen des Messings und nach einer Arbeit von P. J. H. Wieland[1] macht 0,005% Sb das Messing so spröde, daß es nicht mehr bearbeitet werden kann. Der Einfluß von As auf Bronze wird durch Zahlentafel 16 veranschaulicht, in der die Analyse und Festigkeitseigenschaften zweier Bronzesorten wiedergegeben sind. Die Zusammensetzung ist nahezu dieselbe. Dagegen enthält B dreimal soviel Arsen als A. Der Verlust der Dehnung und spezifischen Schlagarbeit ist sehr deutlich.

Blei. Die Wirkung von kleinen Mengen Sb, Sn und Cd auf die Ermüdungsgrenze und die Härte von Pb ist schon erörtert worden. Sb ist in Pb bei der Temperatur des Eutektikums (247°) zu 2,45% löslich, aber die Löslichkeit ist bei Raumtemperatur[2] nur 0,25%. Die Pb-Sb-Legierungen mit 1 bis 2% Sb zeigen Ausscheidungshärtung nach dem Abschrecken und geeignetem Anlassen durch die Ausscheidung feiner Sb-Kristalle, worin diese Legierungen gewissen Al-Legierungen gleichen. Eine zweiprozentige Sb-Legierung gab nach dem Abschrecken von 240° eine Brinellhärte von 5,9, welche nach 11 Tagen auf 22,8 stieg. Eine ähnliche Wirkung beobachtete man bei den für Lettern benutzten Legierungen. Reines Pb ist für diesen Zweck zu weich und selbst für chemisch-technische Zwecke gibt man einige Zehntel-Prozent anderer Elemente zu, um die Härte zu steigern. Cu wird zu diesem Zwecke bis zu 0,3% zugesetzt. Bi steigert ebenfalls die Härte, aber vermindert die

Zahlentafel 16. Der Einfluß von Arsen auf Bronze.

	Probe A	Probe B
Cu	87,48	86,58
Sn	8,17	8,30
Pb	2,71	2,10
Zn	1,37	2,60
As	0,05	0,14
Ni	0,14	0,09
Fe	0,01	0,03
Al	0,02	0,01
Streckgrenze	9,36	10,40
Zerreißfestigkeit	19,24	14,08
Dehnung %	35,0	9,0
Kontraktion %	33,6	15,8
Spez. Schlagarbeit (Izod)	16	9

Bruchfestigkeit und ist daher eine unerwünschte Verunreinigung[3]. Goodmann[4] hat gezeigt, daß 0,1 bis 0,25% Bi die Reibung in Weiß-

[1] Wieland, P. J. H.: Z. Metallkunde **19**, 417 (1927).
[2] Schuhmacher u. Bouton: J. Amer. Chem. Soc. **49**, 1667 (1927).
[3] Bauer: Gieß.-Zg. **25**, 298 (1928).
[4] Goodmann: Met. Ind. **33**, 489 (1928).

metallagern merklich vermindern. Bei der Herstellung von Pb-Schrot wird gewöhnlich 0,1% As zugegeben, welches eine abrundende Wirkung auf die Tropfen aus flüssigem Pb ausübt. As erhöht also offenbar die Oberflächenspannung. Ist das Pb arsenfrei, so erhält man schlangen- oder fächerförmige Stücke anstatt runder Kugeln.

Eisen und Stahl. Die in normalen Spezialstählen vorhandenen Metalle außer Eisen fallen nicht in den Rahmen der in diesem Buche besprochenen Erscheinungen, aber auch die Eigenschaften des reinen Eisens bzw. der normalen Kohlenstoffstähle werden durch geringe Mengen fremder Metalle beeinflußt. Mn, Si, Ni, Co und Cr sind im festen Eisen löslich und erhöhen die Härte und die Bruchfestigkeit. Elemente wie W, Va und Mo geben in Anwesenheit von Kohlenstoff Doppelkarbide, die schon in geringen Mengen die Härte und Festigkeit im Vergleich zu gewöhnlichen Kohlenstoffstählen steigern. Cu beeinflußt die mechanischen Eigenschaften der Stähle, wie F. Nehl[1] und H. Buchholtz u. W. Köster[2] gezeigt haben. Die Abhängigkeit der Zugfestigkeit, Streckgrenze und Dehnung von dem Cu-Gehalt ist in Abb. 182 dargestellt. Man sieht, daß die Festigkeit ähnlich wie beim Zusatz von C ansteigt, jedoch in wesentlich geringerem Maße. 1% Cu entspricht dabei ungefähr 0,12% C. Nach dem Abschrecken von 750 bis 850° und nachfolgendem Anlassen bei etwa 500° zeigen Stähle mit Gehalten von oberhalb 0,5% Cu merkliche Zunahme der Festigkeit und der Streckgrenze, während die Dehnung, Einschnürung und Kerbzähigkeit sinken. Die Härtezunahme ist auf die Ausscheidung des Kupfers aus dem α-Eisen zurückzuführen, welches mit sinkender Temperatur weniger Cu zu lösen vermag. Die Löslichkeit beträgt zwischen Raumtemperatur und 600° etwa 0,4%. Während der C aus der Lösung im α-Eisen bereits bei Anlaßtemperaturen von 100 bis 200° ausfällt, scheidet sich das Cu erst bei Anlaßtemperaturen von 500 bis 600° aus.

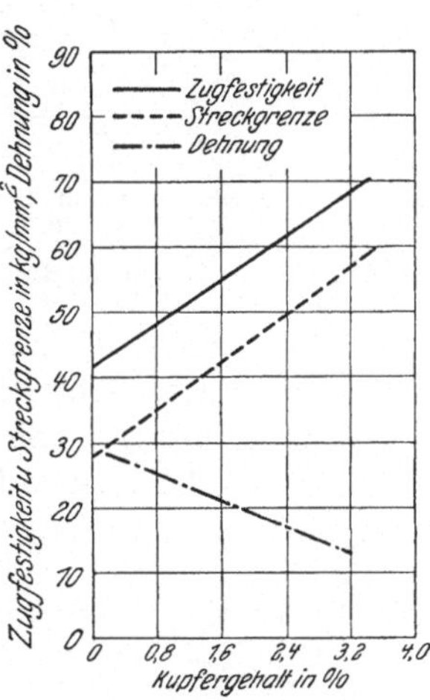

Abb. 182. Einfluß von Kupfer auf die Festigkeitseigenschaften von weichem Stahl.

Die Wirkung von Sn und As in W-haltigen Schnelldrehstählen ist untersucht worden[3], da diese Elemente gewöhnlich in den W-Erzen vorkommen. Beide Elemente machen in Beträgen bis 0,5% die Stähle brüchig und verschlechtern die Warmfestigkeit bzw. Schnitthaltigkeit

[1] Nehl, F.: Stahleisen **50**, 678/86 (1930).
[2] Buchholtz, H. u. W. Köster: Stahleisen **50**, 687/95 (1930).
[3] Proc. Amer. Soc. Test. Mat. **29**, 167 (1929).

in der Wärme. Aus solchen Stählen hergestellte Spiralbohrer sind wegen ihrer Sprödigkeit unbrauchbar.

H. J. French u. T. G. Digges[1] untersuchten den Einfluß von Antimon, Arsen, Zinn und Kupfer auf einen Schnellstahl mit 0,65 bis 0,75 C, 3,5% Cr, 12 bis 13% Wolfram und 1,95 bis 2% Vanadin. Sie fanden ebenfalls, daß alle Elemente in Mengen von einigen Zehntel-% die Warmbearbeitbarkeit verschlechtern. Zusätze von mehr als 0,4% Arsen, Antimon und Zinn verkleinern das Korn, während Kupfer das Korn vergrößert. Auf die Schnittleistung der Schnelldrehstähle war mehr als 1,8% Kupfer, 1,8% Zinn, 0,4% Antimon bzw. 0,8% Arsen von sehr nachteiligem Einfluß. Am schädlichsten sind Antimon und Arsen, während Zinn und Kupfer in Mengen unter 1% nicht sehr schädlich sind.

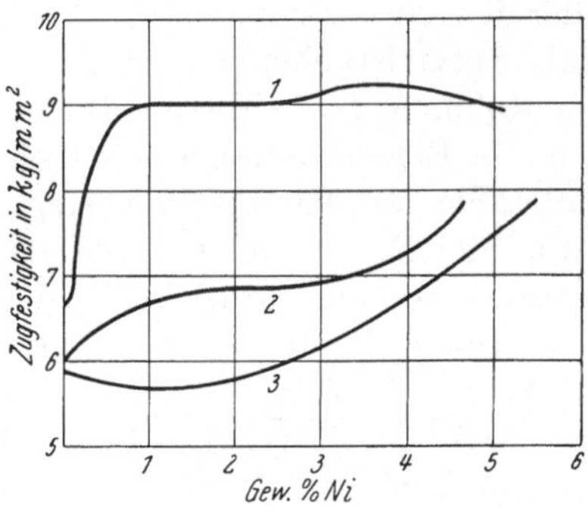

Abb. 183. Einfluß von Ni auf die Zugfestigkeit von Gußeisen.
1) 1,4% Si; 3,62 C, *2)* 2,0% Si; 3,7% C, *3)* 2,6% Si; 3,5% C.

Weniger als 0,1% Sn beeinflußt die Eigenschaften von mittelhartem Stahl, z. B. Schienenstahl stark, während sehr weicher Stahl unbeeinflußt bleibt[2].

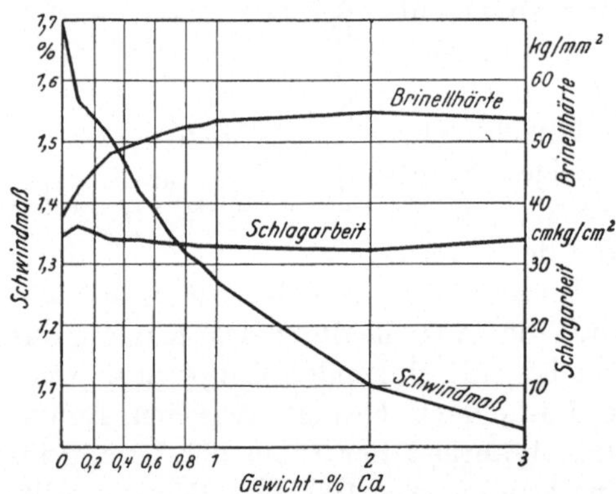

Abb. 184. Einfluß von Cd auf Brinellhärte, Schlagarbeit und Schwindmaß von Zink (Gußzustand) (Bauer u. Zunker).

In den letzten Jahren ist auch bei der Herstellung von Gußeisen häufiger Anwendung von Legierungselementen gemacht worden. So setzt man z. B. 0,5 bis 5% Ni und bis zu 1% Cr dem Gußeisen zu, um bessere Festigkeitseigenschaften zu bekommen. Mit 1% Ni und 0,5% Cr wird eine Steigerung der Festigkeit von 50% erzielt. Der für das Erreichen der besten Eigenschaften notwendige Ni-Gehalt hängt in starkem Maße vom Si-Gehalt ab, wie die Abb. 183 zeigt. Ni vermindert die Menge der Karbidkohle und begünstigt die Ausscheidung von Graphit. Hierdurch ähnelt

[1] French, H. J. u. T. G. Digges: Trans. Amer. Soc. Steel Treat. **13**, 919/40 (1928).

[2] Whiteley u. Braithwaithe: J. Iron Steel Inst. **107**, 161 (1923).

es dem Si. Der ausgeschiedene Graphit ist jedoch wesentlich feiner als der bei Zusatz von Si entstehende. Außerdem wird durch kleine Mengen von Ni das Eutektoid, in das der Mischkristall unterhalb 1120° zerfällt, in sorbitischer Form ausgeschieden an Stelle des Perlits. Cr hat den umgekehrten Einfluß, da es die Karbidphase beständiger macht. So kann man durch geeignete Abstufung von Ni und Cr-Zusatz die Eigenschaften in weitem Rahmen verändern. Ni vermindert außerdem die Abschreckwirkung der Kokille und der Ecken eines Gußstückes. Ni-Zusätze verhindern, daß diese Ecken bzw. die Oberfläche hart und schwer bearbeitbar wird. Die Erklärung hierfür liegt wahrscheinlich in der größeren Abkühlungsgeschwindigkeit der festen Lösung und der stärkeren Zerlegung des Zementits.

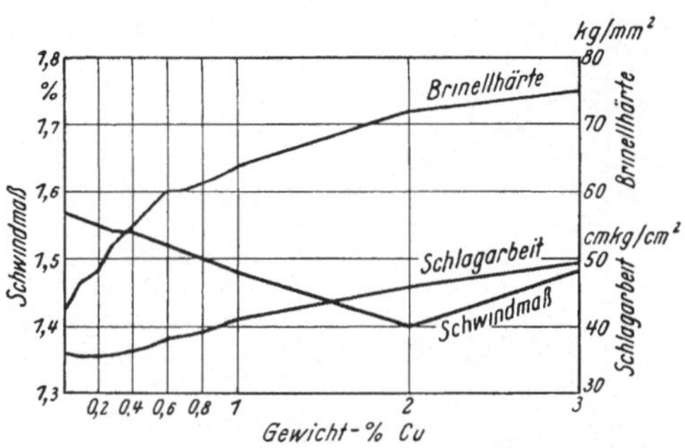

Abb. 185. Einfluß von Cu auf Brinellhärte, Schlagarbeit und Schwindmaß von Zink (Gußzustand). (Bauer u. Zunker.)

Für die Zylinder von Verbrennungskraftmaschinen haben sich Ni- und Cr-Zusätze bewährt, da hierdurch die Lauffähigkeit der Zylinder erhöht wird.

Die Wirkung von Sn im Gußeisen wurde im Bureau of Mines[1] untersucht. Die Härte wird durch Sn-Zusatz gesteigert, die Bruch-, Druck- und Zugfestigkeit wird dagegen vermindert.

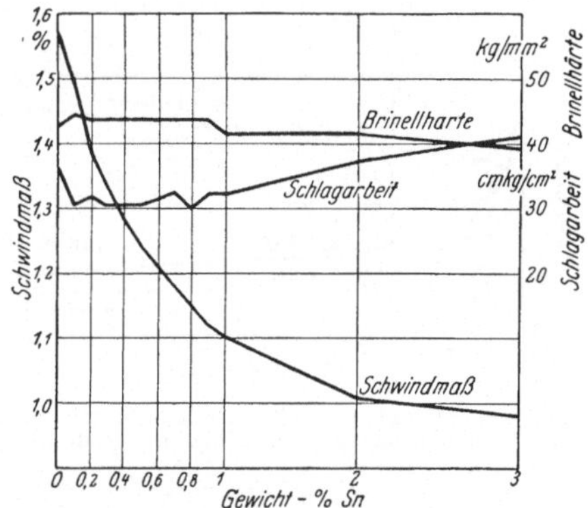

Abb. 186. Einfluß von Sn auf Brinellhärte, Schlagarbeit und Schwindmaß von Zink (Gußzustand) (Bauer u. Zunker.)

Zink. O. Bauer u. P. Zunker[2] untersuchten den Einfluß geringer Mengen von Fremdmetallen auf die Eigenschaften von Raffinadezink (Pb 1,22%, Cd 0,11%, Fe 0,03%, Cu 0,002%, Rest Zn) im Gußzustand. Danach fällt die spezifische Schlagarbeit (Probe ohne Kerb von 100 × 10 × 8 mm) im Gußzustand bei Kadmiumzusatz bis zu 2% schwach ab, um bei 3% wieder anzusteigen. Die Härte wird durch Kadmiumzusätze bis zu 2% erhöht, bei höheren Gehalten liegt sie schon wieder etwas tiefer.

[1] Illies, H.: Gieß.-Zg. **21**, 165 (1924).
[2] Bauer, O. u. P. Zunker: Z. Metallkunde **23**, 37/46 (1931).

Eine Zusammenstellung der Versuchsergebnisse zeigt Abb. 184. Kupfer hat einen bedeutenden Einfluß auf die Härte von Zn. Schon geringe Zusätze steigern die Härte beträchtlich und bei 3% Cu ist die Härte doppelt so groß wie beim Ausgangsmaterial. Bis zu 0,4% Cu scheint kein Einfluß auf die spezifische Schlagarbeit zu bestehen. Oberhalb 0,4% steigt die Kerbzähigkeit. Abb. 185 zeigt die Einwirkung von Kupferzusätzen auf Härte und spezifische Schlagarbeit.

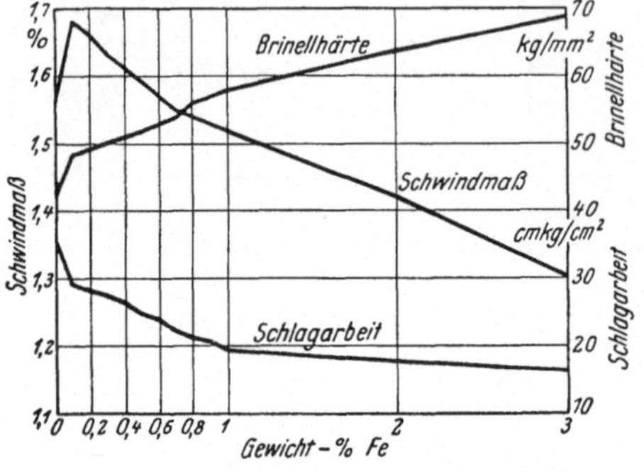

Abb. 187. Einfluß von Fe auf Brinellhärte, Schlagarbeit und Schwindmaß von Zink (Bauer u. Zunker).

Der Einfluß von geringen Mengen Zinn auf die Härte und spezifische Schlagarbeit von Raffinadezink zeigt Abb. 186. Die Härte nimmt zunächst etwas zu, um dann oberhalb 1% Sn langsam zu fallen. Der Einfluß ist an sich ziemlich gering. Die spezifische Schlagarbeit wird durch geringe Zinnzusätze erniedrigt. Erst oberhalb 1% Sn steigt die spezifische Schlagarbeit wieder etwas.

Entsprechend der geringen Löslichkeit von 0,008%, die Eisen im festen Zink hat[1], übt Eisen einen einschneidenden Einfluß auf die Kerbzähigkeit des Zinks aus. Abb. 187 zeigt, daß die spezifische Schlagarbeit schon bei 0,1% Fe auf weniger als 30 cmkg/cm², bei 1% Fe auf 20 cmkg/cm² sinkt. Der nachteilige Einfluß des Eisens ist auf die spröde Verbindung $FeZn_7$ zurückzuführen. Damit steht im Einklang, daß die Härte durch geringe Zusätze von Fe stark ansteigt.

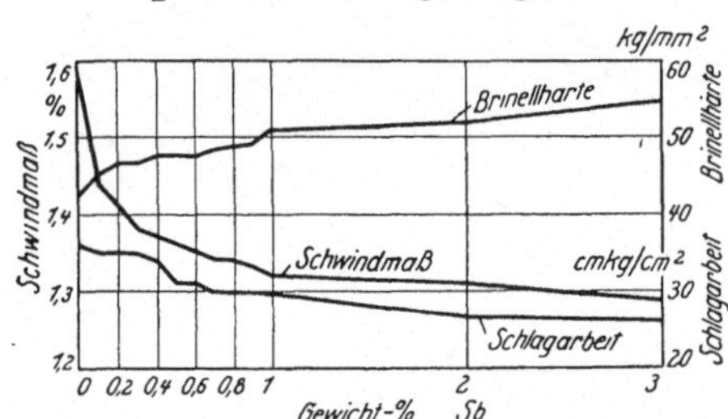

Abb. 188. Einfluß von Sb auf Brinellhärte, Schlagarbeit und Schwindmaß von Zink (Bauer u. Zunker).

Antimon erhöht die Härte des Raffinadezinks etwa im selben Maße wie ein gleicher Zusatz an Kadmium. Die spezifische Schlagarbeit wird nur wenig beeinflußt. Die Schlagarbeit sinkt durch Antimonzusatz etwas (Abb. 188).

Magnesium hat einen sehr starken Einfluß auf die Härte und die Schlagfestigkeit des Zinks (Abb. 189). Die Härte steigt, um bei 2% den doppelten Wert zu erreichen. Bei 3% Mg ist die Härte 42 kg/mm².

[1] Peirce, M. W.: J. Amer. Inst. Min. Met. Engg. Febr. 1922.

Die spezifische Schlagarbeit fällt bereits durch Zusätze von 0,1% Mg stark. Proben mit 3% Mg sind spröde wie Glas und ganz mürbe. Beim Liegen an der Luft überziehen sich solche Legierungen mit einer weißen Schicht. Das Gefüge wird mit steigendem Magnesiumzusatz feiner, um bei 3% das erdige Aussehen eines amorphen Stoffes zu haben.

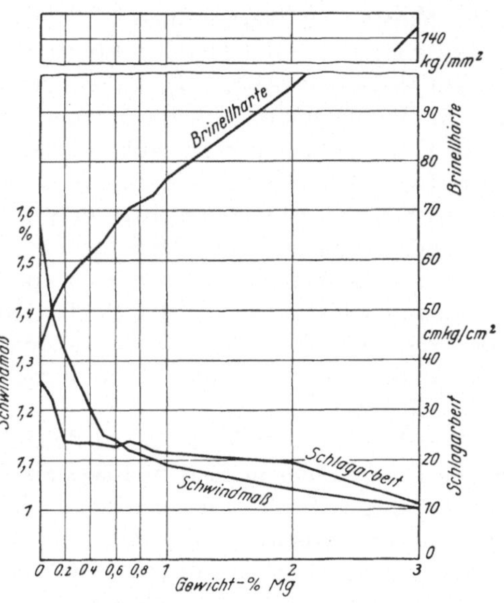

Abb. 189. Einfluß von Mg auf Brinellhärte, Schlagarbeit und Schwindmaß von Zink (Bauer u. Zunker).

Den Einfluß von Blei auf Zink studierten O. Bauer und Zunker durch Zugabe von steigenden Bleimengen zu Reinzink (0,019% Cd, 0,019% Pb und 0,001% Cu) (Abb. 190). Blei ist in beschränktem Maße in Zink löslich. Infolgedessen stieg die spezifische Schlagarbeit erst bis 0,9% Zn an. Bei höheren Zinkzusätzen fällt die Kerbzähigkeit wieder auf den Wert von Reinzink. Die Härte wird durch Blei kaum beeinflußt.

Heute werden bereits etwa 30% des Zinks in Form von Elektrolytzink, z. B. nach dem Taintonverfahren mit einer Bleianode mit 1% Ag gewonnen. Dieses Zink mit 99,99% Zn kann in Folien hergestellt werden, die in Weichheit und Dünne dem Blattgold nahekommen. 0,005% Mg rufen bereits deutliche Härtung hervor[1].

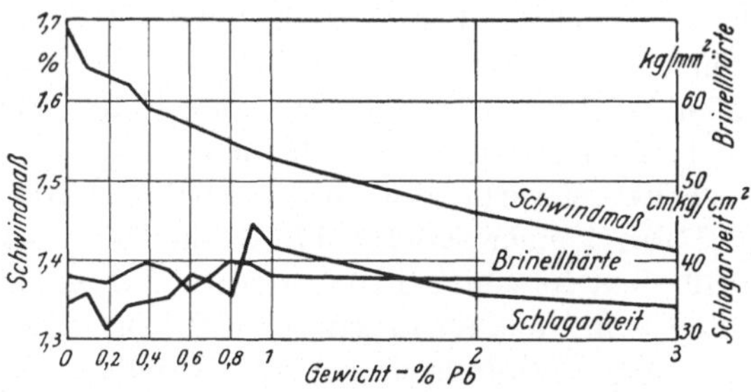

Abb. 190. Einfluß von Pb auf Brinellhärte, Schlagarbeit und Schwindmaß von Zink (Bauer u. Zunker).

f) Nichtmetallische Bestandteile.

Oxyde, Sulfide, Schlackeneinschlüsse. Nichtmetallische Verunreinigungen sind im allgemeinen spröde, und ihre Wirkung hängt weitestgehend von ihrer Menge und Verteilung ab. Wenn wir zunächst ihren

[1] Eger, G.: Z. Metallkunde **23**, 45 (1931).

Einfluß auf die Zähigkeit betrachten, ist es klar, daß ein kontinuierliches, interkristallines Häutchen viel nachteiliger sein wird als dieselbe Menge von Verunreinigung, die in Form einzelner Kügelchen gleichmäßig durch das Metall verteilt ist. Schlackeneinschlüsse, wie die in Schmiedeeisen (Abb. 117), haben verhältnismäßig geringen Einfluß auf die Zähigkeit und Geschmeidigkeit, und ein Metall mit vielen derartigen Einschlüssen kann gut bearbeitet werden. Manchmal treten diese Einschlüsse beim Walzen zur Oberfläche aus, so daß Teile der Bänder herausgeschnitten werden müssen, ohne aber das ganze Material unbrauchbar zu machen. Die interkristalline Art der Verteilung ist in Nichteisen-Metallen viel verbreiteter. Das ist besonders bei Sulfiden, Oxyden und Karbiden der Metalle der Fall. Geringe Mengen Sauerstoff oder Schwefel sind oft nachteilig wegen ihres sehr großen Volumens, welches die neu gebildeten Verbindungen einnehmen. Es sollen einige Beispiele erwähnt werden.

Das klassische Beispiel ist vielleicht der Schwefel in Eisen oder Stahl. Dieses Element liegt in Eisen als Eisensulfid vor. Eisensulfid ist ein brüchiger Stoff mit niedrigem Schmelzpunkt (1189^0), welcher typische interkristalline Häutchen bildet. Die Löslichkeit des Schwefels im festen Eisen ist nur etwa 0,02%. Wenn Schwefel in Elektrolyteisen in größeren Mengen als 0,01% vorliegt, soll nach J. R. Cain[1] das Metall nicht kalt bearbeitet werden können wegen der Sprödigkeit des Sulfides, und auch nicht warm wegen des niedrigen Schmelzpunktes dieser Verbindung. Die Zugabe von Mangan führt den Schwefel in runde Teilchen von Mangansulfid über, welche verhältnismäßig unschädlich sind. Ist der Mangangehalt mindestens dreimal so groß wie der Schwefelgehalt, so wird die Bearbeitbarkeit auch durch viel größere Mengen Schwefel nicht beeinflußt. Der Sauerstoffgehalt des Eisens spielt jedoch hierbei ebenfalls eine Rolle. Sowohl Schwefel wie Sauerstoff machen das Eisen rotbrüchig.

Schwefel wirkt ähnlich schädlich auf Nickel[2]. Dieses Metall wurde in Form kleiner Körper 1750 von Cronstedt hergestellt, aber vor 1879 nicht in schmiedbarer Form erhalten. In diesem Jahre entdeckte Fleitman[3], daß der Zusatz von 0,05 bis 0,1% metallischen Magnesiums zur Schmelze ein schmiedbares Produkt ergab. Dies ist im Grunde noch das heute verwandte Verfahren, um Nickel schmiedbar oder walzbar zu machen, wobei lediglich einige Änderungen, wie z. B. der Gebrauch von Mangan an Stelle oder neben Magnesium eingeführt worden sind. Lange Zeit dachte man, daß die Wirkung nur eine desoxydierende und entgasende sei, aber man hat inzwischen gezeigt, daß

[1] J. R. Cain: Trans. Amer. Electrochem. Soc. **44**, 133 (1924).
[2] Merica, P. D. u. R. G. Waltenberg: Tech. Pap. Bur. Stand. **19**, 155 (1925).
[3] D. R. P. 28989.

sie in der Tat auf die Umwandlung des Nickelsulfides Ni_3S_2 in Magnesiumsulfid oder Mangansulfid beruht. Nickelsulfide bilden ein Eutektikum in Nickel mit 21,5% Schwefel und einem Schmelzpunkt bei 644°. Die Löslichkeit des Sulfides in Nickel ist geringer als 0,005%, und es erscheint daher als niedrig schmelzender, interkristalliner Bestandteil, selbst wenn es in geringen Mengen anwesend ist. Nickel ist daher spröde, wenn es mehr als 0,01% Schwefel enthält, und ein Würfel eines solchen Nickels wird in Stücke fliegen, wenn man mit dem Hammer darauf schlägt. Monelmetall, eine Legierung von etwa 35% Kupfer und 65% Nickel, wird schon durch weniger als 0,002% Schwefel ähnlich beeinflußt. In diesem Falle ist der Schwefel als Kupfersulfid anwesend. In beiden Fällen wird die Zugabe von Magnesium in einer dem Schwefelgehalt entsprechenden Menge die Schmiedbarkeit wieder herstellen. Abb. 102 zeigt ein Sulfidhäutchen in Nickel mit 0,23% Schwefel und Abb. 103 dasselbe Metall nach Zusatz von 0,5% Magnesium. Der Schwefel liegt jetzt als Einschlüsse von MgS in den Nickelkörnern vor. Wenn man Mangan zusetzt, so erscheint MnS als Kügelchen in den Korngrenzen. P. D. Merica und R. G. Waltenberg haben gezeigt, daß Sauerstoff, besonders wenn er unterhalb der eutektischen Zusammensetzung (1,1% NiO = 0,24% O_2) vorkommt, keine Sprödigkeit verursacht.

In anderen Metallen dagegen kann die Anwesenheit von Oxyden sehr nachteilig sein. Die seltenen Metalle, wie Zirkon, Titan und Thor sind nicht leicht aus ihren Verbindungen zu reduzieren und werden gewöhnlich durch Erhitzung des Chlorids oder Fluorids mit metallischem Natrium in Stahlbomben hergestellt. Selbst wenn die größten Vorsichtsmaßregeln zum Ausschluß der Luft gemacht worden sind, sind die erhaltenen Metallpulver, da das Chlor immer etwas Sauerstoff und Stickstoff enthält, mit Spuren von Oxyden und Nitriden verunreinigt, die die Metalle spröde und unbearbeitbar machen. Kürzlich haben van Arkel und de Boer[1] diese Metalle durch thermische Zerlegung ihrer Chloride bei 2000° hergestellt. Diese so hergestellten Metalle sind frei von Verunreinigungen und waren so duktil wie Kupfer.

Den Einfluß des Sauerstoffs auf Eisen und Stahl untersuchten in Deutschland vornehmlich A. Ledebur und P. Oberhoffer. Im Ausland wurden von den verschiedensten Forschern wertvolle Beiträge zu diesem Problem gegeben. Sauerstoff liegt im Stahl als Eisenoxydul vor und dieses hat im festen Eisen eine Löslichkeit von etwa 0,05 bis 0,06%. Darüber hinaus scheiden sich FeO-Einschlüsse aus. Da im technischen Eisen immer noch Mangan, Silizium und Aluminium vorhanden sind, ist in Wirklichkeit der Einfluß der verschiedenen Oxyde, sowie des

[1] van Arkel u. de Boer: Z. anorg. u. allg. Chem. **148,** 345 (1925).

gelösten Sauerstoffs zu untersuchen. Man erkennt bereits hieran, wie verwickelt das Problem ist. Sowohl Ledebur wie Oberhoffer erkannten bald, daß ohne zuverlässige Sauerstoffbestimmungsmethoden auf diesem Gebiet nicht weiter zu kommen ist.

Die neuesten Sauerstoff- und Gasbestimmungsverfahren sind im Kapitel III dieses Buches eingehend behandelt worden. Hier soll nur erwähnt werden, daß die exakte Bestimmung der einzelnen Oxyde eines Stahles nebeneinander nur teilweise möglich ist. Die Bestimmung der gesamten Oxydmenge ohne Rücksicht auf die Art der Oxyde ist leichter möglich und heute mit Sicherheit durchzuführen. Leider ist mit der Gesamtoxydmenge nicht immer etwas anzufangen, da verschiedene Oxyde auf die einzelnen Eigenschaften ganz verschieden wirken. Anderseits sind die in der Literatur vorliegenden, älteren Angaben meist von geringem Wert, da man oft nicht mehr erkennen kann, welche Oxyde bei der Bestimmung erfaßt worden sind.

Der Einfluß des Sauerstoffs in Form von Eisenoxyd macht sich, hinsichtlich der mechanischen Eigenschaften zunächst bemerkbar bei der Warmformgebung des Stahls. Eisenoxydulhaltiges Eisen ist rotbrüchig, d. h. im Temperaturgebiet von etwa 850^0 bis 1050^0 zerfällt der Stahl beim Schmieden oder Walzen. Daher wird bei der Herstellung der Schmelzen bereits eine Schmiedeprobe gemacht, um die Bearbeitbarkeit des noch flüssigen Stahles beurteilen, und gegebenenfalls durch Zusatz von Mangan und Silizium, noch verbessern zu können.

Außer dem Sauerstoff ist auch der Schwefel häufig Ursache des Rotbruches. Leider wurde bis vor wenigen Jahren nicht genügend beachtet, daß die Wirkung dieser beiden Elemente auf die Warmbearbeitbarkeit des Eisens nicht dieselbe ist. Die wirklichen Ursachen des Rotbruchs wurden erst aufgeklärt, als man den Einfluß von Schwefel und Sauerstoff zunächst einzeln und dann zusammen untersuchte. J. R. Cain[1] sieht den Haupterreger des Rotbruchs im Schwefel, wenn dieser in Mengen von mehr als 0,01% vorliegt. In schwefelarmen Stählen soll selbst 0,20% O_2 als Eisenoxydul keinen Rotbruch hervorrufen. Die verbessernde Wirkung des Mangans, die seit altersher bekannt ist, besteht in der Überführung des Eisensulfids in ein als rundliche Einschlüsse auftretendes Eisen-Mangan-Sulfid.

Eine erschöpfende Erklärung der Verhältnisse geschah durch A. Niedenthal in seiner von P. Oberhoffer veranlaßten Doktorarbeit[2]. Niedenthal zog zur Beurteilung der Brüchigkeit im warmen Zustand die Warm-Kerbschlag-Probe heran, wie dies z. B. auch früher schon von W. Austin[3] geschehen ist. Die Abmessungen der Proben betrugen

[1] J. R. Cain: Techn. Pap. Bur. Stand. Nr. 261, **1924**, 327/35.
[2] Niedenthal, A.: Arch. Eisenhüttenwes. **3**, 79/97 (1929/30).
[3] Austin, W.: J. Iron Steel Inst. **92**, 157/61 (1915).

10 × 10 × 80 mm; es wurden sowohl gekerbte wie ungekerbte Proben verwandt. Außer der spezifischen Schlagarbeit diente der Biegewinkel

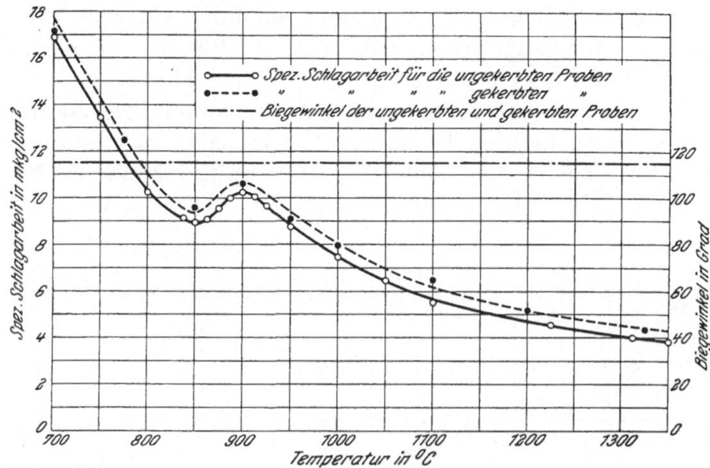

Abb. 191. Schlagarbeit und Biegewinkel sauerstoff- und schwefelarmen Stahles bei verschiedenen Temperaturen (Niedenthal).

als Maß der Sprödigkeit[1]. Die spezifische Schlagarbeit eines weichen, einwandfreien Stahles (0,05% Al, 0,008% O_2, Spuren Si, 0,12% Mn, < 0,01% P, 0,021% S, 0,05% C) zeigt Abb. 191. Man erkennt, daß die spezifische Schlagarbeit mit steigender Temperatur nach einer Kurve abfällt, die einer Exponentialfunktion entspricht. Zwischen 850 und 900° tritt ein Knick auf, der die erhöhte Formänderungsarbeit im A_3-Gebiet[2] kennzeichnet. Der Biegewinkel bleibt unverändert.

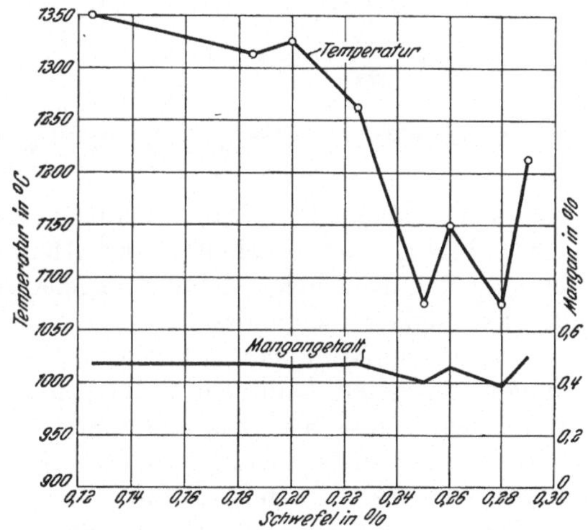

Abb. 192. Abhängigkeit der Temperatur des Heißbrucheintritts vom Schwefelgehalt; ungekerbte Proben (Niedenthal).

A. Niedenthal konnte nun zeigen, daß bei einem Mangangehalt von 0,4 bis 0,5% durch Schwefelzusätze oberhalb 0,12% bei hohen Temperaturen Brüchigkeit auftritt. Diese

[1] Goerens, P. u. G. Hartel: Z. anorg. u. allg. Chem. **81**, 130/44 (1913).

[2] Houdremont, E. u. H. Kallen: Ber. Werkstoffausschuß Ver. d. Eisenh. **1925**, Nr. 72.

als sogenannter Heißbruch bezeichnete Erscheinung ist typisch für schwefelreiche Stähle. Mit steigendem Schwefelgehalt tritt der Heißbruch bei immer niedrigeren Temperaturen auf, wie Abb. 192 zeigt. Bei kleineren Mangangehalten tritt der Heißbruch bei niedrigeren Temperaturen (für 0,14% Mn und 0,084% S bei 1125°) ein. Oberhalb 0,19% S tritt nun bei 1050° ein weiterer Abfall der spezifischen Schlagarbeit der gekerbten Probe ein. Hierin haben wir es mit einem richtigen Rotbruch zu tun. Abb. 193 zeigt die Ergebnisse der Messungen an einem Stahl mit 0,2% S (0,10% C, 0,12% Si, 0,46% Mn, 0,022% P,

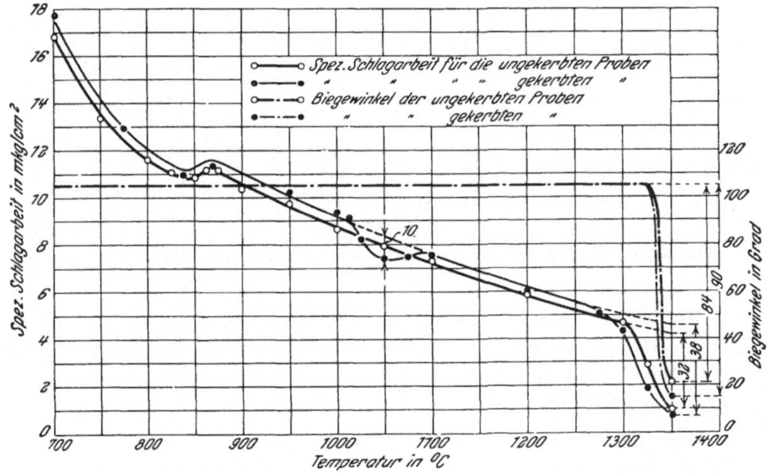

Abb. 193. Schlagarbeit und Biegewinkel eines sauerstoffarmen, schwefelreichen Stahls (0,2% S) in Abhängigkeit von der Temperatur (Niedenthal).

0,05% Al, 0,023% O_2). Man erkennt deutlich den Abfall der spezifischen Schlagarbeit oberhalb 1300° (Heißbruch) und bei 1050° (Rotbruch). Bei noch höheren Schwefelgehalten gehen die beiden Gebiete der Brüchigkeit ineinander über.

Durch mehrstündiges Erhitzen auf 1150° und anschließendes Abkühlen auf 1000° kann ein Stahl mit durch Schwefel verursachtem Heißbruch selbst bei Gehalten von 0,38% S bei 1000° geschmiedet werden, ohne zu brechen. Diese Tatsache findet ihre Erklärung in der Löslichkeit des Schwefels im festen Eisen.

Schwefelarme, sauerstoffreiche Stähle zeigen ein typisch anderes Verhalten. Bereits oberhalb 850°, unmittelbar im A_3-Gebiet sinkt die spezifische Schlagarbeit stark ab, um oberhalb 1050° langsam wieder auf den Wert der sauerstoffreien Probe anzusteigen. Abb. 194 zeigt die spezifische Schlagarbeit und den Biegewinkel eines Stahles mit 0,092% O_2 (0,03% C, Spur Si, 0,10% Mn, $< 0{,}01$% P, 0,022% S). Hier haben wir es mit der typischen Rotbrucherscheinung zu tun.

Von der Verarbeitung des Armco-Eisens ist ebenfalls bekannt, daß die Brüchigkeit beim Walzen an ein bestimmtes Temperaturintervall gebunden ist. Nach R. L. Kenyon[1] liegt das kritische Temperaturgebiet der Warmbearbeitbarkeit zwischen 900 bis 1050°. Man sieht, daß es genau dem von A. Niedenthal ermittelten Rotbruchintervall entspricht. Der durch Sauerstoff hervorgerufene Rotbruch wird durch Mangangehalte von 0,40 bis 0,50% fast vollkommen unterdrückt und zu höheren Temperaturen verschoben. Bei 0,125% O_2 und 0,43% Mn ist nur noch ein kleines Sprödigkeitsgebiet bei 1150° vorhanden. Durch Wärme-

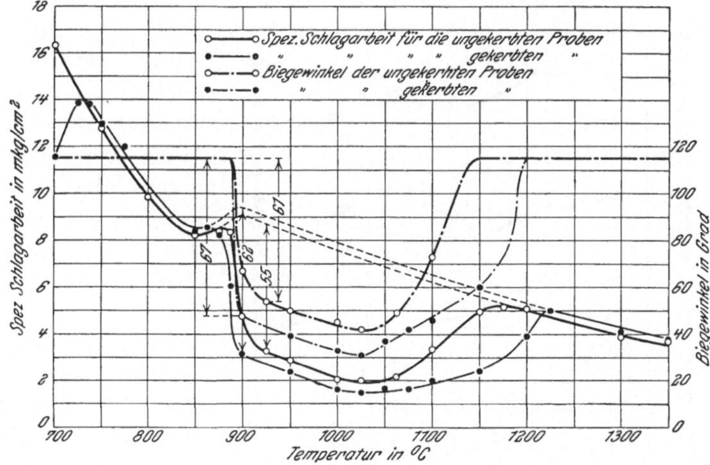

Abb. 194. Schlagarbeit und Biegewinkel für einen Stahl mit 0,092% O_2 und 0,022% S. (Niedenthal).

behandlung kann der durch Sauerstoff hervorgerufene Rotbruch nicht verhindert werden. Es ist bemerkenswert, daß der Rotbruch nur im γ-Eisen auftritt. Trotzdem sind auch für das α-Eisen höhere Sauerstoff- und Schwefelgehalte schädlich.

Der bei Stahl im Gebiet von 550° auftretende Blaubruch wird durch höhere Sauerstoff- und Schwefelgehalte stark beeinflußt. Ein Stahl mit 0,092% O_2 oder 0,28% S zeigt zwischen 300 und 700° einen Abfall der spezifischen Schlagarbeit um 50%.

Die Festigkeitseigenschaften des Eisens im kalten Zustand werden durch Sauerstoff ebenfalls beeinflußt[2]. Abb. 195 zeigt den Einfluß des Oxydgehaltes bei einem an Kohlenstoff und Mangan armen Stahl nach A. Niedenthal. Die Festigkeit, Dehnung und Kerbzähigkeit fallen, die Brinellhärte steigt mit steigendem Oxydgehalt. Der Einfluß auf die Streckgrenze bleibt unklar. Die Fähigkeit der Kaltverformung wird durch höheren Oxydgehalt stark vermindert[2].

---

[1] Kenyon, R. L.: Trans. Amer. Soc. Steel Treat **13**, 241 (1928).

[2] Wimmer, A.: Stahleisen **45**, 73/79 (1925).

Ein anormal hoher Oxydgehalt beeinflußt die mechanischen Eigenschaften auch insofern, als ein solcher Stahl beim Härten empfindlicher gegen Überhitzen ist[1]. Der Härtebereich ist nach Oberhoffer und Mitarbeitern bei sauerstoffhaltigen Stählen kleiner. Dies gilt auch für legierte Stähle. Es ist schwieriger, ein gleichmäßig martensitisches Gefüge zu erzielen, und stark oxydhaltige Stähle neigen zur Troostitbildung. Damit ist dann das Auftreten weicher Flecken beim Härten der Werkzeuge verbunden.

Welche Rolle die Art und die Größe der Oxydeinschlüsse im Stahl spielen, sei noch am folgenden Beispiel erörtert. Aller Wahrscheinlichkeit nach ist MnO oberhalb 700° im Stahl löslich[2]. Kühlt man einen Stahl mit viel MnO von Temperaturen oberhalb 700° langsam ab, so werden feine MnO-Teilchen ausgeschieden, die die Alterungsbeständigkeit des Stahles stark herabsetzen. Schreckt man Eisen oberhalb 700° ab und läßt es bei 680° oder höher an, so scheidet sich schädliches MnO aus. Der abgeschreckte und der unterhalb 600° angelassene Stahl sind nicht alterungsempfindlich.

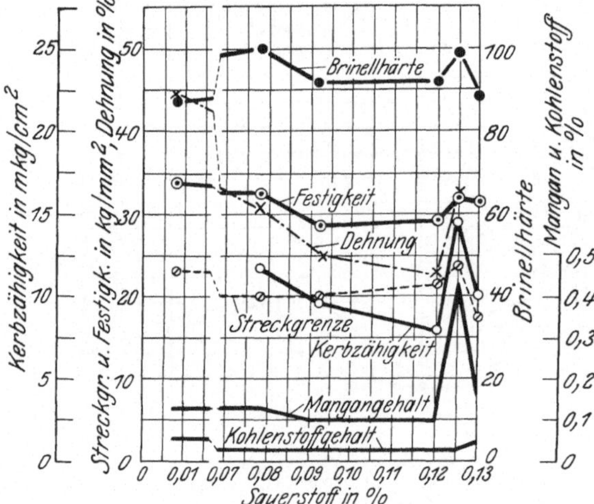

Abb. 195. Einfluß des Sauerstoffs auf die Festigkeitseigenschaften von weicherem Flußstahl (Niedenthal).

Während das Manganoxydul also Schwierigkeiten hinsichtlich der Beständigkeit der Festigkeitseigenschaften beim Altern verursacht, ist ein mit hinreichend hohen Aluminiummengen desoxydierter Stahl, in dem der Sauerstoff als Tonerde oder tonerdereiches Oxydgemisch vorliegt, alterungsbeständig, wie das Kruppsche Izett-Eisen zeigt.

Hanson, Marryat und Ford[3] haben gezeigt, daß die mechanischen Eigenschaften von Kupfer durch die Anwesenheit von Sauerstoff in

[1] Thallner: Stahleisen **27**, 1677 (1907); **30**, 1348 (1910). Eilender, W.: Stahleisen **33**, 585 (1913); **47**, 1558 (1927). Oberhoffer, P., H. J. Schiffler u. W. Hessenbruch: Arch. Eisenhüttenwes. **1**, 57/68 (1927/28). Gat: Blast Furnace Steel Plant **15**, 271 (1927). Oberhoffer, P., H. Hochstein u. W. Hessenbruch: Arch. Eisenhüttenwes. **2**, 725/38 (1928/29).

[2] Fry, A.: Disk.-Vortrag Hessenbruch, Z. Metallkunde **21**, 55 (1929).

[3] Hanson, Marryat u. Ford: J. Inst. Met. **30**, 197 (1923).

Mengen bis zu 0,1% nicht sehr beeinflußt werden. Oberhalb 0,1% ist der Einfluß größer. Das Ergebnis der mechanischen Untersuchungen einer Reihe gewalzter und geglühter Proben mit verschiedenem Sauerstoffgehalt zeigt Zahlentafel 17.

Diese Ergebnisse stimmen überein mit der Erwartung, die sich an die gleichmäßige Verteilung der harten Teilchen des Kupferoxyduls in der weichen Grundmasse des Kupfers knüpft. Kaltwalzversuche an den gegossenen Blöckchen zeigten, daß bei einem Sauerstoffgehalt von 0,015% eine Querschnittsabnahme von 60% erhalten werden konnte, während Blöcke mit 0,282% Sauerstoff nach einer Querschnittsverminderung von nur 22% aufrissen. Im Gußzustand liegen die Oxyde in den Korngrenzen und setzen die Geschmeidigkeit des Metalls herab.

Zahlentafel 17. Einfluß von Sauerstoff auf die mechanischen Eigenschaften von Kupfer.

Sauerstoff Gew.-%	Festigkeit kg/mm²	Dehnung %	Kerbzähigkeit mkg/cm²
0,015	22,95	58,0	8,47
0,09	23,15	52,5	7,78
0,17	24,20	49,2	5,36
0,282	24,50	38,0	—
0,36	26,15	42,3	2,72

Die Zähigkeit kann gesteigert werden durch Zugabe von Arsen, welches hauptsächlich als Desoxydationsmittel wirkt. Die Löslichkeit von Arsen in Kupfer beträgt etwa 7%, aber die Zusätze gehen gewöhnlich nicht über 1% hinaus. In der Abwesenheit anderer Verunreinigungen hat diese Arsenmenge eine geringe Wirkung auf die mechanischen Eigenschaften des Metalls[1]. Es ist eine Tendenz zum Undichtwerden der Blöcke vorhanden, aber das beeinflußt die Bearbeitbarkeit nicht, die bemerkenswert hoch ist. Das Metall kann kalt oder warm in jedem Maße bearbeitet werden, während die Brinellhärte und Zerreißfestigkeit praktisch unbeeinflußt sind. Dem Verlust an Walz- und Schmiedbarkeit durch die Gegenwart von Sauerstoff kann man also durch Zugabe von Arsen entgegenwirken. Es ist jedoch notwendig, daß der Arsengehalt mindestens 10mal so groß ist wie der Sauerstoffgehalt, wenn die Sprödigkeit verhindert werden soll. Gute mechanische Eigenschaften können selbst noch in Kupfer mit etwa 0,1% Sauerstoff durch Zugabe von 1 bis 2% Arsen erzielt werden. Während der Sauerstoff gewöhnlich in arsenhaltigem Kupfer als Kupferoxydul vorliegt, ist auch eine gewisse Wahrscheinlichkeit vorhanden, daß Kupferarsenat gebildet wird.

Der Gebrauch von Arsenkupfer bei der Herstellung von 70/30 Messing erzeugt zeitweilig eine Sprödigkeit im gegossenen Material, aber die Geschmeidigkeit wird durch die Bearbeitung und das Glühen

[1] Hanson u. Marryat: J. Inst. Met. **37**, 121 (1927).

wiedererlangt. Die Anwesenheit von Arsen in der 60/40-Legierung, die den β-Bestandteil enthält, ist besonders nachteilig und 0,12% Arsen vermindern die Schmiedbarkeit dieser Messinglegierung etwa um die Hälfte.

Schwefel als Kupfersulfid vermindert die Geschmeidigkeit des Kupfers auf dieselbe Weise und fast in demselben Maße wie eine äquivalente Menge Kupferoxydul. Dies zeigt Abb. 196, die den Einfluß dieser Elemente auf die Festigkeit, Dehnung und Duktilität von Elektrolytkupfer wiedergibt[1]. Im Gegensatz zu Cu_2O-haltigem Kupfer ist ist die Warmbildsamkeit größer, weil die Cu_2S-Einschlüsse plastischer sind als Cu_2O-Einschlüsse. Erst oberhalb 0,12% S werden die mechanischen Eigenschaften sehr nachteilig beeinflußt.

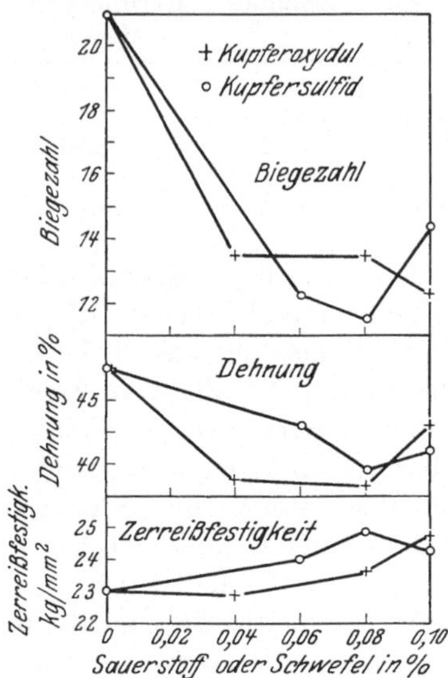

Abb. 196. Einfluß von Kupfersulfid oder Kupferoxydul auf die mechanischen Eigenschaften von geglühtem Elektrolytkupfer (Siebe).

Die soeben betrachteten Beispiele sind typisch für nichtmetallische Einschlüsse, die sich durch die Verbindung der betreffenden Metalle mit den Gasen bilden, mit denen die Metalle während der Herstellung in Berührung kommen. Nicht immer entstehen die Einschlüsse beim Schmelzen, sie können aus dem ursprünglichen Erz stammen, aus der Ofenzustellung oder aus dem Tiegel oder als Verunreinigung mit der Charge in den Ofen eingeführt werden. In vielen Fällen werden reaktionsfähige Elemente zur Schmelze als Desoxydationsmittel zugesetzt, um die schädlichen, meist im Metall löslichen Oxyde zu reduzieren. So entstehen aus den Desoxydationsmitteln Aluminium-, Magnesium- oder Silizium Oxyde, welche oft im geschmolzenen Metall zurückbleiben und in den erstarrenden Kristallen festgehalten werden.

Während die Wirkung ungleichmäßig verteilter Einschlüsse auf die Geschmeidigkeit und Festigkeit der Metalle ungefähr dem eingenommenen Volumen proportional ist, gilt dies keineswegs mehr, wenn das Metall einem Schlag oder wechselnden Belastungen ausgesetzt ist. Diese Frage ist z. B. sehr gründlich durch Haigh[2] studiert worden. Er hat festgestellt, daß für gesunde Metalle das Verhältnis von Ermüdungs-

[1] Siebe, P.: Z. Metallkunde **19**, 311 (1927).
[2] Haigh: Trans. Faraday Soc. **20**, 153 (1924).

grenze zur Zerreißfestigkeit zwischen 0,4 und 0,6 schwankt (in einigen Fällen kann es etwas höher sein). Mit Ermüdungsgrenze ist hier die maximale Belastung gemeint, bis zu der ein Metall in einer Maschine für wechselnde Belastung ohne Bruch beansprucht werden kann. (In der Haigh-Maschine wird die Probe wechselndem Zug und Druck mit etwa 2000 Wechseln in der Minute ausgesetzt.) Während die Anwesenheit von Schlackeneinschlüssen die Bruchfestigkeit kaum beeinflußt, erniedrigt sie die Ermüdungsgrenze und damit das oben angegebene Verhältnis bedeutend. So zeigte z. B. eine Manganbronze, die geringe Mengen Schlacken enthielt, eine Bruchfestigkeit von 32 bis 36 kg/mm^2, aber die Ermüdungsgrenze war weniger als $\pm$ 6,3 kg/mm^2. Ohne Schlacken würde dieses Metall eine Ermüdungsgrenze von $\pm$ 12,6 kg/mm^2 gehabt haben. Es ist daher klar, daß statische Proben an einem Metall, welches unter Schwingungen gebraucht wird oder in wechselnd arbeitenden Teilen von Maschinen verwendet werden soll, irreführend und ungeeignet sind. Schlackeneinschlüsse haben zumal in bearbeiteten Metallen oft scharfe Kanten, die dieselbe Wirkung haben wie ein Kerb, indem sie eine große Kraftkonzentration an dieser Stelle hervorrufen. Dies führt zur Bildung von Rissen und letzthin zu Brüchen. Kleine, rundliche Einschlüsse weichen Materials, z. B. Blei in Messing, sind viel weniger schädlich als eine gleiche Menge harter nichtmetallischer Einschlüsse. Wenn eine Reihe von Dauerproben unter verschiedenen Beanspruchungen ausgeführt wird und die Ergebnisse in Abhängigkeit von der Belastung aufgetragen werden, liegen diese auf einer geraden Linie, wenn das Metall gesund ist. Enthält es dagegen Einschlüsse, so streuen die Werte innerhalb einer mehr oder weniger breiten Zone. Haigh nimmt an, daß die Breite der Zone als Maß für die Minderwertigkeit des Materials angesehen werden kann.

Anderseits ist es möglich, die Ermüdungsgrenze unter gewissen Umständen durch die Anwesenheit besonderer nichtmetallischer Einschlüsse zu steigern. Federstähle mit vielen Einschlüssen, die während des Walzens zu Zeilen gestreckt worden sind, können höhere Ermüdungsgrenze ergeben als ein ähnliches Material ohne Schlacken. Aber die an sich geringe Kerbzähigkeit verhindert eine weitgehende, technische Ausnutzung. Bei der Bestimmung der spezifischen Schlagarbeit mittels des Pendelschlagwerkes machen sich Einschlüsse sofort bemerkbar. Die Kräfte werden in der Nähe der Risse oder an den scharfen Kanten der Einschlüsse konzentriert, und man erhält einen geringen Wert für die aufgenommene Arbeit vor Eintritt des Bruches. Die Federn mit Schlakken können in der Längsrichtung eine hohe Kerbzähigkeit ergeben, aber der Schlagwiderstand in der Querrichtung wird gering sein.

Gasblasen und Hohlräume. Metalle, welche nur im geschmolzenen Zustand Gas in Lösung halten können, werden in ihren mechanischen

Eigenschaften beeinflußt durch die Entstehung von Gasblasen während der Erstarrung. Ungesunde Güsse dieser Art haben verminderte Festigkeit und sind infolge ihrer Porosität und dem schlechten Aussehen ihrer bearbeiteten Oberfläche nicht brauchbar. Die Geschmeidigkeit wird meist nicht ernstlich beeinflußt, und ungesunde Güsse können manchmal zu Stäben oder Blechen verarbeitet werden, ohne daß Fehler beobachtet werden, wenn das Metall oder die Legierung in der Walzhitze schweißt. Die Gasblasen werden längs gestreckt und obgleich sie zu mikroskopischen Abmessungen verkleinert werden, entsprechen sie Stellen geringerer interkristalliner Kohäsion als im gesunden Metall. Von den Enden solcher Fehler können neue Risse ausgehen, besonders bei wechselnder Beanspruchung, da sie dieselbe Wirkung haben wie nichtmetallische Einschlüsse.

Bei einigen Metallen können die Poren durch das Glühen während des Arbeitsprozesses vollkommen verschweißt werden und keine schlechten Nachwirkungen hervorrufen. Dies ist geradezu eine Vorbedingung für die Herstellung von Metallen oder Legierungen aus Metallpulvern. Ein interessantes Beispiel dieser Art bildet die Herstellung von gezogenem Wolframdraht[1]. Das Ausgangsmaterial ist Wolframpulver, welches zu Stäben quadratischen Querschnittes unter einer hydraulischen Presse geformt wird. Die Dichte dieser Stäbe ist etwa 9,5 bis 10, und sie sind äußerst brüchig. Nach Erhitzen in Wasserstoff bei 3000° tritt eine große Festigkeitssteigerung ein und durch das Kornwachstum steigt die Dichte auf 17 bis 18. Die Dichte der fertigen Wolframkristalle ist 19,32, so daß der gesinterte Stab immer noch eine Porosität von etwa 7% hat. Wenn das Metall eine Querschnittsverminderung von 75% erlitten hat durch Hämmern bei 1200°, steigt die Dichte auf 19,2, und nach anschließender Rekristallisation bleiben keine Spuren der ursprünglichen Hohlräume zurück.

Bei den in unsilizierten Stahlblöcken für die Herstellung von Rohren oder Blechen vorhandenen Gasblasen bestehen keine Bedenken für die Qualität des Bleches, wenn die Gasblasen keine Verbindung mit der Oberfläche haben und dadurch oxydieren.

Gelöste Gase. Gase in Lösung steigern fast immer die Sprödigkeit eines Materials, und viele seltsame Fälle von Versagern sind nachträglich auf die Gegenwart von Gas in Metall zurückgeführt worden. In sehr geschmeidigen Metallen tritt der Bruch normalerweise auf einer Fläche ein, die durch die Kristalle geht, selten entlang den Krongrenzen. Spröde Brüche, wie sie durch die Anwesenheit von Gasen hervorgerufen werden, verlaufen gerne längs den Korngrenzen. Das Gas scheint den Zusammenhang zwischen den Kristallkörnern zu verringern

---

[1] Avery, J. W. u. C. J. Smithells: Proc. Phys. Soc. **39**, 85 (1926).

fast in derselben Weise, wie eine niedrigschmelzende Verunreinigung, z. B. wie Sulfidhäutchen Rotbruch hervorrufen. Der bedeutsame Einfluß geringer Spuren von Gas auf die Schmiedbarkeit gewisser Metalle wird durch das Beispiel des Tantals beleuchtet. Dieses Metall wurde von Hatchett 1801 entdeckt, wurde jedoch nicht in einer für die Verarbeitung geeigneten zusammenhängenden Form erhalten, bis von Bolton 1904 die ersten Tantaldrähte für Glühlampen herstellte. Das fein verteilte Metall wurde mit einem Bindemittel gemischt, durch Matrizen gepreßt, aber der so hergestellte Draht war äußerst spröde. Man beobachtete jedoch, daß das Metall nach einer Bestrahlung mit Kathodenstrahlen oder durch Vakuumschmelzen duktil gemacht und zu Drähten gezogen werden konnte. Es ist gänzlich unmöglich, duktiles Tantal durch irgendein gewöhnliches Reduktionsverfahren z. B. durch Erhitzen mit Kohle, Aluminium oder Mischmetall zu erzeugen. Durch Anwendung der Vakuumschmelzmethode ist es jedoch möglich, Tantal von hoher Geschmeidigkeit und einem Gehalt von 99,5% Tantal in wirtschaftlichen Mengen herzustellen[1]. Spuren gelösten Gases steigern die Härte des Metalls stark, und wenn mehr als 0,1% Wasserstoff anwesend ist, ist es selbst in der Hitze vollkommen brüchig. Metallisches Tantal hat bis jetzt keine sehr weite Anwendung gefunden, aber seine Entwicklungsgeschichte zeigt, wie wichtig eine geringe Menge unerwarteter Verunreinigungen die mechanischen Eigenschaften der Metalle beeinflussen kann. Wolfram und Beryllium sollten gemäß ihrer Stellung im periodischen System geschmeidig sein. Aber trotz Fehlens von Verunreinigungen sind sie oft sehr spröde. Es ist nicht ausgeschlossen, daß gelöster Wasserstoff ebenfalls z. T. dafür verantwortlich ist.

Hier muß die Sprödigkeit und Härte elektrolytisch hergestellter Metalle erwähnt werden. Sie ist beobachtet worden bei Elektrolyt-Eisen, -Nickel, -Kobalt, -Chrom u. a. Ein sehr lehrreiches Beispiel für die Wirkung kleiner Mengen gasförmiger Verunreinigungen gab W. Köster[2]. Es war beobachtet worden, daß im Gegensatz zu Walzkupfer der Abfall der Härte von verschieden stark verformtem Elektrolytkupfer ohne Rücksicht auf den Verformungsgrad in einem ziemlich engen Bereich von 450 bis 500° vor sich geht. Beim Erhitzen von Elektrolytkupfer im Vakuum entwickelt sich ziemlich plötzlich zwischen 450 und 500° Wasserstoff. Bei höheren Temperaturen wird kaum noch Wasserstoff abgegeben. Die Abnahme der Härte ist daher zum Teil auf die Abgabe des Wasserstoffs zurückzuführen. Im ungeglühten Zustand hat das Elektrolytkupfer in allen Verformungsgraden eine höhere Härte als gleichbehandeltes Walzkupfer. Das harte Elektrolytkupferblech hat eine elektrische Leitfähigkeit von 58 gegen-

---

[1] Balke: Chem. Met. Eng. **27**, 1271 (1922).

[2] Köster, W.: Z. Metallkunde **20**, 189/191 (1928).

über 56 bei hartem Walzkupfer. Im ausgeglühten Zustand ist die Leitfähigkeit beider Kupfersorten $60 \frac{\text{m}}{\text{Ohm mm}^2}$. Wir haben in diesen Erscheinungen die Wirkung der geringen in fester Lösung befindlichen Wasserstoffmenge, die z. B. analytisch zu 0,00026% bestimmt wurde.

Sprödigkeit von Stahl. Die größte Bedeutung für die Wirkung der Gase auf die Sprödigkeit des Stahles kommt dem Wasserstoff zu. Der Untersuchung dieses Einflusses sind im Verlauf der letzten 50 Jahre zahlreiche Arbeiten gewidmet, und vereinzelt sind auch wertvolle quantitative Ergebnisse erzielt worden. Es war längst bekannt, daß Stahl, dessen Oxydhaut durch Beizen entfernt wird, leicht spröde wird, obwohl die anfängliche Zähigkeit weitgehendst wiedererlangt werden kann nach Lagern an der Luft oder darauffolgendem Glühen. 80 Min. langes Eintauchen in kochendes Wasser genügt gewöhnlich zur Behebung der Sprödigkeit. Grobkörniges, 30 Min. in 20proz. Schwefelsäure gebeiztes Eisen kann mit großer Leichtigkeit in Stücke geschlagen werden. Ein Querschnitt solch einer Probe zeigt den typisch interkristallinen Bruch (Abb. 197). Die Sprödigkeit wird hervorgerufen sowohl durch kaustische

Abb. 197. Grobkörniges Eisen in 20% H_2SO_4 gebeizt, mit interkristallinem Bruch. × 1/2 (Pfeil).

Sodalösung wie durch Herstellung des Metalles durch Elektrolyse. Das zeigen die Ergebnisse von Versuchen von Coulson[1] an Federstählen, die mit 27proz. Schwefelsäure bei 60° gebeizt wurden. Dieses Material erhält beim Lagern nicht die normalen Eigenschaften wieder, und das Glühen ist nicht zulässig, so daß die kathodische Beizung ungeeignet ist. Die Proben, die sowohl mit wie ohne Strom untersucht wurden, wurden unter rasch wechselnder Belastung geprüft. Die Ergebnisse sind in Zahlentafel 18 zusammengefaßt.

Zahlentafel 18. Beizbrüchigkeit von Stahl.

Material	Zahl der Umkehrungen bis zum Bruch Mittel aus mehreren Proben
Vor dem Beizen	$12 \cdot 10^6$
40 sec ohne Strom gebeizt	zerbrach bei den Vorversuchen
40 sec als Kathode	$0,4 \cdot 10^6$
40 sec als Anode	$12 \cdot 10^6$

Die Proben zeigten eine Zunahme der Brinellhärte nach kathodischer Beizung von 5%. Dehnungsproben von einer größeren Zahl von Stahl-

[1] Coulson: Trans. Amer. Electrochem. Soc. **32**, 237 (1917).

sorten hatte ähnliche Ergebnisse, wie die Zahlentafel 19 zeigt. Weiche Stähle und legierte Stähle sind von Sutton[1] auf Beizbrüchigkeit untersucht worden. Sie trat besonders stark auf, wenn der Stahl im härtesten Zustand war. Die anodische Beizung, bei der kein Wasserstoff auf der Oberfläche des Metalls gebildet wird, hat keine Wirkung auf die Zähigkeit. Es tritt keine merkliche Veränderung der Zerreißfestigkeit ein, der Bruch zeigt jedoch die Tiefe, bis zu der der Wasserstoff eingedrungen ist. Ein kaltgewalzter Stab von etwa 6 mm Durchmesser, der 40 sec gebeizt wird, zeigt einen Kern, der einen normalen transkristallinen Bruch hat, welcher von einem hellen Hof umgeben ist, wobei dieser den halben Querschnitt des Stabes einnimmt und ein Gebiet interkristallinen Bruches darstellt.

Zahlentafel 19. Dehnung auf 50 mm Meßlänge in Prozent.

Material	Keine Beizung	Chemische Beizung	Kathodische Beizung	Anodische Beizung
Federstahldraht . . .	51	3	3	51
Bohrstangen.	22	—	7	25
Heißgewalzter Stahl .	—	—	22	63
Kaltgewalzter Stahl .	50	40	35	50

Die Wärmebehandlung von Eisen und Stahl unter Bedingungen, bei denen Wasserstoff entwickelt wird, ergibt alle Male eine Absorption des Gases. Molekularer Wasserstoff wird nicht in demselben Maße absorbiert, woraus man entnehmen kann, daß der Wasserstoff im atomaren Zustand schneller in das Metall hereindiffundieren kann. Pfeil[2] hat in größerem Maßstabe die Wirkung gelösten Wasserstoffs auf die interkristalline Kohäsion von Eisen untersucht, dessen Kohlenstoffgehalt durch Glühen im Wasserstoff bei 750^0 entfernt worden war. Das Material hatte die folgende Zusammensetzung:

Kohlenstoff	= 0,00 %
Silizium	= 0,064 %
Schwefel	= 0,034 %
Mangan	= 0,46 %
Phosphor	= 0,02 %.

Es wurde mit Wasserstoff gesättigt durch elektrolytisches Beizen in 10%iger Schwefelsäure. Um die Wirkung einer Erholung auszuschalten, die eintreten könnte, wenn das Material an die Luft kommt, wurden die Versuche während des Beizens ausgeführt. Die Schnelligkeit, mit der eine Erholung eintritt, ist aus Zahlentafel 20 zu ersehen, in der die Ergebnisse von Messungen an Proben zusammengefaßt sind, die ein feines Korn hatten und bei verschiedenen Temperaturen behandelt wurden.

[1] Sutton: J. Iron Steel Inst. **119**, 179 (1929).
[2] Pfeil: Proc. Roy. Soc. **112**, 182 (1926).

Die Wirkung ist hinsichtlich der Dehnung deutlicher als hinsichtlich der Zerreißfestigkeit. Der Einfluß der Temperatur des Beizens ist ebenfalls ausgesprochen. Eine große Zahl von Proben wurde an Stücken ausgeführt, die nur aus zwei oder drei Kristallen bestanden, woraus der Schluß gezogen wurde, daß Wasserstoff eine verschlechternde Wirkung auf die Festigkeit der Korngrenzen und auf die Kohäsion auf den kubischen Spaltflächen ausübt, obwohl er anscheinend die Leichtigkeit der Deformation auf den Gleitebenen nicht beeinflußt.

Zahlentafel 20.

Behandlung	Zugfestigkeit kg/mm²	Dehnung %	Art des Bruches
Vor dem Beizen.	28,9	62,5	Transkristallin
Beim Beizen bei 25°.	26,3	10,6	Interkristallin
„ „ „ 30°.	27,6	22,5	„
„ „ „ 50°.	27,65	44,0	Transkristallin
15 sec nach dem Beizen . . .	29,08	60,5	„

C. A. Edwards[1] untersuchte die Entstehung sogenannter Beizblasen beim Eisen. Er kam zu dem Schluß, daß diese Blasen durch Reaktion des Wasserstoffs mit den Oxyden oder Karbiden entstehen, und daß die Reaktionsprodukte nicht entweichen können. Ähnliche Erscheinungen beim Kupfer kennen wir als „Wasserstoffkrankheit". Auf Grund quantitativer Messung der beim Beizen in Eisen eindringenden und hindurchdiffundierenden Wasserstoffmenge konnte C. A. Edwards zeigen, daß die Diffusion mit steigender Temperatur steigt und ebenso mit der Säurekonzentration (?). Die Diffusion durch einen Einkristall ging seltsamerweise genau so schnell vor sich wie durch vielkristalline Proben.

Ausscheidungshärtung und Alterung. Auch bei den nichtmetallischen Verunreinigungen oder Beimengungen läßt sich die Erscheinung beobachten, daß durch Abschrecken von höheren Temperaturen und Lagern, teilweise erst nach Einschaltung eines Anlaßvorgangs, die Legierungen ihre mechanischen Eigenschaften merklich ändern.

G. Masing[2] und W. Köster[3] konnten zeigen, daß die mit sinkender Temperatur fallende Löslichkeit des Kohlenstoffs im α-Eisen genügt, um an handelsüblichen Stählen Vergütungs- oder Veredelungserscheinungen zu erzeugen. G. Masing wies an drei Flußstählen eine merkliche Härtesteigerung durch Alterung nach (Zahlentafel 21).

W. Köster erweiterte diese Versuche durch Messungen der Dichte, der Festigkeitseigenschaften, der Tiefziehfähigkeit nach Erichsen, der

[1] Edwards C. A.: J. Iron Steel Inst. **110**, 9/60 (1924).
[2] Masing, G.: Arch. Eisenhüttenwes. **2**, 185/96 (1928/29).
[3] Köster, W.: Arch. Eisenhüttenwes. **2**, 503/22 (1928/29).

Zahlentafel 21. Härtesteigerung von Flußstahl durch Lagern bei Raumtemperatur nach einer Abschreckung von 700°.

Analyse				Brinellhärte nach Tagen						
C	Si	Mn	P	0	1	2	3	4	7	9
0,044	0,0046	0,44	0,036	128	147	172	175	175	185	197
0,028	0,0028	0,39	0,025	102	115	136	154	160	168	191
0,120	0,0064	0,44	0,043	116	128	143	154	160	170	178

elektrischen Leitfähigkeit, der magnetischen Eigenschaften und der Lösungsgeschwindigkeit in Säuren. Er konnte nachweisen, daß in der Tat die bei verschiedenen Temperaturen verschiedene Löslichkeit des Kohlenstoffs im α-Eisen der Grund zu den deutlichen Eigenschaftsänderungen ist.

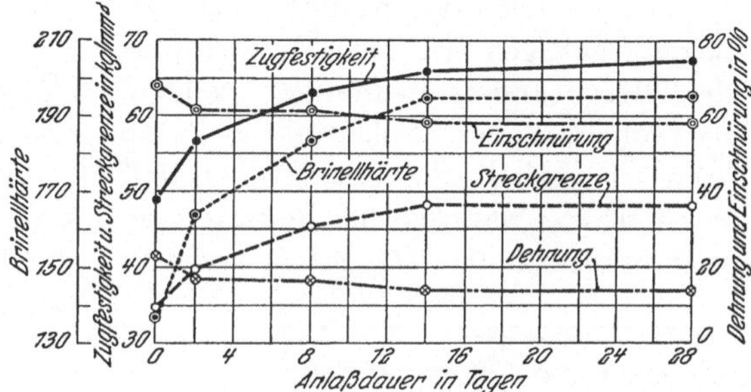

Abb. 198. Zeitliche Änderung der Festigkeitseigenschaften eines von 680° abgeschreckten Stahles bei Zimmertemperatur (Köster).

Die Löslichkeit des Kohlenstoffs beträgt bei 720° 0,043%, bei Raumtemperatur 0,006%. Alle Eisenlegierungen mit mehr als 0,006% C müssen also die Vergütungserscheinung zeigen. Als Beispiel sei in Abb. 198 die zeitliche Änderung der Festigkeitseigenschaften eines Stahles mit 0,06% C, 0,01% Si, 0,19% Mn, 0,075% P und 0,042% S gebracht. Die Zunahme der Festigkeit des von 680° abgeschreckten Stahles beträgt nahezu 57%, die der Härte 63%, die Abnahme der Dehnung ist 50%, die der Einschnürung 14%. Den Einfluß der Anlaßtemperatur auf die Festigkeitseigenschaften eines von 680° abgeschreckten 14 Tage gelagerten Stahles mit 0,13% C, 0,01% Si, 0,36% Mn, 0,014% P und 0,052% S zeigt Abb. 199. Schon bei 50° nimmt die Festigkeit ab, um dann bis 200° stark zu fallen. Oberhalb 200° ist die Koagulation der ausgeschiedenen Karbidteilchen beendet und die Festigkeit sinkt nicht mehr. Dehnung, Einschnürung und Streckgrenze verhalten sich entsprechend.

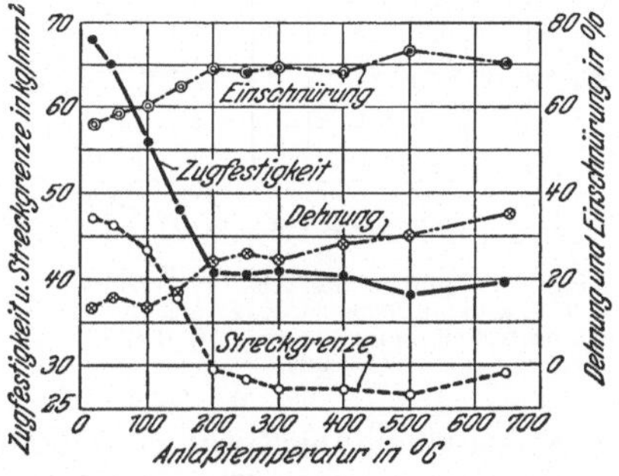

Abb. 199. Einfluß der Anlaßtemperatur bei einstündiger Anlaßdauer auf die Festigkeitseigenschaften eines von 680° abgeschreckten und 14 Tage gelagerten Stahles (Köster).

Auch die spez. Schlagarbeit wird durch die Ausscheidungsvorgänge betroffen. Der Steilabfall der Kerbzähigkeitswerte wird beim abgeschreckten und gelagerten Material zu höheren Temperaturen verlegt, entsprechend dem Einfluß einer Kaltverformung. Beim Anlassen wird der Steilabfall in die alte Lage zurückverlegt. Abb. 200 zeigt die spez. Schlagarbeit eines Stahles mit 0,17% C, 0,21% Si, 0,62% Mn, 0,021% P und 0,050% S im Anlieferungszustand nach dem Abschrecken und nach anschließendem Lagern.

In einer späteren Arbeit[1] konnte W. Köster nachweisen, daß auch die stickstoffhaltigen Stähle Veredelungs- oder Vergütungserscheinungen zeigen. Die Löslichkeit des Stickstoffs im festen Eisen ist gering. Sie beträgt bei 450° etwa 0,025%, während bei Raumtemperatur nur noch 0,001% gelöst werden.

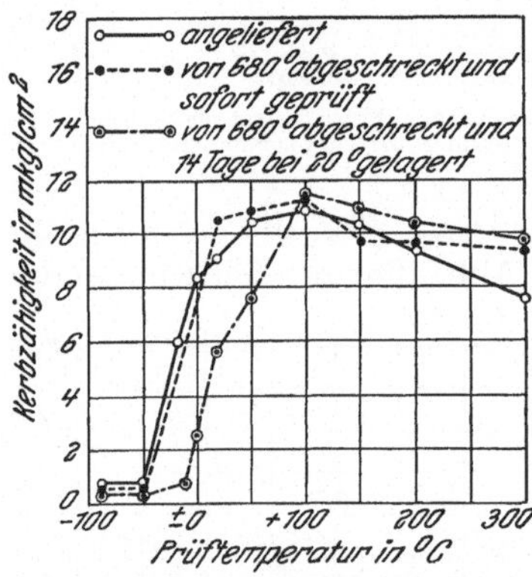

Abb. 200. Einfluß des Abschreckens von 680° und darauffolgender Lagerung auf die Kerbzähigkeit eines Stahles mit 0,17% C. (Köster).

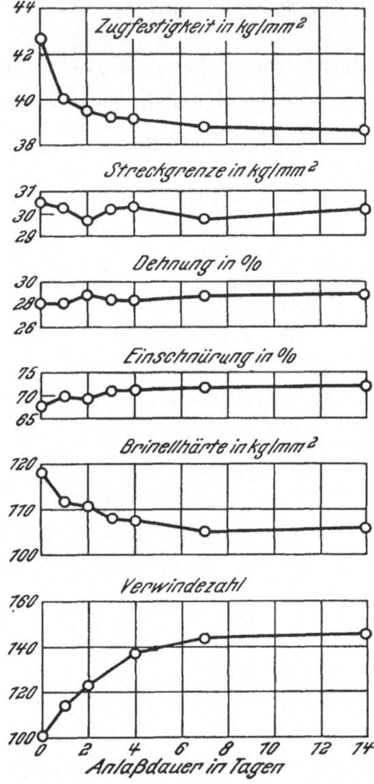

Abb. 201. Einfluß der Anlaßdauer bei 100° C auf die Festigkeitseigenschaften eines langsam erkalteten Thomasstahles (Köster).

Die Ausscheidungsgeschwindigkeit des Nitrids ist aber sehr klein, so daß ein normaler Thomasstahl mit etwa 0,010 bis 0,020% N diesen zum größten Teil noch in fester Lösung behält. Läßt man dagegen einen solchen Stahl bei 100 bis 250° an, so scheidet sich der überschüssige Stickstoff aus, wie man im Schliff deutlich verfolgen kann (vgl. Abb. 109 u. 110). Die Ausscheidung des Stickstoffs ruft dann eine Änderung der Festigkeitseigenschaften hervor, wie sie nach Köster in Abb. 201 dargestellt ist. Zugfestigkeit und Härte fallen

[1] Köster, W.: Arch. Eisenhüttenwes. 3, 637/58 (1929/30).

mit steigender Anlaßzeit, während Dehnung, Verwindezahl und Einschnürung steigen. Der Stahl wird weicher und zäher. Parallel zu diesen Erscheinungen der Änderung der Festigkeitseigenschaften geht eine magnetische Alterung, eine Änderung des elektrischen Widerstandes und der Lösungsgeschwindigkeit in Säuren, deren Größe etwa aus folgenden Zahlen ermessen werden kann:

Eigenschaft	Änderung durch Ausscheidung von 0,01 % N bei 100^0
Spez. elektrischer Widerstand	$-0{,}0013\ \frac{\Omega \cdot mm^2}{m}$
Koerzitivkraft	+ 3,2 Gauß
Zugfestigkeit	$-2{,}3\ kg/mm^2$
Verwindungszahl	+ 25%
Lösungsgeschwindigkeit in Säuren	+ 20%

Auch bei den Lösungen von Sauerstoff in Eisen sind Ausscheidungshärtungen möglich. W. Eilender und R. Wasmuht[1] schreckten Armco-Eisen-Proben mit verschiedenem Sauerstoffgehalt von 680^0 ab und ließen sie bei Raumtemperatur lagern. Die Änderung der Härte mit der Zeit bei den einzelnen Proben ergab die in Abb. 202 gezeichneten Kurven. Die Härtesteigerung beim Liegen, die Alterung, ist also bei einem Gehalt von 0,06 bis 0,07% O_2 am stärksten. Offenbar scheint bei 680^0 die Grenze der Löslichkeit für FeO + MnO bei etwa 0,06 bis 0,07% O_2 zu liegen. Höhere O_2-Gehalte verhindern durch Keimwirkung, daß der maximal lösliche Betrag an Sauerstoff in Lösung bleibt.

Gerade die Erscheinung der Alterung und der Ausscheidungshärtung an Eisen-Kohlenstoff, Eisen-Stickstoff und Eisen-Sauerstoff-Legierungen ist ein besonders gutes Beispiel für die Wirkung kleiner Beimengungen. Es ist zu erwarten, daß bei anderen Systemen eines Metalls und eines Nichtmetalls, z. B. auch beim System Fe-S, die Verhältnisse ähnlich liegen, wenn eine geringe, mit steigender Temperatur steigende Löslichkeit des Nichtmetalls vorhanden ist und die Ausscheidung der Verbindung langsam verläuft.

Die etwas unzusammenhängenden Tatsachen, die in diesem Kapitel gebracht wurden, scheinen auf den ersten Blick zu keiner Verallgemeinerung zu führen. Es muß mehr Arbeit auf diesem Gebiet geleistet werden, bevor ein eindeutiger Zusammenhang zwischen den mechanischen Eigenschaften und der Struktur erkannt wird. Es ist jedoch möglich, eine gewisse Ähnlichkeit in den Wirkungen besonderer Arten von geringen Beimengungen herauszufinden. Unlösliche Bestandteile, seien sie metallisch oder nichtmetallisch, sind geeignet, die Härte eines Metalls

[1] Eilender, W. u. R. Wasmuht: Arch. Eisenhüttenwes. 3, 659/64 (1929/30).

zu steigern, wobei gleichzeitig eine Verminderung der Duktilität mit oder ohne Steigerung der Festigkeit eintritt. Ihre genaue Wirkung wird durch die Art bestimmt, in der diese Fremdbestandteile verteilt sind und ob sie zähe oder spröde sind. Ein unlöslicher Bestandteil hat eine nachteiligere Wirkung auf die Duktilität, wenn er ein zusammenhängendes interkristallines Netzwerk bildet, als wenn er in Form

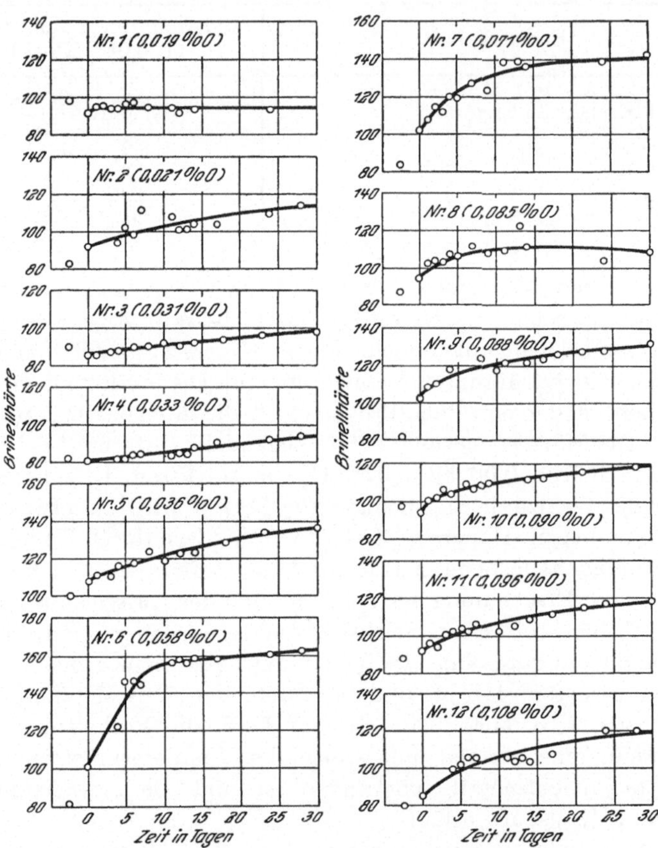

Abb. 202. Härtesteigerung reiner Eisen-Sauerstoff-Schmelzen nach Abschrecken von 680° C und Lagern bei Zimmertemperatur (Eilender-Wasmuth).

einzelner Partikelchen verteilt ist. Wenn diese Teilchen rund und duktil sind, wird die Kerbzähigkeit weniger beeinflußt, als wenn sie eckig und brüchig sind. Wenn man sich daran erinnert, daß die mechanischen Eigenschaften der Metalle von der interkristallinen Kohäsion und der Leichtigkeit auf Gleit- und Kristallebenen sich zu verformen, abhängt, ist diese Wirkung der unlöslichen Bestandteile leicht verständlich.

Metallische, lösliche Bestandteile wirken in anderer Weise. Als Ergebnis der Röntgenstrahlenuntersuchung haben wir eine Vorstellung von der festen Lösung, bei der die fremden Atome Metallatome in dem Kristallgitter ersetzen können. Solche Ersetzungen ergeben mehr oder weniger stark eine Verspannung des Gitters, da ein fremdes Atom nicht genau dasselbe Volumen einnimmt oder dieselbe Anziehungskraft auf seine Nachbarn ausübt, wie das vertretene Atom tat. Die daraus entspringende Wirkung auf die mechanischen Eigenschaften hängt von dem Grade ab, bis zu dem das Gitter verzerrt wurde. Die Geschmeidigkeit des Metalls rührt von der Existenz von Ebenen in dem Kristall her, auf denen ein Gleiten ohne Bruch eintreten kann. Wenn das Gitter an vielen Punkten verzerrt wird, werden diese Ebenen weniger glatt sein und das Gleiten wird weniger leicht eintreten. In außergewöhnlichen Fällen kann der Widerstand gegen Gleiten so gesteigert werden, daß der Bruch eintritt, bevor das Gleiten anfängt. Das Metall ist spröde. Der Grad der Gitterverzerrung hängt von der Natur des hinzugefügten Elementes ab. Eine ähnliche Gitterverzerrung tritt durch die gasförmigen Verunreinigungen auf, die wahrscheinlich in die Zwischenräume der Metallatome eintreten. Nur so ist die Erweiterung des Gitterparameters durch das kleine Wasserstoffatom möglich. Anderseits spricht die große Sprödigkeit der wasserstoffhaltigen Metalle für diese Auffassung.

Elemente, die chemisch ähnlich sind, die gewöhnlich in demselben System kristallisieren und deren Atome ähnliche Volumen besitzen, haben die geringste Wirkung hinsichtlich einer Verzerrung des Gitters und beeinflussen die mechanischen Eigenschaften nur geringfügig. Zusätze von Kupfer zu Gold, Molybdän zu Wolfram sind Beispiele für diese Klasse. Anderseits kann ein chemisch unähnliches Atom eine starke Anziehung auf seine Nachbarn ausüben und eine größere Verzerrung des Gitters hervorrufen. Zinn und Wismut sind beide in Gold löslich, aber zerstören die Geschmeidigkeit, wenn sie in sehr geringen Mengen anwesend sind. Beide sind chemisch dem Gold unähnlich, ihre Gitter sind tetragonal bzw. rhomboedrisch, während Gold ein kubisches Gitter hat und ihr Gitterparameter zeigt, daß ihre Atome ein viel größeres Volumen besitzen. Augenblicklich können diese Betrachtungen nur in qualitativem Maße angewandt werden, um experimentelle Ergebnisse auszulegen. Es müssen Methoden entwickelt werden, mit denen man eine genauere Kenntnis des atomaren Aufbaus in festen Lösungen erhalten kann, bevor wir hoffen können, diese Wirkungen quantitativ ausdrücken zu können.

VII. Der Einfluß von geringen Beimengungen auf die physikalischen Eigenschaften der Metalle.

a) Feinbau und Allotropie.

Wenn man die normalen handelsüblichen Metalle durchgeht, dann wird man feststellen können, daß Beträge von 1 bis 10% der Gesamtverunreinigungen gar nicht selten sind. Wenn wir nach dem Vorschlag von F. Mylius[1] diesen Reinheitsgrad mit 1 bezeichnen, so können wir zweckmäßig die weiteren Stufen wie nebenstehend einteilen.

Reinigungsstufe	Summe der Fremdstoffe
1	1 bis 10%
2	0,1 „ 1%
3	0,01 „ 0,1%
4	0,001 „ 0,01%
5	0,0001 „ 0,001%

Die dritte Stufe wird bei einer Zahl von „chemisch reinen" Metallen erreicht, die 4. und 5. Stufe finden wir nur bei spektroskopisch reinen Metallen. Selbst diese kleinsten Verunreinigungen stellen im Atomgitter betrachtet eine große Zahl von Fremdkörpern dar[2]. Um eine Vorstellung über die absolute Menge einer kleinen Beimengung zu bekommen, seien folgende Überlegungen angestellt.

Ein g-Mol eines Stoffes enthält $6{,}06 \cdot 10^{23}$ Atome. 58,69 g Nickel enthalten demnach $6{,}06 \cdot 10^{23}$ Nickelatome. Wenn das Metall jedoch 0,001% eines Fremdstoffes (z. B. Schwefel) enthält, so entspräche das 0,0005869 g Schwefel $= 5{,}869 \cdot 10^{-4}$ g S. Da 32,06 g S $= 6{,}06 \cdot 10^{23}$, so entsprechen $5{,}869 \cdot 10^{-4}$ g Schwefel $\frac{6{,}06 \cdot 10^{23} \cdot 5{,}869 \cdot 10^{-4}}{32{,}06} = 1{,}11 \cdot 10^{19}$ Atome Schwefel. In 58,69 g Nickel $= 6{,}9\ \mathrm{cm}^3$ sind also noch etwa 10^{19} Atome dieses Fremdstoffes enthalten. Anschaulich ist auch der Versuch, eine wässerige Goldchloridlösung von 0,001% Au kolloidal zu fällen. Diese geringe Menge ist imstande, das Wasser absolut undurchsichtig zu machen.

Es ist wohl nicht verwunderlich, wenn durch Verunreinigungen und Beimengungen zunächst die Eigenschaften der Metalle am empfindlichsten getroffen werden, die mit dem Kristallbau, mit der Feinstruktur unmittelbar zusammenhängen. Das gilt aber vor allem von den physikalischen Eigenschaften, der Allotropie, der thermischen Ausdehnung, der elektrischen und thermischen Leitfähigkeit u. a.

Als Allotropie bezeichnen wir die Eigenschaften eines kristallisierenden Stoffes, eines Metalls, in mehreren, durch die Feinstruktur unterschiedenen Formen vorkommen zu können, wobei die Beständigkeitsbereiche durch bestimmte Umwandlungstemperaturen begrenzt

[1] Mylius, F.: Z. anorg. u. allg. Chem. **74**, 407 (1912).

[2] Am Ende des Buches ist eine Tafel angehängt, die eine Zusammenstellung der bisher erzielten Reinheitsgrade der verschiedenen Metalle wiedergibt.

sind. Die zwei Modifikationen können wechselseitig ineinander übergeführt werden durch entsprechende Änderung von Druck und Temperatur, die Umwandlung ist umkehrbar.

Die Erscheinung der Allotropie ist aufs engste an die Reinheit des Metalls gebunden. Es war schon lange bekannt, daß die Umwandlungstemperaturen allotroper Modifikationen durch den Zusatz eines oder mehrerer Fremdstoffe zu niedrigeren oder höheren Temperaturen verschoben werden. Die zahllosen experimentell ermittelten Zustandsschaubilder geben einen Begriff davon. In den letzten Jahren hat man nun festgestellt, daß die manchen Metallen zugeschriebenen Umwandlungen in Wirklichkeit von gewissen Verunreinigungen herrühren, das Metall jedoch nur eine Erscheinungsform hat. Darin haben wir eins der lehrreichsten Beispiele der tiefgreifenden Wirkung geringster Mengen von Verunreinigungen.

Auf Grund älterer Messungen der spez. Wärme, der Wärmetönungen usw. waren verschiedene Forscher zu der Anschauung gekommen, daß Aluminium bei 560° eine allotrope Umwandlung habe. An Hand von Saladinaufnahmen kam A. Müller[1] zu dem Schluß, daß die Umwandlung keineswegs sicher sei, während M. Haas[2] durch Dilatometeraufnahmen und W. Guertler und C. Anastasiadis[3] auf Grund von Leitfähigkeitsmessungen zu der Überzeugung kamen, daß reines Aluminium keine Umwandlung habe. A. Müller benutzte Aluminium mit 0,17% Si und 0,20 Fe, während M. Haas Hoope-Reinstaluminium mit 0,044% Si, 0,040% Fe und 0,07% Cu verwandte.

A. Schulze[4] hat später Leitfähigkeitsmessungen an Aluminiumproben verschiedenen Reinheitsgrades gemacht und wiederum bewiesen, daß Aluminium bis 610° keine Umwandlung hat. Die früher beobachteten Knicke auf der Kurve rühren also nur von den geringen Spuren von Verunreinigungen her. Dies konnte später auch auf röntgenographischem Wege bestätigt werden[5].

W. Guertler sowie A. Schulze untersuchten reines Zink, von dem des öfteren behauptet worden war, daß es Umwandlungen habe.

W. Guertler und L. Anastasiadis[6] machten thermische Analysen mit Hilfe des Saladin-Apparates und fanden an Zink mit 99,999% Zn keine allotrope Umwandlung. Sie wiesen im übrigen darauf hin, daß die maximale Löslichkeit fremder Metalle in Zink sehr gering ist, so daß die Verschiebung der Soliduslinie durch kleine Beimengungen

[1] Müller, A.: Dissertation, Göttingen **1926**.
[2] Haas, M.: Z. Metallkunde **19**, 404/06 (1927).
[3] Guertler, W. u. C. Anastasiadis: Z. physik. Chem. **132**, 149/56 (1928).
[4] Schulze, A.: Z. Physik **49**, 146/57 (1928); Z. Metallkunde **20**, 262/63 (1928).
[5] Alichanow, A. I.: Z. Metallkunde **21**, 127 (1929).
[6] Guertler, W. u. L. Anastasiadis: Z. Metallkunde **21**, 338 (1929).

besonders stark sein muß. Dadurch ist auch die Verschiebung der in den einzelnen früheren Arbeiten gemessenen Umwandlungspunkte zu erklären. Untersuchungen des Widerstandes an spektroskopisch reinem Zink mit 0,001% Pb, 0,003% Cd, 0,003% Fe und $<$ 0,00001% As, an Zink mit 1% Cd, sowie an einem Zink mit 0,5% Pb, $<$ 0,5% Fe und Spuren von Ni, As und Cu machte A. Schulze[1]. Die Temperatur-Widerstandskurve für diese drei Zinksorten zeigt Abb. 203. Hierin ist die Änderung des elektrischen Widerstandes in Abhängigkeit von der Temperatur aufgetragen. Man erkennt deutlich die durch die verschiedenen Beimengungen hervorgerufenen Knickpunkte, die früher für allotrope Umwandlungen des Zinks gehalten worden waren. Reines Zink hat also keine Umwandlung.

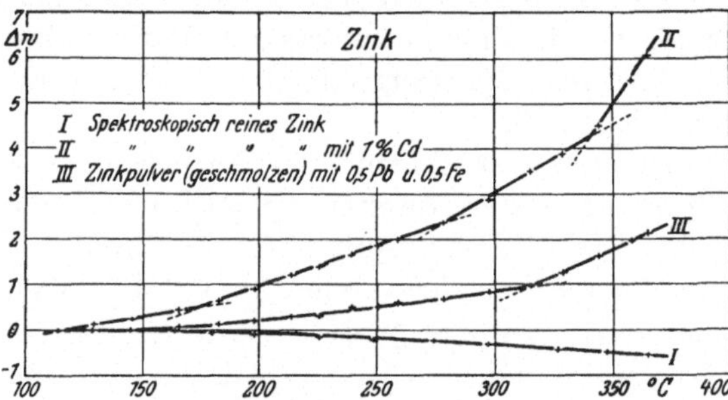

Abb. 203. Temperatur-Widerstands-Kurve von verschiedenen Zinksorten (Schulze).

Durch diese Arbeiten wurden die Messungen des elektrischen Widerstandes von C. Benedicks und R. Arpi[2] sowie die röntgenographischen Untersuchungen von Pierce, Anderson und van Dyck[3], sowie Freeman, Sillers und Brandt[4] bestätigt, bei denen ebenfalls keine Umwandlung gefunden wurde. G. Grube und A. Burckhardt[5] fanden ebenfalls an Temperaturwiderstandskurven einen vollkommen stetigen Verlauf zwischen 20 und 400°.

Es ist allgemein bekannt, daß das Eisen in drei allotropen Modifikationen dem α-, γ- und δ-Eisen vorkommen kann. Die Umwandlungspunkte sind mehrfach gemessen und immer bis auf Bruchteile eines Grades genau an derselben Stelle gefunden worden. Um so erstaunlicher sind die Ausführungen T. D. Yensens[6], der auf Grund seiner langjährigen Untersuchungen an sehr kohlenstoffarmen Eisensorten zu dem Schluß kommt, daß reines Eisen keine Umwandlungen hat. Bei Zusätzen von 1,5 bis 2,0% Si verschwindet die γ-Modifikation. Die zur Unterdrückung dieser Modifikation nötige Si-Menge ist um so geringer, je kleiner der C-Gehalt des Stahles ist. Durch Extrapolation müßte

[1] Schulze, A.: Z. Metallkunde **22**, 194/97 (1930).
[2] Benedicks, C. u. R. Arpi: Z. anorg. u. allg. Chem. **88**, 237 (1914).
[3] Pierce, Anderson u. van Dyck: J. Franklin Inst. **200**, 349 (1925).
[4] Freeman, Sillers u. Brandt: Sci. Pap. Bur. Stand. **1925**, Nr. 522.
[5] Grube, G. u. A. Burckhardt: Z. Metallkunde **21**, 231 (1929).
[6] Yensen, T. D.: Science **98**, 376/77 (1928); J. Amer. Electrochem. Soc. September **1929**, Preprint 9; Physik. Ber. **10**, 135 (1928).

man bei 0% Si zu 0,0% C kommen. Die Entstehung der γ-Modifikation wird so erklärt, daß die Verunreinigungen in einem gewissen Temperaturintervall im α-Eisen nicht genügend Platz haben und die Atomgruppierung der γ-Modifikation erzwingen, wo für eingelagerte Fremdatome mehr Platz ist. Diese Vermutungen sind wegen des Fehlens spektroskopisch reinen Eisens noch nicht bewiesen worden. Sollte es eines Tages gelingen, diesen Beweis zu führen, so wäre dies allerdings von größter wissenschaftlicher Bedeutung.

Wismut gehört ebenfalls zu den Metallen, bei denen endgültig nachgewiesen werden konnte, daß sie im reinen Zustand keine Umwandlungen haben. Es soll dabei nur auf die Arbeiten von Holborn[1] und A. Schulze[2] hingewiesen werden. In beiden Arbeiten wurden an sehr reinen Wismutproben (Summe der Verunreinigungen etwa 0,01%) Messungen des elektrischen Widerstandes vorgenommen, die keinerlei Anhalt für eine Umwandlung zeigen. Untersuchungen an Silizium hohen Reinheitsgrades[3] ergaben im Gegensatz zu früheren Arbeiten[4], daß Silizium bis 1000^0 keine Umwandlungen besitzt.

Außer der Vortäuschung von Haltepunkten haben fremde Beimengungen, wie oben erwähnt, oft die Fähigkeit, die Gleichgewichtslinien der c-t-Schaubilder zu verschieben. Diese Erscheinung ist so mannigfaltig und anderseits so bekannt, daß in diesem Rahmen nicht näher darauf eingegangen werden soll.

b) Wärmeausdehnung und Schwindung.

Die Wärmeausdehnung der Metalle ist eine ganz charakteristische Eigenschaft, die technisch in größtem Maße ausgenutzt wird. Es ist nun eine bemerkenswerte Erscheinung, daß die Wärmeausdehnung mit der Feinstruktur des Metalls aufs engste verknüpft ist. Die Umwandlungen der Metalle finden ihren Ausdruck in Änderungen der Ausdehnung, die so stark ist, daß man sie zur Bestimmung der Umwandlungspunkte benutzen kann. A. Portevin und P. Chevenard haben in ihren klassischen Arbeiten die Grundlage für eine dilatometrische Analyse der Metalle und Legierungen geschaffen.

Es ist daher kein Wunder, wenn geringe Beimengungen eines Metalls auf den Ausdehnungskurven zum Ausdruck kommen. Dabei erstreckt sich ihr Einfluß hauptsächlich auf die Lage und Stärke der Umwandlungen. Auf die Größe des Ausdehnungskoeffizienten oder des Temperaturkoeffizienten der Wärmeausdehnung ist der Einfluß von Verunreinigungen unter 1% wahrscheinlich klein und oft technisch bedeutungslos.

---

[1] Holborn: Ann. Physik **59**, 147 (1919).
[2] Schulze, A.: Z. Metallkunde **22**, 194/97 (1930).
[3] Schulze, A.: Z. techn. Physik **11**, 443/52 (1930).
[4] Königsberger, J. u. K. Schilling: Ann. Physik **2**, 179 (1910).

Besonders stark scheint jedoch die Wirkung gewisser Verunreinigungen auf die Kontraktion beim Übergang des flüssigen in den festen Zustand zu sein. Bei allen Metallen ändert sich der Ausdehnungskoeffizient beim Schmelzpunkt sprunghaft. Mit Ausnahme des Wismuts ziehen die reinen Metalle sich bei der Erstarrung am Schmelzpunkt diskontinuierlich zusammen. Außer den Abmessungen der Gießformen spielt diese Erscheinung eine große Rolle beim Erstarren flüssiger Metalle oder Legierungen und soll wegen der technischen Bedeutung dieser Frage hier kurz behandelt werden.

Es ist bekannt, daß reine Metalle außerordentlich stark lunkern. Der Lunker hat seine Ursache bei gasfreien, nicht überhitzten Metallschmelzen eben in der Zusammenziehung beim Erstarren. Zu der plötzlichen Kontraktion am Erstarrungspunkt tritt bei weiterer Abkühlung eine kontinuierliche Verkleinerung des Metallvolumens. Die gesamte zwischen dem flüssigen und dem erstarrten, abgekühlten Zustand eines Metallstückes eintretende Volumenverminderung wird in der Praxis als Schwindung bezeichnet.

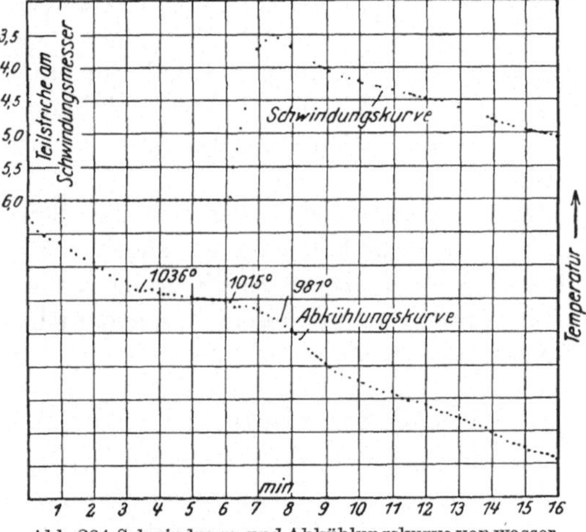

Abb. 204. Schwindungs- und Abkühlungskurve von wasserstoffhaltigem Kupfer (Sauerwald).

Man kann ein Maß für den Teil der Schwindung, der unterhalb der Erstarrung eintritt, bekommen, wenn man in ein kleines Formgußstück zwei Quarzstäbchen eingießt und die Bewegung dieser beiden Stäbchen durch eine geeignete Vorrichtung aufzeichnet[1]. Bei sehr vielen dieser Schwindungskurven entdeckte man nun, daß die Kurve mit einer Ausdehnung beginnt, die nicht etwa auf einer Wärmeausdehnung der Apparatteile beruhen kann. Diese anfängliche Ausdehnung ist, wie P. Bardenheuer und C. Ebbefeld sowie F. Sauerwald zeigten[2], auf den Gasgehalt der Schmelze und das Freiwerden der Gase zurückzuführen. Abb. 204 zeigt die Schwindungs- und

---

[1] Wüst, F. u. G. Schitzkowski: Mitt. K.-W.-I. Eisenforsch. **4**, 105 (1922). Bardenheuer, P. u. C. Ebbefeld: Mitt. K.-W.-I. Eisenforsch. **6**, Abh. 47 (1925). Anderson, R. J.: Foundry **1923/24**, 498/509; Z. Metallkunde **16**, 238 (1924). Sauerwald, F.: Z. Metallkunde **21**, 293/96 (1929). Bauer, O. u. P. Zunker: Z. Metallk. **23**, 37/46, (1931).

[2] Siehe auch Bottenberg, W.: Dissertation, Aachen 1931.

Abkühlungskurve eines in Wasserstoffatmosphäre geschmolzenen Kupfers. Man sieht die starke Ausdehnung unmittelbar unterhalb des Erstarrungspunktes. Da die Löslichkeit der Gase beim Erstarren sprunghaft abnimmt, muß Gas entwickelt werden und das Metall sich ausdehnen.

Aber nicht nur gasförmige Verunreinigungen beeinflussen die Schwindung. Geringe Zusätze von Fremdmetallen ändern den Erstarrungsvorgang oft grundlegend. R. J. Anderson[1] untersuchte den Einfluß fremder Zusätze auf das Schwindmaß von Aluminiumlegierungen. Magnesium und Silizium verringern in Mengen von 2% die Schwindung stark, während Mangan sie vergrößert bei Zusätzen oberhalb 1,5%. Sn, Zn und Fe vermindern die Schwindung ebenfalls, doch weit weniger als Mg.

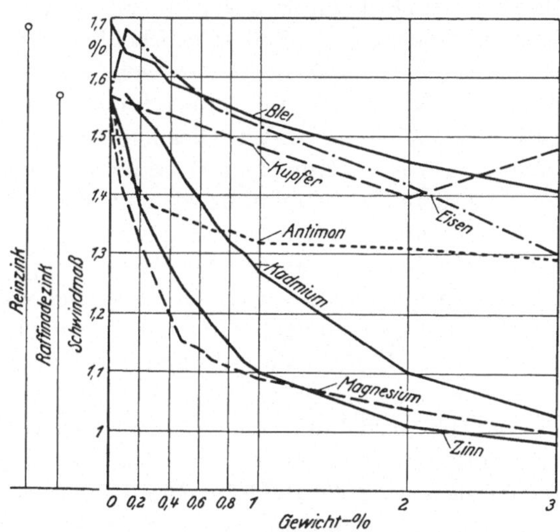

Abb. 205. Einfluß verschiedener Beimengungen auf die Schwindung von Zink (Bauer u. Zunker).

Eine zusammenhängende Untersuchung der Gesamtschwindung von Zink und der Beeinflussung durch geringe Mengen von Verunreinigungen machten O. Bauer und P. Zunker[2]. Die Stäbe wurden dabei in Formen aus Stahl von 250 mm Länge und 10 mm Ø gegossen. Die erkalteten Stäbe wurden wie von O. Bauer und W. Heidenhain[3] beschrieben auf ihre Länge nach der Erstarrung geprüft und so die Gesamtschwindung bestimmt.

Abb. 205 zeigt die Ergebnisse der Messungen. Kadmium vermindert die Schwindung beträchtlich. Es ist auffällig, welcher Unterschied zwischen dem Reinzink (0,019% Cd, 0,019% Pb, 0,001% Cu) und dem Raffinadezink mit 0,11% Cd besteht. Kupfer erniedrigt die Schwindung ebenfalls. Die Verminderung ist jedoch wesentlich schwächer als bei Kadmium. Gehalte bis zu 1% Cu beeinflussen das Schwindmaß nur wenig.

Zinn setzt das Schwindmaß stark herab. Ein Zusatz von 0,8% Sn erniedrigt das Schwindmaß auf 1,3%. Bei einem Zusatz von 3% Sn ist das Schwindmaß kleiner als 1%. Mengen von 0,1 bis 0,5% Eisen erhöhen das Schwindmaß. Bei höheren Gehalten ist der Einfluß jedoch

[1] Anderson, R. J.: Foundry **1923/24**, 498/509; Z. Metallkunde **16**, 238 (1924).
[2] Bauer, O. u. P. Zunker: Z. Metallkunde **23**, 37/46 (1931).
[3] Bauer, O. u. W. Heidenhain: Z. Metallkunde **16**, 221 (1924).

umgekehrt. Mehr als 0,5% Fe machen das Schwindmaß wieder kleiner als das des Raffinadezinks. Geringe Mengen von Antimon erniedrigen die Schwindung stark. Bei höheren Gehalten nimmt sie weiter ab, jedoch nicht mehr so sehr. Magnesiumzusätze von 0 bis 0,3% vermindern das Schwindmaß ebenfalls stark. Bei einem Zusatz von 3% Mg ist das Schwindmaß nur noch 1%.

Der Einfluß von Blei auf die Schwindung von Zink konnte an Raffinadezink nicht untersucht werden, da dieses schon 1,12% Pb enthält. Als Ausgangsmaterial diente daher Reinzink. Die Ergebnisse der Versuche sind ebenfalls aus Abb. 205 zu ersehen. Demnach erniedrigt Blei die Schwindung nicht sehr erheblich. Vergleicht man die Wirkung der verschiedenen Elemente, so sieht man, daß vor allem Kadmium, Zinn und Magnesium die Schwindung am stärksten vermindern, ohne daß dies auf Grund der Gleichgewichtsschaubilder erklärt werden könnte. Antimon, Kupfer, Blei und Eisen beeinflussen die Schwindung nur unerheblich. Aluminium drückt das Schwindmaß ebenfalls, wie O. Bauer und W. Heidenhain[1] zeigten.

Da ein Zusammenhang der Schwindungserscheinung mit dem Zustandsdiagramm nicht vorhanden zu sein scheint, kann man sich vielleicht vorstellen, daß die Beeinflussung der Gaslöslichkeit durch die Zusätze eine Rolle spielt. F. Sauerwald fand an Kupfer-Zinn-Legierungen einen Zusammenhang zwischen Erstarrungsintervall und Schwindungsverhältnissen. Die Ausdehnung nach Beginn der Erstarrung war dem Erstarrungsintervall proportional. Jedenfalls spielt die besprochene Erscheinung eine sehr große Rolle für Metallgießereien und es wäre wünschenswert, wenn nicht nur die Gesamtschwindung, sondern auch der Verlauf der Schwindung mit einem geeigneten Schwindungsmesser geprüft würde.

c) Elektrische und magnetische Eigenschaften.

Metalle und Legierungen wurden vor Jahrhunderten als Baumaterialien benutzt, bevor die Elektrizität angewandt wurde, und die Bemühungen der Metallurgen waren allein darauf gerichtet, gute Baumaterialien für diese Zwecke herzustellen. Die schnelle Entwicklung der elektrischen Technik in den letzten 50 Jahren hat neue Probleme für den Metallurgen aufgeworfen, und die elektrischen und magnetischen Eigenschaften der Metalle und Legierungen sind ebenso wichtig geworden wie ihre mechanischen Eigenschaften. Ja, es kann der Fall eintreten, wo die Erzielung bestimmter elektrischer oder magnetischer Eigenschaften einen Verzicht auf gewisse mechanische Eigenschaften bedingt.

Eine der kennzeichnendsten Eigenschaften eines Metalls ist seine Fähigkeit, die Elektrizität zu leiten, wogegen die Leitfähigkeit nichtmetallischer Elemente und Verbindungen von einer gänzlich anderen Größenordnung

[1] Bauer, O. u. W. Heidenhain: Z. Metallkunde **16**, 221 (1924).

ist. Die Eigenschaft des Magnetismus ist ebenfalls bei metallischen Elementen vorhanden, aber nur bei einer kleinen Gruppe. Daraus folgt, daß die Entwicklung der Elektrizität und des Magnetismus Hand in Hand mit der Entwicklung der Kenntnis von den Metallen gehen muß, um jeweils verbesserte elektrische und magnetische Eigenschaften zu erzielen. Die Anforderungen der elektrischen Technik sind nicht nur auf hohe Leitfähigkeit oder hohe magnetische Sättigung beschränkt. Viele andere elektrische Eigenschaften sind von größter Bedeutung, so z. B. der Temperaturkoeffizient des Widerstandes, die thermoelektrische Kraft und die Anfangs- und Maximalpermeabilität sowie die magnetische Hysterese. Für besondere Zwecke ist es wünschenswert, gewisse Verbindungen dieser Eigenschaften zu erzielen im Verein mit passenden mechanischen Eigenschaften und der Möglichkeit, das Material zu der beabsichtigten Form zu bearbeiten. Wir müssen zugeben, daß wir augenblicklich fast ohne eine allgemeine Theorie über den Zusammenhang dieser Eigenschaften mit der Struktur und dem Aufbau der Materialien sind. Sogar die Theorien der elektrischen Leitung in den Metallen sind noch nicht fähig, alle bekannten Eigenschaften einzuschließen. Allgemeine Regeln, wie sie hier und da gewonnen werden, sind meist empirisch und müssen sich wahrscheinlich jeder neuen Erfahrung anpassen.

Legierungen haben im allgemeinen, soweit untersucht, eine geringere Leitfähigkeit als die reinen Metalle, aus denen sie aufgebaut sind. Aber mangels einer zufriedenstellenden Theorie der elektrischen Leitung sind wir nicht berechtigt, anzunehmen, daß dieses Gesetz allgemeine Gültigkeit hat. In den meisten Fällen haben Metalle eine geringere Leitfähigkeit im kaltbearbeiteten Zustand als wenn sie geglüht sind, aber eine Ausnahme von dieser Regel machen die Nickel-Chrom-Legierungen, welche die Elektrizität in stark bearbeitetem Zustand besser leiten. Es kann jedoch kein Zweifel sein, daß die elektrischen und magnetischen Eigenschaften aufs engste mit der Struktur des Materials verbunden sind und vor allem mit der Bewegung der Elektronen innerhalb der Kristalle. Es ist daher nicht überraschend, daß sehr geringe Änderungen in der Zusammensetzung, wie sie hervorgerufen werden entweder durch beabsichtigte Beimengungen oder zufällige Verunreinigungen, eine starke Wirkung auf alle diese Eigenschaften ausüben. Es ist viel wertvolle Arbeit nach dieser Richtung geleistet worden, welche hoffentlich weitere Arbeiten auf diesem Gebiet anregen wird. Es liegt nicht im Rahmen dieses Buches, eine kritische Übersicht über die zahllosen Einzeldaten zu geben. Es soll der Stand unserer Auffassung an Hand einiger größerer Arbeiten angegeben werden.

Metallische Bestandteile. Die Gegenwart metallischer Verunreinigungen ruft im allgemeinen eine Abnahme der elektrischen Leitfähigkeit der Metalle hervor, obwohl die Größe dieser Wirkung in den verschiedenen Fällen stark abweicht. So hat ein Atomprozent Nickel praktisch keine Wirkung auf die Leitfähigkeit von Kobalt, während die Leitfähigkeit von Eisen durch ein Atomprozent Kohlenstoff um 48%, durch die gleiche Menge Silizium um 64% und durch Zinn oder Gold um 77% erniedrigt wird. Solche Verunreinigungen können in zwei Gruppen betrachtet werden, je nachdem sie entweder im Metall löslich oder unlöslich sind.

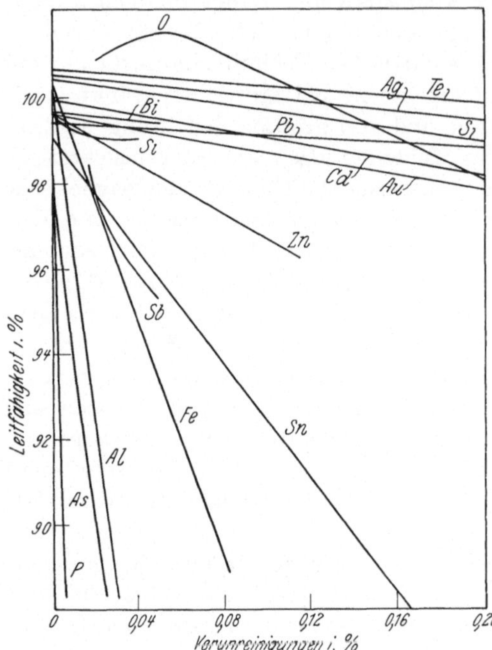

Abb. 206. Einfluß von Verunreinigungen auf die elektrische Leitfähigkeit von Kupfer (Addicks).

Hier sollen zunächst Beispiele für die Beeinflussung der Leitfähigkeit durch lösliche metallische Beimengungen gebracht werden. Eine große Menge von Zahlen liegt über die Wirkung von löslichen Verunreinigungen auf die Leitfähigkeit von Kupfer vor, entsprechend der wirtschaftlichen Bedeutung, welche die höchstmögliche Leitfähigkeit für dieses Metall hat. Schon früh wurden zahlenmäßige Angaben über die Beeinflussung der elektrischen Leitfähigkeit durch Fremdelemente gemacht. A. Matthiessen und M. Holzmann[1] bestimmten den Einfluß von Au, Ag, Sn, Fe, Zn, As, P und S auf die Leitfähigkeit von Kupfer. Von neueren Arbeiten verdient die von L. Addicks[2] Erwähnung. Er bestimmte den Einfluß von zahlreichen Metallen und Metalloiden auf die Leitfähigkeit. Die prozentuale Leitfähigkeitsänderung der einzelnen Zusätze wird durch Abb. 206 veranschaulicht. Die Legierungen wurden in kleinen Blöckchen hergestellt, gewalzt und auf etwa 2 mm gezogen.

Der Einfluß von Arsen auf die Leitfähigkeit von Kupfer ist kürzlich von D. Hanson und Marryat erneut studiert worden[3]. Ihre Ergebnisse sind in Zahlentafel 22 aufgeführt und sind von großer Bedeutung in

[1] Mathiessen, A. u. M. Holzmann: Poggendorfs Ann. **20**, 222 (1860).
[2] Addicks, L.: Trans. Amer. Inst. Min. Met. Engg. **36**, 18 (1905).
[3] Hanson, D. u. Marryat: J. Inst. Met. **37**, 121 (1927).

Anbetracht der Benutzung von Arsen als „Desoxydationsmittel“ für Kupfer.

Arsen ist bei Raumtemperatur bis zu etwa 7% im festen Kupfer löslich. Aber schon 0,053% As erniedrigen die Leitfähigkeit um 15%. Die Leitfähigkeit von arsenhaltigem Kupfer wird durch die Anwesenheit von Sauerstoff nicht beeinflußt.

Zahlentafel 22. Wirkung von Arsen auf die Leitfähigkeit von Kupfer.

Arsen %	Leitfähigkeit % des Standardwertes
0,00	102,1
0,053	85,5
0,093	76,7
0,36	44,9
0,60	33,4
0,86	25,7
1,04	22,1

Phosphor ist in festem Kupfer bei Raumtemperatur bis zu 0,5% löslich, bei 700° sogar bis 1,15%. Die elektrische Leitfähigkeit wird infolgedessen durch kleine Zusätze von P stark erniedrigt. Zahlentafel 23 gibt die von D. Hanson, S. L. Archbutt und G. W. Ford[1] ermittelten Werte als Hundertteile der Leitfähigkeit des reinen Kupfers wieder. Man sieht, daß 0,03% P die Leitfähigkeit auf 78%, 0,5% P auf 20% des Wertes für Reinkupfer erniedrigen.

Zahlentafel 23. Einfluß von Phosphor auf die Leitfähigkeit von Kupfer.

Sauerstoff	Phosphor	Elektrischer Widerstand in %: bei 20°, heiß- und kaltgewalzt, walzhart	bei 20°, heiß- und kaltgewalzt, geglüht	bei 20°, kaltgewalzt	bei 65°, heiß- und kaltgewalzt, walzhart	bei 65°, heiß- und kaltgewalzt, geglüht	bei 65°, kaltgewalzt
0,019	0,014	93,5	94,3	98,0	80,4	81,0	83,7
0,010	0,03	78,3	78,2	78,0	67,5	68,9	68,8
0,009	0,045	84,6	72,4	77,0	75,2	64,3	67,6
—	0,096	55,6	55,5	57,3	50,5	49,6	52,0
—	0,148	45,6	45,2	48,8	42,2	41,8	44,8
—	0,178	42,9	42,5	45,1	39,9	39,5	41,5
—	0,254	33,1	33,1	37,9	31,2	31,3	36,1
—	0,494	20,1	19,7	25,6	19,4	19,0	24,2
—	0,690	15,4	15,5	16,0	14,9	15,1	15,5
0,002	0,790	14,0	14,0	14,4	13,6	13,6	14,0
—	0,950	11,6	11,6	—	11,4	11,3	—

Der Einfluß einer Reihe von Metallen, mit denen Kupfer einfache feste Lösungen bildet, auf seinen Widerstand wird in Abb. 207 gezeigt. Man sieht, daß in fast allen Fällen für geringe Prozentgehalte die Zunahme des Widerstandes proportional der Menge der zugefügten Verunreinigung ist, obgleich die Wirkung für die verschiedenen Elemente

[1] Hanson, D. u. S. L. Archbutt u. G. W. Ford: J. Inst. Met. **43**, 41/72 (1930).

sehr wechselt. Es sind verschiedene Hypothesen vorgebracht worden, um diese Wirkung zu erklären. Die älteste ist von C. Benedicks[1], der angab, daß für Eisen gleichatomige Mengen eines fremden Elements in fester Lösung den Widerstand im gleichen Maße steigere. Das ist durch spätere Arbeiten nicht bestätigt worden. Auf Grund unserer heutigen Kenntnis wissen wir, daß sich im allgemeinen für Legierungen aus einem mechanischen Gemenge zweier Kristallarten die Leitfähigkeit aus der Mischungsregel berechnet. Bei Mischkristallbildung liegt die Leitfähigkeit tiefer und der Widerstand höher als die Mischungsregel angibt.

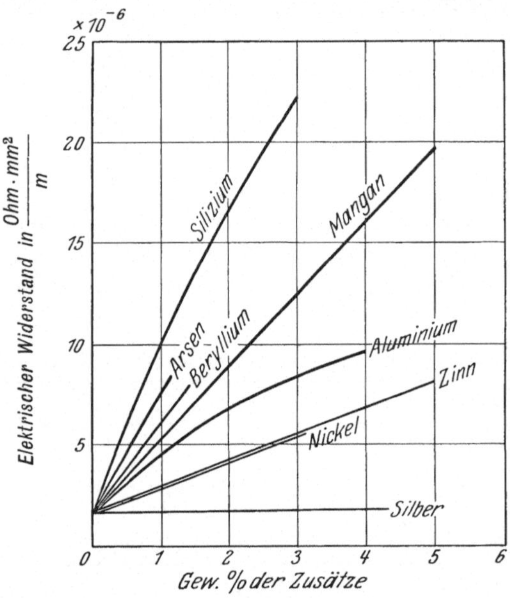

Abb. 207. Elektrischer Widerstand von Kupfer-α-Mischkristallen.

Der Einfluß von Beimengungen auf den elektrischen Widerstand von Silber untersuchten M. Hansen und G. Sachs[2]. Abb. 208 gibt die Versuchsergebnisse in Abhängigkeit von den Atomprozenten der Zusätze wieder. Bei Elementen wie Aluminium und Magnesium würde der Einfluß in Abhängigkeit von den Gewichtsprozenten noch krasser sein. Es konnte ferner gezeigt werden, daß die Reihenfolge der Härtesteigerung dieselbe ist wie die der Widerstandserhöhung. W. Schmidt[3] machte darauf aufmerksam, daß dieselbe Reihenfolge auch hinsichtlich des Zustandschaubildes besteht, wenn man als Maßstab die maximale Löslichkeit der betreffenden Elemente im festen Silber und die Steilheit der Soliduslinie der α-Mischkristalle zugrundelegt. Wir haben also offenbar in der elektrischen Leitfähigkeit eine Eigenschaft vor uns, die wie kaum eine andere von der Atomkonfiguration der Legierung abhängt.

E. Gumlich machte sorgfältige und umfassende Untersuchungen über den Einfluß der in jedem Stahl vorhandenen Beimengungen Kohlenstoff, Silizium, Mangan und Aluminium auf die Leitfähigkeit

[1] Benedicks, C: L'acier au carbon. Upsala 1904.
[2] Hansen, M. u. G. Sachs: Z. Metallkunde **20**, 151/52 (1928).
[3] Schmidt, W.: Z. Metallkunde **20**, 400/02 (1928).

des Eisens. Die Metalle Si, Mn und Al haben eine beträchtliche Löslichkeit im festen Stahl und erniedrigen infolgedessen die Leitfähigkeit stark. Der Temperaturkoeffizient des elektrischen Widerstandes wird ebenfalls stark erniedrigt.

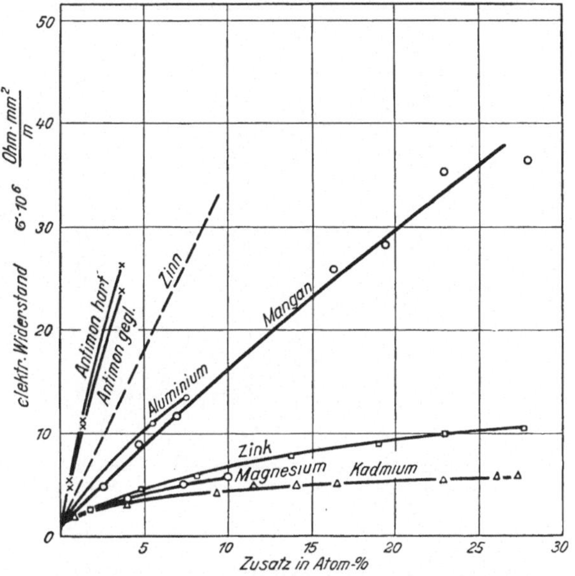

Abb. 208. Elektrischer Widerstand von Silberlegierungen (Hansen u. Sachs).

Neben dem Kupfer spielt das Aluminium in der Elektrotechnik eine bedeutende Rolle. Über die Beeinflussung der elektrischen Leitfähigkeit des Aluminiums durch verschiedene Metalle ist u. a. von M. Boßhard[1] sowie V. Zerleeder und M. Boßhard[2] berichtet worden.

Aluminium bildet mit Eisen das Aluminid $FeAl_3$. Es besteht bei 2,3% Al ein Eutektikum zwischen $FeAl_3$ und Aluminium. Mischkristallbildung findet nicht statt. Es ist daher zu erwarten, daß kleine Mengen Eisen die Leitfähigkeit nicht sehr stark beeinflussen und die Abhängigkeit vom Eisengehalt linear ist. Abb. 209 zeigt die Abhängigkeit der elektrischen Leitfähigkeit vom Reinheitsgrad des Aluminiums nach Glühen bei 300°. Die Verunreinigung ist in der Hauptsache Fe und etwas Si.

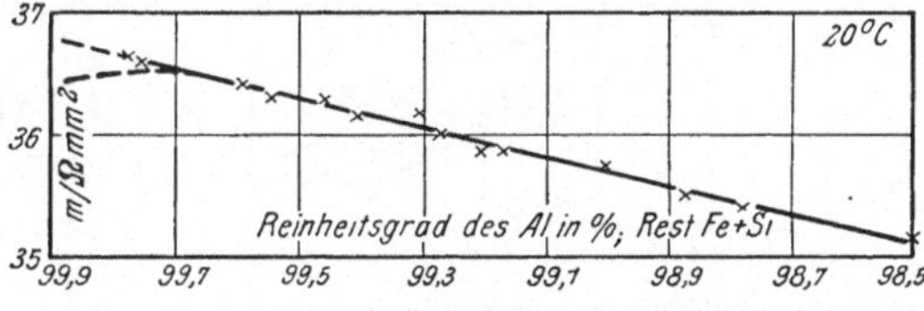

Abb. 209. Elektrische Leitfähigkeit von Al in Abhängigkeit vom Reinheitsgrad (Boßhard).

Silizium beeinflußt die Leitfähigkeit mehr oder weniger stark, je nach der Temperatur, bei der das Material geglüht wird. Nach einer Glühung bei 300° ist die Probe noch heterogen, der Abfall der Leitfähigkeit ist verhältnismäßig schwach. Nach einer Glühung bei 500° sinkt die Leitfähigkeit bei gleichem Si-Gehalt stärker, um bei 1,5% einen Knick in der

[1] Boßhard, M.: Bull. Schweiz. Elektrotechn. Ver. **1927**, H. 3; Z. Metallkunde **19**, 461/68 (1927).

[2] V. Zerleeder u. M. Boßhard: Z. Metallkunde **19**, 461/68 (1927).

Kurve zu zeigen. Dieser entspricht der Löslichkeitsgrenze des Siliziums im Aluminium bei dieser Temperatur[1] (Abb. 210). Sind gleichzeitig Fe und Si vorhanden, so bildet sich offenbar eine Verbindung aus diesen beiden Elementen und dem Aluminium.

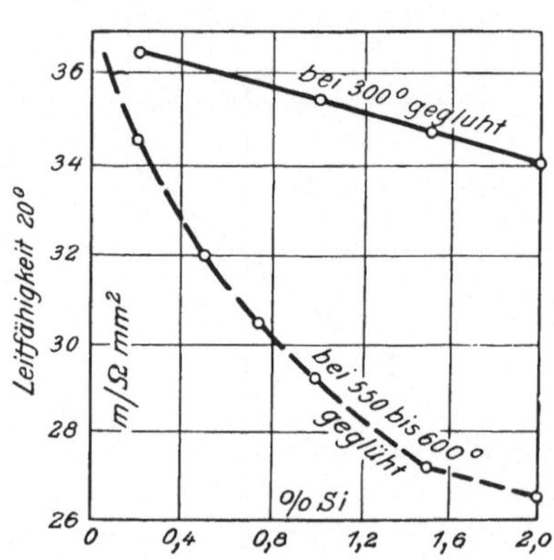

Abb. 210. Abhängigkeit der elektrischen Leitfähigkeit von Aluminium vom Siliziumgehalt (Boßhard).

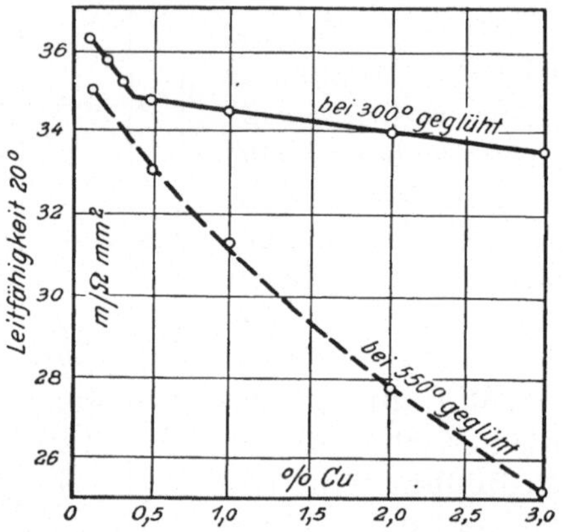

Abb. 211. Abhängigkeit der elektrischen Leitfähigkeit von Aluminium vom Kupfergehalt (Boßhard).

Der Einfluß eines Kupfergehaltes geht aus Abb. 211 hervor. Auch hier sinkt die Leitfähigkeit am stärksten, solange ein Mischkristall Cu-Al vorliegt. Man erkennt aus den Kurven, daß die Löslichkeitsgrenze des Cu im Aluminium bei 300° bei 0,4%, bei 550° etwa bei 4,75% Cu liegt.

Beim Zink liegen die Verhältnisse ähnlich, jedoch mit dem Unterschied, daß auch bei 500° die Löslichkeit für Zn in Al noch gering ist (0,7%). Abb. 212 zeigt den Verlauf der Kurven.

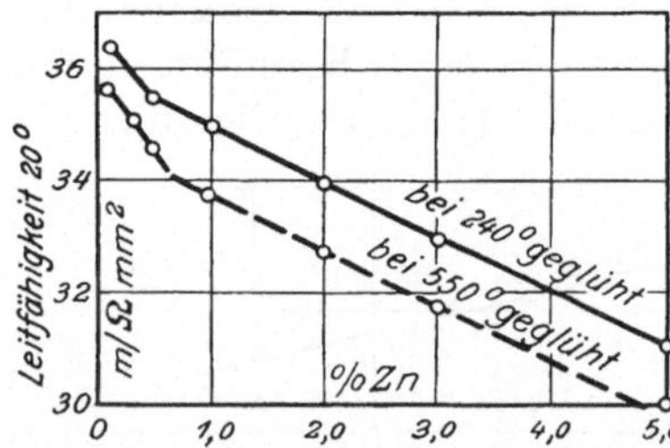

Abb. 212. Abhängigkeit der elektrischen Leitfähigkeit von Aluminium vom Zinkgehalt (Boßhard).

Die Löslichkeit der Verbindung Al_3Mg_2 im Aluminium geht bis zu etwa 12% Mg. Infolgedessen zeigen auch die Kurven für die Beeinflussung der elektrischen Leitfähigkeit des Aluminiums durch Mg den typischen Verlauf für einen Mischkristall (Abb. 213).

Bei Titanzusätzen wird ebenfalls zunächst ein Mischkristall gebildet. Bei etwa 0,23% Ti ist für Temperaturen von 550 und 300° die Löslichkeitsgrenze erreicht. Oberhalb 0,23% Ti nimmt die elektrische Leitfähigkeit des Aluminiums daher kaum noch ab (Abb. 214). Bei einer

[1] Köster, W. u. F. Müller: Z. Metallkunde **19**, 52/57 (1927).

Glühung von 550° erniedrigen 0,2% Ti die Leitfähigkeit des Aluminiums also um etwa 14%.

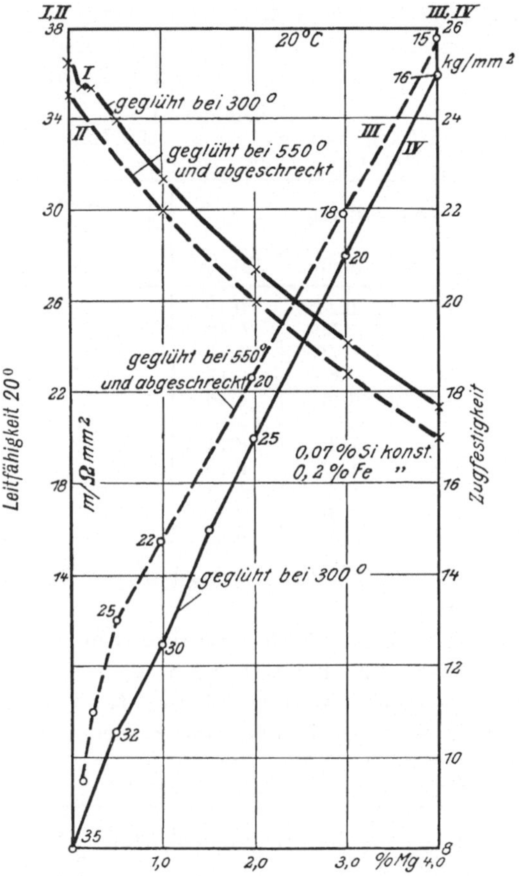

Gibt man gleichzeitig zwei oder mehr Fremdelemente in kleinen Mengen zum Aluminium, so werden die Verhältnisse etwas unübersichtlicher infolge von auftretenden intermetallischen Verbindungen. Ein Beispiel für die Wirkung der intermetallischen Verbindungen auf den Widerstand wird durch Handelsaluminium gegeben, in dem Eisen und Silizium gewöhnlich als Verunreinigungen enthalten sind. Grogan[1] hat gezeigt, daß die Zugabe von Kalzium, welches sich mit Silizium unter Bildung der Verbindung $CaSi_2$ vereinigt, die Leitfähigkeit von Handelsaluminium steigert, weil Silizium in Form dieser Verbindung einen geringeren Einfluß auf die Leitfähigkeit besitzt. Die weitere Zugabe von Kalzium über die zur Bindung des vorhandenen Siliziums notwendige Menge hinaus erzeugt einen schnellen Abfall der Leitfähigkeit. In Zahlentafel 24 sind die Leitfähigkeiten verschiedener Proben von silizium-, eisen- und kalziumhaltigem Aluminium in Hundertteilen des Internationalen Standard für Kupfer angegeben. Die erste Gruppe der Zahlentafel zeigt den schnellen Ab-

Abb. 213. Abhängigkeit der elektrischen Leitfähigkeit und der Festigkeit von Aluminium vom Magnesiumgehalt (Boßhard).

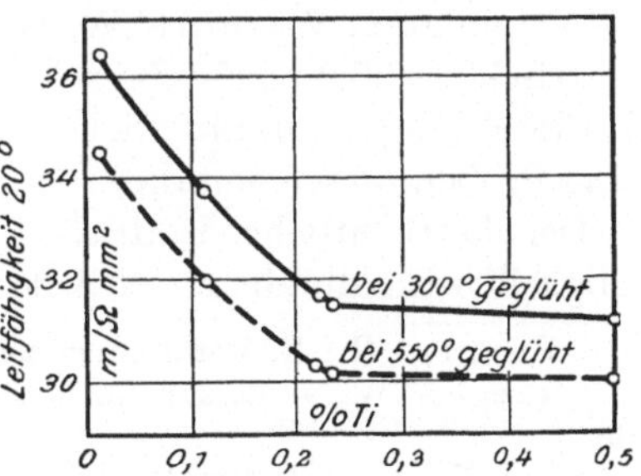

Abb. 214. Abhängigkeit der elektrischen Leitfähigkeit von Aluminium vom Titangehalt (Boßhard).

[1] Grogan: J. Inst. Met. 37, 77 (1927).

fall der Leitfähigkeit durch Siliziumzusatz. Die zweite Gruppe zeigt die Steigerung der Leitfähigkeit durch die erforderliche Zugabe an Kalzium und den darauffolgenden Abfall, wenn dieser Betrag (0,6% Ca) überschritten ist.

Zahlentafel 24.
Einwirkung von Kalzium auf Aluminium mit verschiedenen Siliziumgehalten.

Zusammensetzung in %			Leitfähigkeit in % des Stand.-Kupfers	
Kalzium	Silizium	Eisen	gewalzt	geglüht
—	0,27	0,13	60,1	60,4
—	0,39	0,12	57,9	58,0
—	0,56	0,13	57,0	57,2
—	0,63	0,13	56,8	57,7
—	1,36	0,15	56,3	57,3
0,21	0,46	0,14	60,2	60,7
0,34	0,49	0,13	60,4	62,0
0,60	0,48	0,14	60,2	61,5
0,73	0,46	0,14	59,6	60,7
0,90	0,43	0,13	59,6	60,4

Im übrigen sei bezgl. der Wirkung von intermetallischen Verbindungen auf die Leitfähigkeit des Aluminiums auf die Originalveröffentlichungen von v. Zerleeder und M. Boßhard sowie auf die Arbeit von H. Bohner[1] verwiesen, der für eine Reihe technisch wichtiger Al-Legierungen die Leitfähigkeitsänderung hartgezogener Drähte beim Erwärmen untersuchte.

Bei Zink ist der Einfluß von Verunreinigungen deutlich zu erkennen. Als Beispiel seien Messungen des spezifischen elektrischen Widerstandes und des Temperaturkoeffizienten des elektrischen Widerstandes an zwei Zinkproben[2] wiedergegeben:

Verunreinigungen	t^0 C	$\varrho \cdot 10^2$	$\alpha \cdot 10^3$
Zink I. 1,1 % Pb, 0,03 % Cd, 0,25 % Cu, 0,03 % Fe	18⁰ / 100⁰	6,317 / 8,244	3,54
Zink II. 0,01 % Pb, 0,01 % Cd, 0,01 % Fe	18⁰ / 100⁰	6,057 / 7,943	4,02

Nach Messungen von Dewar und Fleming besteht[3] ein wesentlicher Unterschied in der elektrischen Leitfähigkeit von Handelswismut und gereinigtem Wismut. W. Geiß und J. A. v. Liempt[4] maßen die elektrische Leitfähigkeit von reinstem, aus der Gasphase abgeschiedenem Wolfram, Molybdän und Nickel und fanden höhere Werte als bisher für reine Proben dieser Metalle.

Der beträchtliche Einfluß des Gefüges auf die elektrische Leitfähigkeit wird durch die Arbeit von D. Hanson und G. W. Ford[5]

[1] Bohner, H.: Z. Metallkunde **20**, 132/41 (1928).
[2] Jaeger, W. u. R. Dießelhorst: Abh. Phys. Techn. Reichsanst. **3**, 269 (1900).
[3] Schulze, A.: Z. Metallkunde **15**, 155/160 (1923).
[4] Geiß, W. u. J. A. v. Liempt: Z. Metallkunde **17**, 194/97 (1925).
[5] Hanson, D. u. G. W. Ford: J. Inst. Met. **32**, 335 (1924).

über die Wirkung von Eisen auf Kupfer erläutert. Ähnlich wie bei den Aluminiumlegierungen nimmt die Löslichkeit des Eisens im Kupfer mit sinkender Temperatur ab. Kupfer kann bei 1000° 3% Eisen lösen, aber die Löslichkeit fällt mit der Temperatur und ist bei Raumtemperatur nur 0,2%. Die Leitfähigkeit von reinem Kupfer ist etwa 102% des internationalen Standardwertes. Der internationale Standard für geglühtes Kupfer entspricht einem Material, dessen Widerstand bei 1 m Länge und einem Gewicht von 1 g bei 20° 0,15328 Ohm ist. Durch Zugabe von Eisen nimmt die Leitfähigkeit bis zu einem Gehalt von 0,2% Eisen kontinuierlich bis auf 60% des Standardwertes ab. Wenn größere Mengen Eisen anwesend sind, hängt die Leitfähigkeit von der Wärmebehandlung ab, wie auf Grund des Gleichgewichtsdiagramms zu verstehen ist. Im gewalzten Zustand fällt die Leitfähigkeit weiter, wenn der Eisengehalt steigt und erreicht 40% des ursprünglichen Wertes bei einem Eisengehalt von 0,4%. Danach bleibt sie nahezu konstant bis zu einer Konzentration von 2% Eisen. Wenn das Material 1 Stunde bei 1000° geglüht wird, geht das überschüssige Eisen in Lösung, und nach dem Abschrecken findet man, daß die Leitfähigkeit weiter gefallen ist. Schnelles Abschrecken verhindert, daß das Eisen ausgeschieden wird, und es hat in Form der festen Lösung einen größeren Einfluß auf die Leitfähigkeit, als wenn es als selbständiger Kristall in dem Metall eingebettet vorliegt. Wenn das abgeschreckte Material 1 Stunde bei 650° geglüht wird, wird das überschüssige Eisen ausgeschieden, und die Leitfähigkeit steigt auf 70% des internationalen Standardwertes. Alle Proben mit mehr als 0,4% Eisen zeigen diesen Wert nach dem Abschrecken und Glühen. Abb. 215 veranschaulicht die Leitfähigkeitsänderungen bei den verschiedenen Wärmebehandlungen.

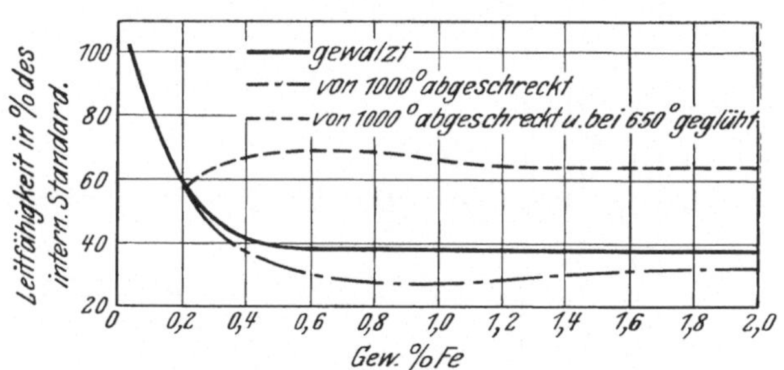

Abb. 215. Einfluß der Wärmebehandlung auf die elektrische Leitfähigkeit von eisenhaltigem Kupfer (Hanson und Ford).

Kupfer mit weniger als 0,2% Eisen wird durch Glühen ebenfalls beeinflußt. Ein gewalzter Knüppel mit 0,06% Eisen hat eine Leitfähigkeit von 99,7%, und diese wird durch Glühen bei 700° nur wenig beeinflußt. Wenn er jedoch bei 1000° geglüht wird und dann bei 650° 1 Stunde lang nachgeglüht wird, fällt die Leitfähigkeit auf 91,2% des Standardwertes. Die im gegossenen Material vorhandene Kristallseigerung des Eisens in den Kupferkristallen wird durch das

Glühen bei hohen Temperaturen ausgeglichen. Das heterogene Gefüge leitet den Strom besser als die homogene feste Lösung, welche man durch Glühen bei hoher Temperatur erhält. Obgleich diese Ergebnisse

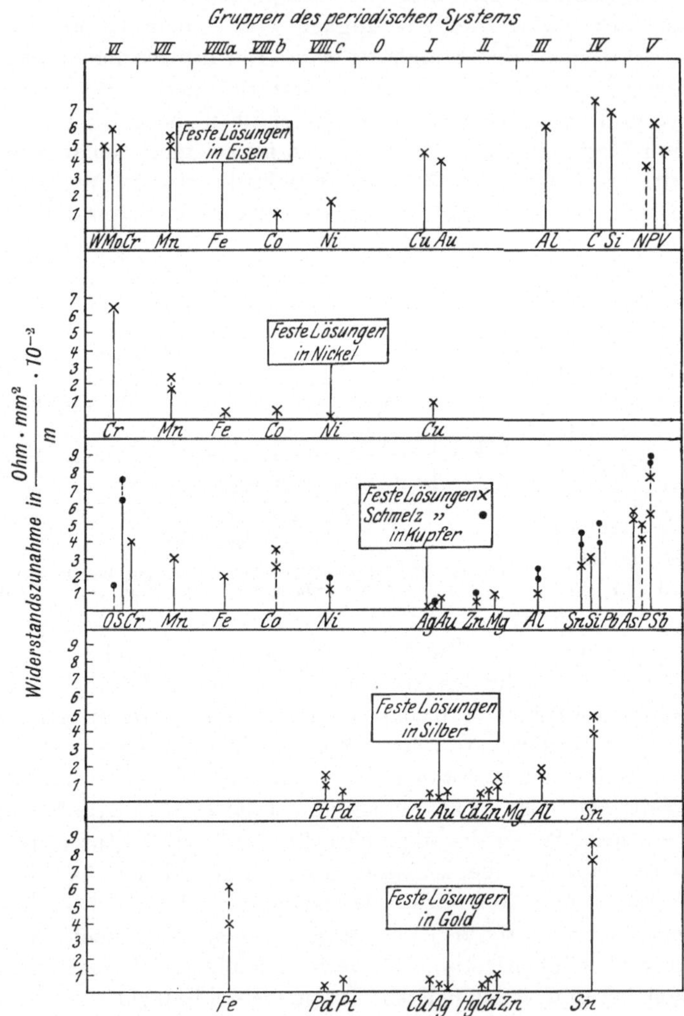

Abb. 216. Einfluß von 1 Atom-Prozent des Zusatzes auf den Widerstand der reinen Metalle (Norbury).

anzeigen, daß zur Erreichung einer Leitfähigkeit von fast 100% des internationalen Standards der Eisengehalt 0,005% nicht überschritten werden sollte, hat Heuer[1] gezeigt, daß handelsübliches Kupfer immer

[1] Heuer: J. Amer. chem. Soc. **49**, 2711 (1927).

Kupferoxydul enthält und daß dieses mit dem Eisen reagiert unter Bildung von Eisenoxydul und Kupfer, welche die Leitfähigkeit nicht so ungünstig beeinflussen.

A. L. Norbury[1] hat die bestehenden Daten der Beeinflussung des elektrischen Widerstandes durch Fremdelemente zusammengefaßt in Form einer periodischen Tabelle, aus der hervorgeht, daß die Wirkung einer metallischen Verunreinigung von der Entfernung im periodischen System abhängt, welche zwischen der Gruppe des lösenden und gelösten Elementes besteht. So hat Nikkel einen sehr geringen Einfluß auf Kobalt, während Arsen in Kupfer die größte Wirkung hervorruft. Die Wirkung verschiedener Elemente auf den Widerstand von reinem Kupfer ist in periodischer Form in Abb. 216 zusammengestellt. Man erkennt, daß die Wirkung von einem Atomprozent einer Beimengung auf den Widerstand mit der Entfernung von der Gruppe des Lösungsmetalls zunimmt. Diese periodische Beziehung ist bei allen Elementen gefunden worden, für welche Daten vorliegen. Ähnliche Wirkungen sind ebenfalls bei den geschmolzenen Legierungen von Natrium und Kalium mit anderen Elementen gefunden worden, wie Abb. 217 zeigt.

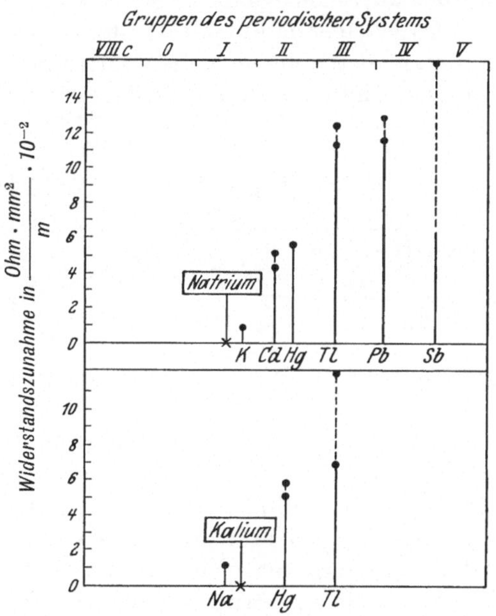

Abb. 217. Einfluß von 1 Atom-Prozent eines Zusatzes auf den Widerstand geschmolzenen Natriums und Kaliums (Norbury).

Die einzelnen Gruppen des periodischen Systems unterscheiden sich nun durch die Zahl und Anordnung der äußeren Elektronen, der Valenzelektronen. Da man aber heute die Vorstellung hat, daß die freien Elektronen die Träger des Elektrizitätsüberganges sind, ist es nicht verwunderlich, wenn die mit größerem Abstand der Gruppen größer werdenden Unterschiede der Elektronenschale sich in der elektrischen Leitfähigkeit äußern.

Die Wirkung unlöslicher metallischer Verunreinigungen auf die

[1] Norbury, A. L.: Trans. Faraday Soc. **16**, 570 (1921); **17**, 251 (1921); **19**, 586/600 (1924); Z. Metallkunde **17**, 173 (1925).

Leitfähigkeit eines Metalls hängt von ihrer Verteilung ab. Zwei besonders kennzeichnende Fälle sind durch Versuche von Schleicher[1] belegt worden, welcher die Wirkung der mechanischen Anordnung der Bestandteile bestimmte. In einem Falle wurden amalgamierte Kupferdrähte durch ein Glasrohr gezogen und die Zwischenräume zwischen ihnen mit Quecksilber ausgefüllt. Die Leitfähigkeit ergab sich als lineare Funktion der Volumenzusammensetzung. Im anderen Falle wurden kurze amalgamierte Kupferdrähte in das Rohr gebracht, welches mit Quecksilber gefüllt wurde. Jetzt war der Widerstand eine lineare Funktion der volumetrischen Zusammensetzung. Im allgemeinen gilt für den Einfluß unlöslicher Beimengungen auf die Leitfähigkeit die Mischungsregel. Z. B. zeigt Magnesium in Zinn eine praktisch lineare Abhängigkeit der Leitfähigkeit von den Volumprozenten Mg, während für Kupfer mit Bleigehalt in Form von einzelnen runden Einschlüssen der Widerstand eine lineare Funktion der volumetrischen Zusammensetzung ist. Wismut, welches in Kupfer praktisch unlöslich ist, hat bis 0,05% keinen Einfluß auf die Leitfähigkeit, aber bei größeren Beträgen fällt diese nach dem Wert für Wismut schnell ab. Das kommt daher, daß die Kupferkörner vollkommen von Wismuthäutchen umgeben sind. In diese Reihe gehört auch das Kupfer mit geringen Zusätzen von Kadmium.

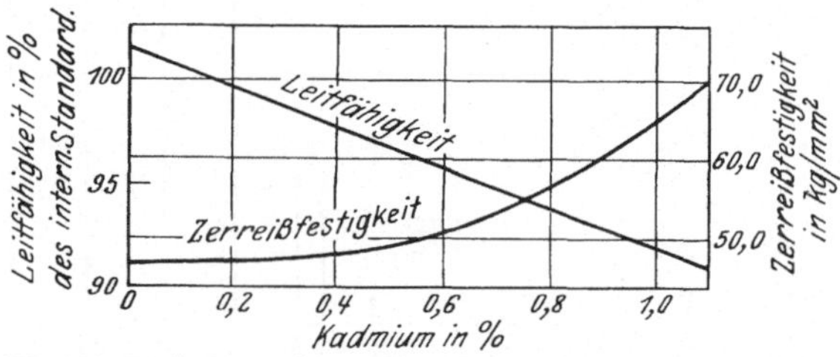

Abb. 218. Einfluß von Cd auf Festigkeit und elektrische Leitfähigkeit von Kupfer (Smith).

Obwohl es wünschenswert ist, in Kupfer, welches für elektrische Zwecke gebraucht wird, die höchstmögliche Leitfähigkeit zu erreichen, ist die Weichheit und geringe Zugfestigkeit dieses Materials oft unerwünscht. Wo der Leiter dem Verschleiß ausgesetzt ist, wie z. B. in Stromabnahmedrähten von elektrischen Bahnen, muß der Querschnitt des Materials in Rücksicht auf die mechanische Festigkeit nicht nach der Leitfähigkeit bestimmt werden. Für solche Zwecke wird gerne eine Legierung von 1% Cd in Kupfer verwandt. Die Wirkung geringer Mengen von Kadmium[2] auf die Leitfähigkeit und Festigkeit von Kupfer zeigt Abb. 218. Man ersieht daraus, daß die Zerreißfestigkeit von Kupfer um 50% gesteigert werden kann durch Zugabe von 1% Kadmium, wodurch nur eine Erniedrigung der Leitfähigkeit von 8% hervorgerufen wird. Diese Legierung hat im Gebrauch die dreifache Lebensdauer des

[1] Schleicher: Z. Elektrochem. **18**, 998 (1912).
[2] Smith: Chem. Met. Eng. **25**, 1178 (1921).

reinen Kupfers. Die Glühtemperatur der Legierung ist auch beträchtlich höher als die des reinen Metalls. Während reines Kupfer durch ½ stündiges Glühen bei 260° vollkommen weich wird, wird die 1%ige Kadmiumlegierung durch diese Behandlung nicht beeinflußt, und die lokale Überhitzung im Gebrauch ist daher weniger schädlich.

Der Temperaturkoeffizient des elektrischen Widerstandes ist eine andere Eigenschaft, welche durch metallische Verunreinigungen stark beeinflußt wird. D. Hanson und Marryats[1] Werte für die Wirkung von Arsen auf den Temperaturkoeffizienten von Kupfer zeigt Zahlentafel 25. Die absolute Änderung des spez. Widerstandes zwischen 20 und 65° war konstant und gleich

Zahlentafel 25. Einfluß von Arsen auf den Temperaturkoeffizient des elektrischen Widerstandes von Kupfer.

Arsen %	Temp.-Koeff. α (20 bis 65°)	$\frac{\alpha}{\text{Leitfähigkeit}}$
0,053	$33{,}0 \cdot 10^{-4}$	$386 \cdot 10^{-6}$
0,093	30,0	390
0,36	18,2	402
0,60	13,6	404
0,86	10,3	402
1,04	9,3	413

$0{,}67 \cdot 10^{-4} \frac{\text{Ohm mm}^2}{\text{m }^0\text{C}}$ ohne Rücksicht auf den Arsengehalt. Der Temperaturkoeffizient ist daher der Leitfähigkeit nahezu proportional, wie aus Reihe 3 der Zahlentafel hervorgeht. Der Temperaturkoeffizient ist von großem praktischen Wert im Falle von Legierungen, welche für die Herstellung von Vergleichswiderständen gebraucht werden. Um für diesen Zweck zu genügen, soll Manganin z. B. weniger als $1 \cdot 10^{-7} \frac{\text{Ohm mm}^2}{\text{m }^0\text{C}}$ haben. Dabei hat die Legierung ungefähr folgende Zusammensetzung:

Kupfer %	Mangan %	Nickel %	Eisen %
83,5	13	3	0,5

Da sie gewöhnlich aus Kupfer, Ferromangan und Nickel hergestellt wird, sind gewisse Verunreinigungen nicht zu vermeiden, und der Temperaturkoeffizient der verschiedenen Stücke kann von 1 bis $8 \cdot 10^{-7}$ wechseln. Änderungen in den Zusammensetzungen beeinflussen sowohl den Widerstand wie den Temperaturkoeffizienten. Die von Hunter und Bacon[2] erhaltenen Werte erläutern die Wirkung verschiedenen Mangan- und Eisengehalts (Zahlentafel 26).

G. J. Sizoo und C. Zwikker[3] fanden den Temperaturkoeffizienten der elektrischen Leitfähigkeit zwischen 0 bis 100° für äußerst reines Eisen zu 0,0058 gegenüber älteren Messungen von L. Holborn[4] mit

---

[1] Hanson, D. u. Marryat: J. Inst. Met. **37**, 121 (1927).
[2] Hunter u. Bacon: Trans. Amer. Electrochem. Soc. **36**, 323 (1919).
[3] Sizoo, G. J. u. C. Zwikker: Z. Metallkunde **21**, 125/26 (1929).
[4] Holborn, L.: Mitt. d. Phys.-Techn. Reichsanst., **5**, 404 (1922).

Zahlentafel 26.
Einfluß der Zusammensetzung auf den Widerstand von Manganin.

Cu %	Ni %	Mn %	Fe %	Temp.-Koeff. α (18 bis 24° C)	Widerstand bei 20° C $\frac{\text{Ohm mm}^2}{\text{m}}$
88,02	1,74	9,93	0,24	$1{,}2\cdot 10^{-5}$	$34{,}2\cdot 10^{-2}$
87,24	1,77	10,26	1,52	1,5	37,4
88,20	1,78	8,84	0,93	0,33	55,6
83,60	3,41	12,03	1,04	0,22	47,8
84,72	2,08	12,83	0,73	0,38	50,8
84,07	2,60	12,98	0,82	0,57	51,1

0,0067. Für äußerst reines Nickel betrugen die entsprechenden Werte 0,0062 (Sizoo und Zwikker) gegen 0,00675 (L. Holborn). Aller Wahrscheinlichkeit nach lagen den älteren Messungen unreinere Proben zugrunde. E. Gumlich[1] hat in seinen eingehenden Untersuchungen über den Einfluß der Begleitelemente des Eisens auf die elektrischen und magnetischen Eigenschaften auch gezeigt, daß der Temperaturkoeffizient des elektrischen Widerstandes stark von den vorhandenen Mengen Kohlenstoff, Silizium, Mangan und Aluminium abhängt.

Die thermoelektrischen Eigenschaften von Legierungen werden durch die Anwesenheit löslicher metallischer Verunreinigungen stark beeinflußt und, um Unterschiede von Charge zu Charge bei der Herstellung zu vermeiden, ist sorgfältige Kontrolle notwendig. Konstantan, eine Legierung von 55% Kupfer und 45% Nickel soll gegen reines Eisen eine EMK von $47{,}40 \pm 0{,}5$ mV geben[2]. Mangan verursacht einen Abfall der EMK von 3 mV je Prozent Mn. Eisen und Silizium haben die doppelte Wirkung und Kohlenstoff eine etwas kleinere. Nach der Herstellung enthält die Legierung gewöhnlich insgesamt 1% dieser Verunreinigungen, und oft sind nur 25% einer Charge brauchbar infolge der Seigerung der Verunreinigungen.

Den Einfluß verschiedener Elemente auf die Thermokraft von Nickel gegen Platin zeigt Abb. 219 nach Versuchen von W. Rohn[3]. Reinnickel gegen Platin ergibt ein Thermoelement, in dem Nickel den negativen Pol bildet. Geringe Zusätze von Mangan, Aluminium, Titan und Tantal ändern die Thermokraft unterhalb 200° kaum, bei höheren Temperaturen wird die Thermokraft gegen Platin etwas herabgesetzt. Ganz anders verhalten sich Zusätze von W, Mo, Cr und V. Sie machen Nickel zum positiven Pol gegenüber Platin und erhöhen die Thermokraft bei hohen Temperaturen stark. Es ist bemerkenswert, daß die Metalle der letztgenannten Gruppe alle der 5. und 6. Gruppe des periodi-

[1] Gumlich, E.: Wiss. Abh. Phys.-Techn. Reichsanst. **4**, 267/420 (1918).
[2] Bash: Trans. Amer. Inst. Min. Met. Eng. **1918**, 2409.
[3] Rohn, W.: Z. Metallkunde **16**, 297/300 (1924).

schen Systems angehören. Da Tantal auch in diese Gruppe gehört, ist sein von W, Cr, Mo und V abweichendes Verhalten verwunderlich.

Zusätze von je 5% der verschiedenen Elemente zu Nickel ergeben mit Platin Thermoelemente, deren Thermokräfte für Temperaturen bis 1200° in Abb. 219 wiedergegeben sind. Ändert man die Menge der einzelnen Zusätze, so kann man feststellen, daß bei Überschreitung eines gewissen Zusatzes die Thermokraft wieder fällt. Das Maximum der Thermokraft liegt ohne Unterschied bei Cr, Mo und W in der Gegend von 10 Atomprozenten. Bei ganz kleinen Zusätzen ist die Wirkung am stärksten, um bei höheren Gehalten sich langsam dem Maximum bei 10 Atomprozenten zu nähern. Geringe Mengen von Cr, W, Mo und V machen sich daher in der Thermokraft von Nickel stark bemerkbar. So gibt z. B. ein Nikkel mit 0,3% Cr gegen Reinnickel bei 1000° eine Thermokraft von etwa 10 mV.

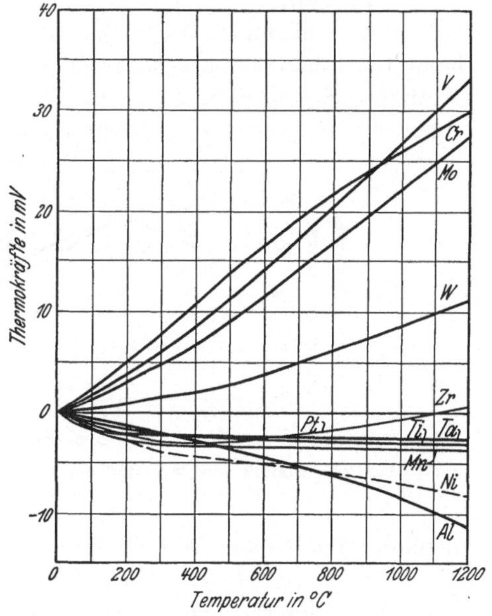

Abb. 219. Thermokräfte von Legierungen aus 95% Ni und je 5% der beigeschriebenen Metalle gegen Platin (Rohn).

Nichtmetallische Bestandteile. Nichtmetallische Bestandteile beeinflussen die elektrische Leitfähigkeit eines Metalls je nach ihrer Verteilung. Nichtmetallische Stoffe, wie Oxyde, Sulfide und Silikate können als Nichtleiter angesehen werden im Vergleich zu dem Metall, in dem sie vorliegen. Wenn diese Verunreinigungen als einzelne Massen oder als vereinzelte Teilchen gleichmäßig durch das Metall verteilt vorkommen, ist ihre Wirkung auf die Leitfähigkeit des Metalls ungefähr dem eingenommenen Volumen proportional. Bilden anderseits die Verunreinigungen ein Häutchen oder Netzwerk, welches die Metallkristalle umgibt, so werden sie einen viel höheren Widerstand für den Durchgang des elektrischen Stromes bilden. In handelsüblichen Metallen können verschiedene Zwischenformen der Verteilung zwischen diesen beiden Extremen auftreten. Interkristalline Häutchen von Verunreinigungen, welche sich bilden, wenn das Metall erstarrt, können durch mechanische Verarbeitungen zerstört oder Schlackeneinschlüsse durch Walzen und Ziehen verteilt werden. Ihr Einfluß auf die Leitfähigkeit kann dann in verschiedenen Richtungen des Metalls verschieden sein.

Es liegen bisher nur verhältnismäßig wenig Angaben über die Einwirkung solcher Verunreinigungen vor.

L. Addicks[1], D. Hanson, Marryat und G. W. Ford[2] sowie Antisell[3] haben die Wirkung von Kupferoxydul auf die elektrische Leitfähigkeit von Kupfer untersucht, welche durch geringe Mengen metallischer Verunreinigungen stark beeinflußt wird. Das Oxyd hat jedoch verhältnismäßig geringen Einfluß auf die Leitfähigkeit von geglühten Proben.

Die verschiedenen Versuchsergebnisse stimmen insofern überein, als die Leitfähigkeit unterhalb 0,08 bis 0,1% O_2 oberhalb des für Kupfer verlangten Standardwertes liegt. Man kann sich vorstellen, daß die geringen, in Kupfer noch vorhandenen Verunreinigungen an Wismut,

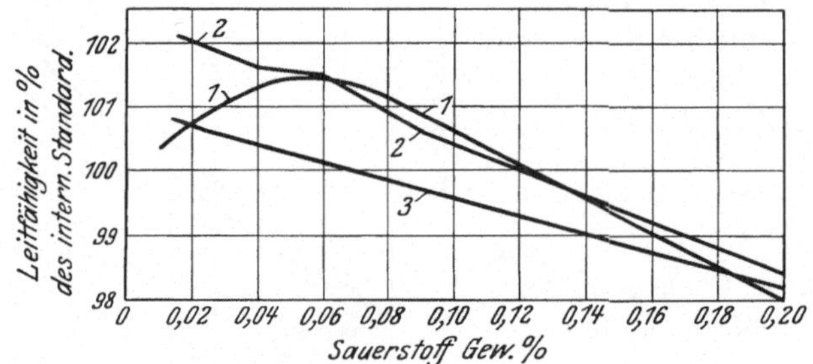

Abb. 220. Einfluß von Sauerstoff auf die Leitfähigkeit von geglühtem Kupfer. *1* Addicks, *2* Hanson, Marryat und Ford, *3* Antisell.

Antimon, Arsen oder Blei oxydiert werden, wodurch die Leitfähigkeit steigt. Bei weiter steigendem Oxydgehalt wird dann die Leitfähigkeit wieder herabgesetzt. Das Material muß als eine Mischung des reinen Metalls und fein verteilter Teilchen von Kupferoxydul angesehen werden. Abb. 220 zeigt die Wirkung verschiedener Mengen von Sauerstoff auf die Leitfähigkeit von Kupfer. Man sieht, daß die Leitfähigkeit praktisch eine lineare Funktion der Zusammensetzung ist, und das gilt ebenfalls für den Widerstand innerhalb des begrenzten, hier untersuchten Bereiches der Zusammensetzung. Die Wirkung des Sauerstoffs auf den Widerstand ist verhältnismäßig gering.

Der Schwefel ist im Eisen als nahezu unlösliches Eisensulfid vorhanden und, obgleich auch hier die Wirkung proportional der Konzentration ist, ist der Einfluß doch viel größer, da die Verbindung zusammenhängende Häutchen in den Korngrenzen bildet. Phosphor hat eine noch größere Wirkung auf den Widerstand des Eisens. Er ist als Eisenphosphid im Metall vorhanden und hat eine begrenzte Löslichkeit.

[1] Addicks, L.: Trans. Amer. Inst. Min. Met. Eng. **36**, 18 (1905).
[2] Hanson, D., Marryat u. G. W. Ford: J. Inst. Met. **30**, 197 (1923).
[3] Antisell: Trans. Amer. Inst. Min. Met. Eng. **64**, 432 (1921).

Den Einfluß des Kohlenstoffs auf die elektrische Leitfähigkeit untersuchte unter anderen T. D. Yensen[1]. Reines Eisen kann bei Raumtemperatur nur 0,006% und bei 650° etwa 0,02% Kohlenstoff in fester Lösung halten, und wenn er in größeren Mengen vorhanden ist, bildet der Überschuß Eisenkarbid, welches das Eutektoid Perlit hervorruft. Der Kohlenstoff in fester Lösung steigert den Widerstand fast 20mal so stark wie eine etwa gleiche Menge, welche als unlösliches Karbid vorhanden ist. Die Widerstandskurve zeigt daher einen scharfen Knick, wenn die Löslichkeitsgrenze überschritten wird, wie in Abb. 221 zeigt. Es handelt sich hierbei offenbar um ein Material, welches von 700° ab verhältnismäßig schnell abgekühlt wurde. Bei langsamerer Abkühlung oder Tempern bei Temperaturen um 200 bis 300° liegt der Knick bei tieferen Konzentrationen.

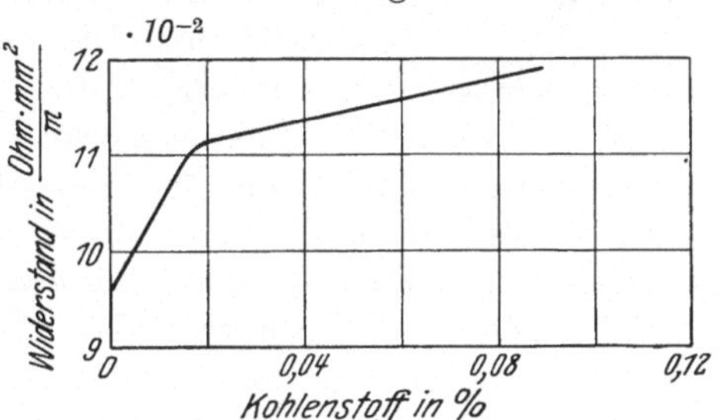

Abb. 221. Einfluß von Kohlenstoff auf den elektrischen Widerstand des reinen Eisens.

Für technische Eisensorten hat die Erniedrigung der Leitfähigkeit durch gelösten Kohlenstoff große Bedeutung. W. Köster[2] schreckte Stahlproben mit wechselndem Kohlenstoffgehalt unterhalb A_1 ab und konnte zeigen, daß die Leitfähigkeit bei Abschrecktemperaturen oberhalb 400° mit der Erhöhung der Temperatur kontinuierlich abnahm. Dies ruht her vom Inlösunggehen des Zementits im α-Eisen, dessen Löslichkeit in den untersuchten Stählen bei 500° etwa 0,015% beträgt, um mit steigender Temperatur bis auf 0,043% bei 710° zu steigen. Nach Abschrecken von 680° ist die Leitfähigkeit der Stähle etwa 5% kleiner als bei der langsam abgekühlten Probe. Durch Anlassen oberhalb 300° wird der Zementit wieder ausgeschieden und die alte maximale Leitfähigkeit des geglühten Zustandes erreicht.

Die Herstellung reinsten Siliziums ist nicht leicht, meist enthält es noch etwa 1% Fe und etwa 1% O_2. A. Schulze[3] machte Leitfähigkeits- und Ausdehnungsmessungen an Siliziumproben verschiedener Reinheit, aus denen hervorgeht, daß der Widerstand eines im Vakuum geschmolzenen Siliziums mit 98,5% Si bedeutend niedriger ist, als der eines Siliziums mit 98,0% Si, welches nicht im Vakuum geschmolzen worden war. Die Unterschiede zwischen den verschiedenen untersuchten Proben waren zwischen Raumtemperatur und 600° beträchtlich. Oberhalb 900° fielen die Kurven der elektrischen Leitfähigkeit nahezu zusammen.

[1] Yensen, T. D.: J. Amer. Inst. Elec. Eng. **43**, 558 (1924).
[2] Köster, W.: Arch. Eisenhüttenwes. **2**, 503/22 (1928/29).
[3] Schulze, A.: Z. techn. Physik **11**, 443/52 (1930).

Die magnetischen Eigenschaften der Metalle sind sehr empfindlich für die Anwesenheit geringer Beimengungen und zeigen große Unterschiede, entsprechend der Struktur, die aus verschiedenen thermischen und mechanischen Behandlungen entstanden ist[1]. Die experimentellen Ergebnisse beziehen sich hauptsächlich auf Eisen und seine Legierungen, und in dieser Richtung hat T. D. Yensen[2] höchst wertvolle Arbeit geleistet. Die magnetischen Eigenschaften eines Stoffes sind gut zu veranschaulichen durch die Hystereseschleife, welche die in Gauß gemessene magnetisierende Feldstärke $\mathfrak{H}$ mit der Stärke der Induktion $\mathfrak{B}$ verbindet. Die zyklische Änderung von $+\mathfrak{H}$ und $-\mathfrak{H}$ ergibt die bekannte, in Abb. 222 gezeigte Hysteresekurve. Der Inhalt der Schleife stellt den Energieverlust an Wärme dar, der als Ummagnetisierungsarbeit aufgebracht werden muß und normalerweise als Hystereseverlust bezeichnet wird. Die maximale Permeabilität ist der Verlauf der steilsten Tangente an die Kurve. Die Hystereseverluste in Eisen hängen in starkem Maße von den Verunreinigungen, z. B. von der Anwesenheit des Kohlenstoffes ab. Anderseits spielt die Art, in der der Kohlenstoff vorliegt, eine große Rolle. Die folgenden Gleichungen veranschaulichen die Hystereseverluste durch Kohlenstoff in den verschiedenen Konzentrationsgrenzen[3], wobei C den Gehalt an Kohlenstoff in Prozent angibt:

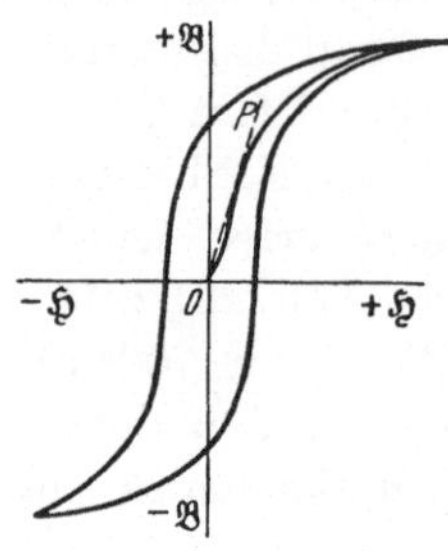

Abb. 222. Typische Magnetisierungskurve.

bis 0,01% C	$W = 100000 \cdot C$	(i)
von 0,01 bis 0,1% C	$W = 2250 \cdot C$	(ii)
von 0,10 bis 1,0% C	$W = 16500 \cdot C$	(iii)

Gleichung (i) gilt für Kohlenstoff in fester Lösung, wobei die sich ergebende Gittererweiterung als Ursache für die Größe des Effektes angenommen wird. Gleichung (ii) gilt für den Bereich, in dem der zugefügte Kohlenstoff als freies Karbid ausfällt, mit seiner viel geringeren Wirkung auf den Hystereseverlust. Bei noch größerem Kohlenstoffgehalt wird Perlit gebildet, und die Hystereseverluste steigen wieder. Dies wird in Abb. 223 graphisch veranschaulicht, woraus hervorgeht, daß absolut kohlenstofffreies Eisen ohne Hystereseverluste sein würde. Diese Forderung ist von vakuumgeschmolzenem Elektrolyteisen nahezu erreicht

[1] Marris: World Power 8, 19 (1927).

[2] Yensen, T. D.: Trans. Amer. Inst. Elect. Eng. **33**, 451 (1914); **34**, 2475 (1915); J. Amer. Electrochem. Soc. **1929**, September-Meeting.

[3] Infolge unserer heutigen Kenntnis vom Zustandsschaubild Eisen—Kohlenstoff müßten die Grenzen etwas anders liegen. Hier sind jedoch die Originalangaben der Yensenschen Arbeiten benutzt worden.

worden und ebenfalls in Eisen-Silizium-Legierungen von größter Reinheit. Diese Legierungen mit 4 bis 6% Si zeigen wertvolle magnetische Eigenschaften, die damit zusammenhängen, daß das Silizium den Kohlenstoff als Graphit ausscheidet, in welcher Form er praktisch ohne Einfluß ist. Abb. 223 zeigt den Einfluß des Siliziumgehaltes deutlich. Während bei 2% Silizium die Verluste bei gleichem C-Gehalt größer werden, bleiben sie bei 4% Si oder gar 5 bis 6% Si konstant. Eine Verbesserung läßt sich hier auch noch erzielen, wenn es gelingt, in Stahl mit 4% Si den Kohlenstoff unter 0,06% zu erniedrigen und bei 5 bis 6% Si unter 0,01%.

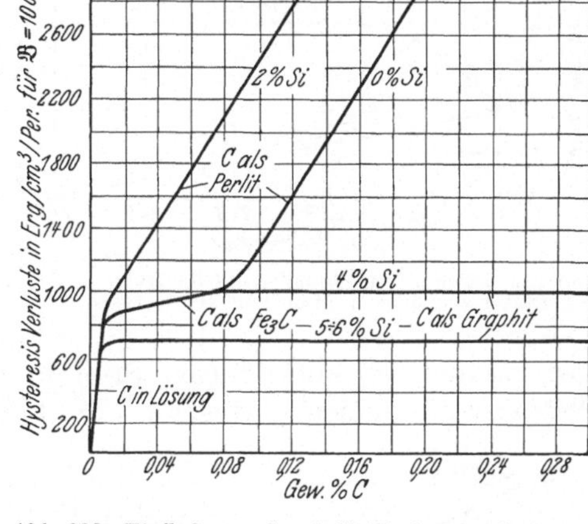

Abb. 223. Einfluß von C auf die Hystereseverluste von Fe-Si-Legierungen. Der Einfluß anderer Beimengungen und der Korngröße ist berücksichtigt (Yensen).

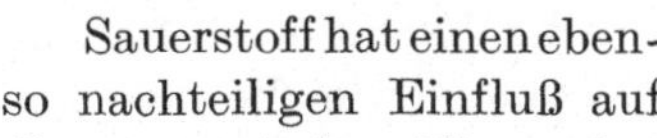

Sauerstoff hat einen ebenso nachteiligen Einfluß auf die magnetischen Eigenschaften wie Kohlenstoff[1]. Da jedoch Sauerstoff und Kohlenstoff miteinander reagieren, wenn man die Bleche glüht,

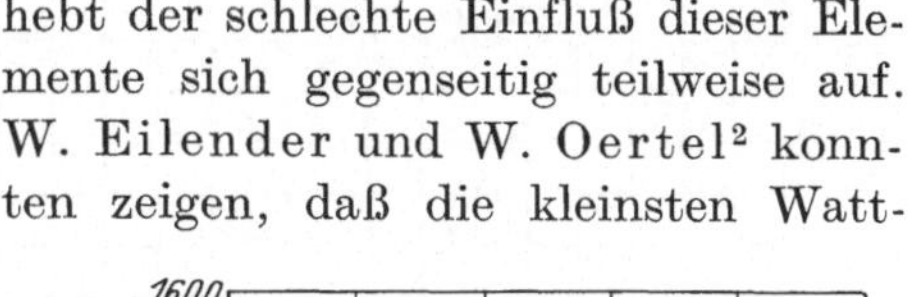

hebt der schlechte Einfluß dieser Elemente sich gegenseitig teilweise auf. W. Eilender und W. Oertel[2] konnten zeigen, daß die kleinsten Watt-

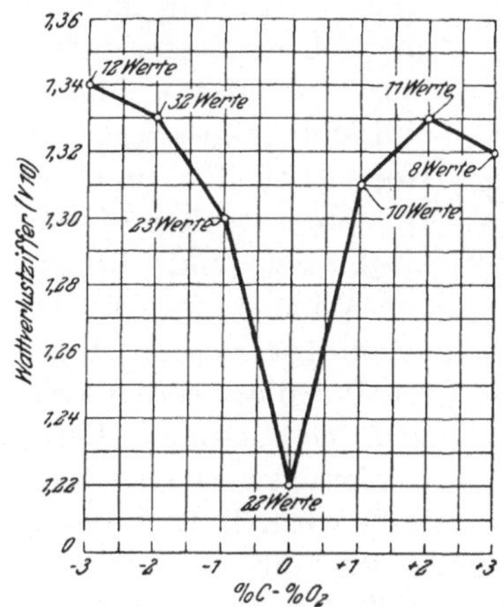

Abb. 224. Wattverluste von Transformatorenblech in Abhängigkeit von C- und O_2-gehalt (Eilender u. Oertel).

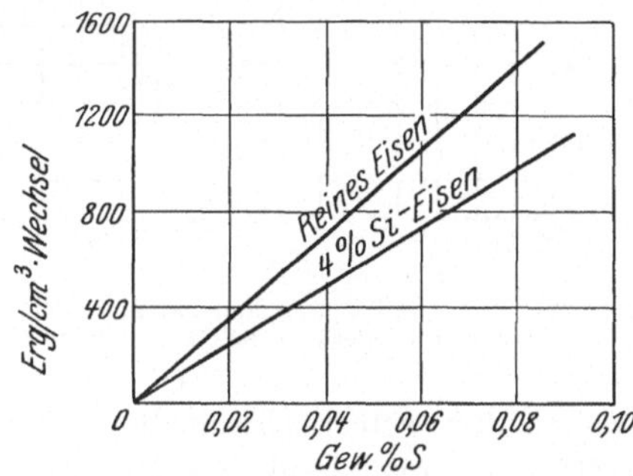

Abb. 225. Einfluß von Schwefel auf die Hystereseverluste von reinem Eisen und 4% Si-Eisen.

[1] Gumlich, E.: Wiss. Abh. Phys.-Techn. Reichsanst. **4**, 267/420 (1928); Stahleisen **39**, 800 (1919).

[2] Eilender, W. u. W. Oertel: Stahleisen **47**, 1558/61 (1927).

verluste erhalten wurden, wenn Sauerstoff- und Kohlenstoffgehalt einander entsprachen. Abb. 224 veranschaulicht das Ergebnis von 118 Messungen an 4% Si-Eisen für Transformatoren von 0,35 mm Dicke. Die früheren Beobachtungen von E. Gumlich an vakuumgeglühten Eisenlegierungen wurden dadurch erklärt und bestätigt.

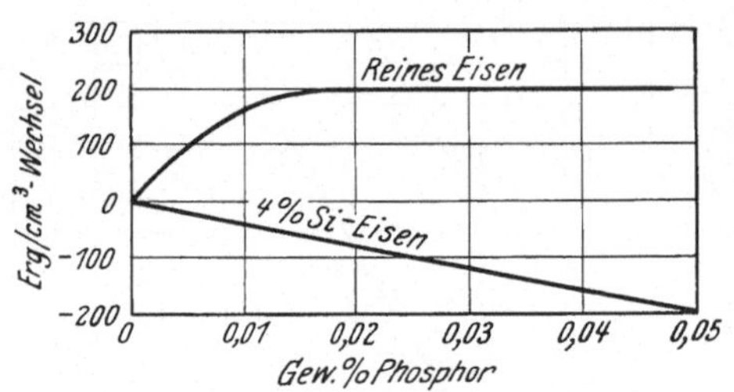

Abb. 226. Einfluß von Phosphor auf die Hystereseverluste von reinem Eisen und 4% Si-Eisen.

Andere im Eisen anwesende Elemente steigern die Hystereseverluste ebenfalls. Schwefel ist äußerst schädlich und seine Wirkung ist der Konzentration proportional, wie Abb. 225 zeigt. Der Einfluß ist auf 4%igen Si-Stahl kleiner als auf reines Eisen. Phosphor übt einen geringeren Einfluß aus und vermindert sogar die Verluste in Eisen-Silizium-Legierungen (Abb. 226). Aluminium und Vanadin haben eine ähnliche Wirkung wie die des Siliziums, sie steigern den elektrischen Widerstand ohne Schädigung der magnetischen Eigenschaften. Chrom, Wolfram, Mangan und Molybdän steigern die Koerzitivkraft und die Hysterese, senken die Permeabilität und erhöhen den Widerstand. Die Permeabilität ist eine Eigenschaft, die ebenfalls von nichtmetallischen Verunreinigungen stark beeinflußt wird. T. D. Yensen[1] zeigte, daß selbst Unterschiede im Kohlenstoffgehalt von 0,001 und 0,005% Unterschiede der Permeabilität von 300% hervorrufen. Die Probe mit 0,001% hatte eine Permeabilität von $\mu = 60000$, während die von 0,005% bei derselben Feldstärke $\mu = 20000$ hatte.

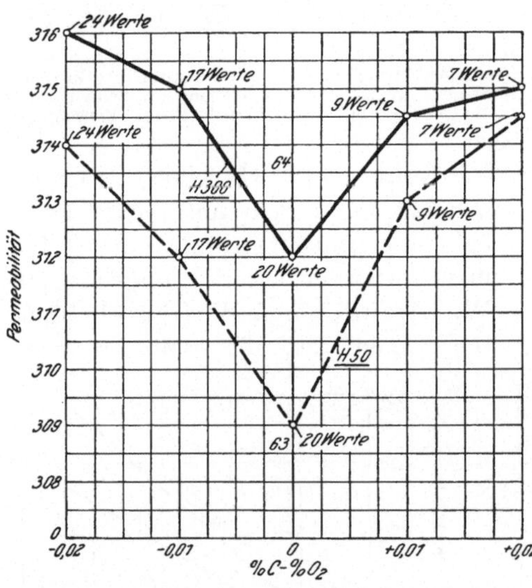

Abb. 227. Permeabilität von Transformatorenblech in Abhängigkeit vom C- und O_2-gehalt (Eilender u. Oertel).

W. Eilender und W. Oertel untersuchten ebenfalls die Permeabilität von Transformatoreisen mit 4% Si. Sie fanden für eine Feldstärke

[1] Yensen, T. D.: J. Amer. Electrochem. Soc. **1929**, September-Meeting.

von $\mathfrak{H} = 50$ bzw. $\mathfrak{H} = 300$ Gauß ähnliche Kurven wie für die Wattverluste (Abb. 227). Es fällt auf, daß hier für die Differenz Gewichtsprozente C — Gewichtsprozente $O_2 = 0$ die Permeabilität am kleinsten ist. Man sollte erwarten, daß mit steigender Reinheit die Korngröße zunimmt und die Permeabilität steigt, wie das an anderen Magnetlegierungen beobachtet wird.

In letzter Zeit hat vor allem die Anfangspermeabilität, d. h. die Permeabilität in sehr geringen Feldern, Bedeutung gewonnen.

Die Größe der Anfangspermeabilität ist in erster Linie von der Legierung und in zweiter Linie von der Wärmebehandlung abhängig. Innere Spannungen spielen, wie bei allen magnetischen Erscheinungen, eine große Rolle und sind sehr nachteilig. Die Konstante der Anfangspermeabilität in kleinen Feldern bis zu 0,1 Gauß ist für die Kabeltechnik von größter Bedeutung. Sie wird nicht so sehr von der Legierung wie von der Anwesenheit von intermetallischen Verbindungen und Verunreinigungen beeinflußt.

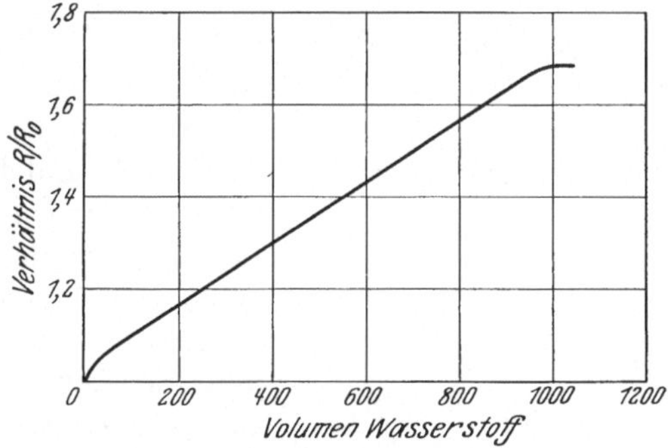

Abb. 228. Einfluß von Wasserstoff auf den elektrischen Widerstand von Palladiumdraht (Fischer).

Gase. Bei der Betrachtung der Einwirkung von Gasen auf die elektrischen Eigenschaften haben wir hauptsächlich mit Gasen zu tun, welche im Metall in Lösung sind. Die Anwesenheit von größeren Gasblasen oder anderen groben Fehlern im Metall beeinflußt die elektrische Leitfähigkeit in einem solch starken Maße, daß wir diese Fälle nicht übersehen können.

Lösliche Verunreinigungen haben einen sehr starken Einfluß auf die elektrische Leitfähigkeit, und aus diesem Grunde ist die Anwesenheit von gelösten Gasen in Metallen oft leichter zu entdecken durch die Messung der elektrischen als der mechanischen Eigenschaften. Es liegen jedoch verhältnismäßig wenig Versuchsergebnisse für die Metalle vor, wahrscheinlich wegen der praktischen Schwierigkeiten, die Gase mit technischen Hilfsmitteln zu entfernen. Unter den ältesten Beobachtungen sind die von Knott (1884) über wasserstoffhaltiges Palladium. Er fand, daß der elektrische Widerstand der aufgenommenen Wasserstoffmenge ungefähr proportional ist. Sorgfältigere Untersuchungen von Fr. Fischer[1] zeigen, daß der Widerstand eines Palladiumdrahtes mit steigendem Wasserstoffgehalt bis zum 30fachen Volumen sehr schnell steigt, wonach er dann stetig bis zu dem 925fachen Volumen des

[1] Fischer, Fr.: Ann. Physik **20**, 503 (1906).

Metalls ansteigt und dann ungefähr beim 1,7fachen Wert des Anfangswiderstandes konstant wird. Diese Ergebnisse sind in Abb. 228 wiedergegeben. Die Beziehung kann möglicherweise benutzt werden, um die in einem Drahte vorhandene Wasserstoffmenge zu bestimmen, wenn sein ursprünglicher Widerstand ohne Gas bekannt ist. Andere Beobachter haben Knicke in der Kurve für den Widerstand in Abhängigkeit vom Wasserstoffgehalt gefunden, und es ist die Gegenwart von Verbindungen, z. B. Pd_2H, angenommen worden[1]. Nach den Röntgenuntersuchungen scheint ihr Bestehen jedoch fraglich. Aus Beobachtungen der Änderung des Volumens, der Länge und des elektrischen Widerstandes hat Beckmann[2] gezeigt, daß die Leitfähigkeit durch die Gleichung $K = \frac{y}{100} \cdot K_{pd}$ ausgedrückt werden kann, in der K_{pd} die Leitfähigkeit des reinen Palladiums und y die Wasserstoffkonzentration in Atomprozenten ist. Diese Beziehung wird in Abb. 229 dargestellt und folgt der Regel der einfachen festen Lösungen, unter der Annahme, daß die Leitfähigkeit des Wasserstoff 0 ist. Der Temperaturkoeffizient des Widerstandes fällt mit steigendem Wasserstoffgehalt stetig. Ein Minimum der Leitfähigkeit hat Beckmann bis zu 45% Atomprozenten H_2 nicht gefunden. Diese Ergebnisse unterstützen die Ansicht, daß der Wasserstoff in fester Lösung im Palladium vorliegt.

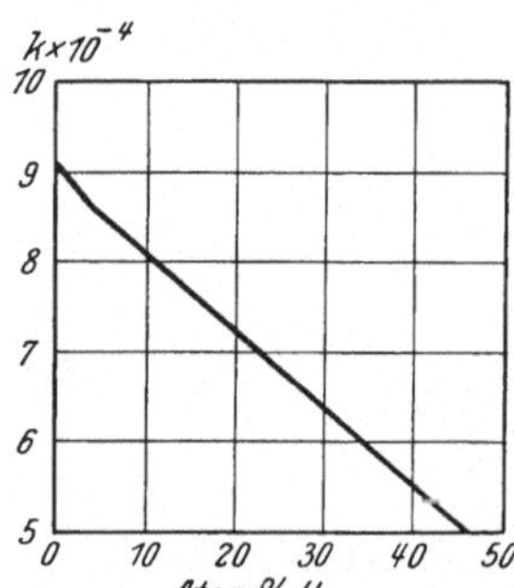

Abb. 229. Einfluß von Wasserstoff auf die elektrische Leitfähigkeit von Palladium bei 18° C (Beckmann).

Ähnliche Ergebnisse sind von Pirani[3] für das System Tantal-Wasserstoff erhalten worden. Ein 4 Stunden lang in Wasserstoff erhitzter Tantaldraht zeigt eine Gewichtszunahme von 0,4% entsprechend einer Absorption des 740fachen Volumens an Gas, und der elektrische Widerstand ist nahezu verdoppelt. Der Temperaturkoeffizient des Widerstandes, welcher für das reine Metall 0,3% je Grad Celsius ist, fällt auf 0,1%. Durch Glühen des Drahtes bei Rotglut in Luft kann sehr viel Wasserstoff ausgetrieben werden, aber ein Rest von etwa 0,1% bleibt. Die Eigenschaften des Metalls zeigen jedoch keine Änderung. Es ist ganz brüchig und der Widerstand bleibt etwa der zweifache des normalen. Dieses restliche Gas kann nur durch Schmelzen im Vakuum herausgeholt werden, wonach der ursprüngliche Widerstand und die Zähigkeit wiedererlangt werden. Dies ist ein sehr einleuchtendes Beispiel für die Wirkung, welche sehr geringe Mengen von Verunreinigungen hervorrufen, die bei der gewöhnlichen Analyse sehr leicht übersehen werden können.

[1] Wolf, G.: Z. physik. Chem. **87**, 575 (1914).
[2] Beckmann: Ann. Physik **46**, 481 (1915).
[3] Pirani: Z. Elektrochem. **11**, 555 (1905).

Die Veränderung der elektrischen Leitfähigkeit durch aufgenommenen Wasserstoff dürfte allen Metallen zukommen, die zu der Gruppe der metallischen oder halbmetallischen „Hydride" (s. Abschnitt Gase in Metallen) gehören. Entsprechend der im Vergleich mit Palladium aufgenommenen Gasmengen ist die Widerstandsänderung jedoch fast unmeßbar klein.

Die Gasbeladung hat für gewisse technische Zwecke, so z. B. zum Bau von Hochvakuumröhren, Bedeutung. A. Janitzki[1] machte Versuche über den Stromdurchgang von Hochvakuumröhren mit Glühkathode und fand, daß der Stromdurchgang vom Gasgehalt der Anode abhängt. Die bei Platin- und Eisendrähten in Abhängigkeit von der Gasbeladung eintretenden Widerstandsänderungen beim Glühen im Vakuum untersuchte H. Kleine[2].

A. Sieverts[3] studierte den Einfluß gelöster Gase auf die elektrische Leitfähigkeit von Drähten aus Kupfer, Eisen, Nickel, Silber, Platin und Palladium. Er bestimmte den Widerstand zwischen 200° und 1020° C sowohl im Vakuum wie in verschiedenen Gasatmosphären.

Im Vergleich mit Palladium war die durch Wasserstoffaufnahme eintretende Widerstandserhöhung bei den meisten Metallen nicht nachweisbar. Setzt man voraus, daß gleiche Mengen H_2 den Widerstand der Metalle in gleichem Maße verändern, so ergeben sich auf Grund der viel geringeren Löslichkeit des Wasserstoffs in den übrigen Metallen Widerstandsänderungen zwischen 0,002 und 0,14%. Derartige Unterschiede waren aber nicht bestimmbar.

Eine Aufnahme von Sauerstoff durch Nickel, Silber und Platin oder SO_2 durch Kupfer hatte eine größere Wirkung. Die Widerstandserhöhung konnte durch Glühen in Wasserstoff aufgehoben werden.

Die Anwesenheit von Sauerstoff in fester Lösung in einem Metall im Gegensatz zu den Oxydeinschlüssen kann die elektrischen Eigenschaften meßbar beeinflussen. Der Widerstand von Silber steigt etwa um 0,5%, wenn das Metall mit diesem Gas gesättigt ist. Die Absorption von Sauerstoff durch feinverteiltes Platin ist technisch verwertet worden und ein in Sauerstoff 4 bis 5 Stunden geglühter Draht zeigt eine Zunahme des Widerstandes von 2 bis 3%[4].

Die magnetischen Eigenschaften von Metallen werden durch die Anwesenheit gelöster Gase ebenfalls beeinflußt. E. Gumlich[5] untersuchte die Hysteresekurve eines Stahles mit 0,044% C, 0,004% Si, 0,40% Mn, 0,044% P, 0,027% S und 0,136% Cu vor und nach dem

[1] Janitzki, A.: Z. Physik **31**, 277/95 (1925).
[2] Kleine, H.: Z. Physik **33**, 391/408 (1925).
[3] Sieverts, A.: Intern. Z. Metallogr. **3**, 37 (1912/13).
[4] Schulze, A.: Helios **32**, 49 (1926).
[5] Gumlich, E.: Wiss. Abh. Phys. Techn. Reichsanst. **4**, 267/420 (1918).

Glühen im Vakuum bei 785°. Der Einfluß auf den Charakter der Hystereseschleife, auf Remanenz und Koerzitivkraft war erheblich. Abb. 230 läßt deutlich erkennen, daß nach dem Glühen im Vakuum die Koerzitivkraft kleiner, die Remanenz bedeutend größer geworden ist.

Hughes[1] stellte Vergleiche der magnetischen Eigenschaften von normalem und im Vakuum geglühtem Elektrolyteisen an. Er fand, daß die Permeabilität in schwachen Feldern mit steigender Glühtemperatur im entgasten Metall schneller steigt als im nicht entgasten. Der Ab-

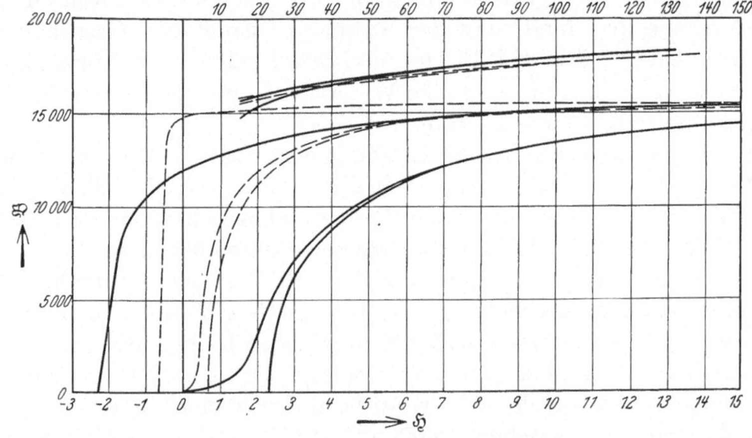

Abb. 230. Magnetisierungskurven von Stahlblech vor dem Glühen —— und nach dem ersten Glühen bei 785° C im Vakuum - - - (Gumlich).

fall der Remanenz mit der Steigerung der Glühtemperatur war ebenfalls bei dem vakuumbehandelten Material größer.

W. Gerlach untersuchte den Einfluß der Korngröße auf die Energieverluste bei der Magnetisierung[2], wobei sich eine Abnahme der Verluste mit steigender Korngröße ergab. Die Korngröße ist nun bis zu einem gewissen Grade ein Maßstab für die Menge der Verunreinigungen, d. h. es gelingt eher, in einem reinen Metall große Körner zu erhalten als in einem mit viel Verunreinigungen. An äußerst reinem vakuumgeschmolzenen Eisen gelang es W. Gerlach[3] sowie W. Gerlach und Dußler[4], nachzuweisen, daß ganz reines Eisen wahrscheinlich keine magnetische Hysterese hat und daß die Koerzitivkraft eines solchen Materials nahezu Null ist. Abb. 231 zeigt verschiedene Magnetisierungskurven für verschiedene Temperaturen. Überall erkennt man, daß Remanenz und Koerzitivkraft nahezu Null sind! Es wurden Remanenz-

[1] Hughes: Rev. Mét. **22**, 764 (1925).
[2] Gerlach, W.: Physik. Z. **22**, 568 (1921).
[3] Gerlach, W.: Z. Physik **38**, 828 (1926); **39**, 327 (1926).
[4] Gerlach, W. u. Dußler: Z. Physik **44**, 279 (1927).

werte von $\mathfrak{B} = 50$ gemessen und die Koerzitivkraft betrug 0,05 bis 0,20 Gauß. Im Gegensatz zu gewöhnlichem Eisen zeigt dieses reinste Eisen vollkommene Unabhängigkeit der Magnetisierung von der Temperatur im Bereich schwacher Felder oberhalb 100°.

Die Arbeiten von W. Gerlach sind ein besonders schöner Beweis für die Bedeutung der Verunreinigungen in Metallen.

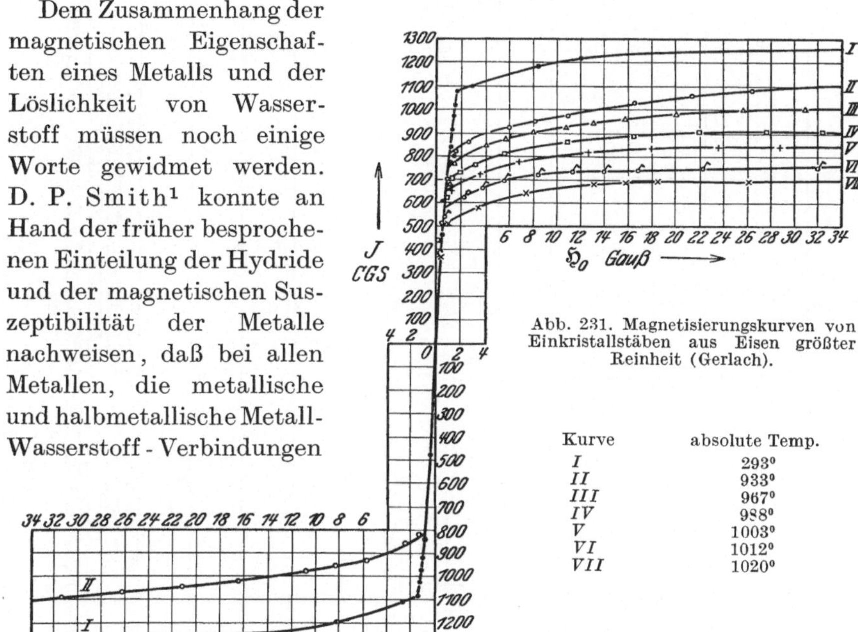

Abb. 231. Magnetisierungskurven von Einkristallstäben aus Eisen größter Reinheit (Gerlach).

Kurve	absolute Temp.
I	293°
II	933°
III	967°
IV	988°
V	1003°
VI	1012°
VII	1020°

Dem Zusammenhang der magnetischen Eigenschaften eines Metalls und der Löslichkeit von Wasserstoff müssen noch einige Worte gewidmet werden. D. P. Smith[1] konnte an Hand der früher besprochenen Einteilung der Hydride und der magnetischen Suszeptibilität der Metalle nachweisen, daß bei allen Metallen, die metallische und halbmetallische Metall-Wasserstoff-Verbindungen bilden, die magnetische Suszeptibilität größer als $0{,}9 \cdot 10^{-6}$ ist. Das gilt für beliebige Beobachtungstemperaturen.

Die Verhältnisse werden noch klarer, wenn man in Abb. 232 die Parallelität zwischen Atomvolumen, Paramagnetismus, Löslichkeit für Wasserstoff als metallisches oder halbmetallisches Hydrid und dem Auftreten gefärbter Ionen betrachtet. Man sieht, daß offenbar sowohl für den Magnetismus wie für das Lösungsvermögen für Wasserstoff ein kleines Atomvolumen Vorbedingung sind, ein weiterer Hinweis für die Beziehung zwischen Paramagnetismus und Gaslöslichkeit.

Bei der Thermokraft der Metalle spielen die Gase ebenfalls eine wichtige Rolle. Die Thermokraft eines mit Wasserstoff beladenen Palladiumdrahtes gegen Platin zeigte R. M. Holmes[2]. Palladiumdrähte

---

[1] Smith, D. P.: J. physic. Chem. **23**, 186/202 (1919).

[2] Holmes, R. M.: Science **56**, 201/2 (1922); Z. Metallkunde **15**, 6 (1923).

wurden teils durch Glühen im Wasserstoff bei 700°, teils durch Elektrolyse mit Palladium als Kathode mit Wasserstoff gesättigt. Die Thermo-

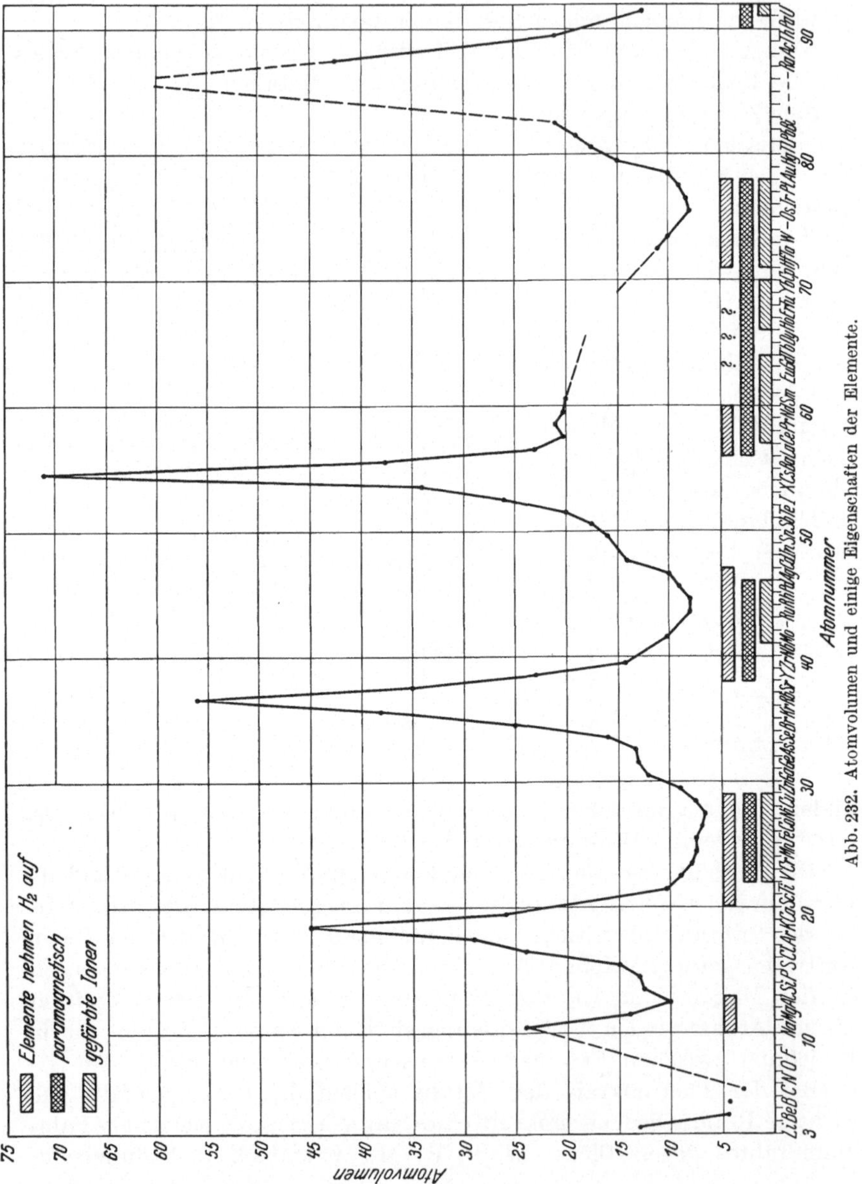

Abb. 232. Atomvolumen und einige Eigenschaften der Elemente.

kraft gegen Pt wird durch die Wasserstoffaufnahme geringer. Sie fällt beim Glühen in Wasserstoff auf 0,73, und beim elektrolytischen Beladen mit Wasserstoff auf 0,18 des Ausgangswertes. Fr. Heimburg[1] machte ähnliche Messungen an mit Wasserstoff beladenem Palladium gegen das reine Metall. Bis zu einer Beladung vom 600fachen des Metallvolumens tritt ein schneller Anstieg der Thermokraft ein, um bei höheren Gasgehalten langsam in eine Parallele zur Abszissenachse überzugehen. Die Thermokraft für $t - t_0 = 100^0$ war für einige als Beispiel herangezogene Beladungsmengen wie folgt:

Beladung in Metallvolumen	Thermokraft in 10^{-6} V
71,9	192
328,8	857
672,6	1550
900,0	1700

d) Wärmeleitfähigkeit.

Die Wärmeleitfähigkeit der Metalle ist aufs engste mit der elektrischen Leitfähigkeit verknüpft. Metalle mit hoher elektrischer Leitfähigkeit haben auch eine gute Wärmeleitfähigkeit. Wie die elektrische Leitfähigkeit bei Temperaturen nahe des absoluten Nullpunktes unendlich groß wird, so steigt die Wärmeleitfähigkeit ebenfalls sehr stark.

Der Einfluß von Verunreinigungen auf die Wärmeleitfähigkeit besteht wie bei der elektrischen Leitfähigkeit meist in einer Verschlechterung der Leitzahl. Die thermische Leitfähigkeit von reinen Metallen ist am größten. Jedoch ist die Beeinflussung der thermischen Leitfähigkeit bei niedrigen Temperaturen im allgemeinen kleiner als die der elektrischen Leitfähigkeit.

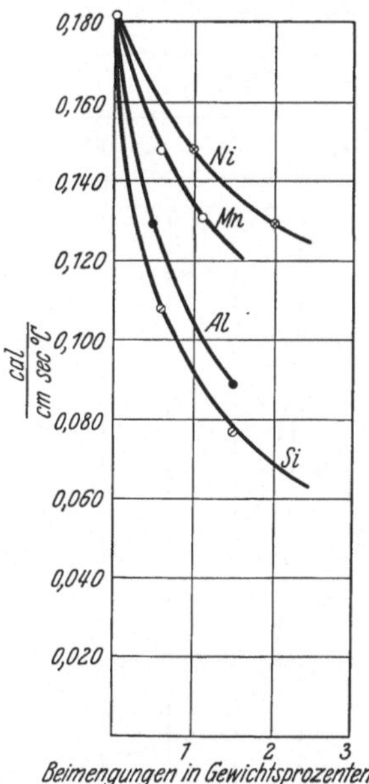

Abb. 233. Einfluß verschiedener Stoffe auf die Wärmeleitfähigkeit von Eisen (Sedström).

Es sind nur wenig Daten über die Wirkung von Verunreinigungen auf die Wärmeleitfähigkeit bekannt geworden. M. Jakob[2] macht in einer Zusammenstellung von Wärmeleitzahlen technisch wichtiger Metalle und Legierungen darauf aufmerksam, daß der Einfluß von Fremdstoffen bei Eisen und Kupfer bemerkenswert ist. So drückt z. B. eine Spur Arsen die Wärmeleitfähigkeit des Kupfers von $\lambda = 0{,}92$ auf $\lambda = 0{,}34 \frac{\text{cal}}{\text{cm} \cdot \text{sec} \cdot {}^0\text{C}}$ herab.

[1] Heimburg, Fr.: Physik. Z. **24**, 149/51 (1923).
[2] Jakob, M.: Z. Metallkunde **16**, 353/58 (1924).

E. Sedström[1] untersuchte den Einfluß von Fremdmetallen auf verschiedene Eigenschaften metallischer Mischkristalle und gab folgende Ergebnisse über die Beeinflussung der Wärmeleitfähigkeit des Eisens und Kupfers bekannt (Abb. 233, 234 u. Zahlentafel 27):

Zahlentafel 27. Einfluß kleiner Beimengungen auf die Wärmeleitfähigkeit von Eisen und Kupfer.

Eisen									
Gewicht % fremde Metalle	0	1,0 % Ni	2,0 % Ni	0,6 % Mn	1,1 % Mn	0,6 % Si	1,5 % Si	0,5 % Al	1,5 % Al
$\frac{cal}{cm \cdot sec \cdot {}^0C}$	0,182	0,148	0,129	0,148	0,131	0,108	0,077	0,129	0,089

Kupfer-Nickel										
Gew. % Ni	0,0	2,1	4,3	8,2	9,1	17,2	28,4	36,2	41,0	48,1
λ_0 . . .	00,85	00,37	00,21	00,145	00,140	00,092	00,063	00,052	00,050	00,048

Gewicht % Ni .	53,6	56,6	60,0	67,8	73,8	77,3	88,0	94,3	100
λ_0	00,048	00,045	00,045	00,050	00,050	00,060	00,078	00,093	00,14

Kupfer-Zink					
Gewicht % Zn .	0,0	7,3	14,3	27,9	33,0
λ_0	00,783	00,430	00,32	00,273	00,259

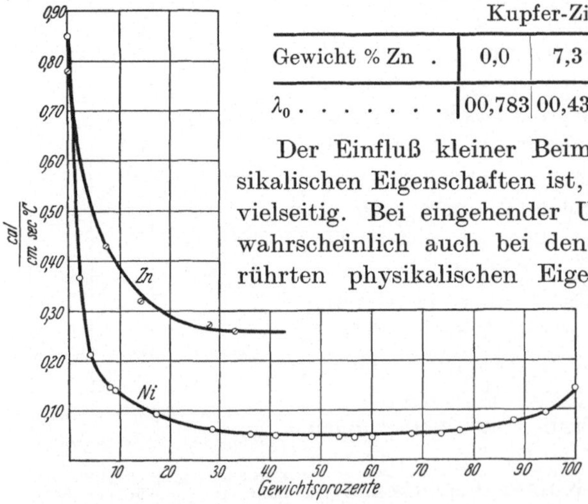

Der Einfluß kleiner Beimengungen auf die physikalischen Eigenschaften ist, wie wir gesehen haben, vielseitig. Bei eingehender Untersuchung wird sich wahrscheinlich auch bei den übrigen, hier nicht berührten physikalischen Eigenschaften zeigen, daß kleine und kleinste Mengen von Fremdstoffen einen deutlich erkennbaren Einfluß haben. Vielleicht findet sich dadurch z. T. eine Erklärung für die Tatsache, daß die Messungen irgendwelcher physikalischer Vorgänge, selbst bei sehr zuverlässigen Forschern, immer wieder zu kleinen Abweichungen untereinander geführt haben.

Abb. 234. Einfluß von Nickel und Zink auf die Wärmeleitfähigkeit des Kupfers (Sedström).

[1] Sedström, E.: Dissertation Lund **1924**.

VIII. Der Einfluß geringer Beimengungen auf die Korrosion der Metalle.

Die Ursachen und der Mechanismus der ungeheuren Zerstörung, die alljährlich infolge der Korrosion der Metalle eintritt, ist in den letzten 20 Jahren so gründlich untersucht worden, daß das Studium der Korrosion und der Verfahren zu ihrer Verhinderung fast eine besondere Wissenschaft geworden ist, die Metallurgie, Chemie und Physik einschließt. Die steigende Verunreinigung der Atmosphäre durch das Anwachsen der Industriezentren macht das ganze Korrosionsproblem von Jahr zu Jahr schwieriger. Unsere Kenntnis von den Ursachen der Korrosion und den Mitteln zu ihrer Verhinderung steigt trotzdem schnell und sollte so weit als möglich ausgenutzt werden.

Die Zusammensetzung des Metalls oder der Legierung ist einer der wichtigsten, wenn auch nicht der einzigste Faktor, der die Korrosion bestimmt. Die überraschende Zunahme des Korrosionswiderstandes, die man hin und wieder durch Hinzufügen eines bestimmten Metalls zu einem anderen erzielen kann, ist jedermann bekannt. So enthalten z. B. die rostfreien Stähle, die einen so hohen Widerstand gegen atmosphärische Korrosion und Rosten zeigen, als wesentlichsten Bestandteil etwa 13 bis 18 % Chrom. Die Oxydation des Nickels bei hohen Temperaturen kann man durch einen Zusatz von 15 bis 30 % Cr auf einen Bruchteil des normalen Wertes reduzieren, wobei die bekannten Legierungen für Widerstände in elektrischen Heizapparaten entstehen. Dies sind Beispiele für die Wirkung verhältnismäßig großer Mengen des zweiten Elements. In manchen Fällen kann der Widerstand gegen Korrosion durch viel geringere Zusätze gesteigert werden. Der Widerstand von Handelsblei gegen heiße Schwefelsäure wird z. B. durch 0,2 % Kupfer gesteigert. Unglücklicherweise sind diese Fälle die Ausnahme, und die Korrosion wird wahrscheinlich durch die Anwesenheit geringer Verunreinigungen beschleunigt. Reine Metalle sind als Vergleichsmaterial gewöhnlich nicht verfügbar, aber das Verhalten des „chemisch reinen“ und des „handelsüblich reinen“ Zinks gegen verdünnte Salzsäure ist bekannt. Das erstere wird nur wenig angegriffen unter Bildung kleiner Wasserstoffblasen, während bei dem letzteren eine starke Reaktion eintritt und Gas entweicht. Solche Beispiele zeigen besonders stark den großen Einfluß der Zusammensetzung auf die Korrosion der Metalle. Da Verunreinigungen in allen technisch benutzten Metallen und Legierungen vorliegen, soll ihr Einfluß besprochen werden.

Direkte Oxydation. Die einfachste Form der Korrosion ist die direkte Verbindung zwischen Metall und Sauerstoff. Alle gebräuchlichen Metalle werden durch trockene Luft oder Sauerstoff bei normalen Temperaturen nicht sichtbar angegriffen. Dies gilt sogar noch für praktische Zwecke für den Fall der reinen feuchten Luft, vorausgesetzt, daß die

Kondensation der Feuchtigkeit vermieden wird. Es kann sich eine dünne, unsichtbare Oxydhaut auf der Oberfläche des Metalls bilden und diese vor dem weiteren Angriff schützen, so daß eine weitere sichtbare Oxydation oder Korrosion nicht eintritt. Das gilt nicht für Alkalimetalle oder alkalische Erdmetalle. Aber diese werden als Konstruktionsmetall nicht technisch verwertet. Bei höheren Temperaturen erleiden jedoch praktisch alle Metalle mit Ausnahme von Gold und Platin eine Oxydation, wenn sie der Luft ausgesetzt werden, wenn auch in verschiedenem Maße. Das Verschmoren der elektrischen Kontakte und das Versagen der elektrischen Widerstandsheizelemente sind Beispiele für diese Art der Korrosion. Der Mechanismus der Oxydation wurde von Pilling und Bedworth[1] und von Dunn[2] untersucht. Die Grundmetalle können in zwei Gruppen eingeteilt werden gemäß der Art des Oxyds, welches sich bei der betreffenden Temperatur auf der Oberfläche bildet. In der einen Klasse haben wir Metalle, welche Oxyde bilden, deren Rauminhalt kleiner ist als der des Ausgangsmaterials. Diese Oxyde sind porös und bieten der Diffusion des Sauerstoffs zu dem darunterliegenden Metall geringen Widerstand. Hierhin gehören die Alkalimetalle und die Metalle der alkalischen Erden. Die andere Klasse umfaßt die Schwermetalle, welche Oxyde bilden, deren Rauminhalt größer als der des Metalls ist, aus welchem sie gebildet wurden. Diese Oxyde neigen dazu, eine feste zusammenhängende Schicht zu bilden, die der weiteren Diffusion des Sauerstoffs mehr oder weniger Widerstand bietet. Es ist daher verständlich, daß der Widerstand gegen Oxydation bei hohen Temperaturen in weitem Maße von der zuerst gebildeten Oxydschicht abhängig ist, nicht von der Eigenart des Metalls selbst. Der Einfluß anderer Elemente auf die Schnelligkeit der Oxydation hängt daher meist davon ab, wie sie die chemische Zusammensetzung oder die physikalische Beschaffenheit des Oxyds verändern. Wir werden bestrebt sein, Metalle und Legierungen zu finden, welche gewöhnlicherweise Oxyde des schützenden Typs bilden, da nur diese für die Benutzung bei hohen Temperaturen in Frage kommen.

Man kann zeigen, daß die Geschwindigkeit, mit der die Reaktion fortschreitet, wenn ein zusammenhängender Film gebildet wird, theoretisch einem Exponentialgesetz folgen sollte, wobei die Oxydation mit der Zeit geringer wird. Das kommt daher, daß der Sauerstoff, um die metallische Oberfläche zu erreichen, durch die Oxydschicht diffundieren muß, welche dauernd dicker wird. Die Oxydation des Kupfers folgt diesem Gesetz bei niedrigen Temperaturen sehr nahe, und man hat gezeigt, daß sie von der Lösung und Diffusion des Sauerstoffs in der Kupferoxydulschicht abhängt. In Abb. 235 sind die Quadrate der

---

[1] Pilling, N. B. u. R. E. Bedworth: J. Inst. Met. **29**, 579 (1923).

[2] Dunn: Proc. roy. Soc. **111**, 203 (1926).

Schichtdicke des Oxyds in Abhängigkeit von der Zeit aufgetragen, und man sieht, daß diese Punkte fast auf einer geraden Linie liegen. Die Oxydation der Bronze ist, wie man gezeigt hat, ebenfalls von der Diffusion des Sauerstoffs durch die Oxydschicht abhängig. Viele Metalle und Legierungen folgen dem parabolischen Gesetz nicht, was daher rührt, daß Risse in der Oxydhaut entstehen oder Verunreinigungen in dem Metall vorhanden sind, die den Zusammenhang des Oxydhäutchens zerstören. Außer der gleichmäßigen Oxydation auf der Oberfläche findet man häufig, daß die Oxydation mit Vorliebe entlang den Korngrenzen vor sich geht. Ein typisches Beispiel für diese interkristalline Korrosion zeigt Abb. 236, welche den Schnitt durch einen Chromnickel- draht (80 Ni, 20 Cr) nach längerer Erhitzung auf 1000° an der Luft zeigt. Außer der Bildung oberflächlicher Oxydschichten hat ein Vordringen längs der Korngrenzen stattgefunden. Diese interkristalline Oxydation tritt auch bei anderen Metallen auf, und wenn eine Verunreinigung dazu beiträgt, einen

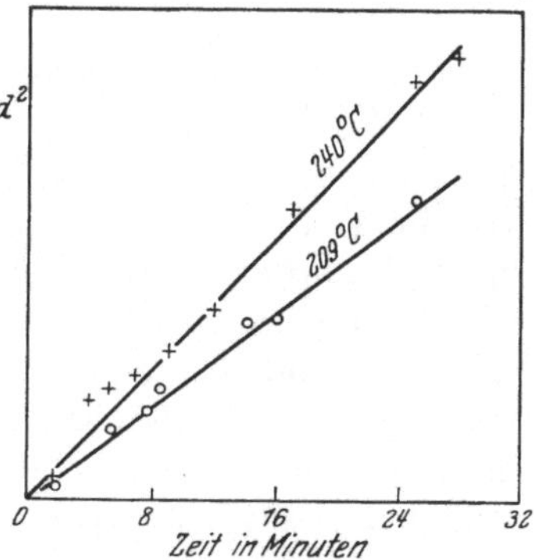

Abb. 235. Oxydation von Handelskupfer. (d = Dicke der Oxydschicht.) (Dunn.)

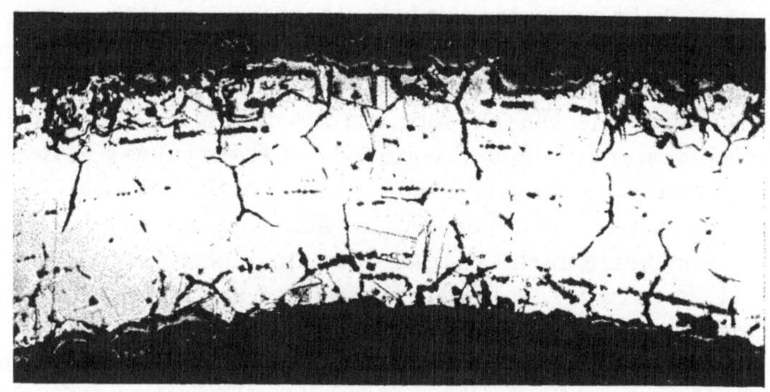

Abb. 236. Chromnickel-Widerstandsdraht nach Gebrauch bei 1000° C. Oxyd auf den Korngrenzen. Schwach geätzt. × 50.

neuen, in den Korngrenzen liegenden Bestandteil zu bilden, so wird die Schnelligkeit der Oxydation entlang den Korngrenzen gesteigert.

Wir haben in dieser Richtung bisher in der Literatur nur wenig zusammenhängende Abhandlungen, aber zahlreiche Einzelbeobachtungen zeigen, wie die Schnelligkeit der Oxydation durch Verunreinigungen beeinflußt wird. Pilling und Bedworth verglichen die Oxydation zwischen 500 und 1000° eines Elektrolytnickels und eines handelsüblichen Nickels mit Mangan, Eisen und Silizium von insgesamt 1%. Diese übliche Legierung oxydierte zweieinhalbmal so schnell wie das reine Nickel. Außerdem wurde gefunden, daß Elektrolyteisen beträchtlich langsamer als Armco-Eisen oxydiert, deren Analysen wie folgt waren:

	C	Si	Mn	P	S
Armco-Eisen . . . . %	0,015	0,002	0,02	0,008	0,02
Elektrolyteisen . . . %	0,01	0,02	0,005	—	—

Spektroskopisch reines Zink, welches man durch fraktionierte Destillation im Vakuum gewonnen hat, gibt ein weiteres sehr interessantes Beispiel. Während gewöhnliches Zink schnell mit einem Überzug von Oxyden und Karbonaten bedeckt wird, wenn es in Berührung mit Luft kommt, behält das reine Metall seinen Glanz mehrere Monate.

In gewissen Fällen kann der Widerstand gegen Oxydation durch Zugabe geringer Mengen anderer Metalle verbessert werden, obwohl gewöhnlich verhältnismäßig große Mengen hierzu notwendig sind. Im Falle der Chromnickellegierungen enthält die Oxydschicht, obwohl z. B. nur 20% Cr vorhanden sind, eine viel höhere Chromoxydmenge, die die besseren Eigenschaften hervorruft. Ein Beispiel eines viel geringeren Zusatzes und seiner Wirksamkeit wird von Dunn gegeben, welcher fand, daß ein Messing (70/30) mit 1,9% Al eine Oxydationsgeschwindigkeit hat, die nur den 40. Teil der normalen beträgt.

Die elektrochemische Theorie der Korrosion. Die atmosphärische Korrosion ist nicht immer eine einfache Oxydation, welche, wie wir sahen, bei hohen Temperaturen eintritt, sondern hängt von der Gegenwart von Feuchtigkeit und chemisch aktiven Dämpfen in der Atmosphäre oder der Abscheidung von Wasser und Salz auf dem Metall ab. Die Bildung von Grünspan auf Messing und von Rost auf Eisen rührt von Reaktionen her, die denen in einem galvanischen Element ähnlich sind, wobei der Zinkstab korrodiert wird. Von Zeit zu Zeit sind verschiedene Theorien der Korrosion vorgebracht worden, aber die elektrochemische Theorie, die von U. R. Evans[1] so kräftig vertreten wird, scheint die logischste Erklärung der beobachteten Tatsachen zu geben. Es müssen einige allgemeine Grundlagen der Korrosion besprochen werden, um den durch die Verunreinigungen ausgeübten Anteil an diesen komplizierten Vorgängen klar zu machen.

Normalpotentiale. Ein Metall in Berührung mit einer Lösung, welche seine Ionen enthält, wird nur bei einem ganz bestimmten Potential im Gleichgewicht sein, wobei dieses Potential von der Konzentration der in Lösung befindlichen Ionen abhängt. Man kennt dies als Elektrodenpotential und mißt es in Volt unter Bezugnahme auf ein Normalelement. Als solches dient gewöhnlich eine sogenannte „Normalelek-

[1] Z. B. „Die Korrosion der Metalle".

trode". Die Normalpotentiale der Metalle sind die Potentiale in Verbindung mit Lösungen, die normale Konzentrationen ihrer Ionen enthalten. Durch Einreihen der Metalle nach ihrem Normalpotential erhalten wir die elektrochemische Reihe (Spannungsreihe). An einem Ende haben wir die edlen Metalle mit hohem Potential, z. B. Gold (+ 0,99 V) und am anderen Ende die reaktionsfähigen und leicht korrodierenden Metalle mit hohem negativen Potential, z. B. Kalium (— 2,925 V). Ein Metall von geringerem Potential kann ein Metall mit höherem Potential aus seinen Lösungen verdrängen. So wird z. B. ein Stück Eisen (— 0,46 V) von Kupfer überzogen (+ 0,33 V), wenn man es in eine Lösung von Kupfersulfat eintaucht, wobei eine äquivalente Menge Eisen in Lösung geht. Zahlentafel 28 gibt die wahrscheinlichsten Werte für die Normalpotentiale einer Reihe von Metallen wieder, nach A. Classen: „Quantitative Analyse durch Elektrolyse."

Zahlentafel 28. Normalpotentiale der Metalle.

Metall	Ion	Normalpotentiale
Gold	Au'''	+ 0,99 Volt ($<$ + 1,08 V)
Platin	Pt''''	+ 0,86 „
Silber	Ag'	+ 0,80 „
Quecksilber	$(Hg')_2$	+ 0,79 „
Kupfer	Cu''	+ 0,33 „
Wasserstoff	H'	+ 0,00 „
Blei	Pb''	— 0,12 „
Zinn	Sn''	$<$ — 0,19 „
Nickel	Ni''	— 0,25 „
Kobalt	Co''	— 0,30 „
Kadmium	Cd''	— 0,42 „
Eisen	Fe''	— 0,46 „
Chrom	Cr''	— 0,6 „
Zink	Zn''	— 0,77 „
Aluminium	Al'''	— 1,34 „
Magnesium	Mg''	— 1,8 „
Natrium	Na'	— 2,71 „
Kalium	K'	— 2,92 „

Wenn wir eine äußere EMK an eine Lösung anlegen, die Metall-Ionen enthält, so wird das Gleichgewicht gestört. Wenn das Potential sich erniedrigt, wird Metall aus der Lösung abgeschieden, während, wenn es über den Gleichgewichtswert steigt, das Metall angegriffen wird und in Lösung geht.

Überspannung. Ein Metall in Berührung mit einer Lösung, welche Wasserstoff-Ionen enthält, kann als mit Wasserstoff gesättigt angesehen werden und bildet eine Wasserstoffelektrode. Wenn das Potential durch Anwendung einer äußeren EMK nur wenig erniedrigt wird, so tritt Wasserstoff in Form von Blasen auf. Dies ist in der Tat nur exakt richtig für schwammiges, geschwärztes Platin, da im allgemeinen ein beträchtlich höheres Potential notwendig ist, um auf der Oberfläche eines Metalls Wasserstoff zu entwickeln. Diese höhere Spannung ist als Überspannung des Metalls bezeichnet worden und spielt bei den Korrosionserscheinungen eine große Rolle. Die Werte für einige der gebräuchlichsten Metalle sind in Zahlentafel 29 wiedergegeben.

Zahlentafel 29.
Wasserstoffüberspannung auf verschiedenen Kathodenmaterialien.

Metall	Überspannung
Platinschwarz . .	Sehr wenig
Gold	0,02 V
Eisen (in Alkali) .	0,05 „
Eisen (in Säure) . .	0,20 „
Silber	0,15 „
Nickel	0,15 „
Kupfer	0,25 „
Kadmium	0,5 „
Zinn.	0,53 „
Blei	0,64 „
Zink.	0,70 „
Quecksilber . . .	0,80 „

Ein weiterer, sehr wichtiger Faktor ist das Korrosionsprodukt. Wenn ein Strom zwischen zwei Zinkelektroden in einer Lösung von Natriumchlorid fließt, verbinden sich die an der Anode entladenen Chlor-Ionen mit dem Zink unter Bildung von löslichem Zinkchlorid. Dieses geht in Lösung und verhindert die weitere Korrosion der Anode nicht. Anderseits fällt der Strom schnell auf Null, welcher fließt, wenn eine EMK zwischen zwei Bleiplatten angelegt wird, welche in einer Chromsäurelösung stehen, infolge der Bildung eines Schutzhäutchens von Bleichromat auf der Anode. In vielen Fällen führt die Bildung einer unsichtbaren Oxydschicht als anfängliches Ergebnis der Korrosion zu „Passivität" und verhindert dadurch den weiteren Angriff.

Anodische Korrosion. Wenn zwei verschiedene Metalle in einen Elektrolyt eingetaucht und äußerlich miteinander durch einen Draht verbunden werden, so fließt ein Strom von dem unedleren Metall zu dem edleren. Das unedlere Metall geht in Lösung, und auf der Oberfläche des edleren Metalls erscheinen Wasserstoff-Ionen. Wenn sich der Wasserstoff auf dem edleren Metall ansammelt, fällt sein Potential und kann möglicherweise das des unedleren Metalls erreichen. In diesem Falle hört der Strom auf zu fließen, und es tritt keine weitere Korrosion ein. Wenn jedoch der Wasserstoff Blasen bilden und entweichen kann, geht die Korrosion weiter.

Die Bedeutung dieser Grundbedingungen für die Einwirkung der Verunreinigungen auf die Korrosion wird einleuchtender, wenn wir zwei Metalle in Kontakt miteinander innerhalb des Elektrolyten betrachten. Dieselben Ströme fließen und dieselben Bedingungen gelten, als wenn diese Metalle äußerlich verbunden wären. Gehen wir einen Schritt weiter, so sehen wir, daß das Grundmetall, welches eingebettete Verunreinigungen oder eine zweite Phase in den Korngrenzen enthält, ein anderes Elektrodenpotential bekommt als letztere. Wenn die Potentiale dieser Verunreinigungen positiver als das des Metalls sind, so treten metallische Lokalelemente auf, in denen das Metall als Anode wirkt. Vom Gesichtspunkt der Korrosion können die metallischen Bestandteile in drei Klassen geteilt werden, nach der Art, wie sie im Metall verteilt sind.

In der ersten Klasse haben wir Bestandteile, welche in dem Grundmetall vollkommen löslich sind, wobei sie eine feste Lösung bilden. Die fremden Atome vertreten wahrscheinlich Atome des Metalls und sind statistisch oder gar regelmäßig verteilt. Sie äußern sich im Mikrogefüge nicht, und das Metall bleibt wirklich homogen. Verunreinigungen dieser Art bilden keine Lokalelemente, und ihre Wirkung hängt davon ab, ob sie das Potential des Metalls erhöhen oder erniedrigen. Wenn das zugegebene Element edler ist, so wird der Korrosionswiderstand des Metalls im allgemeinen erhöht.

Die zweite Klasse umfaßt Bestandteile, welche in dem Metall vollkommen unlöslich sind und welche als vereinzelte, abgesonderte Teilchen vorkommen. Es ist aus den abgeleiteten, allgemeinen Grundsätzen der Korrosion verständlich, daß diese Strukturart zur Korrosion führt. Die elektropositiveren Verunreinigungen, besonders die von niedrigem Überpotential, sind zur Erzeugung der Korrosion im Metall sehr geeignet. In dem Maße, wie die letztere fortschreitet, werden frische Teilchen der Verunreinigung bloßgelegt und die Korrosion steigt. Dies gilt für die Induktionsperiode, die man bei Laboratoriums-Korrosionsversuchen beobachtet. Die Korrosion zeigt oft während der ersten Stunden einen gleichmäßigen Anstieg zu einem Maximum, welches dann konstant bleibt.

Die dritte Klasse von Verunreinigungen schließt Zusätze ein, welche neue Phasen erzeugen, wobei diese als getrennte Bestandteile in den Korngrenzen des Metalls auftreten. Es können dies Verbindungen, feste Lösungen oder Eutektika sein, und sie können als geschlossene Häutchen zwischen den Körnern oder als vereinzelte Teilchen vorkommen. Im allgemeinen haben sie dieselben Wirkungen wie die unlöslichen Verunreinigungen unter Berücksichtigung ihres Potentials gegenüber dem Metall.

Die wichtigsten Faktoren, welche den Einfluß der Verunreinigungen auf die Korrosion bestimmen, sind daher:

a) das Potential des Metalls und der Verunreinigungen,
b) die Wasserstoffionenkonzentration,
c) das Überpotential der Verunreinigungen,
d) der Charakter des Reaktionsprodukts.

Erlauben diese Bedingungen die Entwicklung von Wasserstoff, so geht die Korrosion schnell vorwärts, wenn nicht ein schützendes Reaktionsprodukt auf der Anode gebildet wird.

Unterschiede in der Belüftung.

U. R. Evans hat gezeigt, daß Wasserstoff durch die Gegenwart von oxydierenden Stoffen manchmal langsam entfernt werden kann, selbst wenn der Wert des Überpotentials seine Freimachung als Gas verhindert. Unter praktischen Verhältnissen ist der Sauerstoffvorrat meist in Form von gelöstem Sauerstoff vorhanden, welcher in allen natürlichen Wässern enthalten ist. Ein Unterschied in der Konzentration des Sauerstoffs an verschiedenen Stellen der Oberfläche des Metalls kann selbst in Abwesenheit von Verunreinigungen ebenfalls zur Korrosion führen. Dies wies bereits E. Warburg[1] und neuerdings U. R. Evans[2] nach.

Eine Zelle ist mit Hilfe einer porösen Wand in zwei Abteilungen geteilt, in die zwei Streifen von Metall eingetaucht sind, welche aus demselben Blech geschnitten wurden. Die Zelle wird mit einer Lösung von Kaliumchlorid gefüllt und in die eine Abteilung wird Luft geblasen. Wenn die Streifen äußerlich durch ein Amperemeter verbunden sind, fließt ein Strom, wobei die gelüftete Elektrode Kathode, die nicht belüftete Elektrode Anode ist. Die Anode verliert an Gewicht proportional dem fließenden Strom, wie das Faradaysche Gesetz verlangt, während eine viel geringere Korrosion auf der Kathode eintritt. Eisen, Zink oder Blei zeigen alle das gleiche Verhalten. Dieser Versuch zeigt, daß ein Potentialunterschied durch Unterschiede in der Sauerstoffkonzentration der Lösung entstehen kann, welche zu Korrosionen der anodischen Teile führt, gerade so, als ob die Potentialdifferenz auf Unterschiede in der Zusammensetzung der beiden Elektroden zurückzuführen ist. Für den Fortlauf der Korrosion ist es unter diesen Bedingungen wesentlich, daß der Zufluß an Sauerstoff zu den kathodischen Stellen aufrechterhalten wird, und die Schnelligkeit der Korrosion hängt von der Diffusion des Sauerstoffs zu diesem Punkt ab. Es ist wichtig, zu bemerken, daß die nicht belüfteten Teile anodisch sind und Korrosion erleiden, und dieses gibt eine Erklärung einer höchst gefährlichen Art der Korrosion, nämlich des Lochfraßes (pitting). Wenn wir uns einen schmalen Riß oder ein Loch in der Oberfläche des Metalls vorstellen, ist es verständlich, daß die Diffusion des Sauerstoffs zu solchen Punkten langsamer ist als zu der übrigen Oberfläche. Es besteht eine verschiedene Belüftung, und das Loch ist anodisch in Hinsicht auf das übrige Metall. Daher erleidet das Loch die stärkste Korrosion. Fehler in der Oberfläche eines Metalls, welche zunächst gering sind, werden vertieft, und der sogenannte Lochfraß ist die Folge. Es ist im vorigen Kapitel gezeigt worden, wie Oberflächenfehler durch die Anwesenheit von Verunreinigungen entstehen können. Die Anwesenheit von gelösten Ofengasen in geschmolzenen Metallen führt zur Bildung von Blasen und Hohlräumen wenn das Metall erstarrt, und diese erscheinen auf der fertigen Oberfläche als Fehler. Einschlüsse nichtmetallischer Verunreinigungen, wie Schlacken, treten während des Walzens an die Ober-

[1] Warburg, E.: Ann. Physik **38**, 321 (1889).

[2] Evans, U. R.: „Die Korrosion der Metalle.“

fläche und hinterlassen Risse und Spalten, in die das Wasser seinen Weg findet. Einige Beispiele derartiger Korrosion werden im folgenden Abschnitt gegeben.

Korrosion technischer Metalle.

Eine Reihe von Beispielen für den Einfluß der Verunreinigungen auf die Korrosion gewöhnlicher Metalle und Legierungen im Gebrauch sollen hiermit gegeben werden, um die verschiedenen, in dem vorigen Abschnitt gegebenen Erläuterungen zu belegen.

Aluminium. Bis vor kurzem hatte das Handelsaluminium eine Reinheit von 99,0 bis 99,6%, und obgleich man heute solches mit 99,8% herstellt, ist die Benutzung so reinen Aluminiums noch nicht gebräuchlich. Dieses reine Material, durch elektrolytische Raffination hergestellt, ist merklich widerstandsfähiger als gewöhnliches Aluminium. Es behält sein silbriges Aussehen an der Luft außerordentlich gut, und Edwards[1] berichtet, daß nach zwei Wochen Lagern in einem Sprühregen aus Salzwasser oder sechs Wochen langem Lagern in 5%iger Salzsäurelösung praktisch keine Gewichtsabnahme stattfindet. Ein Verfahren, die Reinheit technischer Bleche zu prüfen, ist das Eintauchen in 4%ige Salzsäurelösung und die Messung der Temperatursteigerung[2]. Diese Steigerung ist gewöhnlich meßbar. Die Probe soll jedoch nicht sehr zuverlässig sein.

Die gewöhnlich im Aluminium anwesenden Verunreinigungen sind Eisen und Silizium. Eisen bildet eine unlösliche intermetallische Verbindung $FeAl_2$, während Silizium, welches bei hohen Temperaturen stärker löslich ist als bei Raumtemperatur, bei der Abkühlung in der Hauptsache in „graphitischer Form" abgeschieden wird. Beide Bestandteile geben Veranlassung zur Bildung von Korrosionselementen. Der Widerstand gegen Säure des langsam abgekühlten Metalls, in dem das Silizium vollkommen ausgeschieden ist, ist nur $^1/_{100}$ des abgeschreckten Metalls, in welchem das Silizium weitgehendst in Lösung gehalten wird[3]. Desch[4] hat einen interessanten Fall lokaler Korrosion an einer Leichtmetallegierung mit 4% Cu beschrieben, wobei letzteres als $CuAl_2$ auftritt. Diese Teilchen sind kathodische Bezirke, und wenn man in Salzlösung elektrolysiert, werden in der Nähe Löcher gebildet, wie Abb. 237 zeigt.

Den Einfluß geringer Zusätze fremder Metalle auf die Korrosion des Aluminiums untersuchte R. Sterner-Rainer[5]. Er setzte seine

[1] Edwards: Trans. Amer. Electrochem. Soc. **47**, 287 (1925).
[2] Mylius: Z. Metallkunde **16**, 81 (1924).
[3] Maas: Korrosion und Metallschutz **3**, 25 (1927).
[4] Desch, C. H.: Trans. Faraday Soc. **11**, 202 (1915).
[5] Sterner-Rainer, R.: Z. Metallkunde **22**, 357/62 (1930).

Proben ein halbes Jahr dem Angriff des Seewassers (Ostsee) aus. Dabei zeigte sich, daß alle Elemente verbessernd wirkten, welche wie Mg, Sb, Bi, Cd die immer vorhandenen Eisen- und Siliziummengen voneinander trennen. Alle übrigen Beimengungen setzten die Korrosionsbeständigkeit herab, was besonders vom Kupfer gilt.

T. Harada[1] untersuchte den Einfluß kleiner Mengen verschiedener Metalle auf die Korrosionsbeständigkeit von Aluminium gegen Säuren. Er fand, daß Zusätze von Ni, Cu, Mn die Widerstandsfähigkeit gegen organische und Mineralsäuren erhöht, Fe, Co, Si, Mg, Sn und Zn diese jedoch erniedrigen.

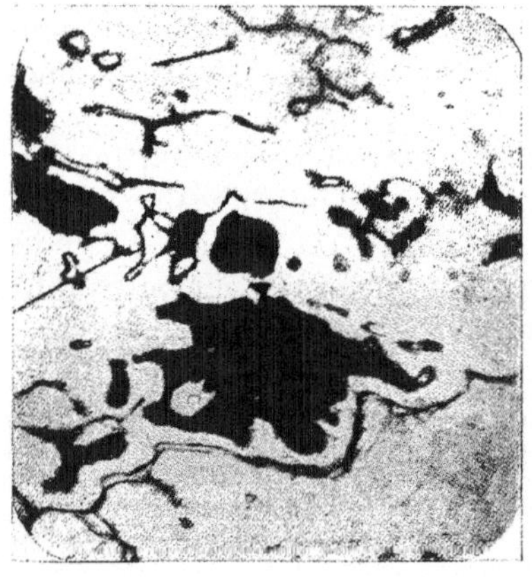

Abb. 237. Aluminium-Leichtlegierung mit Korrosionslöchern in der Nähe von $CuAl_2$-Einschlüssen. × 250 (Desch).

Die Leichtmetallegierungen des Aluminiums zeigen im allgemeinen keinen großen Widerstand gegen Korrosion infolge der gelösten Gase, der Karbide und anderer Einschlüsse. Viele dieser Verunreinigungen können entfernt werden durch Behandlung des geschmolzenen Metalls mit Chlor unmittelbar vor dem Guß[2]. Das Gas wird etwa 4 Min. lang durch das Metall geblasen, ähnlich wie der Wind beim Bessemer-Prozeß. Die sich ergebende Legierung hat einen höheren Schmelzpunkt, ein kleineres Erstarrungsintervall und eine gesteigerte Leichtflüssigkeit infolge der Entfernung der Oxyde. Die Güsse zeigen eine Zunahme der Dichte von 8%, was auf einen geringeren Gasgehalt hinweist, und die mechanischen Eigenschaften sind gewöhnlich besser. Von 20 untersuchten Aluminium-Leichtmetallegierungen zeigten $^2/_3$ eine 10%ige Zunahme des Korrosionswiderstandes, wenn sie auf diese Weise behandelt wurden[2]. Sehr schöne Belege für die Wirkung der unlöslichen Fremdmetalle oder der interkristallinen Verbindungen gaben die Mikrokorrosionsversuche an Aluminium und Aluminiumlegierungen von Cazaud[3] und H. Röhrig[4]. Sie konnten den Korrosionsvorgang im Mikroskop beobachten und fanden, daß die ausgeschiedenen gewollten oder ungewollten Verunreinigungen in keinem der beobachteten Fälle angegriffen wurden. Die Nachbarschaft der Einschlüsse wird zuerst angegriffen.

[1] Harada, T.: Mem. Coll. Eng., Kioto 3 **1925**, Nr. 9; Z. Metallkunde **18**, 58/9 (1926).
[2] Tullis: Met. Ind. **31**, 487 (1927). [3] Cazaud: Rev. Mét. **1929**, 274.
[4] Röhrig, H.: Z. Metallkunde **22**, 362/64 (1930).

Der Einfluß von Lunkern und Gasblasen, die bei der Bearbeitung an die Oberfläche kommen, ist von Centnerszwer[1] gezeigt worden. Wenn die Oberfläche so poliert wird, daß das Metall über die Fehlstellen gezogen wird, steigt der Korrosionswiderstand, während dies beim normalen Schleifen nicht eintritt. Im letzteren Falle beruht dies z. T. auf dem Lochfraß und z. T. auf dem durch die einzelnen Schleifkörner örtlich erhöhten Potential der geschliffenen Probe.

Eisen und Stahl. Die Korrosion von Eisen und Stahl ist vom wirtschaftlichen Standpunkt aus wichtiger als die irgendeines anderen Metalls. Metalle von geringerem Überpotential wie Eisen entwickeln in Berührung mit Salzsäurelösung so schnell Wasserstoff, daß sie durch die Gegenwart von Verunreinigungen weniger beeinflußt werden als die reaktionsfähigeren Metalle mit hohem Überpotential. Elektrolyteisen entwickelt z. B. bei Behandlung mit verdünnter Salzsäure sofort Wasserstoff. Die Anwesenheit von Verunreinigungen hat dennoch einen wichtigen Einfluß, und in der Tat findet man, daß die reineren Eisenformen, besonders die, welche homogen sind, am widerstandsfähigsten gegen Korrosion sind. Es werden eine Zahl von verschiedenen weichen Eisensorten technisch gebraucht und Zahlentafel 30 gibt typische Analysen dieser Stoffe wieder[2].

Zahlentafel 30. Analysen über handelsübliche Qualitäten des Eisens.

	C %	Si %	Mn %	P %	S %	O %	Fe* %
Elektrolyteisen	Sp.	0.008	—	Sp.	0,001	0,277	99,714
Schwedisches Eisen . . .	0,08	0,03	0,01	0,015	0,007	—	99,858
Lowmoor-Eisen	0,081	0,014	Sp.	0,041	Sp.	—	99,864
Flußeisen (Armco) . . .	0,015	0,002	0,02	0,008	0,02	0,04	99,865
Weicher Stahl	0,08	0,03	0,25	0,03	0,05	—	99,56

* Aus der Differenz ermittelt.

Obwohl die Analysen in den Gesamtverunreinigungen zwischen Flußeisen und Schmiedeeisen wenig Unterschied zeigen, sind letztere weniger homogen und enthalten unvermeidlicherweise Schlackeneinschlüsse, die aus Phosphiden und Silikaten des Eisens bestehen und lokale Korrosionselemente bilden. Die Oberflächenfehler, welche sie hervorrufen, geben einen Anlaß für verschiedene Belüftung und konsequenterweise Korrosion, und der Weg, auf dem die Korrosion entlang den Schlackenzeilen im Schmiedeeisen erfolgt, ist gut zu erkennen. Die polierte und geätzte Probe schwedischen Eisens (Abb. 116) wurde sechs Monate später noch einmal photographiert, während

[1] Centnerszwer: Z. physik. Chem. **122**, 455 (1926).

[2] Sidney: Iron Steel Ind. (Suppl. to Metal Industry) **1**, 41 (1925).

deren sie im Laboratorium in einem Prüfraum gelegen hatte. Ihr Aussehen zeigt Abb. 238, und man kann sehen, daß der Rostüberzug, welcher gerade im Begriff ist, sich zu bilden, in der Nachbarschaft der Schlackeneinschlüsse entsteht.

Graues Gußeisen, welches freien Kohlenstoff in der Form von Graphitflocken in den Ferrit und Perlit eingebettet enthält, wird viel schneller angegriffen durch Salzsäure als Schmiedeeisen. Die Klarheit in bezug auf die relative Korrosion von Schmiede- und Gußeisen unter verschiedenen Betriebsbedingungen ist jedoch noch nicht erreicht und scheint von den besonderen Bedingungen abhängig zu sein, denen das Material ausgesetzt ist. Die Meinungen darüber, ob Gußeisen oder weicher Stahl den größten Korrosionswiderstand gegen Salzwasser haben, weichen voneinander ab. Sowohl Gußeisen wie Stahl wechselt in der Zusammensetzung so beträchtlich und die Art der Verteilung der verschiedenen Phasen ist so verschieden, daß ein allgemeiner Vergleich von geringem Wert ist. Ein Stahl mit Schwefelseigerungen wurde viel schneller korrodiert als Stahl ohne Seigerungen, wenn man diesen für Rohre benutzt[1]. Die Sprödigkeit, die beim Beizen des Stahles in kaustischer Sodalösung entsteht, kann ebenfalls als eine Art der Korrosion angesehen werden. Williams und Hommerburg[2] sind der Ansicht, daß die Wirkung hauptsächlich auf den Einfluß von Schwefeleinschlüssen zurückzuführen ist, welche von Alkali schnell angegriffen werden unter Bildung von naszierendem Wasserstoff.

Abb. 238. Dieselbe Probe wie Abb. 116 mit Rostflecken in der Nähe der Schlackenzeilen. × 100

Die besten Beispiele des Widerstandes gegen Korrosion haben wir in den alten Eisenmonumenten Indiens. Die Säule von Dehli, welche aus Schmiedeeisen im Gewicht von 6 t hergestellt ist, blieb im Laufe von 15 Jahrhunderten an der Luft fast unverändert, obgleich sie große Mengen von Einschlüssen enthält. Abb. 239 zeigt Schlackeneinschlüsse einer alten indischen Eisenprobe aus dem 12. Jahrhundert, welche ebenfalls nicht korrodiert ist. Dieser ungewöhnliche Widerstand hat viel

[1] Woodvine u. Roberts: J. Iron Steel Inst. **113**, 219 (1926).

[2] Williams u. Hommerburg: Trans. Amer. Soc. Steel Treat. **5**, 399 (1924).

Interesse hervorgerufen, aber es läßt sich nachweisen, daß das Material ebenso schnell korrodiert wie schwedisches Eisen, wenn es der Laboratoriumsatmosphäre ausgesetzt wird. Seine lange Erhaltung muß auf die reinere und trockenere Atmosphäre zurückgeführt werden, von der es umgeben war.

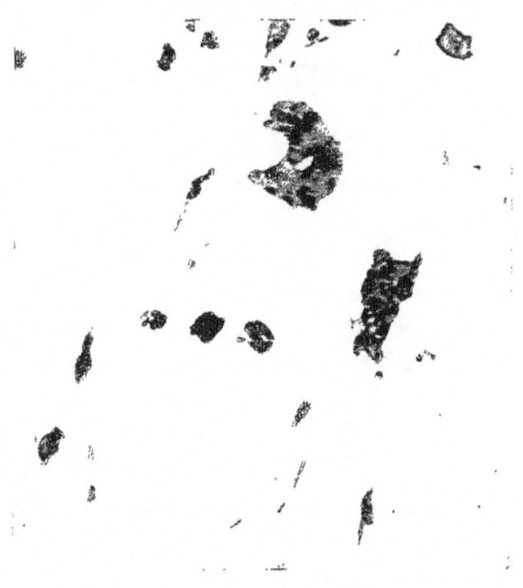

Abb. 239. Schlackeneinschlüsse in Indischem Eisen des 12. Jahrhunderts. × 50

Der Widerstand des Stahls gegen Korrosion kann durch Legierung mit verhältnismäßig großen Mengen von Metallen gesteigert werden, welche selbst widerstandsfähig sind. Die Wirkung geringer Mengen zugefügter Elemente hängt davon ab, ob sie feste Lösungen oder neue Phasen bilden. Chrom und Nickel bilden feste Lösungen und vermindern die Korrosion. Molybdän, Wolfram und Vanadin, welche Karbide bilden, vermindern die Korrosion nicht. Verschiedene Meinungen sind über die Wirkung des Kupfers ausgesprochen worden. Besondere Bedeutung hat in den letzten Jahren ein kupferhaltiger Stahl gewonnen, der sich durch große Sicherheit gegen Rosten in der Atmosphäre auszeichnet. Es ist ein weicher Flußstahl mit 0,2 bis 0,3% Cu, der im Mittel eine etwa 50% höhere Lebensdauer wie ein gleicher, kupferfreier Stahl hat. Der Stahl ist in Deutschland und Amerika im großen hergestellt und verwendet worden. Nach Arbeiten der Dortmunder Union, Dortmund[1] bildet sich auf der Oberfläche eine schwarze Schicht aus Kupferoxyd, die wesentlich glatter ist als der normale Rostüberzug und den Stahl gut vor dem weiteren Angriff der säurehaltigen Gase und der Luft schützt. In Wasser ist der Korrosionswiderstand nicht viel größer als der des weichen, kupferfreien Stahles.

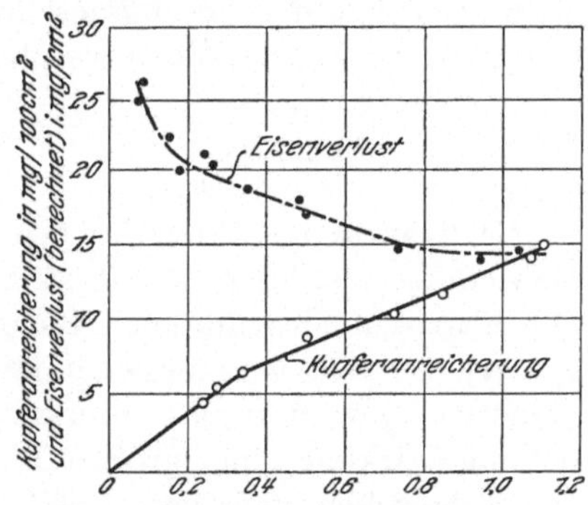

Abb. 240. Kupfergehalt der Oberfläche und Eisenverlust von gekupfertem Stahldraht (Carius-Schulz).

[1] Carius, C. u. E. H. Schulz: Arch. Eisenhüttenwes. 3, 353/58 (1929/30). Carius, C.: Z. Metallkunde 22, 337/41 (1930).

Die Schutzwirkung des Cu beginnt erst merklich zu werden, wenn der Kupfergehalt 0,2% erreicht. Oberhalb 0,8% steigt die Wirkung nicht mehr wesentlich. Abb. 240 zeigt die Wirkung steigenden Kupfergehaltes auf die Kupferanreicherung in der Oberfläche und den Eisenverlust von Stahldraht.

Ähnliches Verhalten zeigt das sogenannte Toncan-Eisen mit 0,2 Cu und 0,2 Mo.

Der Kohlenstoffgehalt der Metalle, vor allem des Eisens und des Nickels, spielt eine große Rolle bei der Korrosion dieser Metalle. Es ist bekannt, daß die vorzügliche Rostsicherheit des Kruppschen V2A-Stahles durch den niedrigen Kohlenstoffgehalt und eine geeignete Wärmebehandlung begünstigt wird. Bei einer Steigerung des C-Gehaltes über 0,15% leidet die Säurefestigkeit beträchtlich, während die Schneidhaltigkeit solcher Stähle erhöht wird.

Blei. Die technischen Bleisorten haben schon lange Jahre einen verhältnismäßig hohen Reinheitsgrad erreicht. Das Metall ist in sehr großem Maße in der Schwefelsäurefabrikation verwandt worden und ebenso für Ammoniaksättiger in Gaswerken. Sein chemischer Widerstand ist von größter Bedeutung. Fast alle gewöhnlichen metallischen Verunreinigungen sind im festen Zustand unlöslich. Kupfer, Zink, Eisen, Nickel und Aluminium sind in flüssigem Zustand nur schwach mischbar. Silber, Antimon und Arsen sind im geschmolzenen Zustand mischbar, aber nicht im festen, und bilden bei der Abkühlung Eutektika. Alle diese Verunreinigungen können daher Korrosionselemente bilden. Rawdon[1] hat die Lösungsgeschwindigkeit in 1,6 normaler Salpetersäure für zwei Bleiproben verglichen, deren Analyse wie folgt war:

	Sb	Fe	Sn
Reinblei	0,003	0,004	—
Handelsblei. . . .	0,070	0,020	0,14

Nach fünftägiger Einwirkung der Säure zeigt die technische Probe einen Gewichtsverlust, der 25 mal so groß war als der des reinen Metalls. Die Korrosion des unreinen Bleies geht hauptsächlich auf den Korngrenzen vor sich, weil die Verunreinigungen hauptsächlich in den Korngrenzen sitzen, und ruft interkristalline Brüchigkeit hervor. Barres[2] hat die Wirkung einer großen Zahl von Metallen auf den Widerstand des technischen Bleis gegen heiße Schwefelsäure untersucht, wobei er diese jeweils im Betrage von 0,2% zugab. Das Ausgangsmaterial, aus dem die Proben hergestellt wurden, enthielt 99,8% Blei. Die Ergebnisse sind in Zahlentafel 31 angeführt, wobei die Temperaturen angeben, wann die erste starke Reaktion eintrat, wenn das Metall mit konz. Schwefelsäure erhitzt wurde.

[1] Rawdon: Sci. Pap. Bur. Stand. Nr. 377. **16**, 215 (1920).

[2] Barres: J. Soc. Chem. Ind. **38**, 407 (1929).

Die gute Wirkung des Kupfers ist wahrscheinlich darauf zurückzuführen, daß es mit dem im Metall vorhandenen Zink und Antimon eine Legierung eingeht und so die Löslichkeit vermindert.

Besonders schädlich ist der Sauerstoff in Form von Bleioxyd. Dieses tritt in Blei ähnlich den Zinnsäurefäden in Bronze auf und verursacht starke Korrosion[1].

Tainton konnte durch Verwendung von Bleianoden mit 1% Ag bei der Zinkelektrolyse erhebliche Fortschritte machen. Der Angriff dieses sogenannten Taintonbleis durch den Elektrolyten ist so klein, daß die Herstellung von Elektrolytzink mit 99,99% Zn im technischen Betriebe möglich war[2].

Zahlentafel 31. Beginn der sichtbaren Einwirkung von H_2SO_4 auf Blei mit 0,2% verschiedener Verunreinigungen.

Element	Temperatur
kein Zusatz	220°
Cu	315°
Fe	316°
Ag	262°
As	260°
S	238°
Sn	232°
Sb	220°
Zn	200°
Bi	135°

Zinn. Die Korrosion von Zinn wird durch Verunreinigungen stark beeinflußt, wie Untersuchungen des Bureaus of Standards[3] dargetan haben. Reines Zinn wird nur durch verdünnte Lösungen von Salzsäure und Stannochlorid angegriffen, wobei der Angriff auf den Korngrenzen am größten ist, ohne Sprödigkeit hervorzurufen. 0,5% Aluminium, das als interkristalline Verbindung erscheint, beschleunigt die Einwirkung so, daß man nach einer Behandlung des Bleches von einigen Wochen das Metall mit den Fingern zerreiben kann.

Bei der korrodierenden Wirkung von Wasserdampf auf Zinn dringt dieser auf den Korngrenzen ins Metall und oxydiert es dabei. Hier beschleunigt wiederum die Anwesenheit einer Verunreinigung, besonders einer reaktionsfähigen, die Korrosion beträchtlich. Geringe Mengen Zink sind besonders schädlich und haben zu ernsten Folgen geführt, wenn unreines Zinn zum Füllen der Sicherheitsplomben an Dampfkesseln verwandt wurde. Der Dampf dringt in das Metall ein und verwandelt es mehr oder weniger in eine harte Masse von Zinnsäure.

Zink. Die Literatur über die Eigenschaften von Zink zeigt manche Widersprüche, welche wahrscheinlich auf Schwankungen der Verunreinigungen der benutzten Zinkproben zurückzuführen sind. Zink hat, obwohl es ein ziemlich reaktionsfähiges Element ist, einen hohen Wert der Überspannung, und daher wird die Korrosion leicht durch Verunreinigungen beeinflußt.

---

[1] Werner, M.: Z. Metallkunde **22**, 342/47 (1930).

[2] Eger, G.: Z. Metallkunde **23**, 90 (1931).

[3] Burgess u. E. Merica: Techn. Pap. Bur. Stand. **1915**, Nr. 53. Rawdon: Ind. Eng. Chem. **19**, 613 (1927).

Handelsübliches Zink enthält 99,95% Zn mit Blei als Hauptverunreinigung. Chemisch reines Zink enthält 99,988% Zn und hier und da ist spektroskopisch reines Zink mit 99,992% durch fraktionierte Destillation gewonnen worden[1]. Letzteres zeigt außergewöhnlichen Widerstand gegen atmosphärische Korrosion und behält seinen Glanz selbst in der Luft eines Laboratoriums. Korrosionsversuche mit 10% Salzsäure ergaben, daß in der zur vollkommenen Zersetzung des handelsüblichen Zinks notwendigen Zeit 53% des chemisch reinen, und 0,02% des spektroskopisch reinen Zinks gelöst worden waren.

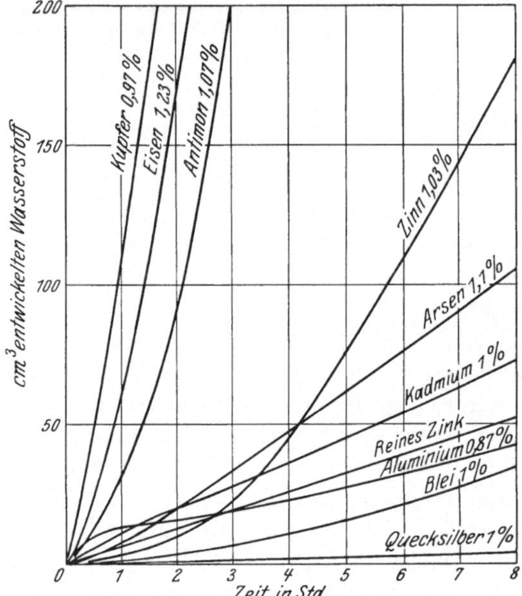

Abb. 241. Einfluß von Beimengungen auf den Angriff von Zink durch $^1/_2$-n-H_2SO_4. (Vondracek-Krizko).

Der Einfluß eines Zusatzes von je 1% verschiedener Metalle auf die Lösungsgeschwindigkeit von Zink in $^1/_2$ n H_2SO_4 ist von Vondracek und Izak-Krizko[2] untersucht worden (Abb. 241). Die Korrosion wird durch Kupfer, Eisen und Antimon beschleunigt. Alle diese Elemente haben geringe Überspannung. Blei und Zinn verzögern die Korrosion für einige Stunden, da diese Metalle zum Teil in feste Lösung übergehen. Wenn die Korrosion fortschreitet, werden sie wieder auf dem Metall niedergeschlagen und haben nun einen nachteiligen Einfluß. Patterson[3] zeigte, daß die Geschwindigkeit der Korrosion in Schwefelsäure mit der Konzentration der Verunreinigung durch Cu, Fe und Sb steigt. Cd und Pb, welche den Angriff vermindern, sind um so wirksamer, je näher die Konzentration an der Löslichkeitsgrenze dieses Metalls im Zink liegt. Abb. 242 soll diese Verhältnisse veranschaulichen.

Metallische Verunreinigungen in Zink haben auf die Korrosion an trockener Luft (z. B. im Hause) fast keinen Einfluß, obwohl Anzeichen dafür da sind, daß ein Zusatz von Blei günstig wirkt. Korrosionsproben

[1] Singmaster: Met. Ind. **31**, 31 (1927).
[2] Vondracek u. Izak-Krizko: Rev. Trav. Chim. **44**, 376 (1925).
[3] Patterson: J. Soc. Chem. Ind. **45**, 325 (1926); **46**, 390 (1927).

im Freien, wo das Metall säurehaltigem Regenwasser ausgesetzt ist, ergeben eine Steigerung der Korrosion durch Kupfer und Antimon. Blei verzögert die Korrosion, während Kadmium oder Eisen keinen Einfluß zu haben scheinen. Mit Ausnahme des Eisens stimmen die Ergebnisse mit Laboratoriumsversuchen überein.

Die Haltbarkeit einer Zinkelektrode in einem Leclanché-Element wird hauptsächlich bedingt durch die Auflösung in der Ammoniumchloridlösung, wenn kein Strom fließt. Drucker[1] hat den Einfluß von Verunreinigungen auf diesen Stab untersucht. Das chemisch reinste Zink wurde verglichen mit drei handelsüblichen Sorten nebenstehender Analyse.

	Verunreinigungen		
	Pb	Fe	Cd
Rohzink	1,12	0,260	—
Raffinadezink I . .	1,32	0,012	—
Raffinadezink II .	1,79	0,010	0,137

Der Gewichtsverlust in 10%iger Ammoniumchloridlösung ist in Abb. 243 wiedergegeben. Man erkennt deutlich den sehr verschiedenen Angriff der verschiedenen Zinkproben. Es wurden außerdem bekannte Mengen Eisen, Kadmium und Blei mit Kahlbaumschem Zink zusammengeschmolzen und ähnliche Korrosionsproben durchgeführt. In allen Fällen wurde die Korrosionsgeschwindigkeit gesteigert, durch 1% Pb und 0,5% Cd allerdings nur gering. 0,03% Fe steigerte die Angriffsgeschwindigkeit aufs 16fache. Im allgemeinen amalgamiert man bei der Herstellung von Trockenbatterien das Zink mit 0,1% Quecksilber. Dies entfernt alle örtlichen Unterschiede des Potential infolge Einschlüssen und steigert die Lebensdauer des Zinks. Da sich auch häufig durch Bearbeitung Potentialunterschiede ergeben, hat man elektrolytisch-erzeugte Zinkelektroden benutzt, die sich bewährt haben sollen.

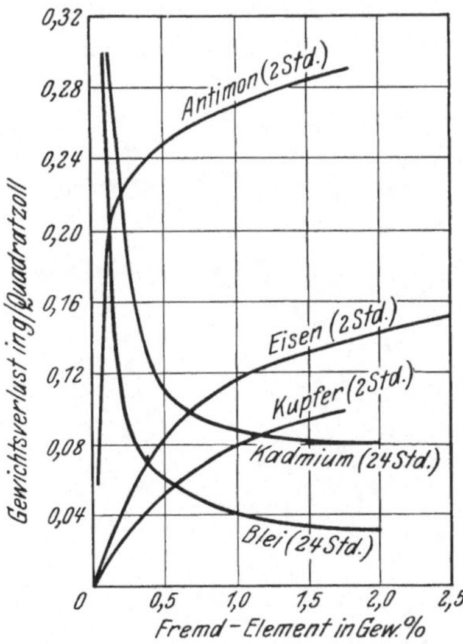

Abb. 242. Einfluß der Menge des Zusatzes fremder Elemente auf die Lösungsgeschwindigkeit von Zink in 0,5 proz. H_2SO_4. (Patterson).

Zinn ist in Zink unlöslich und obwohl es normalerweise nicht als Verunreinigung erscheint, wird es hier und da durch Schrott einge-

[1] Drucker: Z. Elektrochem. **29**, 412 (1923).

führt, der Lötstellen enthält. In einem bestimmten Falle entstand schwere örtliche Korrosion des Zinks einer Trockenbatterie infolge einer Seigerung des Zinns. Eine spektroskopische Nachprüfung ergab, daß die Konzentration des Zinns in den korrodierten Bezirken 50mal so groß war, wie in dem Rest des Metalls.

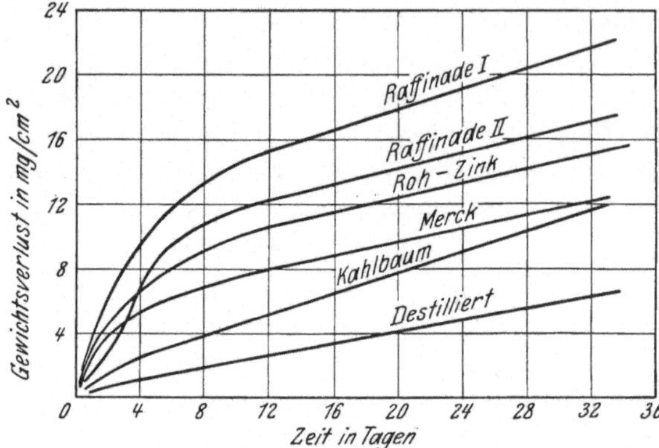

Abb. 243. Lösungsgeschwindigkeit von verschiedenen Zinksorten in 10proz. NH_4Cl-Lösung.

Der Einfluß unlöslicher Verunreinigungen auf das Blindwerden von Zink kann man unter dem Mikroskop verfolgen. Abb. 244 zeigt einen ungeätzten Schliff von Zink mit Verunreinigungen von Blei, Eisen und Zinn, die als dunkle Teilchen erscheinen. Abb. 245 zeigt dieselbe Probe nach sechsmonatigem Lagern

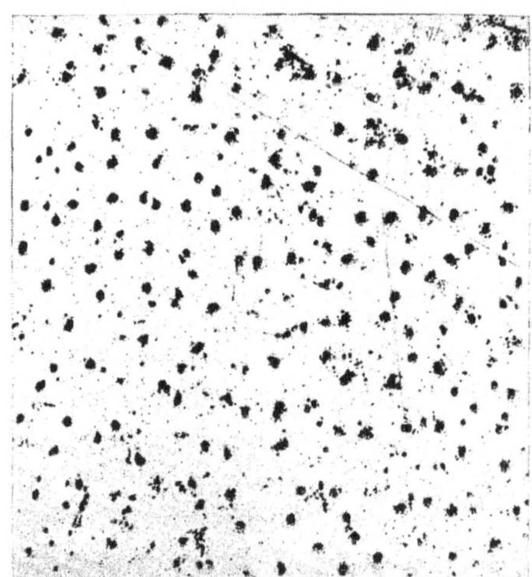

Abb. 244. Polierte Oberfläche von gewalztem Zink mit Verunreinigungen. × 50

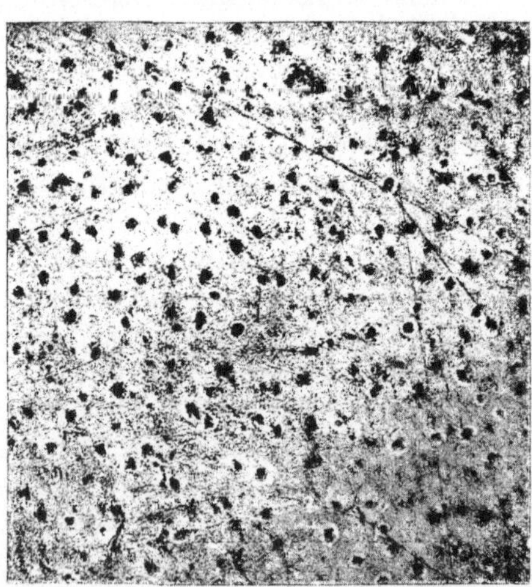

Abb. 245. Dieselbe Stelle nach 6 Monaten Lagerung an der Außenluft. × 50

an Luft. Die Bleiteilchen sind Kathode und das Zinkblech wird oxydiert. Die hellen Ringe um die Bleiteilchen zeigen schön die schützende Wirkung des gelösten Bleis. Abb. 246 zeigt dieselbe Probe in stärkerer Vergrößerung.

Bei Kanonenbronze mit 3,3% Pb ist die Sache umgekehrt. Hier ist das Grundmetall edler als die Verunreinigung und das Blei wird an-

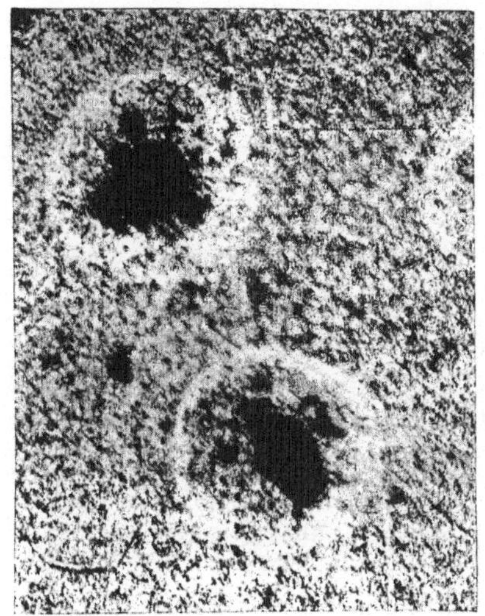

Abb. 246. Ein Teil der Abb. 245. × 500

Abb. 247. Polierte Oberfläche von Messingguß mit 5,9% Pb. × 50

gegriffen. Abb. 247 zeigt eine frisch polierte Oberfläche des gegossenen Metalls mit Bleiteilchen in den Fächern der Dendriten. Abb. 248 zeigt dieselbe Stelle nach sechs Monaten, während deren die Probe an der Luft lag, und man erkennt, daß die Korrosionsstellen mit den Verunreinigungen zusammenfallen. Der Y-förmige Primärkristall, der frei von Blei ist, ist fast unangegriffen und blank geblieben.

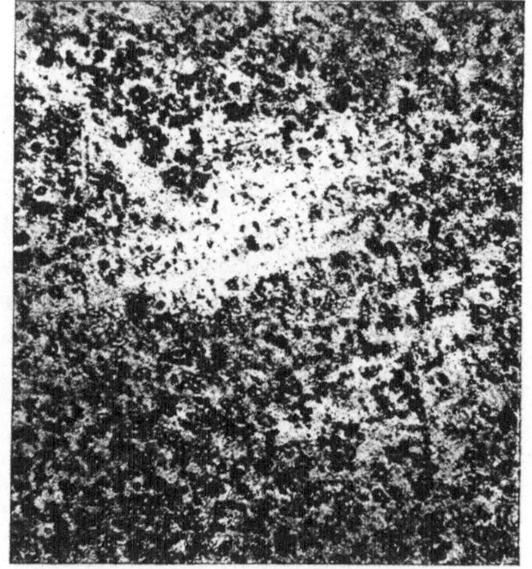

Abb. 248. Dieselbe Stelle wie Abb. 247 nach 6 Monaten Lagerung an der Außenluft. × 50

Chrom-Legierungen. Chrom zeigt eine sehr hohe Widerstandsfähigkeit gegen atmosphärische Korrosion und den Angriff durch oxydierende Chemikalien und überträgt diese Eigenschaften auf seine Legierungen. Die rostfreien Stähle mit 14% Cr und die Chromnickel-Legierungen mit 20% Cr sind von größter technischer Bedeutung. Ihre Korrosionsbeständigkeit wird jedoch durch Spuren anderer Elemente leicht beeinflußt. Den Einfluß von Mangan, Silizium und Kohlenstoff auf den Widerstand von Eisen-Chrom-Legierungen gegen heiße Säuren kann man aus Zahlentafel 32 ersehen[1].

Zahlentafel 32. Säurebeständigkeit von Eisen-Chrom-Legierungen.

Zusammensetzung					Gewichtsverlust g/dm²/Std. in heißer		
Fe	Cr	Mn	Si	C	10% HNO_3	10% H_2SO_4	10% HCl
75	25	—	—	—	0	22	26
74	25	1	—	—	0	57	63
74	25	—	1	—	0,005	60	25
74,75	25	—	—	0,25	0,2	108	46

Mangan erniedrigt den Widerstand der Legierung gegen Schwefel- und Salzsäure, während Kohlenstoff die Empfindlichkeit gegen Salpetersäure erhöht. Mangan wird oft zur Desoxydation dieser Legierungen zugegeben. Zur Erzielung hoher Widerstandsfähigkeit gegen Säuren sollte man an seiner Stelle Silizium nehmen. Den Einfluß auf Nickel-Chrom-Legierungen veranschaulicht Zahlentafel 33. Hier ist der Einfluß des Mangangehaltes noch deutlicher.

Zahlentafel 33.
Säurebeständigkeit von Eisen-Nickel-Chrom-Legierungen.

Zusammensetzung					Gewichtsverlust in g/dm²/Std. in heißer		
Fe	Ni	Cr	Mn	C	10% HNO_3	10% H_2SO_4	10% HCl
20	65	15	—	—	0,0025	0,02	0,26
20	64	15	1	—	0,12	0,06	3,24
20	63	15	1	0,9	49,0	0,49	0,26

Diese Beispiele zeigen, daß die Wirkung kleiner Beimengungen auf die Korrosion technischer Metalle und Legierungen im allgemeinen zufriedenstellend erklärt werden kann durch die im Anfang dieses Kapitels beschriebenen Anschauungen. Ähnliche Übereinstimmung zwischen Beobachtung und Theorie ist bei den mechanischen und elektrischen Eigenschaften nicht immer zu erkennen. Aber genauere Kenntnis der Wirkung kleiner Verunreinigungen auf diese Eigenschaften sollte uns auch da zu einem besseren Verständnis der zugrunde liegenden Tatsachen führen.

[1] Rohn, W.: Z. Metallkunde **18**, 387 (1926).

Schlußwort.

Überblickt man die Fülle der Einzelbeobachtungen, so ist es zunächst unmöglich, ein gemeinsames Kennzeichen der Wirkung von Beimengungen auf ein Metall zu erkennen. Das ist verständlich, wenn man bedenkt, daß eine fremde Beimengung ja nichts anderes darstellt als eine neue Komponente des Systems, und die umfangreiche Lehre von den heterogenen Systemen und Gleichgewichten ist ein gutes Beispiel für die vielseitige Wirkung, die eine zweite Komponente auf die Eigenschaften eines Stoffes ausüben kann.

Wäre die Wirkung kleiner Beimengungen und Verunreinigungen in Metallen mit unserer Kenntnis von den Zweistoff- oder Mehrstoffsystemen erschöpft, so wäre kein Grund zur selbständigen Behandlung des Stoffes vorhanden. Die Tatsache jedoch, daß gerade kleine Mengen von fremden Stoffen in Metallen häufig relativ viel stärkere Wirkung auslösen als große Mengen desselben Stoffes, zeigt, daß eine spezifische Wirkung kleiner Beimengungen vorhanden ist. Dazu kommt dann noch, daß kleine Beimengungen häufig der Beobachtung entgehen und trotzdem die Eigenschaften fühlbar beeinflussen.

Die verschiedenen Eigenschaften eines Metalls werden durch anwesende Fremdstoffe verschieden stark betroffen. In diesem Buche sind naturgemäß die Eigenschaften besprochen, die am stärksten beeinflußt werden. Andere Eigenschaften dagegen werden durch Beimengungen nicht merklich beeinflußt und sind daher aus der Betrachtung fortgelassen worden.

Fragt man sich nun, was den von kleinen Mengen an Fremdstoffen betroffenen Eigenschaften gemeinsam ist, so ist die Antwort hierauf heute schwer zu geben.

Es ist mehrfach versucht worden, die Eigenschaften der Stoffe bzw. der Metalle systematisch zu behandeln. So hat W. Oswald z. B. eine Einteilung in additive, konstitutive und molare Eigenschaften vorgenommen. Für den vorliegenden Fall scheint eine Einteilung zweckmäßig, die Zwicky[1] getroffen hat. Er teilt die Eigenschaften ein in strukturabhängige und strukturunabhängige Eigenschaften.

Vergleicht man nun die Eigenschaften, die durch kleine Beimengungen und Verunreinigungen stark verändert werden, mit dieser Einteilung, so erkennt man, daß die strukturabhängigen Eigenschaften

[1] Zwicky, F.: Helv. Phys. Acta **3**, 269/98, 466/7 (1930).

Zahlentafel 34. Reinheitsgrade der Metalle nach der Einteilung von Mylius.*†

Metall	Stufe I 1—5% Beimengungen	Stufe II 0,1—1% Beimengungen	Stufe III 0,01—0,1% Beimengung.	Stufe IV 0,001—0,01% Beimeng.	Stufe V 0,0001—0,001% Beimeng.
Ag		Feinsilber 99,6—99,8% Cu, Au	Elektrolytsilber 99,9—99,98% Cu, Fe, Pb	„Hartmann & Braun“ 99,999% Ca	
Al	Reinaluminium Din 1712 98—99,5% Fe, Cu, Si, Zn		Hoopes-Alumin. 99,9% Cu, Fe. Si		
Au		Minengold 99,5%	Feingold > 99,9% Ag, Pt	chem.reines Gold 99,99% Ag, Pt	„Feingold 1000 garantiert“
Be	techn. reines Beryllium 98% Fe, Schlacken	„Siemens & Halske“ 99,5% „Nat. Phys. Labor.“ 99,8% Fe, Al, C			
Bi		technisches Wismut 99,8% Ag, Pb, Cu, Fe, S	„Kahlbaum“ 99,9%	„Hartmann & Braun“ 99,99% Ag, Pb	
Cr	techn. Chrom 98—99% Fe, Si, Al, S, C, N, O	laboratoriumsmäßig 99,5%			„Nat. Phys. Labor.“ spektroskopisch rein
Cd		technisches Kadmium 99,5% Pb, Zn, Fe	Elektrolytkadmium 99,9%		„Kahlbaum“, spektroskopisch rein. „New Yersey Zinc Co.“ > 99,996%
Co	Katanga-Kobalt 97-98% Ni, Fe, Cu, Mn, Si, Al, Ca, Pb, As, Zn, S, P, C	Elektrolytkobalt (99,0%)	Kahlbaum 99,97% Fe		
Cu		Hüttenkupfer 99,0—99,6% Ag, Ni, As, S, O	Elektrolytkupfer 99,9—99,99% Ag, As, Fe, Ni, Pb, Sb, Se, Te, S, O		
Fe		Holzkohleneisen 99,75% Armco-Eisen 99,8% O, Si, Mn, P, S, O	Elektrolyteis. > 99,98% Carbonyleis. > 99,985% C, Si, Mn, P, S, O		
Hg				destilliertes Quecksilber > 99,99%	spektroskopisch reines Quecksilber
Mg		technisches Magnesium 99,7% Ca, H_2, CO		chem. reines Magnesium > 99,99% Ca	

Mn	techn. Mangan 95—97% Fe, Si, Al, S, P, C Goldschmidt-Mangan 88—93% Al, Fe, SiO_2, S, C	„Kahlbaum“ 99,0% Fe, Si, C		„Nat. Phys. Labor.“ 99,99%	
Mo	> 95% C, Si				Gen. Electric Co. „spektroskopisch rein“
Ni	Hütten-Nickel Din 1701 98,9—99,3% Ni + Co Fe, Cu, Mn, Si, C, S	Elektrolyt-Nickel 99,5—99,7% Cu, Pb, H_2, S	Mond-Nickel „Kahlbaum“ 99,96% Cu, Fe, C, Si	laboratoriumsmäßig	
Os				chemisch rein	
Pd				chemisch rein	
Pb	Werkblei 98,9%	Raffinade-Blei 99,7% Cu, Sb, As, Zn, Ag, Bi, Ni		Elektrolytblei 99,993% Bi, Cu, Sb, Fe, Zn, Ag	„Kahlbaum“ 99,999% Ag, Cu, Fe, Pb
Pt			„chem. reines Platin“ 99,95% 0,1—0,3 Ir, V, Au	„physikalisch rein“ 99,99% Ir	„spektroskopisch rein“ > 99,999% Ir
Sb		Elektrolyt-Antimon 99,5% As, Cu, Fe, Ag, S		„Kahlbaum“ 99,99%	„spektroskopisch rein“ Si
Si	techn. Silizium 93—98% Fe, Al, O		laboratoriumsmäßig 99,9%		
Sn	technisches Zinn 98—99,75%		Banka Zinn 99,96%	Kahlbaum 99,99%	laboratoriumsmäßig
Ta		„Siemens & Halske“ 99,5%	„Fansteel Co of America“ > 99,9%		
Th	technisches Thorium 92—96,5%	laboratoriumsmäßig 99,9%			
Ti	reines Titan 96,7% C, H, Si, N				
Va	„Vanadinmetall“ 95,0% C, Fe				
W	technisches Wolfram 97—98%	„Kahlbaum reinst“ 98,5—99,3%	laboratoriumsmäßig > 99,8%		
Zn	Rohzink 97—99% Pb, Fe, Cd, As	Feinzink 99,7—99,9% Pb, Fe, As, Cd	„Kahlbaum“ 99,96% Pb, Fe, Cd, As, S		„New Yersey Zinc Co“, elektrol., 99,996% Pb
Zr	techn. Zirkon 80—90% Fe, Ti, Al, Si	laboratoriumsmäß. > 99,9% Fe, O, N		chemisch rein	

* Nach Metallwirtschaft **9**, 683 (1930). † Die Symbole der Elemente geben die hauptsächlichsten Verunreinigungen an.

am stärksten betroffen werden. Auf die strukturunabhängigen Eigenschaften, wie spezifisches Gewicht, Farbe, spezifische Wärme, Schmelzwärme, Umwandlungswärme usw., haben kleine Mengen von Verunreinigungen keinen merklichen Einfluß. Der Zusammenhang von Struktur und Eigenschaften hinsichtlich ihrer Beeinflussung fremder Stoffe war der Grund, den Einfluß von Beimengungen auf die Struktur an erster Stelle zu besprechen.

Die prozentuale Änderung einer Eigenschaft durch Beimengungen oder Verunreinigungen ist sehr verschieden. Während die Korngröße nur wenig beeinflußt wird, kann durch denselben Zusatz die elektrische Leitfähigkeit oder die Wärmeleitfähigkeit um die Hälfte oder mehr verändert werden, die Angreifbarkeit durch Säuren gar um ein Vielfaches. Ohne eine allgemeingültige Regel angeben zu können, scheint die Arbeitshypothese berechtigt, daß die stärkste Beeinflussung durch Fremdstoffe bei allen den Eigenschaften der Metalle eintreten, die in der Existenz und dem Verhalten der freien Elektronen ihren Ausdruck finden.

Gegen diesen Versuch einer Sichtung des Stoffes lassen sich Einwendungen machen, ja, es ist denkbar, daß er Anlaß zu Mißverständnissen gibt. Aus diesem Grund ist er aus der Einleitung des Buches fortgelassen worden und soll dem Leser nach der Übersicht über den Stoff lediglich zur Anregung dienen. Alles andere muß der weiteren Forschung überlassen bleiben, die letzten Endes in den Naturwissenschaften der Theorie immer wieder den Weg weisen muß.

Namenverzeichnis.

Sachverzeichnis.